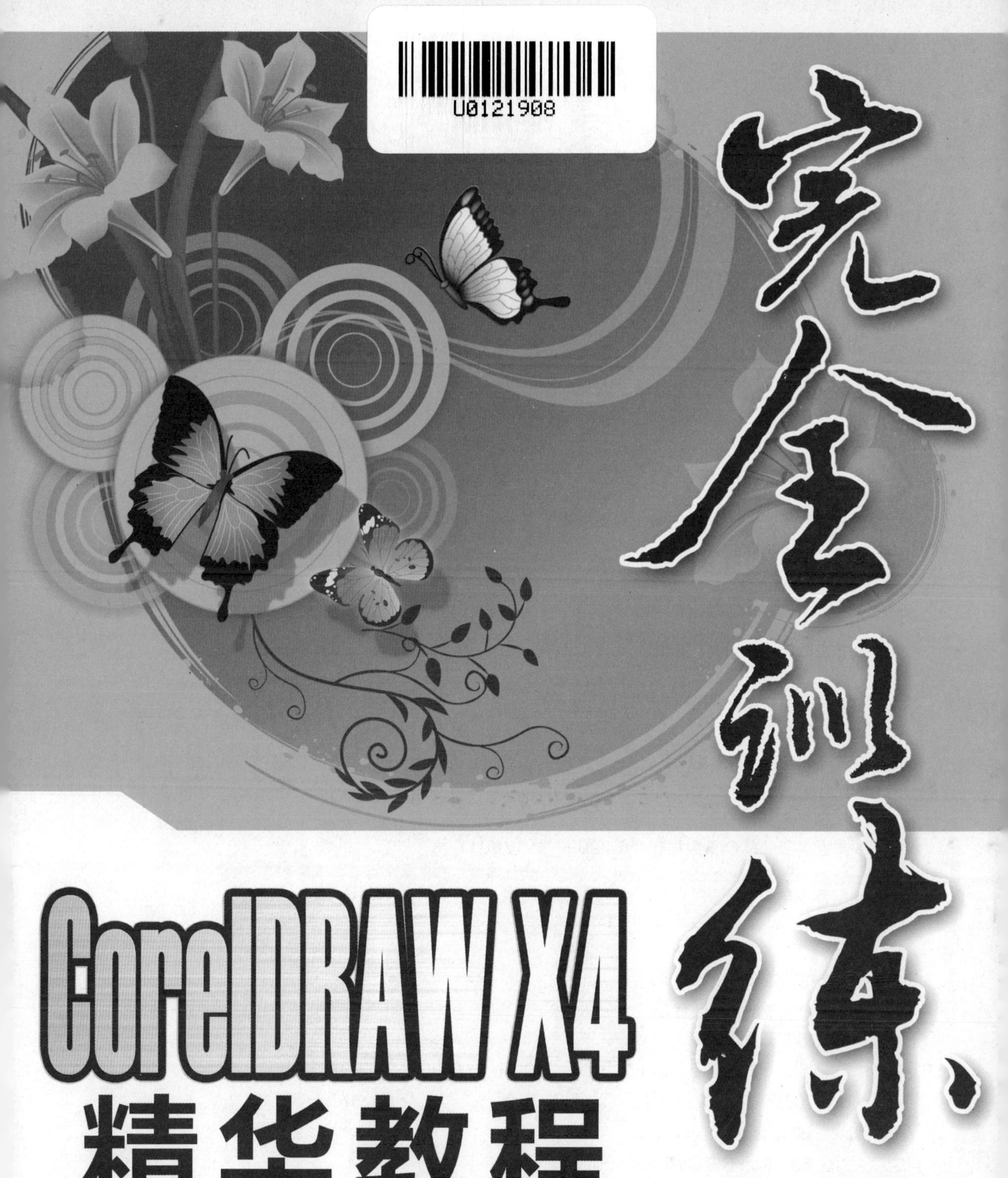

CorelDRAW X4 精华教程

数码创意◎编著

電子工業出版社
Publishing House of Electronics Industry
北京 · BEIJING

内 容 简 介

本书以实例图解的方式全面地介绍了CorelDRAW X4中文版软件的各项功能。全书共分14章，主要内容包括CorelDRAW X4的功能介绍、图形的绘制与编辑、颜色的调整与设置、对象的操作、文字与位图的处理、图表工具的使用以及DM单设计、海报招贴设计、产品包装设计等实际设计案例。

本书内容新颖、版式美观、实例丰富，适合没有任何基础的读者学习，也可作为各类培训学校的培训教材，还适合从事平面广告设计、图案设计、企业形象设计、产品造型设计等工作的专业人员及电脑美术爱好者阅读使用。

图书在版编目（CIP）数据

CorelDRAW X4精华教程／数码创意编著.—北京：电子工业出版社，2010.1
（完全训练）
ISBN 978-7-121-09630-3

Ⅰ.C… Ⅱ.数… Ⅲ.图形软件，CorelDRAW X4—教材 Ⅳ.TP391.41

中国版本图书馆CIP数据核字（2009）第178017号

责任编辑：周　林
印　　刷：中国电影出版社印刷厂
装　　订：三河市皇庄路通装订厂
出版发行：电子工业出版社
　　　　　北京市海淀区万寿路173信箱　　邮编：100036
开　　本：787×1092　1/16　　印张：22　　字数：577千字
印　　次：2010年1月第1次印刷
定　　价：59.00元（含DVD光盘一张）

凡所购买电子工业出版社图书有缺损问题，请向购买书店调换。若书店售缺，请与本社发行部联系，联系及邮购电话：（010）88254888。

质量投诉请发邮件至zlts@phei.com.cn，盗版侵权举报请发邮件至dbqq@phei.com.cn。

服务热线：（010）88258888。

前言

Preface

如今，电脑正在以前所未有的力量影响着人们的工作、学习和生活。电脑已经广泛地运用于各个领域，对于接触电脑不多的人们来说，让他们一下子去读厚厚的手册或教材，就像进入一个全然陌生的世界，会感到困难重重。抽象的概念、复杂的操作步骤、全新的用户界面、日益庞大的功能……会让初学者不知所措，望而生畏。因此，我们推出了"完全训练"系列图书，旨在以读者需求为主线，以软件功能为依托，以实例制作为手段，以生动简洁的语言，图文并茂地对各个流行软件的基础操作与应用技巧进行介绍。

CorelDRAW 软件集图形绘制与设计、文字排版、高品质输出与打印于一体，其应用范围不仅仅局限于绘图与美术创作，从专业图形设计公司的图形设计、广告创作到普通用户所进行的排版应用中，都可以看到 CorelDRAW 的身影。CorelDRAW X4 是 Corel 公司于 2008 年推出的最新版本。与以前的版本相比，CorelDRAW X4 在操作界面、网页发布、支持的文本格式以及颜色与打印等各方面都有了很大的改进，增强了 CorelDRAW 在矢量图形领域所发挥的作用。

本书从简单的例子入手，全面地讲解了 CorelDRAW X4 中文版软件的功能。全书分为 14 章，第 1 章到第 3 章主要介绍了 CorelDRAW X4 软件的基础操作，从最基本的启动软件开始，到后面的简单绘图，让读者打下坚实的软件应用基础。第 4 章到第 8 章详细介绍了各种编辑对象的方法、如何操作图层、如何调整颜色及如何对文字进行处理等内容，帮助读者熟悉编辑和应用矢量图的方法。第 9 章和第 10 章讲述的是对位图的编辑和滤镜效果的应用，让读者了解到矢量图形软件中处理位图的精髓和技巧。第 11 章主要讲解图表工具的使用及表格的制作。第 12 章到第 14 章结合实践经验，讲述了利用 CorelDRAW X4 进行 DM 单设计、海报招贴设计、产品包装设计等的方法和流程，使读者能够学以致用。

本书内容丰富，详略得当，不仅突出了 CorelDRAW X4 软件的操作技法，还安排了实用的商业案例设计及详细的制作过程，让读者通过对设计作品的感悟，创作出别具风格的作品。

本书特别适合没有任何基础的读者学习，也可作为各类培训学校的培训教材，还适合从事平面广告设计、图案设计、企业形象设计、产品造型设计等工作的专业人员及电脑美术爱好者阅读使用。

由于时间紧张，加上编者水平有限，书中难免有不足和疏漏之处，敬请广大读者和专家同仁予以指正。

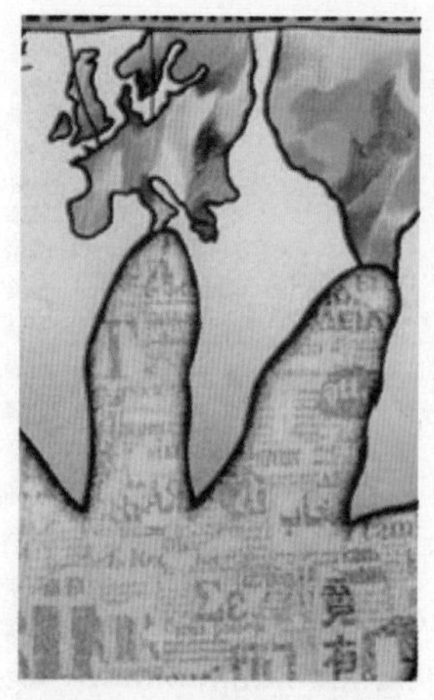

01 Chapter 初识图形设计高手

02 Chapter CorelDRAW X4 基础操作

03 Chapter 由浅入深学绘图

04 Chapter 对象的基本操作

05 Chapter CorelDRAW X4组织和管理对象

09 Chapter 轻松处理位图图像

10 Chapter 为位图添加特殊效果

制作表格

产品包装设计

Chapter 01

初识图形设计高手

CorelDRAW 图形绘制软件是由 Corel 公司推出的，它是一个集图形设计、文字编辑、排版及高品质输出于一体的大型矢量图形制作软件，同时，也是一个大型的工具软件包。CorelDRAW 是目前市面上最受欢迎的平面软件之一，CorelDRAW X4 是其推出的最新版本，从工作界面的设计到系统的稳定性，都比以前推出的版本更加强大，新工具的增加让用户使用起来更加方便。

1.1 无限创意 CorelDRAW X4

CorelDRAW X4 是可以运行在 PC 平台的图形设计软件，可以运行在 Windows 2000、Windows XP 或 Windows Tablet PC Edition 操作系统下。使用 CorelDRAW X4 软件，用户可以轻松地进行广告设计、封面设计、商标设计等，还可以将绘制好的矢量图形转换为不同类型的位图，并应用各种位图效果。在图形的制作过程中可以添加各种效果，包括填充、调和、轮廓化、立体化、阴影和透视等，使创作出的作品更具专业水准。

随着互联网的普及，经过 Corel 公司多年的稳步发展和积极推广，在 CorelDRAW 版本不断升级的同时，其功能也在不断地增强。

为适应用户的需求和市场发展的需要，Corel 公司对 CorelDRAW 付出了很多的心血，使 CorelDRAW 成为第一个在软件中加入了网络页面开发能力的高级图形软件，从 CorelDRAW 9 到现在的 CorelDRAW X4，CorelDRAW 的每一个版本都具有强大的多媒体页面制作能力。而且，Corel 公司每年都推出新的版本，这也是 CorelDRAW 成为目前市面上最受欢迎的平面软件之一的重要原因。

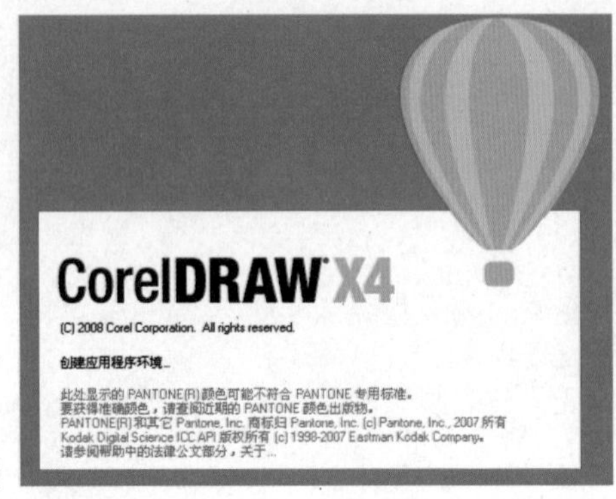

图 1-1

Corel 公司在 2008 年最新推出的 CorelDRAW X4 在操作界面、网页发布、支持的文本格式，以及颜色与打印等各方面都有了很大的提高（CorelDRAW X4 的安装界面如图 1-1 所示），除了更加人性化和亲切的窗口视图外，CorelDRAW X4 还有许多新的变化。

新的界面

在 CorelDRAW X4 中，Corel 公司一改以往界面，使设计师的工作环境更舒心，更加人性化。

新的文本格式实时预览、字体识别功能

当我们选择不同的字体时，CorelDRAW X4 会将字体自动预览成我们将要选择的字体，这一新的特性可以大大方便我们选择不同的字体效果，从而提高工作效率。

安装文件剧增

安装过程比较顺利，速度也很快，改变最大的是文件的体积变大。

新的启动界面和快捷方式

CorelDRAW X4 的启动界面简洁而不失专业，新的快捷方式也令人眼前一亮。

新增的表格制作工具

表格工具不同于以往的图纸工具，通过它的属性栏，可以很方便地修改行数和列数，改变边框线的颜色。

1.2 CorelDRAW X4 的应用领域

CorelDRAW 是一款功能非常强大的软件，一般应用在平面广告设计、VI 企业视觉识别系统设计、包装设计、书籍装帧设计、插画设计、排版设计和字体设计等领域，设计实例如图 1-2 到图 1-8 所示。

图 1-2

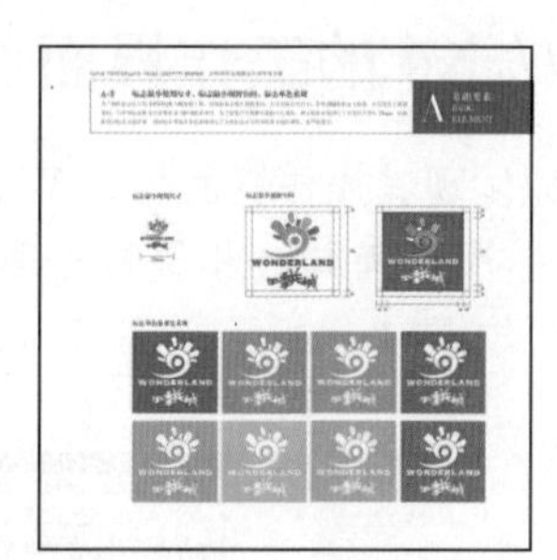

图 1-3

图 1-4

图 1-5

图 1-6

图 1-7

图 1-8

1.3 CorelDRAW X4 的工作界面

启动 CorelDRAW X4 后，将进入一个基本的工作界面，经过不断的升级和变化，CorelDRAW X4 的绘图工具与操作环境都更加专业，更加完美。同时，更有利于设计者在最短的时间熟悉工作区域中的这些工具栏、菜单栏和浮动面板等，从而通过 CorelDRAW X4 打开设计天堂的大门。

1.3.1 浏览 CorelDRAW X4 的工作界面

启动 CorelDRAW X4 以后，可以发现其操作界面与大多数 Windows 操作系统是一样的，都包含了标题栏、菜单栏、工具箱、标尺、辅助线和属性栏等一些通用的元素，下面就简单介绍一下 CorelDRAW X4 的操作界面，如图 1-9 所示。

标题栏：标题栏用于显示当前文件名和控制绘图页面。

菜单栏：菜单栏中包含了 CorelDRAW X4 所有的操作命令，每一个菜单下面都包含着多个选项，通过这些选项可以完成各项操作。

标准工具栏：工具栏由一组图标按钮组成，实现一些常用的菜单命令功能。

属性栏：属性栏可以根据用户所选用的不同工具而显示不同的内容。

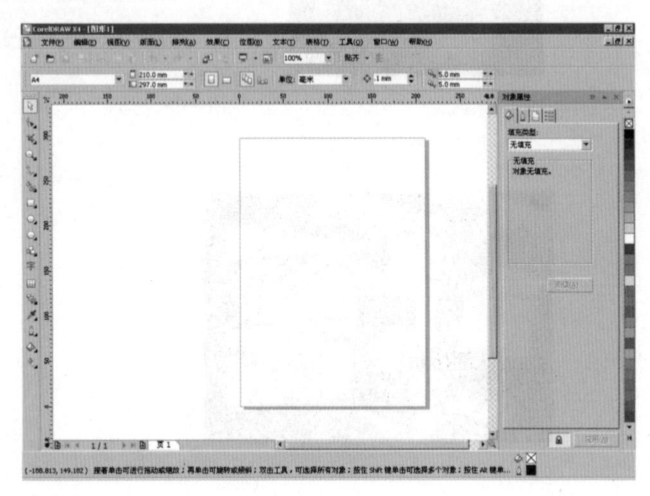

图 1-9

工具箱：工具箱中几乎包含了绘图时需要的所有工具。

标尺：可以帮助用户确定图形的大小并设定精确的位置。

页面标签：用于显示 CorelDRAW 文件所包含的页面数。

泊坞窗：泊坞窗可以设置显示或隐藏具有不同功能的控制面板，方便用户操作。

调色板：在调色板中可以放置需要的颜色，对图形和边框进行颜色填充和颜色调整。

水平和垂直滚动栏：用来水平拖曳页面和垂直拖曳页面。

1.3.2 工作界面详述

CorelDRAW X4 具有强大的工作界面，为绘图和设计创作提供了方便快捷的交互平台，CorelDRAW X4 绘图软件的应用面不断扩大，为广告公司及个人用户绘图提供了专业的制作平台。

在指示区中的某一个页面标签上单击鼠标右键，将弹出页面指示区快捷菜单，在菜单中选择合适的选项，用户可以插入、删除、重命名页面或切换页面方向。

CorelDRAW X4 的工作界面由多个元素组成，每个元素都有其特殊的作用，下面就分别介绍每个元素的作用。

CorelDRAW X4 标题栏

标题栏位于 CorelDRAW X4 窗口的上方，用于显示当前文件的名称和控制绘图页面。标题栏中包含“最小化”按钮、“最大化”按钮（或“还原”按钮）和“关闭”按钮。

用鼠标单击标题栏左侧的图标，弹出快捷菜单，如图 1-10 所示。通过选择其中的命令，也可以对应用程序进行移动、最小化、关闭及其他的操作。

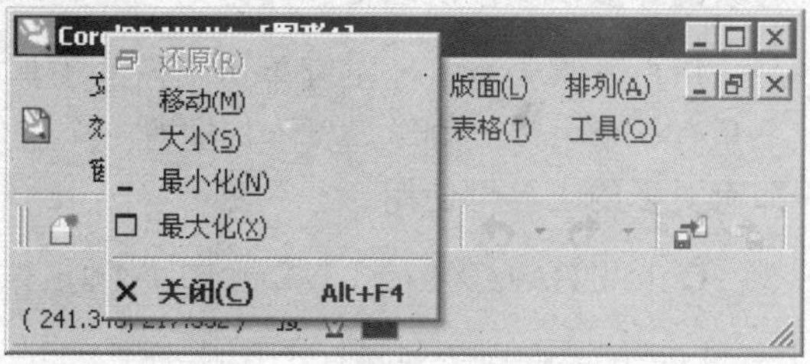

图 1-10

CorelDRAW X4 菜单栏

CorelDRAW X4 的菜单栏由“文件”、“编辑”、“视图”、“版面”、“排列”、“效果”、“位图”、“文本”、“表格”、“工具”、“窗口”和“帮助”共 12 个菜单项组成。在这些菜单项中包含了 CorelDRAW X4 的所有操作命令，每一个菜单项的下拉菜单中都有多个选项，每个选项中都包含着一系列命令。

在 CorelDRAW X4 菜单栏中单击“编辑”菜单项，可以展开“编辑”下拉菜单，菜单中的命令显示为灰色时，则表示该命令目前无法执行。在一些命令的右方有一个黑色的三角形符号，单击它可以展开其下一级菜单，继续选择需要的命令，如图 1-11 所示。

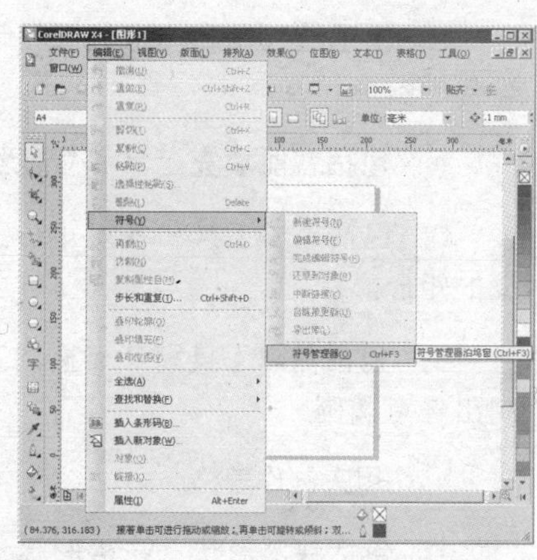

图 1-11

CorelDRAW X4 标准工具栏

工具栏由一组图标按钮组成，通过这些按钮可实现一些常用的菜单命令功能，如新建、打开、保存、打印、复制、粘贴、导入、导出及在线帮助等。合理使用工具栏可以使许多操作更加快捷，进一步提高工作效率。

CorelDRAW X4 属性栏

属性栏根据用户所选用的不同工具而显示不同的内容，如图 1-12 和图 1-13 所示。属性栏是一种交互式的功能面板，当使用不同的绘图工具时，用户可以通过属性栏直接设置工具或对象的属性，从而提高工作效率。

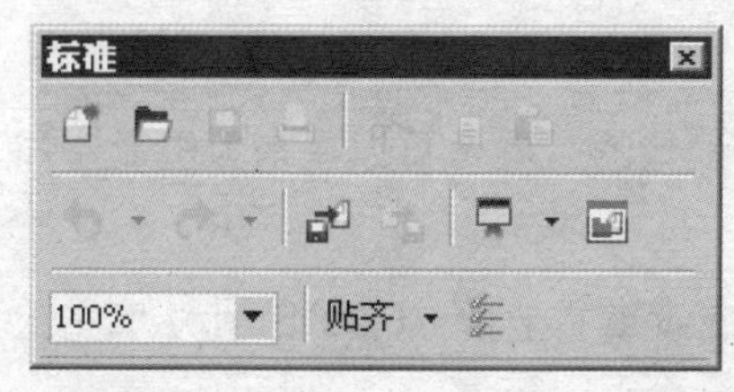

图 1-12

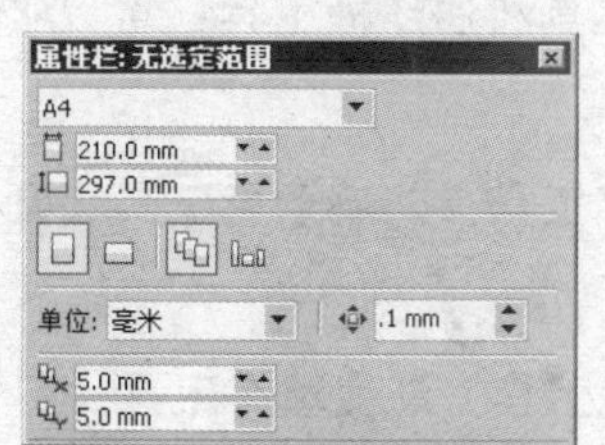

图 1-13

Tip 技巧提示

属性栏上所显示的属性内容，总是自动随着所选取对象的不同而改变。例如，在分别选择矩形工具和椭圆工具时，属性栏将呈现出不同的状态。

CorelDRAW X4 工具箱

工具箱位于工作窗口的左侧，包含了一系列常用的绘图、编辑工具，可用来绘制或修改对象的外形以及修改外框和内部的色彩，可以说工具箱包含了绘图时需要的所有工具。

用户只需要用鼠标左键单击所需的工具按钮，即可使用相应的工具。有些工具图标的右下角有一个小黑三角形，表示其拥有一个工作组，单击该三角形按钮不放就可以打开工具组，即有更多的工具可使用。

CorelDRAW X4 的工具箱如图 1-14 所示，工具箱中各工具的功能如下。

图 1-14

：用于选取需要操作的图像对象。

：由绘制图形对象的多个工具组成，包括形状工具、涂抹笔刷工具、粗糙笔刷工具和变换工具。

：包括缩放工具和平移工具，用来放大、缩小和平移图形页面或图形对象。

：由手绘工具和艺术笔工具等 8 个工具组成，用来绘制直线、曲线和复合线等各种图形。

：包括智能填充工具和智能绘图工具。

：包括矩形工具和 3 点矩形工具，分别用来绘制矩形、正方形及任意起始角度的矩形。

：包括椭圆工具和 3 点椭圆工具，分别用来绘制椭圆、圆形及圆弧，可以绘制出任意椭圆。

：用来制作表格。

：包括基本形状、箭头形状、流程图形状、星形和标注形状几个工具，在这几个工具中预置了多种不同形式的图形样式，供用户直接挑选使用。

字：可以输入艺术体文本和段落文本。

：在工具组中包括交互式调合工具、交互式轮廓图工具、交互式变形工具、交互式阴影工具、交互式封套工具、交互式立体化工具和交互式透明工具。

：包括吸管工具和油漆桶工具，可以吸取页面上任意图形的颜色，将吸取的颜色任意地填充在其他图形上。

：包括轮廓笔工具、轮廓颜色工具等几个有关于轮廓设置的工具，可以用来为图形添加轮廓。

：由均匀填充工具、渐变填充工具、图样填充工具、底纹填充工具、PostScript 填充工具等组成。可以通过这些工具对图形对象进行不同形式的填充。

：包括交互式填充工具和交互式网状填充工具，可以用来在图形对象中添加各种类型的填充，也可以创建网状填充效果，同时还可以在每个网点上填充不同的颜色并改变颜色的方向。

：包括剪裁工具、刻刀工具、擦除工具和虚拟段删除工具。

：包括多边形、星形、复杂星形、图纸和螺纹 5 种工具。

以上就是工具箱中的各工具，如果在操作过程中想要知道工具的名称，只需将鼠标移至要用的工具上停留片刻，其名称就会出现。

CorelDRAW X4 标尺

标尺分为水平标尺和垂直标尺，通过标尺可以显示各对象的尺寸以及对象在工作页面中的位置，用户可以通过选择“查看 / 标尺”菜单命令来打开或关闭标尺。

用户可以根据需要重新设定标尺原点，在标尺交叉处双击鼠标左键，即可恢复标尺原点（如图 1-15 所示）。

在水平标尺或垂直标尺上双击鼠标左键，将打开“选项”对话框，在该对话框中可以对标尺单位、大小以及其他一些属性进行设置（如图 1-16 所示）。

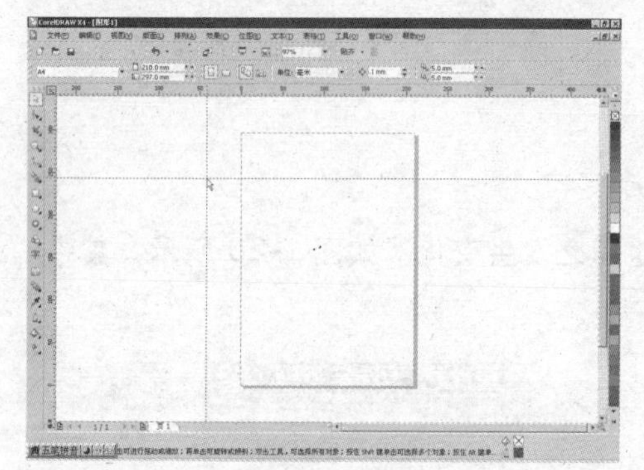

图 1-15

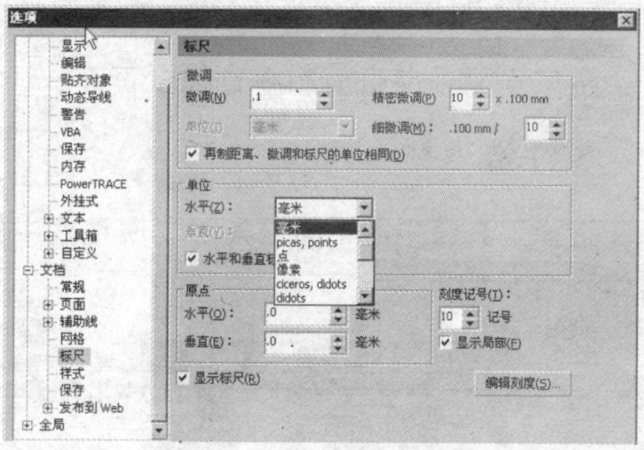

图 1-16

CorelDRAW X4 页面标签

用于显示 CorelDRAW 文件所包含的页面数，同时，在 CorelDRAW X4 文档中，页面可以是单页的，也可以是多页的。

在指示区中的某一个页面标签上单击鼠标右键，将弹出一个快捷菜单，如图 1-17 所示，在该菜单中选择合适的选项，用户可以插入、删除、重命名页面或切换页面方向。

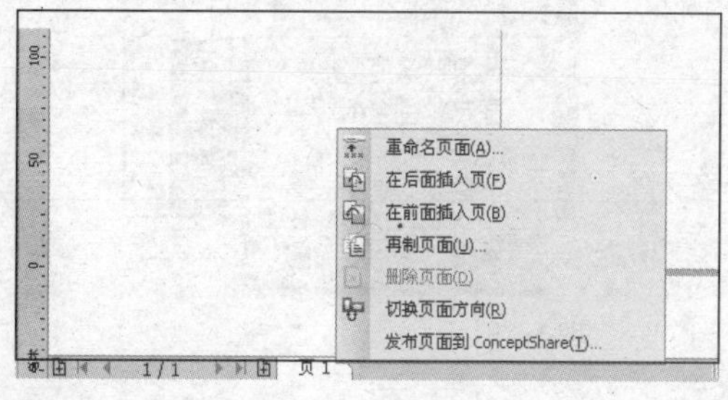

图 1-17

CorelDRAW X4 泊坞窗

泊坞窗是从 CorelDRAW 10 开始提出的一个新的窗口概念，通过对功能选项的设置，能帮助用户有效地利用界面空间和快捷键。用户还可以在泊坞窗的命令选项中设置显示或隐藏具有不同功能的控制面板，以方便用户的操作（如图 1-18 所示）。

泊坞窗实际上是一个包含了各种操作按钮、列表和菜单的操作面板。执行“窗口/泊坞窗”命令，就可以打开或关闭泊坞窗。

CorelDRAW X4 中的泊坞窗包含了属性控制面板、对象编辑器、对象数据管理器、视图管理器、链接管理器等23个不同类型及功能的控制面板。通过这些控制面板，用户可以选择所需要的选项，得到最快捷的命令菜单。

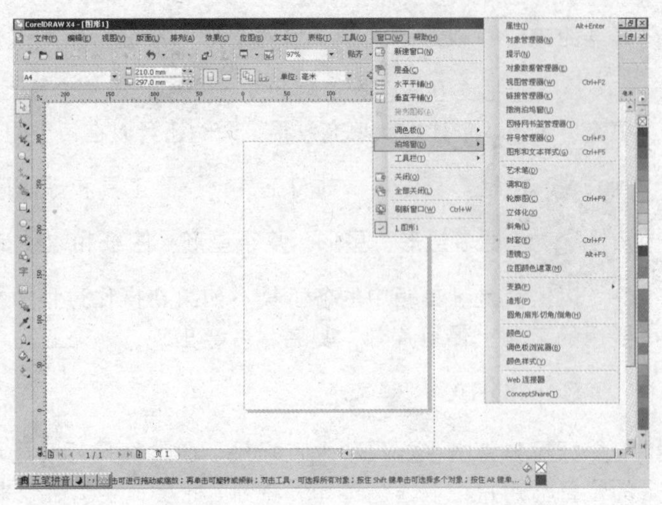

图 1-18

CorelDRAW X4 调色板

调色板位于窗口的右边，由许多色块组成，通过选取调色板上的颜色，可以对选定的对象调整内部颜色或框线色彩。

当用鼠标单击调色板左上方的黑色三角按钮后，将弹出一个下拉菜单，在该菜单中选择有关调色板的各种命令，以实现设置轮廓颜色和填充颜色等功能（如图 1-19 所示）。

CorelDRAW X4 水平和垂直滚动栏

用来水平拖曳页面和垂直拖曳页面。

属性选项栏

选择工具箱中的不同工具时，属性栏中的内容也随之发生变化，如图 1-20 所示，其中的各选项含义如下。

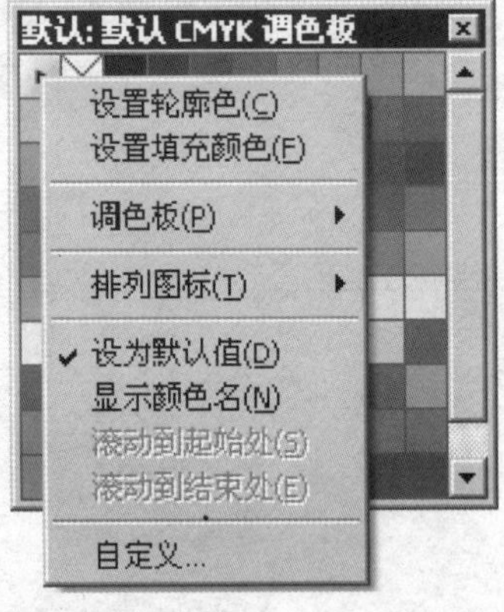

图 1-19

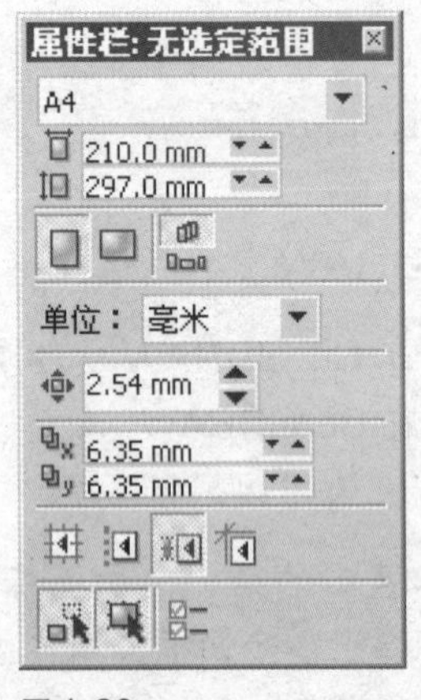

图 1-20

：可以调整纸张的类型和大小，在下拉列表选框中提供了多种选项。

：这几个按钮可以调整纸张的横向和纵向显示，也可设置为默认的大小和方向。

单位：毫米 ：可以在下拉列表中选择绘图的单位。

2.54 mm ：可以对当前页进行微调偏移设置。

6.35 mm 6.35 mm ：通过输入数值调整距离。

对齐网格、对齐辅助线、对齐对象、动态导线：可以选择对齐方式及辅助线。

移动或变换时绘制复杂对象、视为已填充、选项：对页面中的图形对象进行移动、变换和填充，同时也可以单击“选项”按钮对属性栏进行设置。

1.4 CorelDRAW X4 的重要概念

在用户应用CorelDRAW X4进行绘图之前，首先要了解一些有关CorelDRAW X4的重要概念，正确理解和应用这些概念有利于更好地使用CorelDRAW X4绘图软件，同时，也有利于读者更好地理解本书的内容。

1.4.1 矢量图与位图

在计算机图形领域中，根据图形的表示方式不同，可将图形分为两类：一类是矢量图形（向量图形或面向目标的图形），它是计算机按矢量的数字模式描绘的图形；另一类是位图（光栅图形或点阵图），它是用点（像素）的横竖排列表示图形，每个点的值占据一个或多个数据位存储，所以这种方式被称为位图。CorelDRAW X4是一款矢量绘图软件，因此CorelDRAW X4所绘制的图形属于矢量图。

矢量图形

矢量图也叫向量图或面向目标的图形，是用数学方式描述的曲线及曲线围成的色块制作的图形。它们是计算机内部表示成一系列的数值而不是像素点，这些值决定了图形如何显示在屏幕上。用户所制作的每一个图形、打印的每一个字母都是一个对象，每个对象都决定其外形的路径。一个对象与别的对象相互隔离，因此，无论矢量图放大到多少倍，都不会失真，这就意味着矢量图可以按图形输出要求，高分辨率显示到输出设备上而不会增加计算机的负荷。矢量图形尤其适用于标志设计、图案设计、文字设计、版式设计等，它所生成的文件也比位图文件要小一些。图1-21和图1-22分别是一幅矢量图和将其局部放大后的效果图。

图1-21

图1-22

位图图像

位图也叫光栅图形或点阵图，由于位图图像显示方式是以点的横竖排列表示图形，每个点的值占据一个或多个数据位存储。如果将位图图像放大到一定的程度，就会发现它是由一个个小方格组成的，这些小方格被称为像素点，像素点是图像中最小的图像元素。一幅位图图像包括的像素点可以达到上百万个，因此，位图的大小和质量取决于图像中像素点的多少。

将位图图像放大一定倍数之后，图像就会失真。如果想输出高质量的位图图像，在进行图像设计之前，就应该设置高分辨率的图像文件。图 1-23 和图 1-24 分别是一幅位图图像和将其局部放大后的效果图。

图 1-23

图 1-24

1.4.2 色彩模式

在计算机绘图中，颜色有很多种表示方式，CorelDRAW X4 应用程序也支持多种颜色模式，如 CMY、CMYK、CMYK255、RGB、HSB、HLS、LAB、YIQ、Grayscale 和 Registration Color 等。其中常用的是 RGB 模式和 CMYK 模式。

在 CorelDRAW 中使用颜色模式可以精确地定义颜色，并且在同一种颜色模式中，如果所有的参数都相同，那么所定义的颜色也相同，这样对颜色的解释有了统一的标准。为不同输入设备选择不同的颜色预置文件，可以使屏幕上所见到的颜色和实际输出的颜色一致。图 1-25 和图 1-26 分别为 RGB 色彩模式和 CMYK 色彩模式。

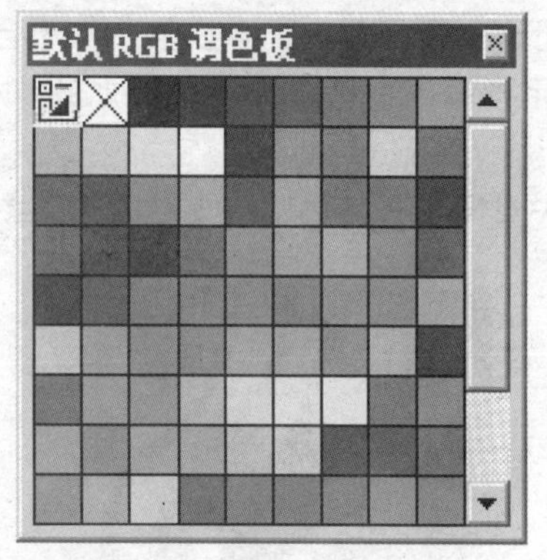

图 1-25

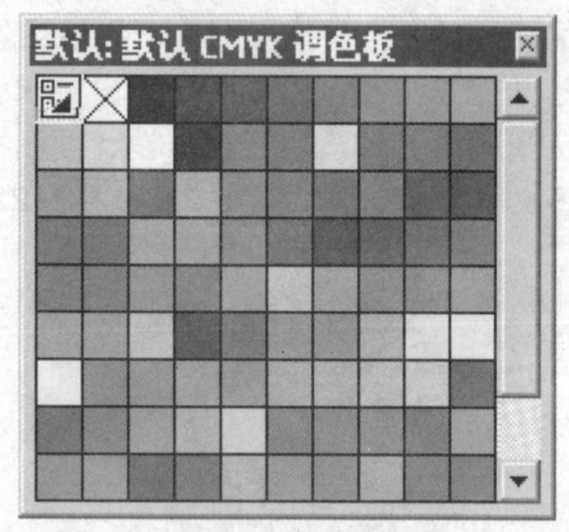

图 1-26

1.4.3 文件格式

文件格式决定了应用程序在文件中保存信息的方式。每一款图形设计软件都有自身专用的文件格式。CorelDRAW 软件除了可以对自身专用的 CDR 格式的图像进行编辑之外，还支持其他格式的图像。不同格式的图像，其应用范围和特点也各有不同。下面将介绍不同文件格式的特点，以便更好地使用软件。

AI 格式

Adobe Illustrator 文件格式（AI）是由专为 Macintosh 和 Windows 平台而建立的 Adobe Systems 所开发的。它起初基于矢量图，但在高版本中也支持位图信息。

GIF 格式

GIF 是基于位图的格式，专门使用在网页上。这是一种高度压缩的格式，目的在于尽量缩短文件传输的时间，支持 256 种颜色。GIF 格式具有在一个文件中保存多个位图的能力。多个图像快速连续地显示时，文件被称为 GIF 动画文件。

BMP 格式

Windows 位图（BMP）文件格式是以 Windows 操作系统为标准而开发出来的。以 BMP 格式保存时，既可以节省保存空间，又不会破坏图像的任何细节，但它的缺点是保存和打开时的速度比较慢。

读书笔记

Chapter 02
CorelDRAW X4 基础操作

在学习设计平面作品之前，必须熟悉CorelDRAW X4的基本操作。本章主要介绍在CorelDRAW X4中如何操作和管理绘图文件，主要内容包括创建新文件，使用模板创建文件，打开原来的绘图文件，保存和关闭文件，导入和导出文件，插入、删除和命名页面，运用工具箱中的缩放工具组控制视图的显示范围，以及标尺、网格和辅助线的设置。

2.1 文件的管理

任何一件作品都是劳动的结晶，不应该因为疏忽而使作品文件遭到破坏或丢失。用户应该对文件的使用非常熟悉，包括如何新建、打开、保存、关闭、退出文件，以及如何导入和导出文件，这是CorelDRAW X4最基本的操作。

2.1.1 新建文件

在CorelDRAW X4图形绘制软件中，“文件”菜单提供了两种新建文件的方式，一种是执行“文件/新建”命令，另一种是执行“文件/从模板新建”命令，下面将分别介绍这两种方法。

新建文件

启动CorelDRAW X4后，在打开的窗口中就会出现一个欢迎访问界面。单击欢迎界面中的“新建空文件”选项即可新建一个空白文件，如图2-1所示。

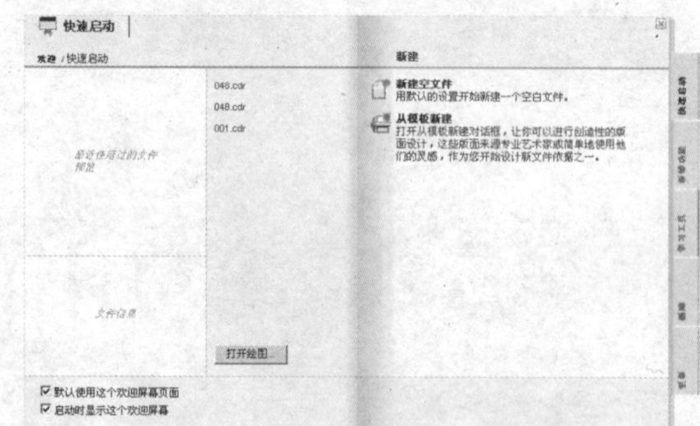

图2-1

Tip 技巧提示

在打开“欢迎访问CorelDRAW X4”界面后，直接按【Enter】键就相当于单击“新建空文件”选项，同样可以新建空白文件。

如果在CorelDRAW X4中已经进行过一次编辑，要建立一个新文件，只需在菜单栏中执行“文件/新建”命令，即可新建一个空白文件，如图2-2所示。

在“标准”工具栏中，单击“新建”按钮或者按【Ctrl+N】组合键，也可以新建一个空白文件，如图2-3所示。

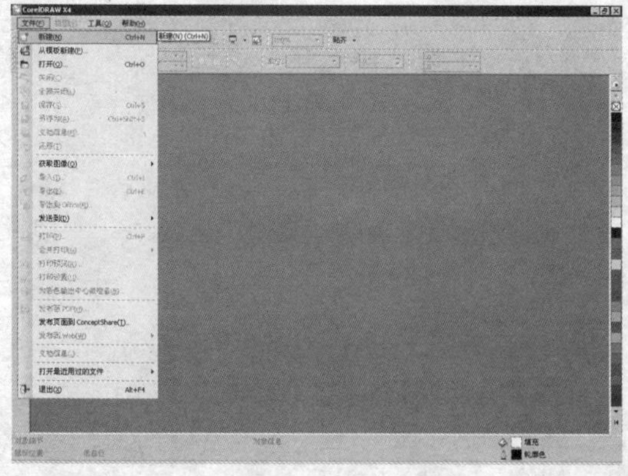

图2-2

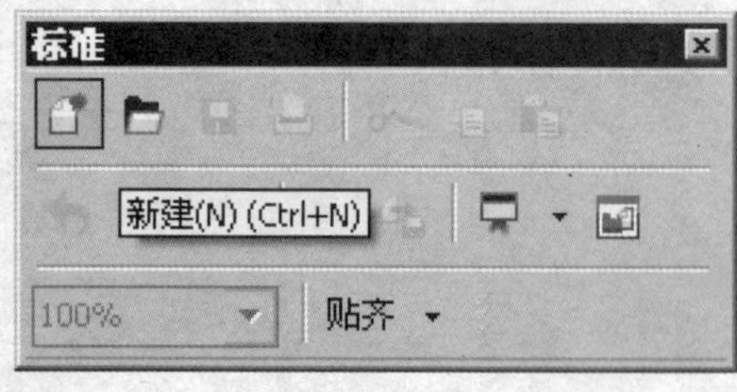

图2-3

从模板新建文件

模板是一套控制绘图版面、外观样式和页面布局的设置。通过模板可以设置页面大小、方向、标尺位置、网格及辅助线等参数。CorelDRAW X4 预设的模板中还包括可修改的图形和文本。

在CorelDRAW X4 绘图软件的欢迎界面中，单击“从模板新建”选项，选择从模板中创建项目，即可打开“从模板新建”对话框，选择CorelDRAW X4 中预置的模板，然后单击“打开”按钮，如图2-4 所示。

执行“文件/从模板新建”命令，如图2-5 所示，也可打开“从模板新建”对话框。

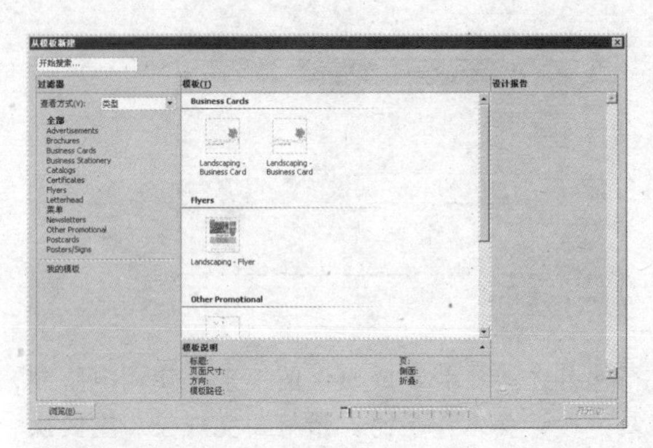

图2-4

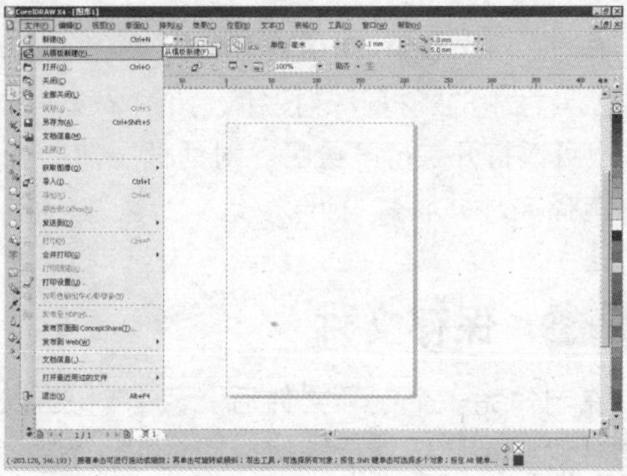

图2-5

2.1.2 打开文件

CorelDRAW X4 提供了3 种方法来打开已经存在的图形或文件，从而对其进行修改或编辑。

方法一：启动CorelDRAW X4 时，在弹出的欢迎界面中单击“打开绘图”按钮，即可打开已经存在的图形，如图2-6 所示。

方法二：执行“文件/打开”命令或者按【Ctrl+O】组合键，弹出的“打开绘图”对话框如图2-7 所示。

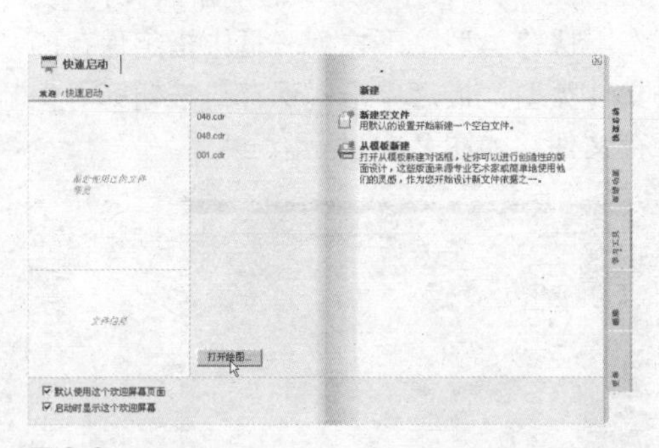

图2-6

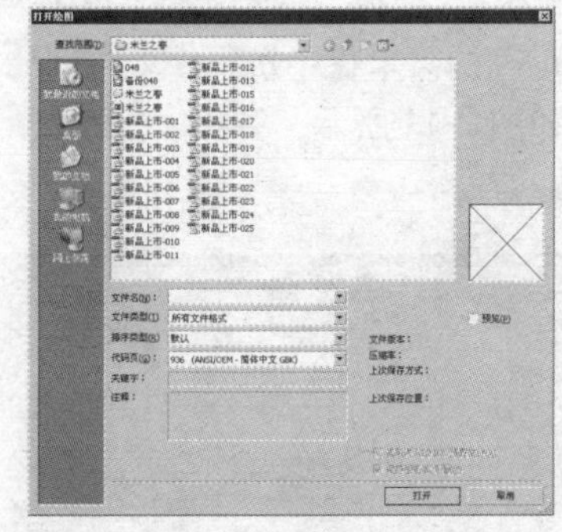

图2-7

在“查找范围”下拉列表框中选择适当的位置，如图2-8 所示，选择好位置后，在下方的选择框中选择所需文件，单击“打开”按钮，即可打开该文件。选中对话框右下角的“预览”复选框，可预览所选的文件，如图2-9 所示。

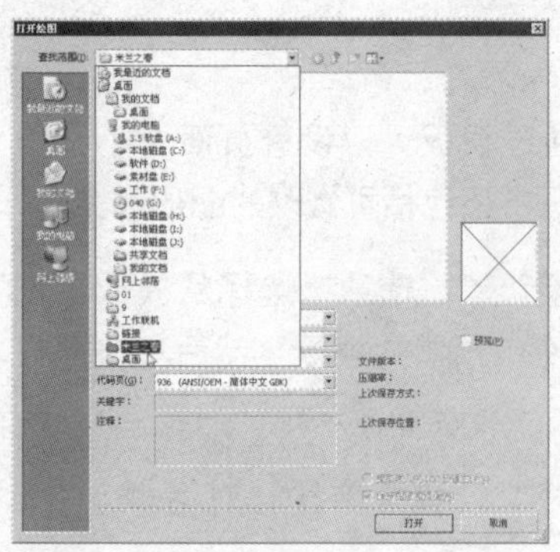

图 2-8

图 2-9

方法三：在 CorelDRAW X4 中，单击“标准”工具栏中的“打开”按钮，如图 2-10 所示，也可以打开“打开绘图”对话框，然后可从中选择文件并将其打开。

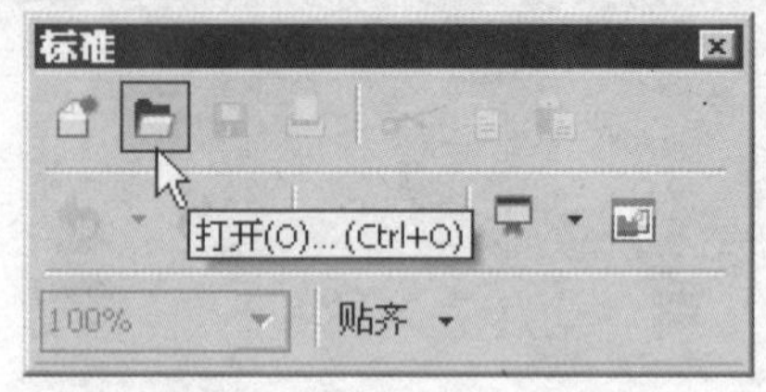

图 2-10

2.1.3 保存文件

在制作完一个电子文件后，只有对文件进行保存才能将劳动成果保留下来。使用电脑制作文件时，一定要养成随时保存的好习惯。尤其是设计美术作品时，最好每完成一步重要操作就保存一次。否则，一旦发生停电等意外情况就可能导致未保存的文件丢失。

在默认情况下，CorelDRAW X4 以 CDR 格式保存文件，也可以利用 CorelDRAW X4 提供的高级保存选项来选择其他文件格式。如果需要将绘图文件保存为其他应用程序能够使用的文件，也可以将其保存为该程序支持的文件格式。还可以将文件保存为以前的 CorelDRAW 版本。

此外，利用 CorelDRAW X4 提供的高级选项，在保存文件时，可以向文件中添加注释、关键字及缩略图，以后就能更方便地查找文件。

01 在绘制图形的过程中，为了避免因意外（如电脑死机）而丢失文档，可在 CorelDRAW X4 的菜单栏中执行“文件/保存”命令，如图 2-11 所示，弹出“保存绘图”对话框。

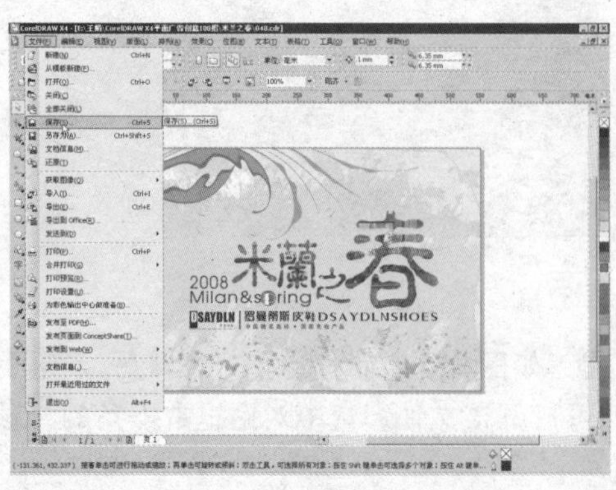

图 2-11

02 在“保存在”下拉列表框中指定保存位置，在“文件名”文本框中输入文件名，在“保存类型”下拉列表框中指定保存的文件类型，最后单击“保存”按钮即可保存文件，如图 2-12 所示。

图 2-12

Tip 技巧提示

可以使用比较快捷的保存方法，即在"标准"工具栏中单击"保存"按钮，或者按【Ctrl+S】组合键。若选择"文件/另存为"命令，系统仍会弹出"保存绘图"对话框，可以对原有文件的名称、路径进行改变并保存。

2.1.4 关闭文件

可以在退出CorelDRAW X4之前随时关闭一个或所有打开的文件。一般情况下，若要关闭一个文件，则使该文件变为当前文件，然后选择"文件/关闭"命令即可。

执行"窗口/全部关闭"命令，即可关闭所有文件，如图2-13所示。

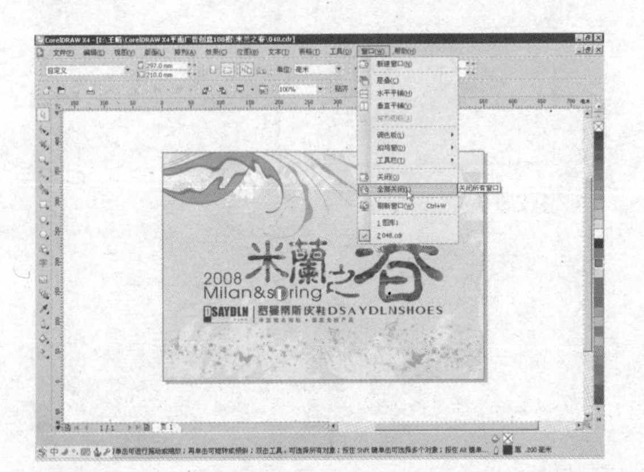

图2-13

如果对文件的改动没有保存，关闭文件时会出现一个提示对话框要求确认是否保存文件，如图2-14所示。若要保存文件则单击"是"按钮，然后在打开的"保存绘图"对话框中保存文件；若不需要保存则单击"否"按钮；若现在不想关闭当前文件，则单击"取消"按钮。

图2-14

Tip 技巧提示

也可以通过单击绘图窗口右上角的"关闭"按钮来关闭一个文件。

当要退出CorelDRAW X4时，可以执行"文件/退出"命令，关闭CorelDRAW X4应用程序。

一般来讲，通常是先关闭文件，然后再退出CorelDRAW X4程序，这样便于确认打开的文件是否需要保存。如果还有文件没有保存，当退出CorelDRAW X4时会出现询问是否保存文件的提示对话框。

Tip 技巧提示

可以按【Alt+F4】组合键来退出CorelDRAW X4，也可以单击应用程序窗口右上角的"关闭"按钮来退出该程序。

2.1.5 导入文件

导入文件

通过"导入"命令，可以把其他应用程序生成的文件输入至CorelDRAW X4中，包括位图和文本文件等。导入的文件将作为一个对象放置在 CorelDRAW X4 绘图页面中。当导入图像时，可以对图像重新采样、去掉没用的信息并缩小文件的大小，还可以对图像进行剪裁。

01 执行"文件/导入"命令，打开"导入"对话框。选定所需要的位图，在右侧预览框下勾选"预览"复选框，即可预览选定的文件图像，如图 2-15 所示。

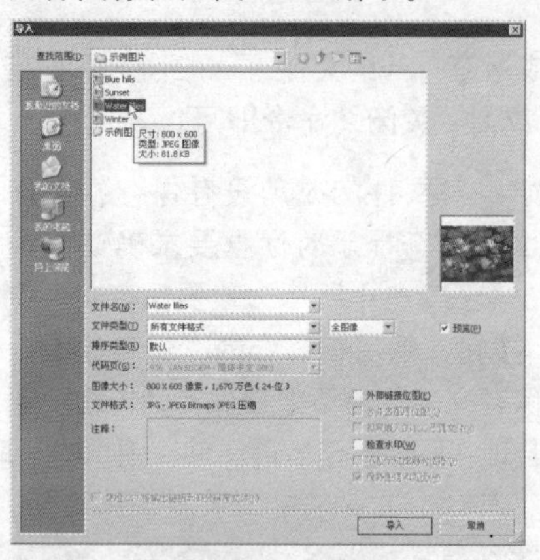

图 2-15

02 选中要导入的图像文件，然后单击"导入"按钮。在绘图页面中，鼠标会变成一个直角形状，如图 2-16 所示。

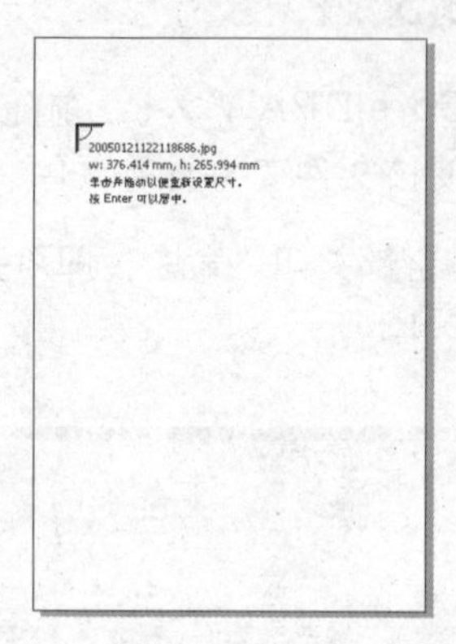

图 2-16

03 在绘图页面中，选定图片的位置，单击鼠标左键，即可导入图片，如图 2-17 所示。

图 2-17

Tip 技巧提示

此外，单击标准工具栏上的"导入"按钮，也可以打开"导入"对话框，完成导入文件的操作。

裁剪图像

在导入文件时，如果需要重新采样文件或裁剪文件，可以在"全图像"下拉列表中选择"裁剪"或"重新采样"选项。

01 在"导入"对话框中，选中要导入的图片文件，单击"文件类型"列表右侧的下拉按钮，在弹出的下拉菜单中选择"裁剪"命令，如图 2-18 所示。

02 单击"导入"按钮，弹出"裁剪图像"对话框。在此针对需要裁剪的区域进行参数设置，或者使用鼠标拖曳图片选区的控制点进行选择，如图 2-19 所示。

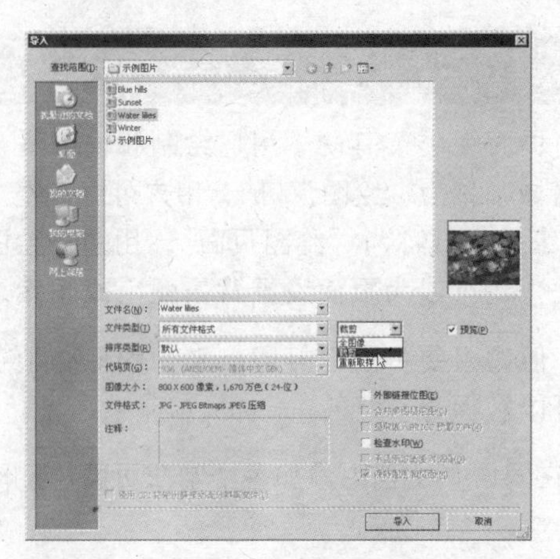

图2-18

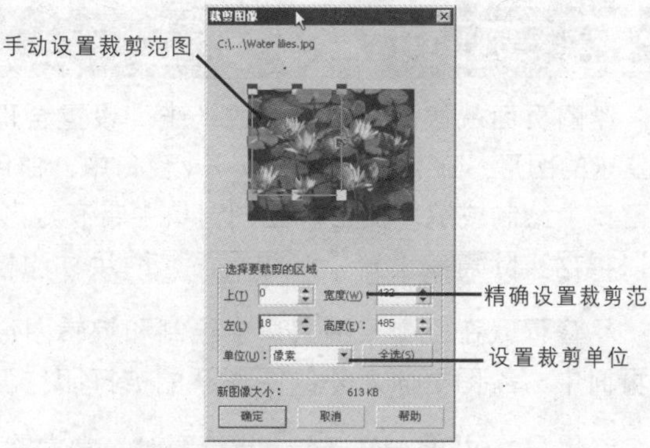

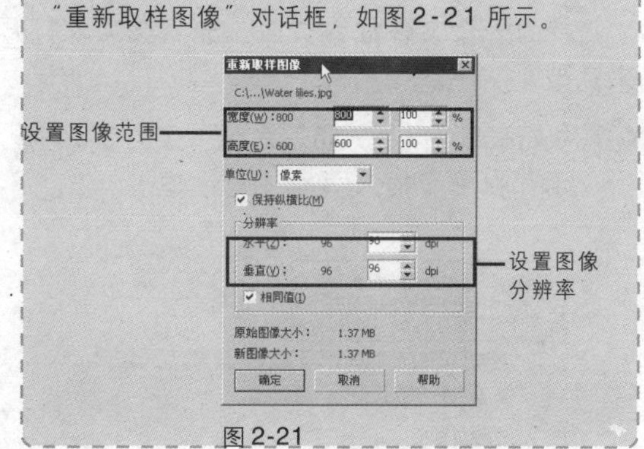

图2-19

03 裁剪图像后，单击"确定"按钮，即可导入选择区域内的图像，如图2-20所示。

图2-20

Tip 技巧提示

在"导入"对话框中，选中要导入的图片文件，单击"文件类型"列表右侧的下拉按钮，在弹出的下拉菜单中选择"重新取样"命令，弹出"重新取样图像"对话框，如图2-21所示。

图2-21

2.1.6 导出文件

通过"导出"命令，用户可以将图像导出或保存为不同的文件格式，以供其他应用程序打开使用。

01 执行"文件/导出"命令，弹出"导出"对话框。选定要导出的文件格式为JPG格式，然后设置好相关参数，单击"导出"按钮，如图2-22所示。

图2-22

02 弹出"转换为位图"对话框，设置好相关参数，再依次单击"确定"按钮即可，如图2-23所示。

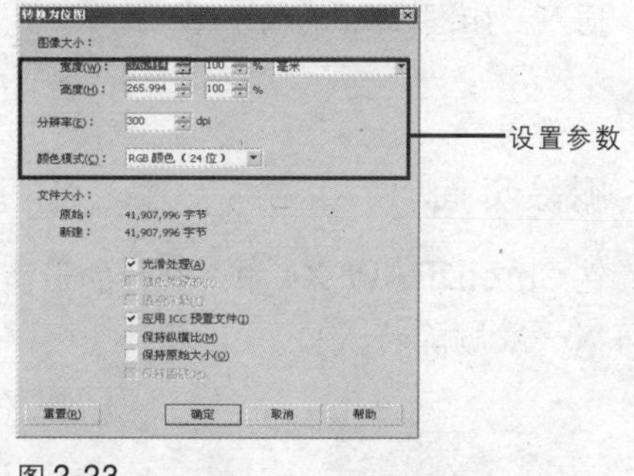

图2-23

2.2 页面的基本设置

绘图页面就像用户书写用的纸张，设置合理的页面大小，有助于用户绘制和输出适合设计要求的图形。在CorelDRAW X4窗口中，白色区域都称为“绘图窗口”，用户可以在整个绘图窗口中绘制或编辑图形。绘图窗口中带有矩形边缘的区域称为“绘图页面”。用户在绘图时可以根据实际需要设置“绘图页面”的尺寸和样式，还可以为页面设置背景颜色或图案。

尽管可以在整个绘图窗口中绘制和编辑图形，但如果要将图形打印出来，图形必须在绘图页面中，绘图页面之外的图形不能被打印，但可以被保存。

在用CorelDRAW X4进行绘图时，常常需要在同一个文档中添加多个空白页面、删除无用的页面，还可以对某些特定的页面进行命名。

2.2.1 插入、删除与命名页面

插入页面

要为一个文件插入页面，先将该文件打开并作为当前文件，然后可以参照以下操作步骤来完成。

01 执行“版面/插入页”命令，如图2-24所示，弹出“插入页面”对话框。

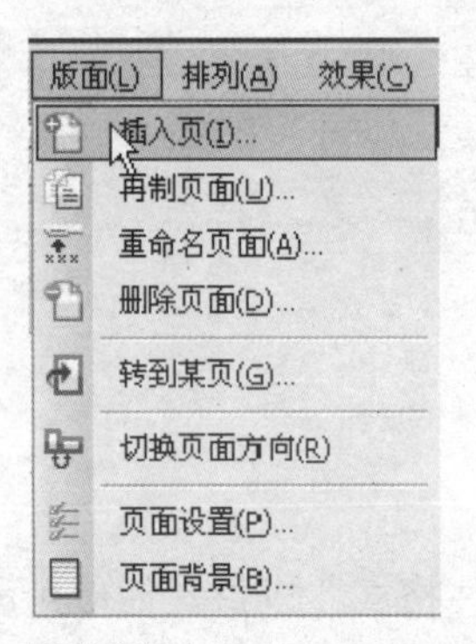

图2-24

02 在“插入”文本框中输入数值，设置需要插入的页面数目，然后单击“确定”按钮，即可完成新页面的插入，如图2-25所示。

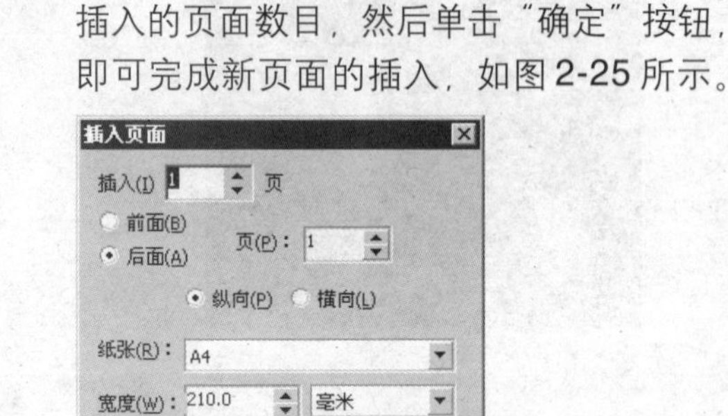

图2-25

03 在CorelDRAW X4状态栏的页面标签上单击鼠标右键，在弹出的快捷菜单中也可以选择插入页面的命令，完成新页面的插入，如图2-26所示。

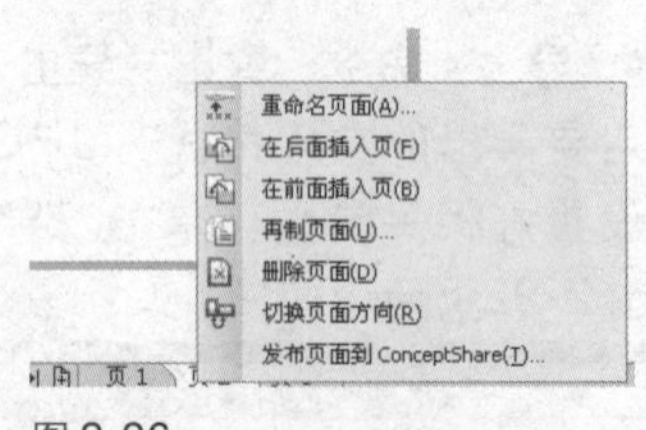

图2-26

删除页面

在CorelDRAW X4中，文件的页面不仅可以添加，也可以删除。既可以一次只删除一页，也可以一次删除若干页。

01 执行“版面/删除页面”命令，如图2-27所示，弹出“删除页面”对话框。

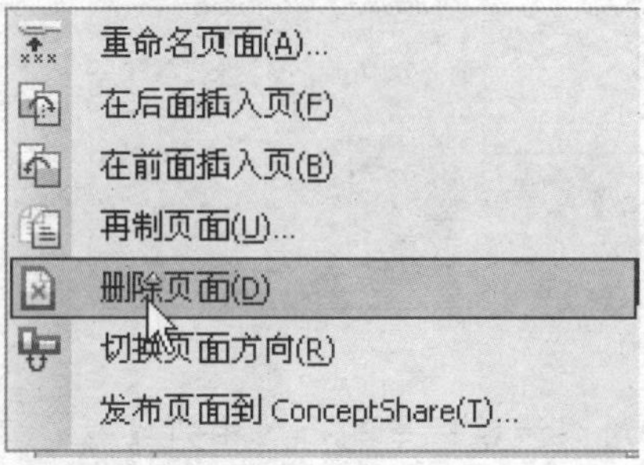

重命名页面(A)...
在后面插入页(F)
在前面插入页(B)
再制页面(U)...
删除页面(D)
切换页面方向(R)
发布页面到 ConceptShare(T)...

图2-27

02 单击“删除页面”后面的“微调”按钮，或直接输入数值，设置需要插入的页面数目，单击“确定”按钮，即可删除页面，如图2-28所示。

删除页面
删除页面(D)
2
通到页面(T)：
2
包含的
确定
取消

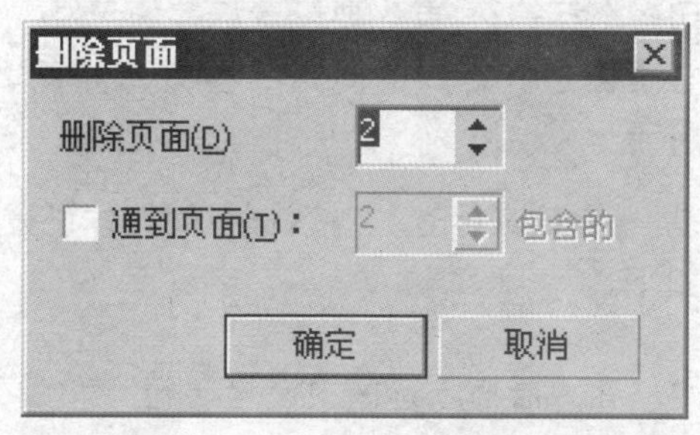

图2-28

Tip 技巧提示

如果选中了“通到页面”复选框，设置“通到页面”后面的微调框中的数值，则可删除从“删除页面”微调框中设置的页数到“通到页面”微调框中设置的页数之间的所有页面。

重命名页面

在一个包含多个页面的文档中，对各页面分别设定具有识别功能的名称，可以方便对它们进行管理。

01 执行“版面/重命名页面”命令，如图2-29所示，弹出“重命名页面”对话框。

重命名页面(A)...
在后面插入页(F)
在前面插入页(B)
再制页面(U)...
删除页面(D)
切换页面方向(R)
发布页面到 ConceptShare(T)...

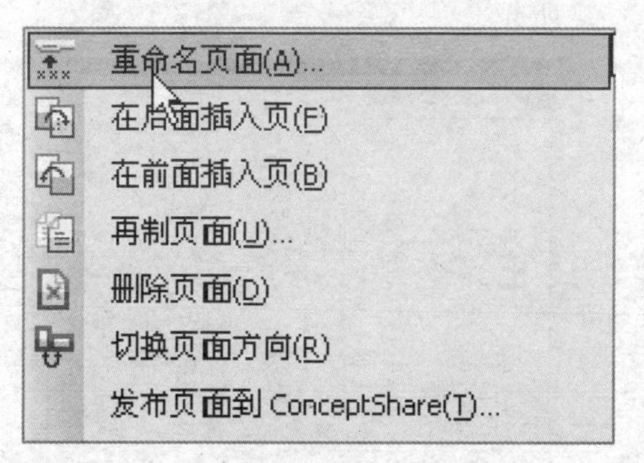

图2-29

02 在“页名”文本框中输入名称，然后单击“确定”按钮，如图2-30所示，设定的页面名称将会在页面指示区中显示。

重命名页面
页名：
飘风
确定
取消

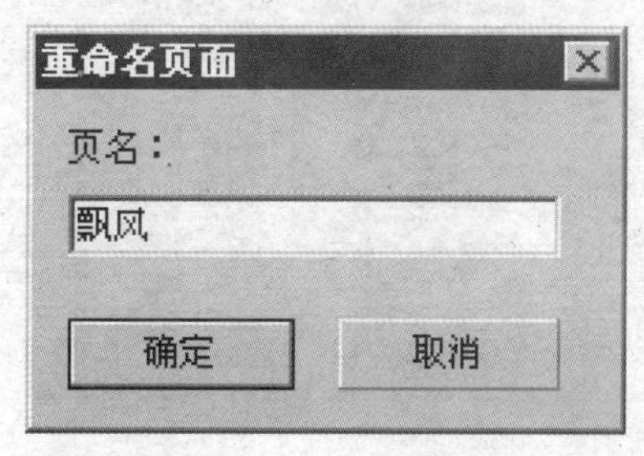

图2-30

2.2.2 设置页面标签、版面与背景

在CorelDRAW X4中，版面风格决定了组织文件进行打印的方式。利用“版面”菜单中提供的命令，可以对文档页面的标签、版面和背景进行设定。

设置页面标签

如果用户需要使用CorelDRAW X4制作标签（如名品、各类标签等，可在一个页面内打印多个标签），首先要设置标签的尺寸、标签与页面边界之间的间距等参数，如图2-31所示。

“自定义标签”对话框中的具体设置详解如下。

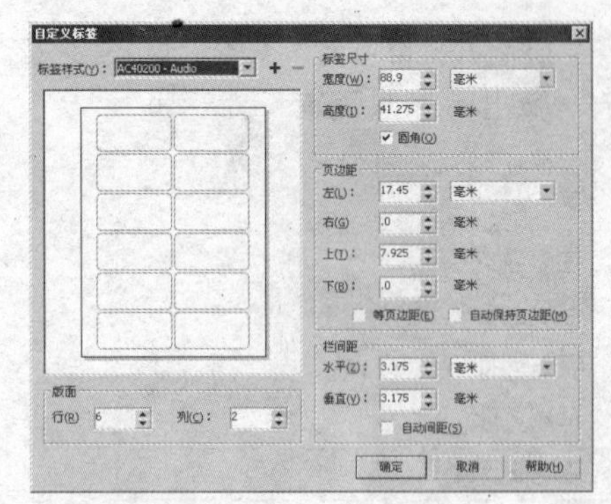

图2-31

在“版面”选区中设置“行”和“列”的数值，可以调整标签的行数和列数。

在“标签尺寸”选区中，可以设置标签的“宽度”和“高度”，以及使用的单位。如果选中“圆角”复选框，即可创建圆角标签。

在“页边距”选区中，可以设置标签到页面的距离。如选中“等页边距”复选框，可以使页的上下或左右边距相等；如选中“自动保持页边距”复选框，可以使页面上的标签水平或垂直。

下面我们来简单介绍一下设置页面标签的方法。

01 执行“版面/页面背景”命令，弹出“选项”对话框。在左窗格中依次展开“页面/标签”选项，在右侧的“标签”栏下选中“标签”单选按钮，然后在“标签类型”列表中选择任意一种标签，可通过预览窗口显示选中的标签样式，如图2-32所示。

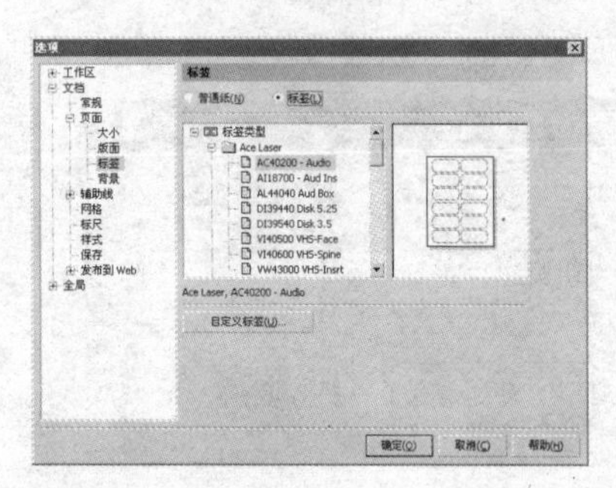

图2-32

02 单击“自定义标签”按钮，即可弹出“自定义标签”对话框。单击“标签样式”列表框右侧的下拉按钮，在弹出的下拉列表中选择预置的标签样式，进行参数调整后单击“确定”按钮即可，如图2-33所示。

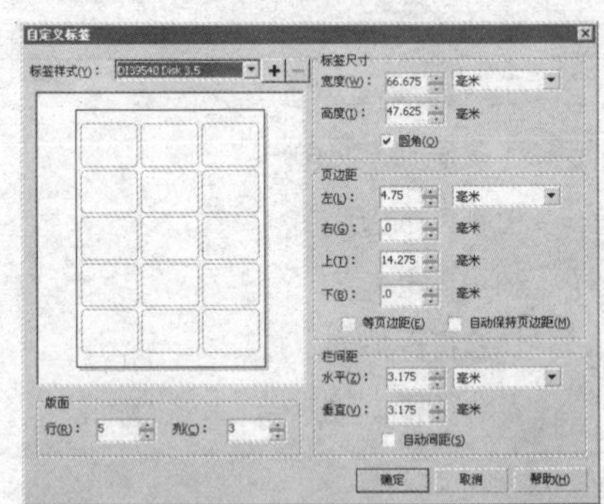

图2-33

设置版面

下面我们来简单介绍设置版面的方法。

01 在“选项”对话框左侧窗格中依次展开“文档/页面/版面”选项，在对话框的右侧面板中即可设置版面的相关参数，如图2-34所示。

02 如果选中预览窗口下方的“对开页”复选框，则可以在多个页面中显示对开页。在“起始于”下拉列表框中可以选择文档的开始方向是从右面还是从左面开始，如图2-35所示。

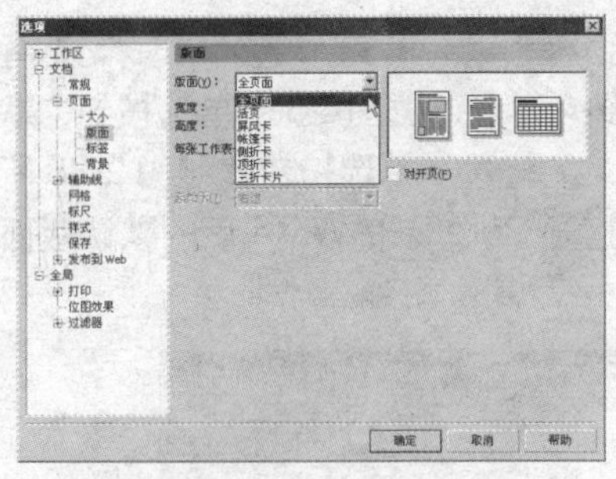

图 2-34

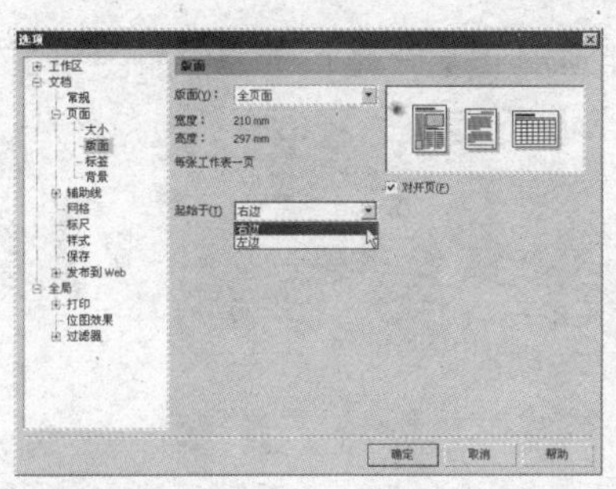

图 2-35

版面样式的种类

在“选项”对话框右侧面板中，单击“版面”下拉按钮，在其下拉列表中可以选择如图 2-36 所示的集中版面样式：全页面、活页、屏风卡、帐篷卡、侧折卡和顶折卡等。

全页面

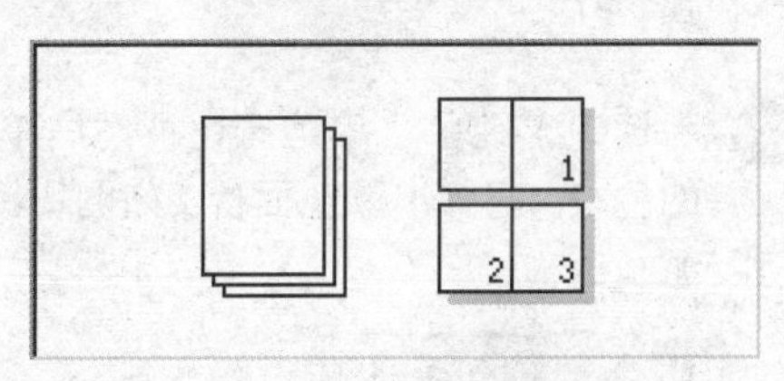

活页

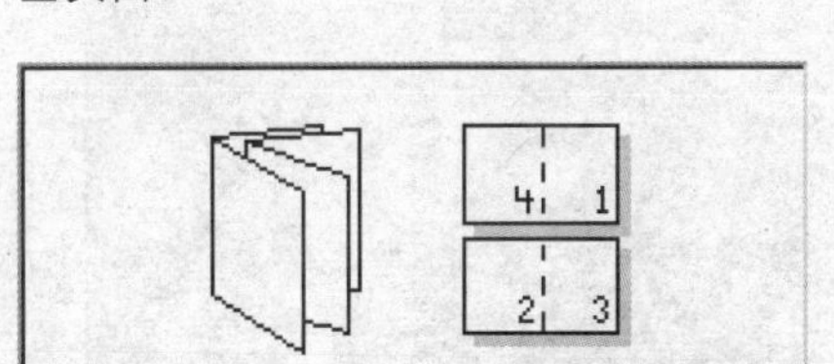

屏风卡

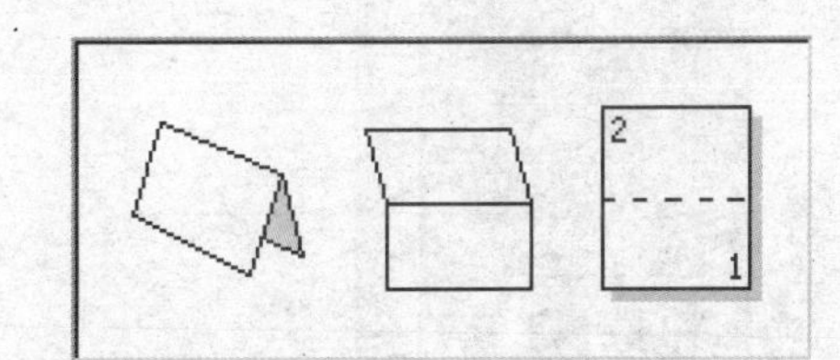

帐篷卡

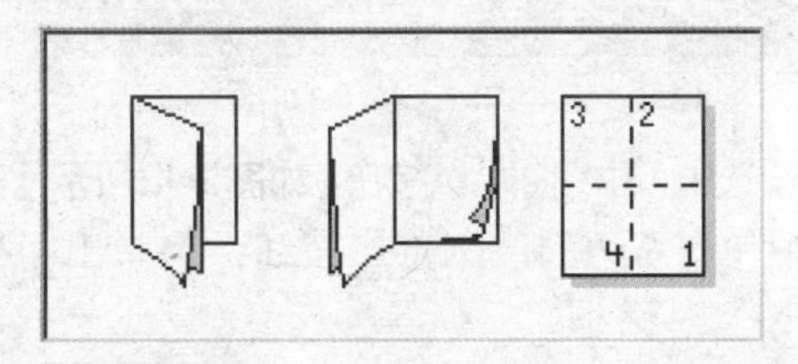

侧折卡

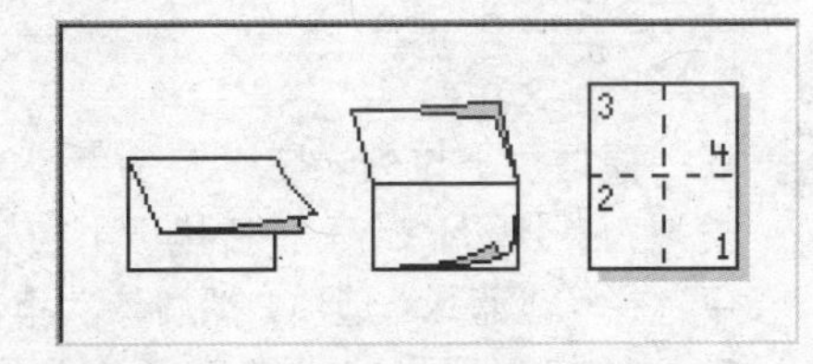

顶折卡

图 2-36

Tip 技巧提示

只有全页面、活页、屏风卡及侧折卡才能设为对开，帐篷卡和顶折卡不能设为对开。

设置页面背景

在 CorelDRAW X4 中，文件页面的背景有 3 种：无背景、纯色背景和位图背景。可以通过“选项”对话框为页面设置背景。

01 执行“版面/页面背景”命令，如图2-37所示，弹出“选项”对话框。

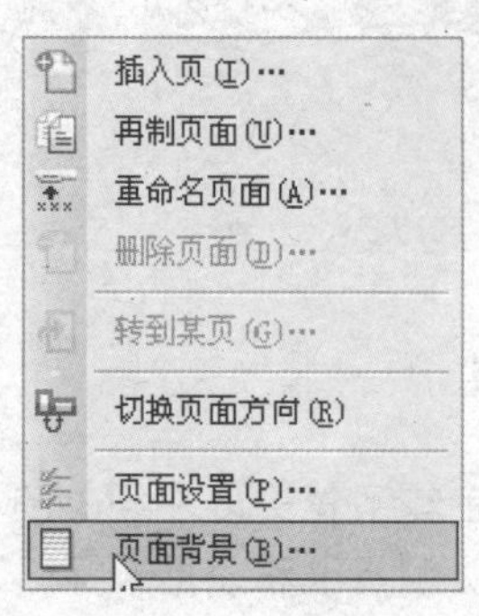

图2-37

02 在右侧面板中的“背景”选区中有“无背景”、“纯色”和“位图”3个单选按钮，默认选中“无背景”单选按钮，如图2-38所示，即打开CorelDRAW X4后的默认版面无色彩，无背景图片。

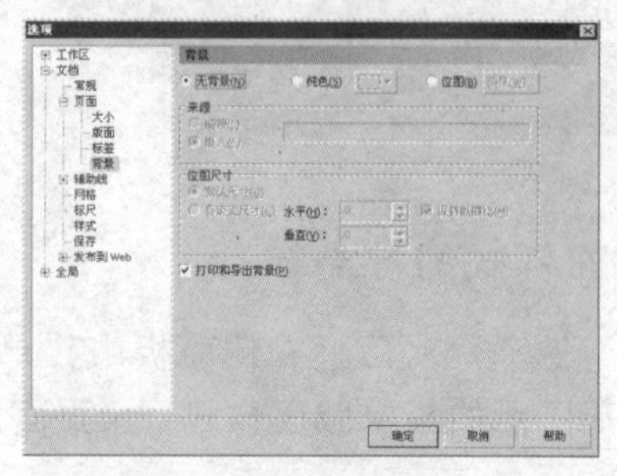

图2-38

03 若选中“纯色”单选按钮，然后单击右边的色块，将弹出颜色面板，如图2-39所示。

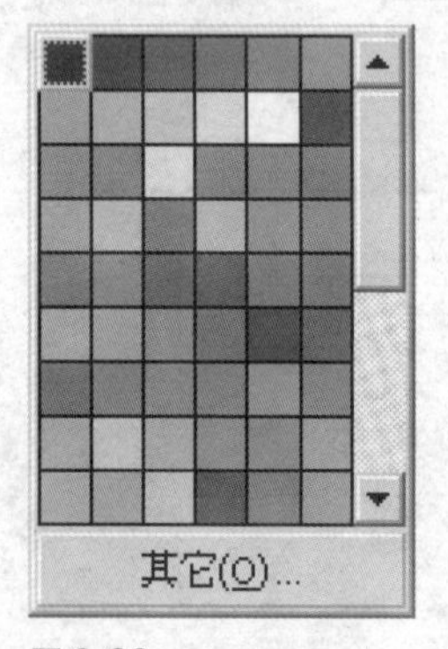

图2-39

04 单击颜色面板最下方的“其他”按钮，弹出“选择颜色”对话框，如图2-40所示。

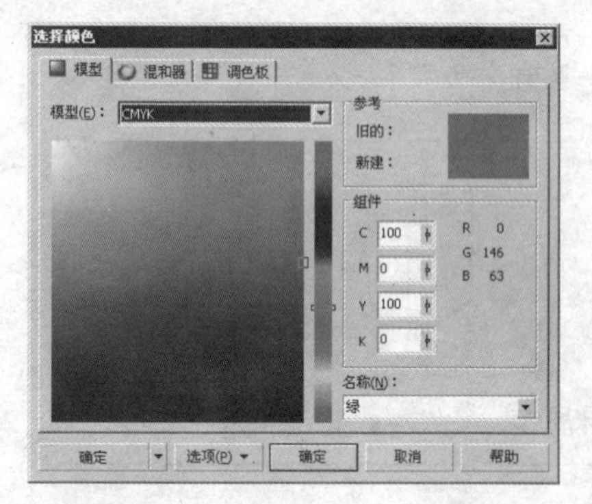

图2-40

05 在“模型”下拉列表中设置所需要的颜色类型为“RGB”，在“名称”下拉列表框中选择“浅蓝绿”选项，然后依次单击“确定”按钮，即可将当前颜色作为页面背景，如图2-41所示。

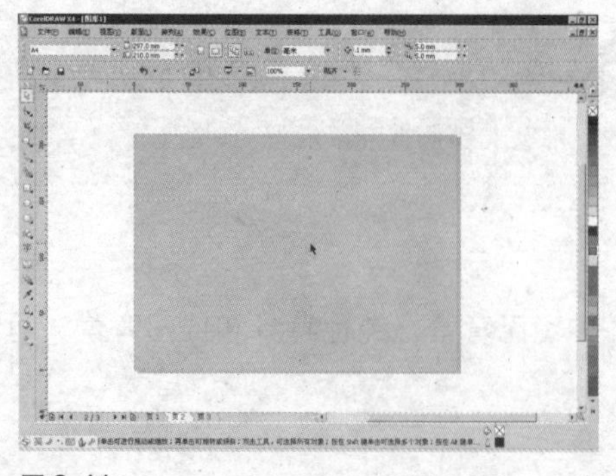

图2-41

06 若选中“位图”单选按钮，如图2-42所示，然后单击右边的“浏览”按钮，将弹出“导入”对话框。

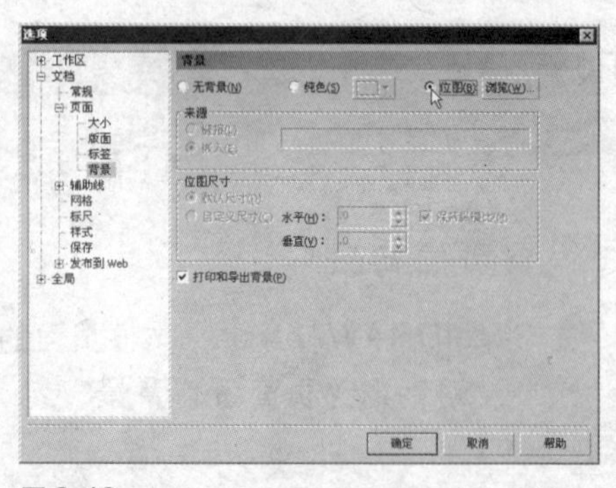

图2-42

07 在“导入”对话框中，选择要用来作为页面背景的图片文件，然后单击“导入”按钮，如图2-43所示。

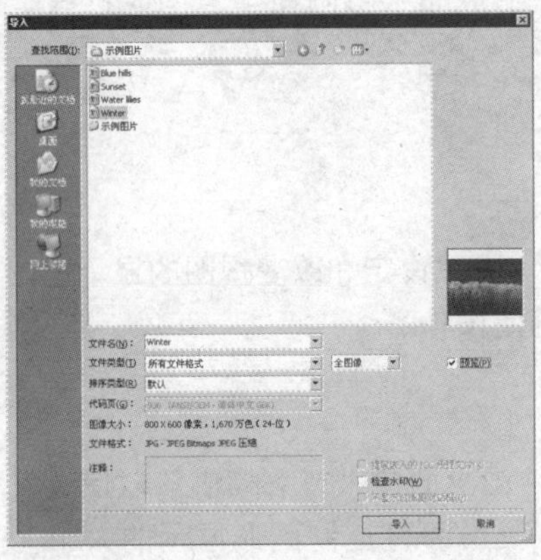

图2-43

08 回到“选项”对话框，在“来源”选区中选择位图的来源方式为“嵌入”，然后在“位图尺寸”选区中选中“默认尺寸”单选按钮，再单击“确定”按钮，如图2-44所示。

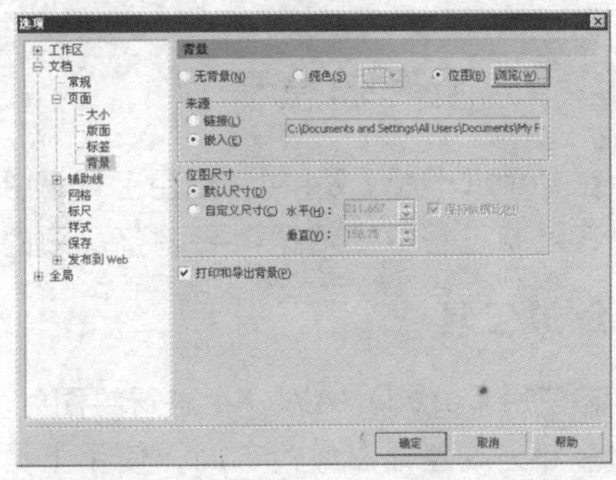

图2-44

Tip 技巧提示

如果选中“链接”单选按钮，则表示把输入的图片文件链接到页面中；选中“嵌入”单选按钮，可以将输入的图片文件嵌入到页面中。选择“链接”方式的好处是图像仍将独立存在，因此，此时可减少CorelDRAW X4文档的尺寸。此外，用户编辑图像后，可自动更新页面背景。

09 将选中的图片文件以默认尺寸嵌入到页面中，设置为页面背景，如果图像尺寸小于页面尺寸，图像则平铺排列，如图2-45所示。

图2-45

10 在“选项”对话框中，也可以选择“自定义尺寸”单选按钮，在“水平”与“垂直”文本框中输入页面尺寸，然后单击“确定”按钮，效果如图2-46所示。

图2-46

Tip 技巧提示

选择“自定义尺寸”单选按钮，可以自定义图片的尺寸；选中“保持纵横比”复选框，可保持图像的长宽比。如果选中该对话框中的“打印和导出背景”复选框，即可在打印和输出时显示背景。

2.3 管理CorelDRAW的视图显示

在CorelDRAW X4中，为了取得更好的图像效果，可以在编辑过程中定时查看目前的效果。用户可根据需要设置文档的显示模式，预览文档，缩放和平移画面。若同时打开了多个文档，还可以调整各文档窗口的排列方式。

2.3.1 图形随意看

在CorelDRAW X4中，运用工具箱中的缩放工具组，可以设定和改变视图的显示范围，使用户在绘制过程中能根据需要调整视图的显示比例，方便操作。

缩放工具

在使用CorelDRAW X4进行绘图时，常常需要将绘图页面放大或者缩小，以便查看对象的细节部分或整幅图像的布局。使用工具箱中的缩放工具，即可控制图形显示的大小。

在工具箱中选中“缩放工具”，将光标移至工作区，当其显示为🔍形状时，单击鼠标左键，就会以单击位置为中心放大图形。要缩小画面显示，则可单击鼠标右键或在按下【Shift】键的同时单击鼠标左键，此时就会以单击位置为中心缩小画面的显示。

Tip 技巧提示

如果希望对某一区域的图形进行放大，可在选中“缩放工具”后在工作区单击，框选需要放大显示的区域，释放鼠标后，被框选区域就会放大显示。

利用缩放工具还可以进行更多的显示控制。在工具箱中选中“缩放工具”，在属性栏中单击“放大”按钮或“缩小”按钮，即可逐步放大或缩小显示当前画面。单击“缩放级别”下拉按钮，在弹出的下拉列表中可选择不同的数值比例，如图2-47所示。

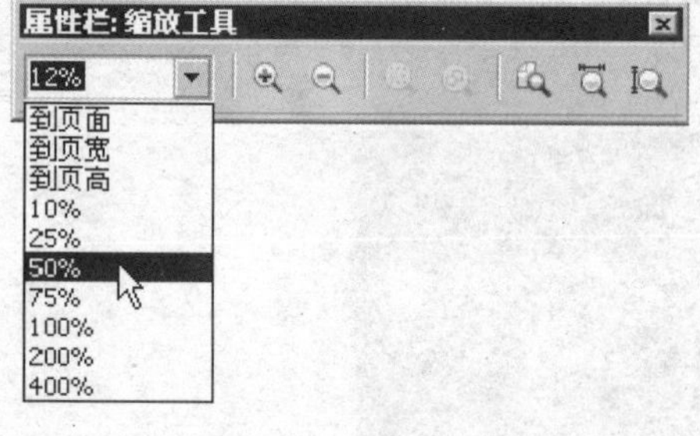

图2-47

抓手工具

通过CorelDRAW X4的抓手工具，可在不改变视图显示比例的情况下改变视点。需要注意的是抓手工具的移动不同于选择工具的移动，选择工具的移动改变物体的坐标位置，抓手工具则是改变视点位置。

2.3.2 按指定的比例查看

执行“工具/视图管理器”命令，在工作区域右侧即可弹出一个“视图管理器”泊坞窗。通过泊坞窗上方提供的一系列显示控制按钮，可以控制页面的缩放比例。除此之外，还可以在编辑过程中保存某些特定区域的特定比例，以便以后使用。

01 执行“文件/导入”命令，导入一张图片，将其放置于当前页面位置。选择工具箱中的“缩放工具”，放大显示某一局部区域，如图2-48所示。

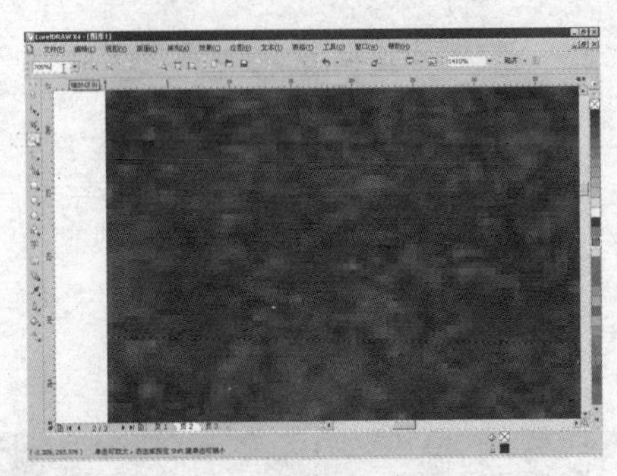

图2-48

02 单击“视图管理器”泊坞窗上的“添加当前视图”按钮，即可将当前页面的缩放比添加到属性栏与工具栏的缩放比例下拉列表中，保存的缩放比例显示为“视图1-725%”，在属性栏、工具栏以及泊坞窗中都可以看到，如图2-49所示。

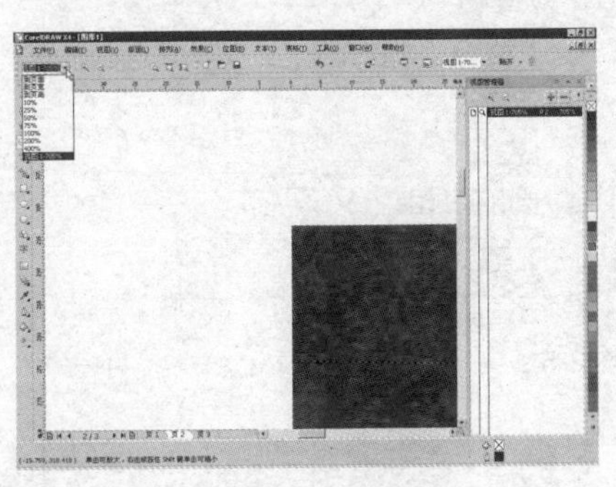

图2-49

03 要重命名该比例模式，可在“视图管理器”泊坞窗中单击其默认设置的名称或单击鼠标右键，从弹出的菜单中选择“重命名”命令，然后键入新名称即可，如图2-50所示。

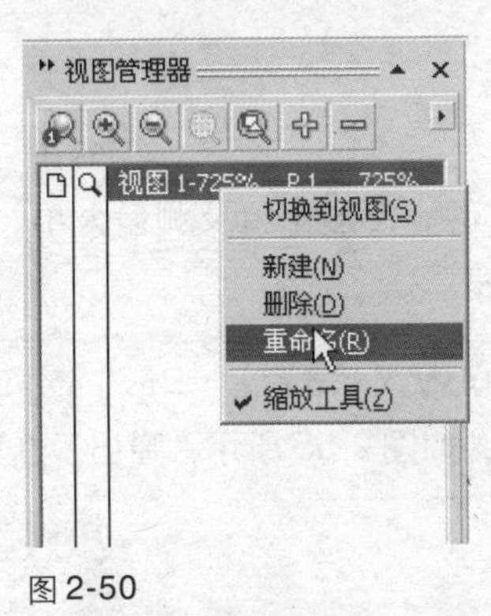

图2-50

04 在“视图管理器”泊坞窗中将添加的显示比例选中，单击“删除当前视图”按钮，或在该显示比例名称上单击鼠标右键，在弹出菜单中选择“删除”命令即可删除添加的显示比例，如图2-51所示。

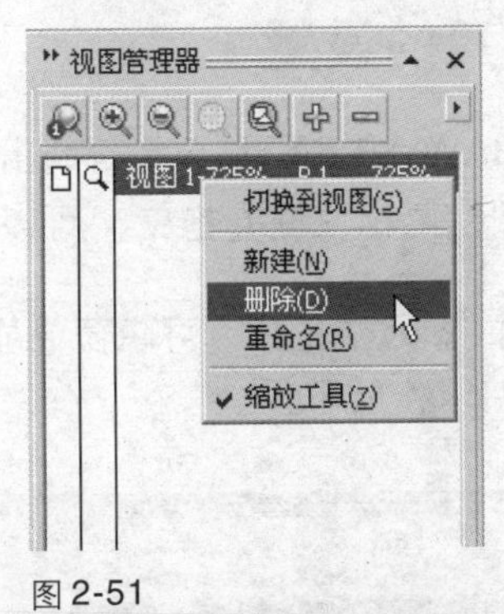

图2-51

Tip 技巧提示

• 单击“视图管理器”泊坞窗右上角的小三角按钮，弹出快捷菜单，选择“新建”命令，也可以保存当前画面的缩放比例。

2.3.3 完完整整看图形

选择全屏显示方式可以将绘图显示在整个屏幕上，这有利于更好地把握绘图的整体效果。

01 执行“视图/全屏预览”命令，如图2-52所示，或者按【F9】快捷键，这时绘图将以全屏方式显示。

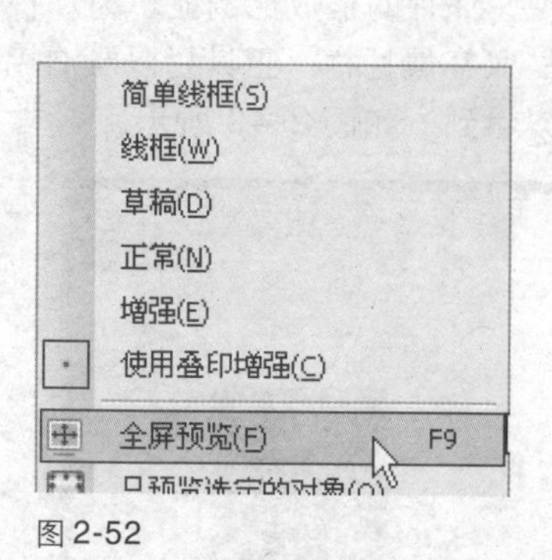

图2-52

02 按键盘上的任意键，或者单击鼠标右键，即可取消全屏预览，如图2-53所示。

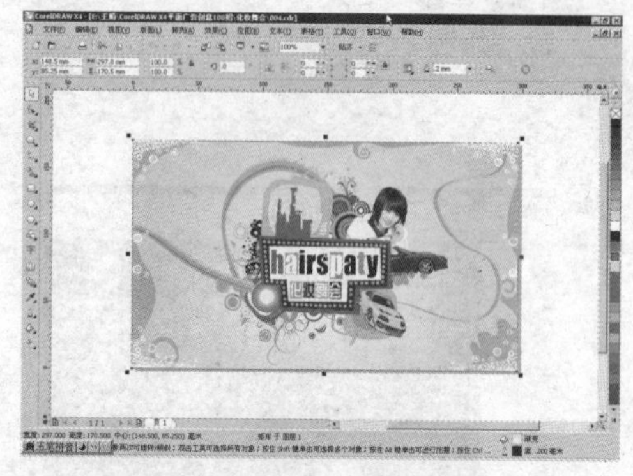

图2-53

2.4 设置标尺、网格和辅助线

在CorelDRAW X4中，可以借助标尺、网格和辅助线等辅助工具对图形进行精确定位。使用标尺可以有尺度依据；使用网格有利于在页面范围内分布对象；使用辅助线可以使对象与标尺上的刻度对齐，还可以使对象之间相互对齐。在打印的时候，设置的标尺、网格、辅助线不会打印出来，方便了我们的绘图工作。

2.4.1 标尺的设置

在CorelDRAW X4中，标尺能帮助用户精确绘制图形图像、确定图形位置及测量大小。在标尺的起始点按住鼠标左键并拖曳，可以重新确定标尺的起始原点。

01 执行“视图/标尺”命令，可隐藏或显示标尺，如图2-54所示。

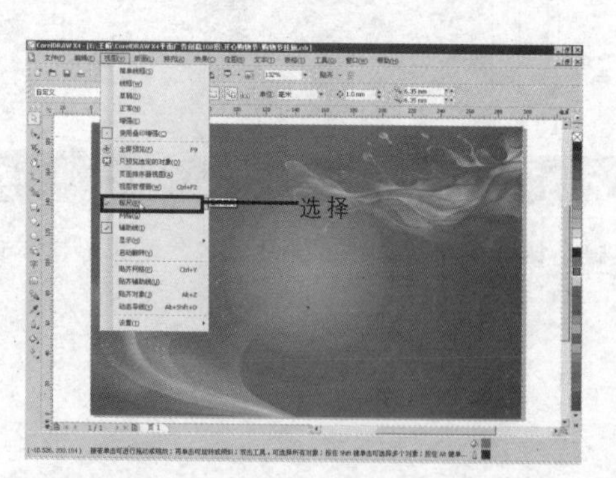

图2-54

02 在CorelDRAW X4菜单栏中执行“工具/选项”命令，如图2-55所示，弹出“选项”对话框。

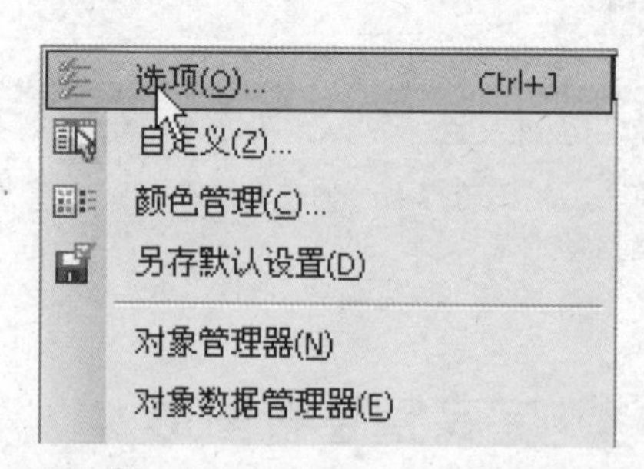

图2-55

Tip 技巧提示

执行“视图/标尺”命令时，如果“标尺”命令左边有勾选标记，则说明已经显示标尺。

03 在“选项”对话框中依次展开“文档/辅助线/标尺”选项，在对话框右侧的选项卡中可以对标尺单位、大小及其他一些属性进行适当的修改，然后单击“确定”按钮，如图2-56所示。

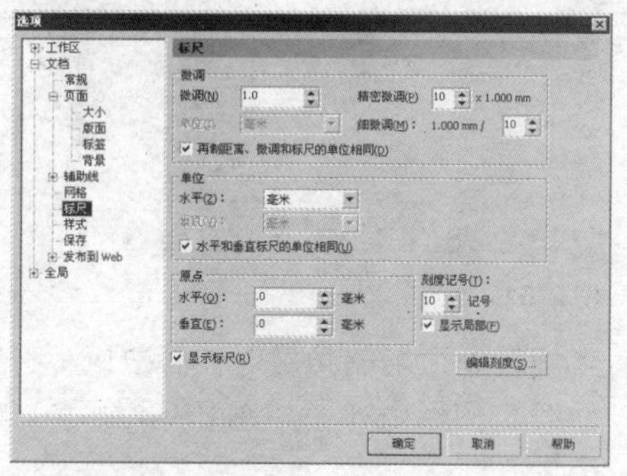

图2-56

04 按住【Shift】键，使用鼠标指针拖曳横标尺或纵标尺，将标尺移动到所需要的位置时，释放鼠标左键和【Shift】键，标尺的位置就改变了，如图2-57所示。

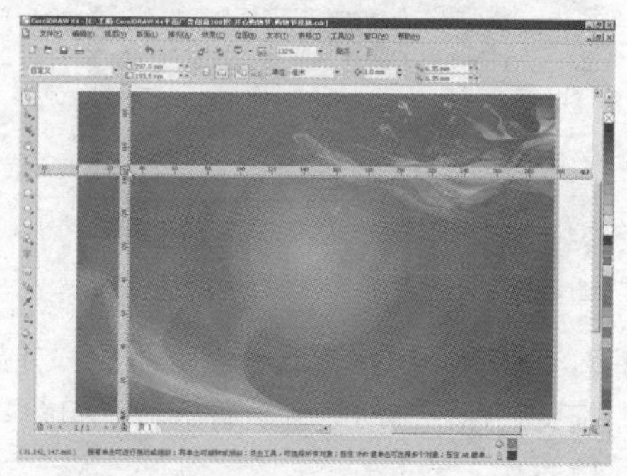

图2-57

2.4.2 网格的设置

网格就是一系列交叉的虚线或点，用于在绘图窗口中精确地对齐和定位对象。但在系统默认情况下，网格是不会显示在窗口中的。

01 执行“视图/网格”命令，如图2-58所示，可显示或隐藏网格。

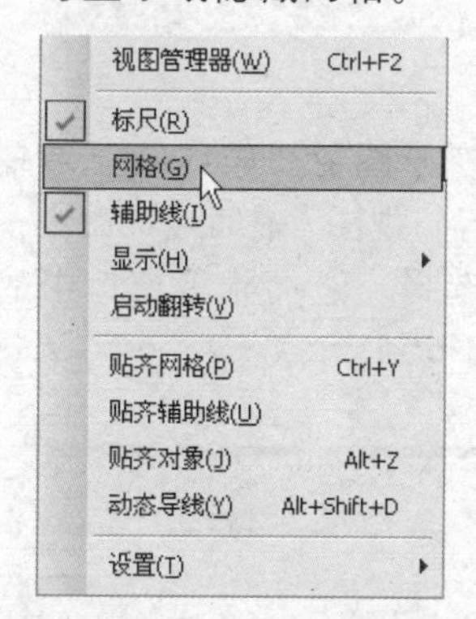

图2-58

02 执行“视图/设置/网格和标尺设置”命令，打开“选项”对话框中的“网格”面板，可以对频率、间距及其他一些属性进行适当的修改，然后单击“确定”按钮即可，如图2-59所示。

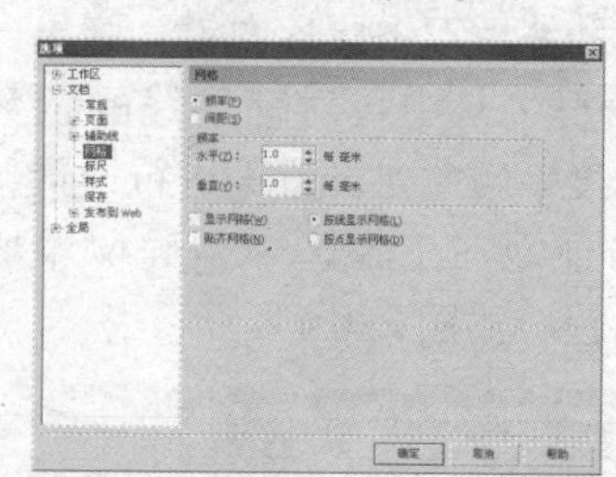

图2-59

Tip 技巧提示

频率是指每一水平或垂直单位之间的行数或点数；间隔是指每条线或每个点之间的精确距离。频率值越高或间隔值越低，越可以精确地对齐和定位对象。

2.4.3 辅助线的设置

在CorelDRAW X4中，辅助线是最实用的辅助工具之一，在绘图窗口中任意调节辅助线水平、垂直或倾斜方向，可以协助对齐所绘制的对象。辅助线在打印时不会被打印出来，在保存文档时，会随着绘制好的图形一起保存。

01 在水平标尺和垂直标尺上按住鼠标左键拖曳出水平和垂直的辅助线，如图2-60所示。

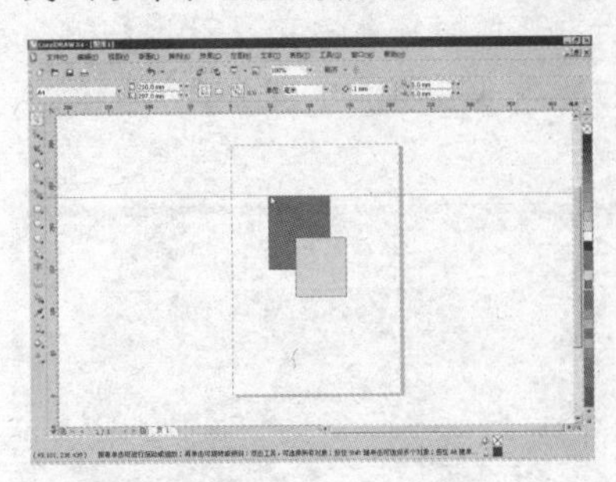

图2-60

02 选择工具箱中的“挑选工具”，两次单击辅助线，会显示倾斜手柄，如图2-61所示。

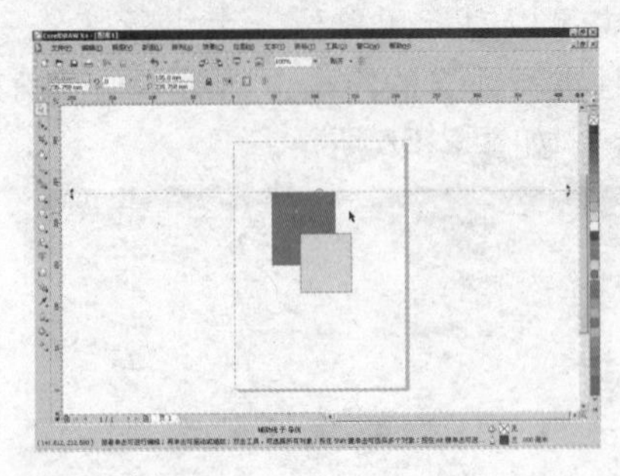

图2-61

03 对准倾斜手柄按下鼠标左键不放，并旋转拖曳鼠标，辅助线会随着旋转，如图2-62所示。

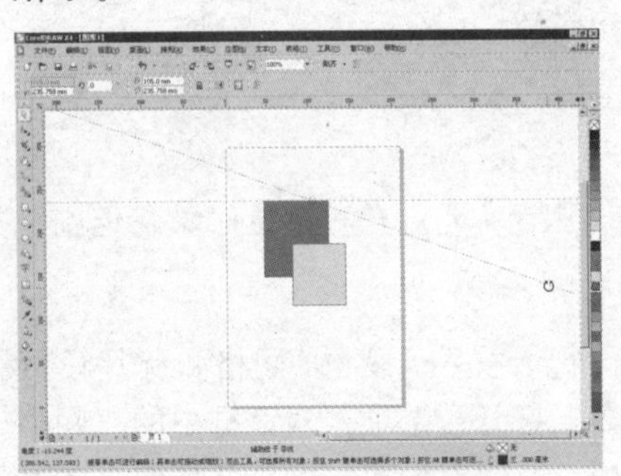

图2-62

04 当旋转到适当的角度时，释放鼠标，将辅助线与图形对齐，如图2-63所示。

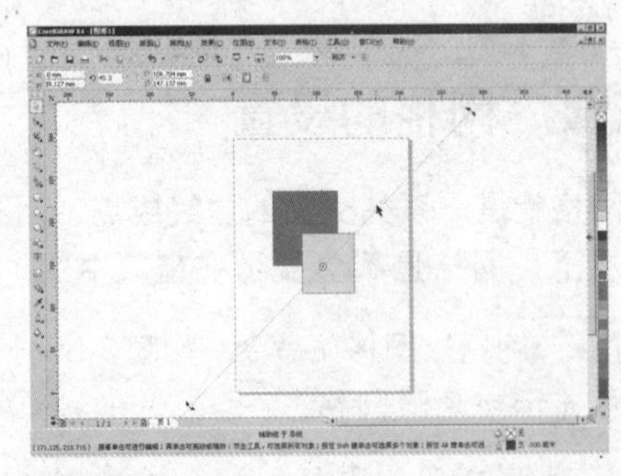

图2-63

05 执行“视图/设置/辅助线设置”命令，或者选中辅助线后双击鼠标左键，弹出“选项”对话框，从中可对辅助线的参数属性，如角度、颜色、位置等进行设置。还可以很方便地在工作区中精确地添加和删除辅助线，如图2-64所示。

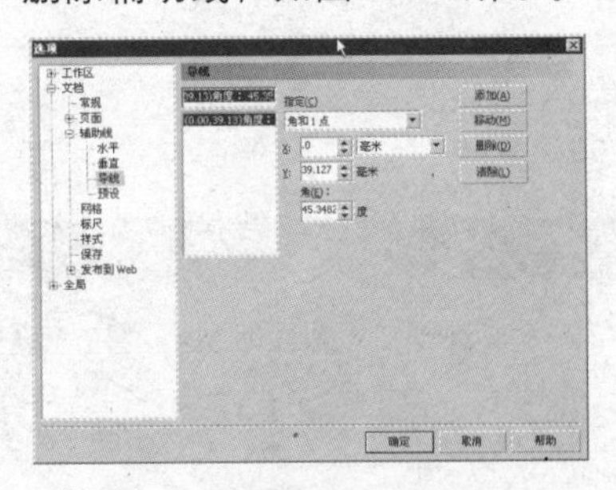

图2-64

06 如果不需要在绘图窗口中继续显示辅助线，可以执行“视图/辅助线”命令，取消对该项的选择，进而隐藏窗口中的辅助线，如图2-65所示。

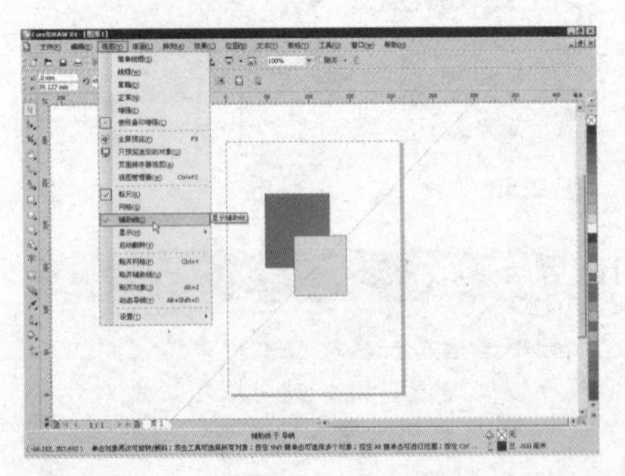

图2-65

Tip 技巧提示

当不再使用辅助线的时候，可以将它删除，也可以使用工具箱中的“挑选工具”单击要删除的辅助线，将它选中，再按下【Delete】键，这样，所选的辅助线就被删除了。

Chapter 03

由浅入深学绘图

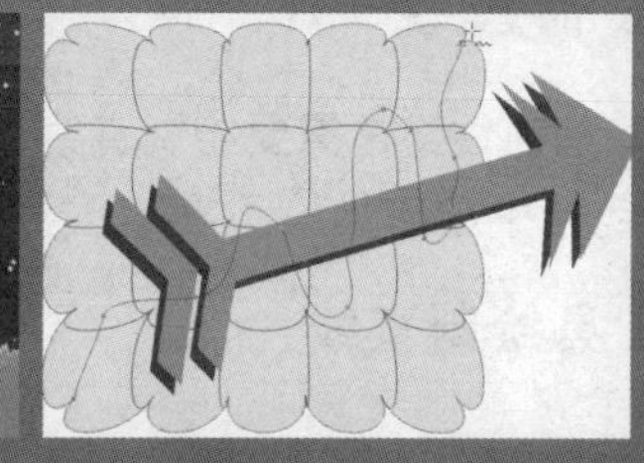

要学好 CorelDRAW 矢量绘图软件，就要先学会如何用软件进行绘图。在 CorelDRAW X4 中，提供了绘制直线、曲线、连接线、箭头、尺寸标注线以及图案等线型的工具和绘制矩形、椭圆、圆、圆弧、多边形和星形等图形的基本图形工具。这些工具在广告设计、包装设计、图案设计以及各种图形绘制中被广泛应用，学好这些绘图工具对深入了解 CorelDRAW 软件有很大的帮助。

3.1 绘制线条

在 CorelDRAW X4 中，可以用绘图工具制作出直线、漂亮的曲线和其他不同的线条，可以用手绘工具、贝赛尔工具、钢笔工具等绘制出直线图形，而手绘工具和艺术笔工具等可以绘制出曲线。通过这些工具，CorelDRAW X4 可以制作出令用户满意的线条效果。

单击工具箱中的“手绘工具”，弹出隐藏工具条。用鼠标拖出该隐藏工具条，将其打开。打开的曲线展开工具栏如图 3-1 所示，该工具栏中的工具介绍如下。

图 3-1

手绘工具：可以在绘图页面上直接绘制直线和曲线。

贝赛尔工具：可以一次绘制多条贝赛尔曲线、直线和复合线。

艺术笔工具：可以绘制带有艺术效果的线段。

钢笔工具：可以一次绘制多条贝赛尔曲线、直线和复合线。

折线工具：可以绘制多条手绘曲线、直线和复合线。

3 点曲线工具：可以便捷地绘制弧线。

交互式连线工具：在两个对象间绘制各种形式的连接线。

度量工具：用来给图形添加标注及尺寸线。

3.1.1 绘制直线

在绘制图案的时候经常需要绘制直线，可以用 CorelDRAW X4 中提供的一些工具来绘制直线，这些工具包括手绘工具、贝赛尔工具、钢笔工具和折线工具。下面就分别对其进行介绍。

用手绘工具绘制直线

选择工具箱中的“手绘工具”，在所绘线段的起始位置单击鼠标左键，鼠标光标会变成带波浪线的十字形，这说明可以开始手绘直线线条了，将光标移到直线的终点处，再次单击鼠标左键，就可以完成直线的绘制。同时，手绘工具也可以绘制折线，如图 3-2 所示。

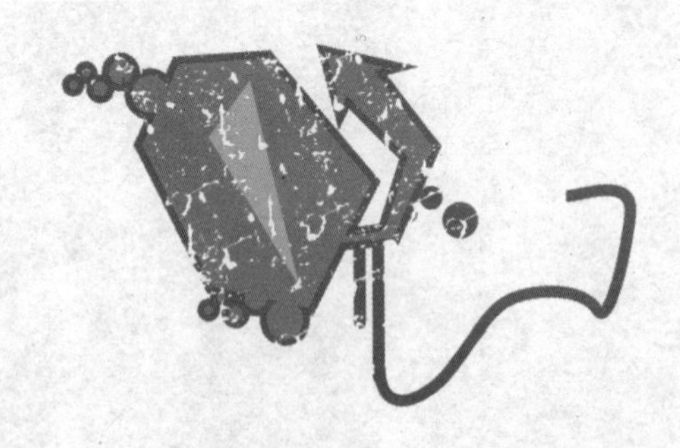

图 3-2

Tip 技巧提示

在使用手绘工具绘制直线时，按住【Ctrl】键，可以绘制出水平、垂直或 45° 倾斜的线段。使用快捷键绘制线条将会更加精确方便。

在使用手绘工具绘制连续的直线和折线的时候，将终点和起点结合，就可以绘制出封闭的图形，操作步骤如下。

01 选择工具箱中的“手绘工具”，在绘图页面上的适当位置单击鼠标左键，确定起点，然后松开左键，移动光标到合适位置处双击，确定第二点，这样第一条直线就做好了，鼠标单击处形成两个节点，如图3-3所示。

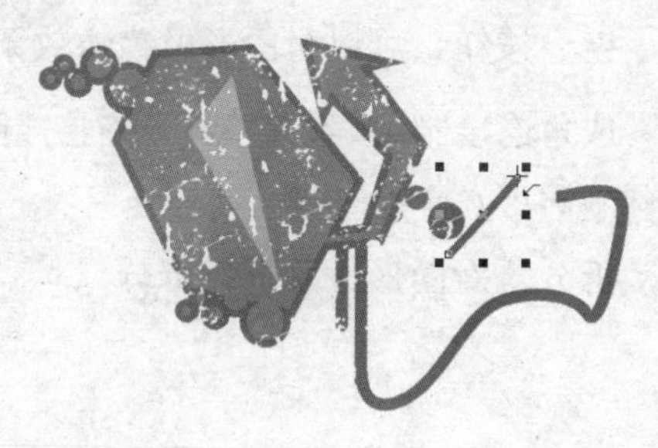

图3-3

02 继续移动鼠标指针到合适的位置，双击生成第三个节点，同样，依次绘制直线型图形，如图3-4所示。

图3-4

03 最后移动鼠标光标到起点处，单击将起点与终点合并，就绘制出了直线型封闭图形，如图3-5所示。

图3-5

Tip 技巧提示

在制作封闭的直线型图形时，如选中所绘的线条后，单击属性栏中的“自动闭合曲线”按钮，可自动将所选线条的首尾连接起来，成为一个封闭的图形。

手绘工具属性栏

使用手绘工具绘制直线的时候，在窗口处将显示手绘工具属性栏。可以通过属性栏（如图3-6所示）修改所绘制线条的外形，不管在绘图页面中绘制的是曲线、直线还是封闭的图形，用户都可以随意改变其属性。比如改变线的轮廓宽度、线型（如图3-7所示）以及设置起始箭头（如图3-8和图3-9所示）等，只需选择绘制的线条，然后在属性栏中设置线条的属性即可。属性栏中各选项的含义如下。

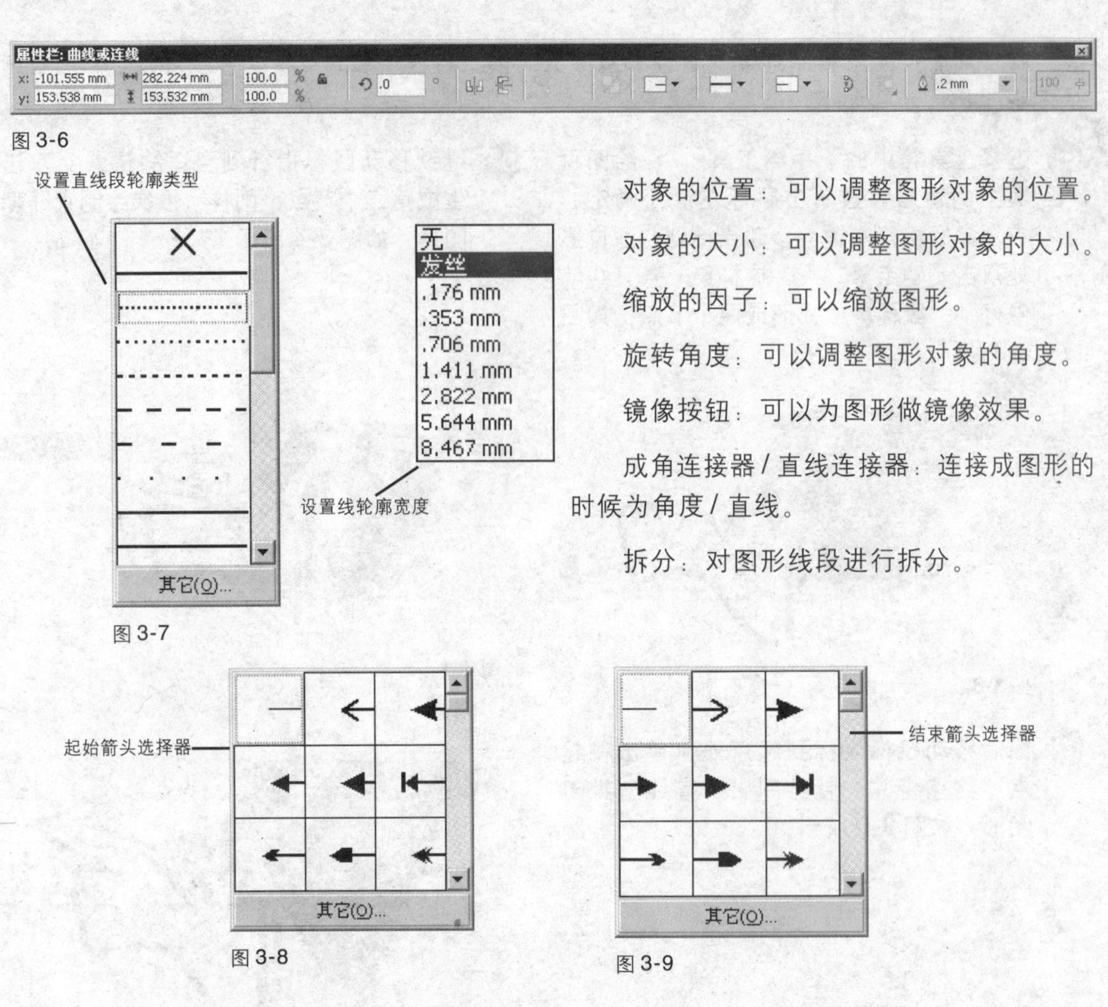

图 3-6

图 3-7

图 3-8

图 3-9

对象的位置：可以调整图形对象的位置。

对象的大小：可以调整图形对象的大小。

缩放的因子：可以缩放图形。

旋转角度：可以调整图形对象的角度。

镜像按钮：可以为图形做镜像效果。

成角连接器 / 直线连接器：连接成图形的时候为角度 / 直线。

拆分：对图形线段进行拆分。

自动闭合曲线：可以将未连接的曲线进行自动闭合。

段落文本换行：在对话框中调整段落文本换行。

手绘平滑：可以调整平滑度数。

不按比例缩放 / 调整大小比率：放大缩小的过程中不按原图比例缩放或按原图比例缩放。

用贝赛尔工具绘制直线

选择工具箱中的“贝赛尔工具”，在绘图页面中单击鼠标左键，确定直线在页面中的第一个节点位置后，移动鼠标光标到下一个节点处，单击鼠标左键，这样就会形成一条直线。同时，用贝赛尔工具也可以绘制折线，如图 3-10 和图 3-11 所示。

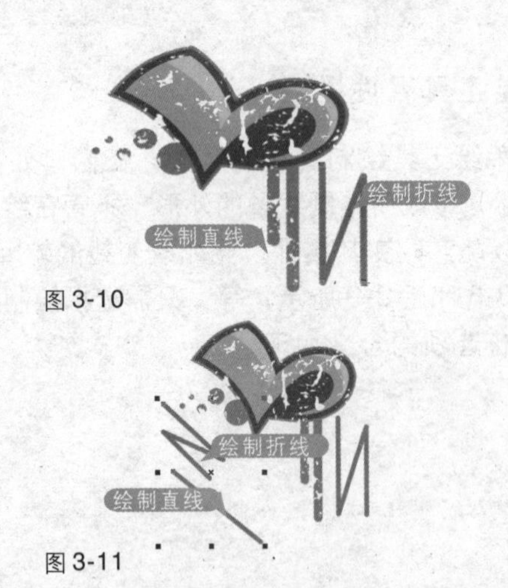

图 3-10

图 3-11

用钢笔工具绘制直线

钢笔工具可以一次绘制多条贝赛尔曲线、直线或复合线。使用钢笔工具绘制直线是十分简单的，选择工具箱中的“钢笔工具”，在绘制的页面中按住鼠标左键连续单击，就可以绘制连续的直线。双击鼠标左键或者按键盘上的【Esc】键均可结束绘制。

用折线工具绘制直线

折线工具可以用于绘制直线和曲线。选择工具箱中的“折线工具”，在绘图页面中单击鼠标左键确定直线的起始节点，移动至适当的位置后再单击就可以绘制一条直线。同样，连续地单击就可以绘制折线，如图3-12和图3-13所示。

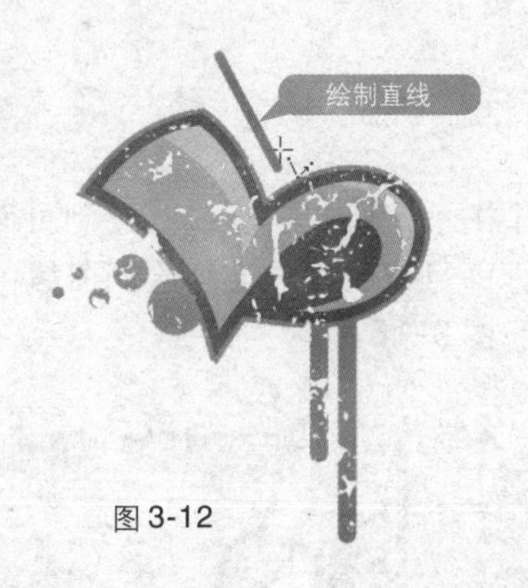

图3-12

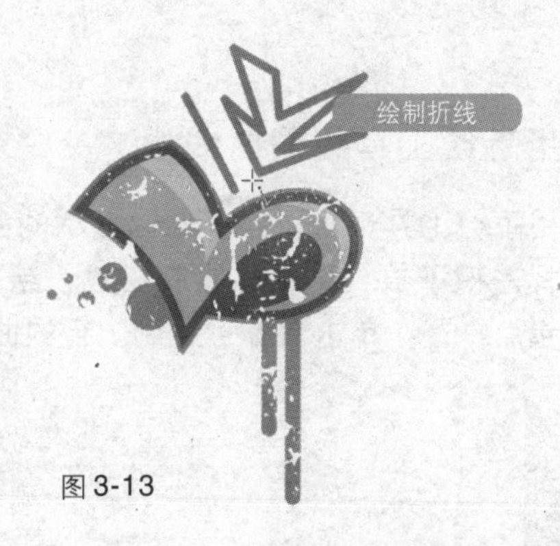

图3-13

3.1.2 绘制漂亮的曲线

在CorelDRAW X4中最常用的绘图工具是3点曲线工具、手绘工具和艺术笔工具，这几个工具在绘制曲线的时候非常方便、快捷，用户可以通过这些工具熟练地制作出需要的曲线图形。下面就分别对其进行介绍。

用3点曲线工具绘制曲线

在绘制曲线的时候，如果要绘制弧形或者近似圆弧的曲线，可以使用3点曲线工具来实现。利用3点曲线工具绘制曲线的步骤如下。

01 单击工具箱中的“3点曲线工具”按钮，在绘制页面中单击鼠标左键确定弧形的起始节点，按住鼠标左键并移动到合适的位置，如图3-14所示。

图3-14

02 然后释放鼠标，确定曲线的弦长，在移动鼠标的同时，线段也会随之变换为曲线，释放鼠标后即可绘制出任意弧度的曲线，如图3-15所示。

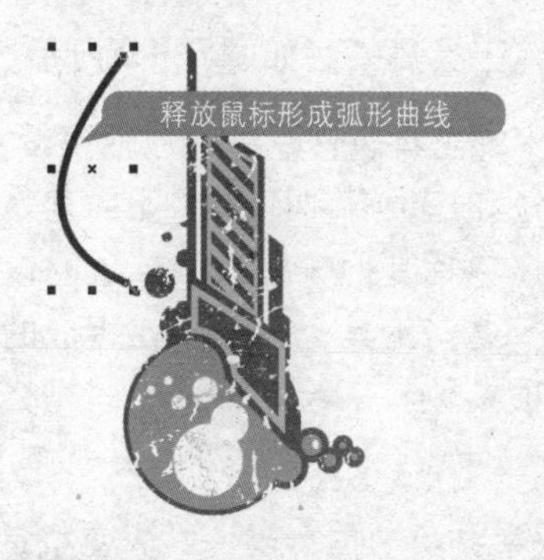

图3-15

03 单击属性栏中的“自动闭合曲线”按钮，即可闭合曲线，如图3-16所示。

图3-16

用手绘工具绘制曲线

用手绘工具也可以绘制任意形状的曲线，选择工具箱中的“手绘工具”，在绘制页面中按住鼠标左键不放，移动以绘制曲线，绘制完成后释放鼠标即可。同样，连续绘制曲线，最终回到起点位置，单击鼠标可绘制闭合的曲线，如图3-17和图3-18所示。

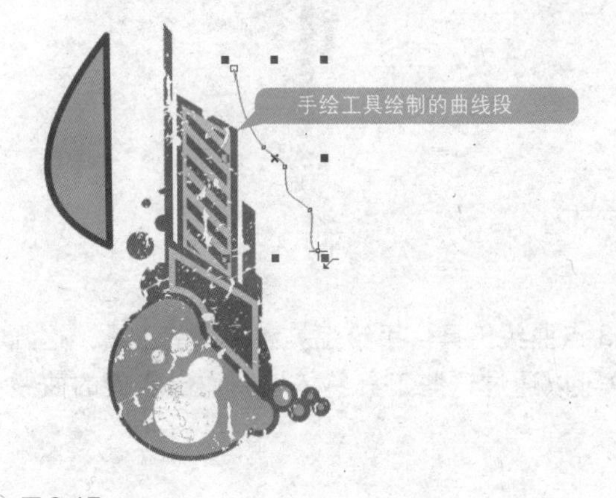

图3-17

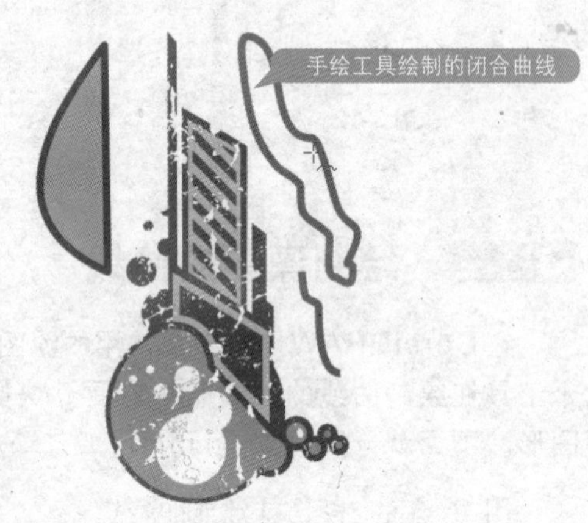

图3-18

用艺术笔工具绘制曲线

艺术笔工具是一种具有固定或可变宽度及形状的画笔工具。用户可以利用它绘制出具有艺术效果的线条或者图案。用艺术笔工具绘制曲线的方法与用手绘工具绘制曲线相似，不一样的是，对于艺术笔工具绘制的路径，可以对其填充颜色和图案。

艺术笔工具属性栏

艺术笔工具属性栏如图3-19所示。

在艺术笔工具属性栏中，包括预设、笔刷、喷罐、书法和压力5种不同功能的艺术笔触工具，另外还包括其他一些功能选项的设置，用户可以选择这些工具，并通过在相应的属性栏中设置各项参数，来绘制各种不同风格的艺术图形。

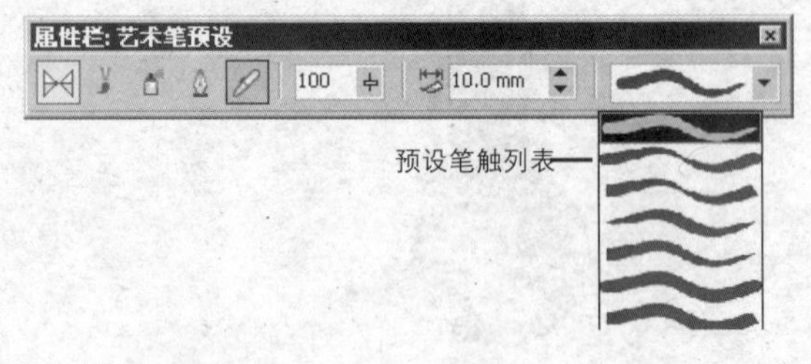

图3-19

“艺术笔预设”属性栏：艺术笔工具属性栏上的第1个按钮为“艺术笔预设”按钮，单击该按钮后得到“艺术笔预设”属性栏。在该属性栏中提供了笔触的平滑度、画笔笔触的密度、23 种画笔的形状等属性设置，用预设艺术笔进行绘制的效果如图 3-20 和图 3-21 所示。

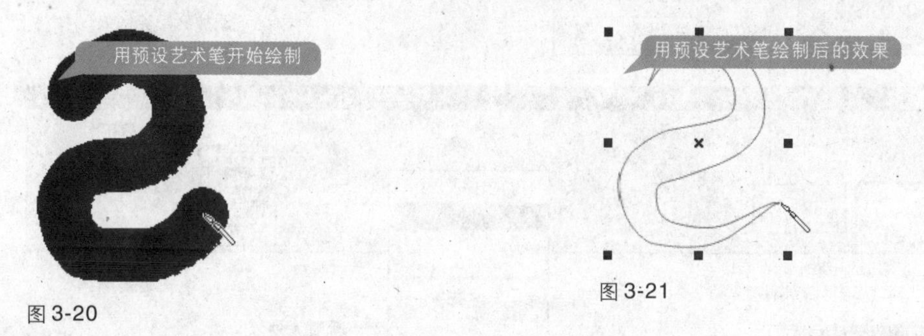

图 3-20　　图 3-21

“手绘平滑”数值框：设置线条的平滑度。

“艺术笔工具宽度”数值框：设置线条的粗细。

“艺术笔刷”属性栏（如图 3-22 所示）：艺术笔工具属性栏上的第 2 个按钮为“艺术笔刷”按钮，单击该按钮后得到“艺术笔刷”属性栏。在该属性栏右侧的下拉列表框中包含了 24 种笔刷样式。选定合适的笔刷样式，在绘制具有特定样式的色彩线条时十分方便，如图 3-23 和图 3-24 所示。

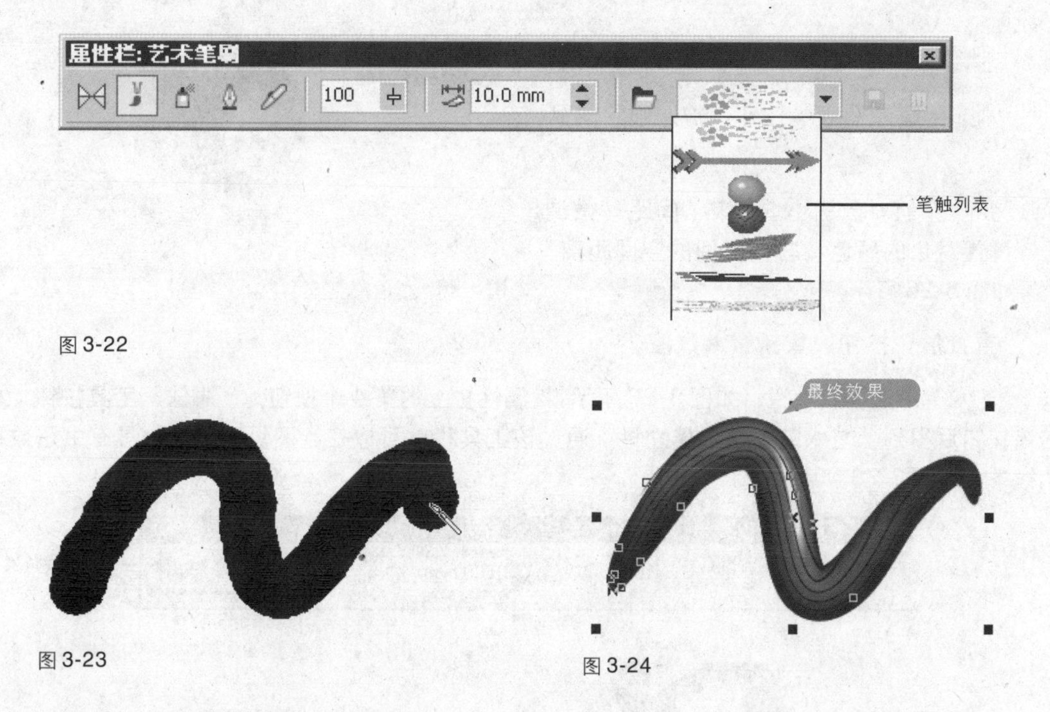

图 3-22

图 3-23　　图 3-24

“艺术笔对象喷涂”属性栏：艺术笔工具属性栏上的第 3 个按钮为“对象喷涂”按钮，单击该按钮后得到“艺术笔对象喷涂”属性栏。使用该工具，可以在喷笔绘制过的位置上喷上所选择的图案。同时，属性栏也发生相应的变化，如图 3-25 所示。

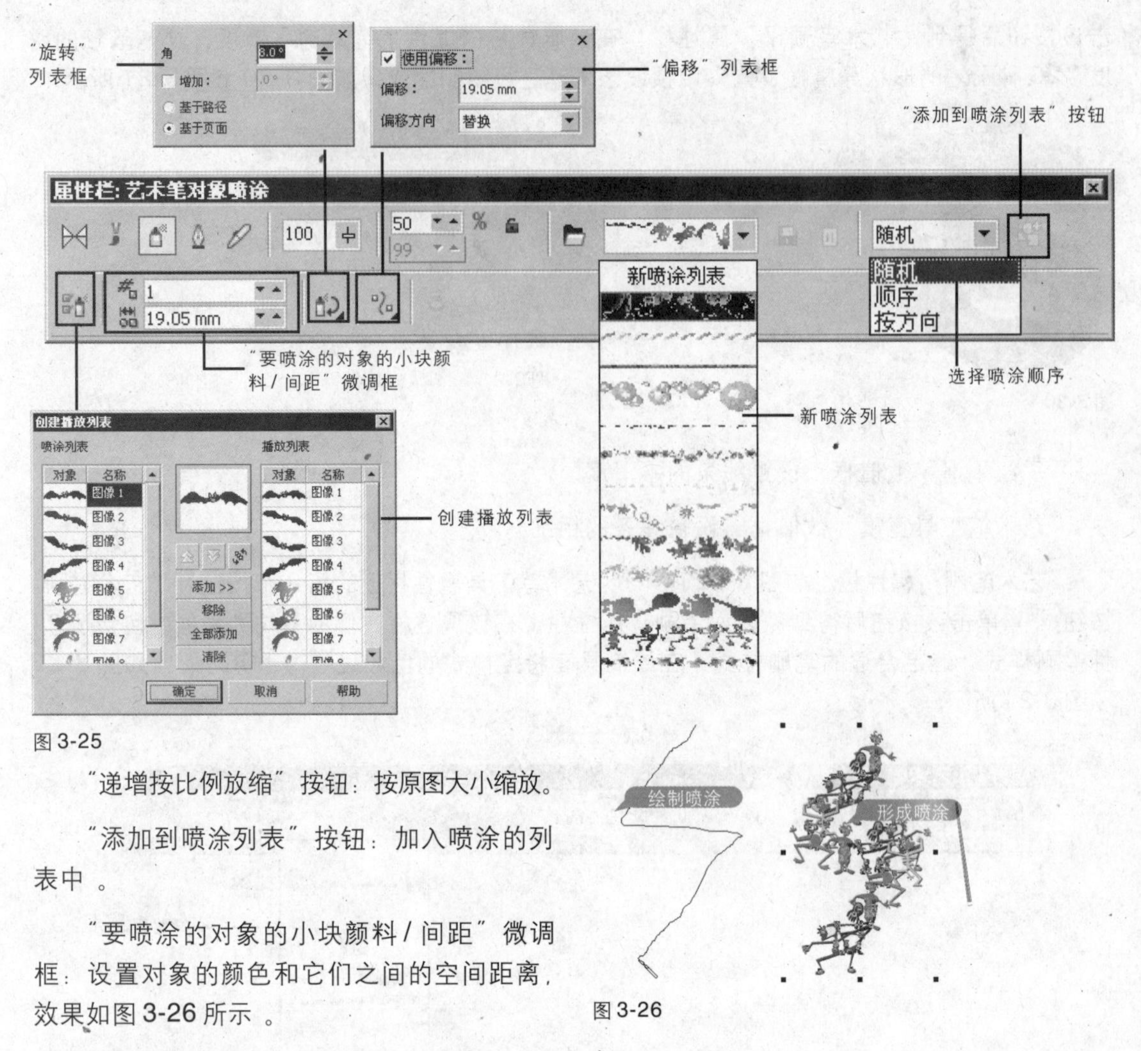

图 3-25

"递增按比例放缩"按钮：按原图大小缩放。

"添加到喷涂列表"按钮：加入喷涂的列表中 。

"要喷涂的对象的小块颜料 / 间距"微调框：设置对象的颜色和它们之间的空间距离，效果如图 3-26 所示 。

图 3-26

"重置值"按钮：重新置入数值。

"艺术笔书法"属性栏（如图 3-27 所示）：属性栏上的第 4 个按钮为"书法"工具按钮，单击该按钮后得到"艺术笔书法"属性栏。通过该工具栏就可以在绘图页面中绘制具有书法效果的线条，如图 3-28 所示。

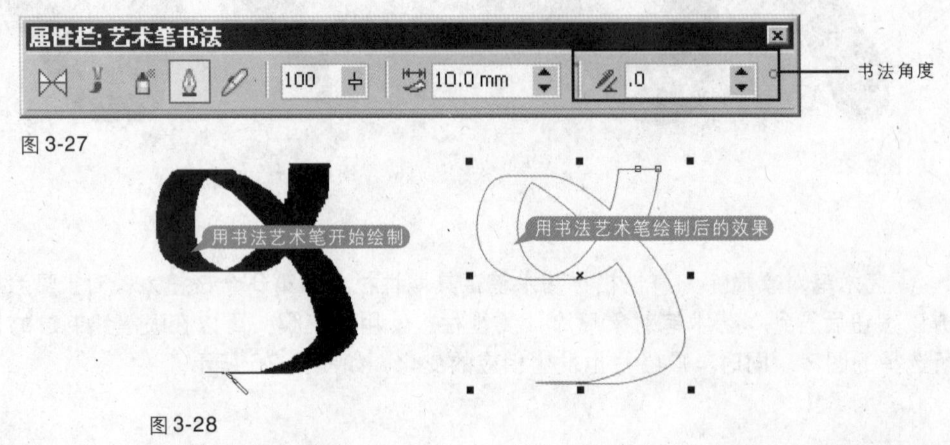

图 3-27

图 3-28

“艺术笔压感笔”属性栏：艺术笔工具属性栏上的第5个按钮为“压感笔”工具按钮，单击该按钮后得到“艺术笔压感笔”属性栏。通过调整艺术笔的宽度，可以使笔触压力增加或减少，如图3-29所示。

图3-29

3.1.3 绘制其他线条

在绘制一些工程图或特殊图的过程中，需要制作一些特别的线条。在CorelDRAW X4中有许多工具（比如交互式连线工具和度量工具等），可以制作用户在特定情况下需要制作的线条。下面就分别介绍如何使用交互式连线工具和度量工具绘制特殊的线条。

交互式连线工具

这是CorelDRAW X4专门提供的一个用于连线的工具，利用该工具在两个对象之间创建连接线，是一种方便简单的流程图绘制方法。运用交互式工具可以绘制出各种直角折线。

01 单击工具箱中的“手绘工具”，弹出隐藏工具条，用鼠标拖出隐藏工具条，将打开曲线展开工具栏，在该工具栏中选择“交互式连线工具”，如图3-30所示。

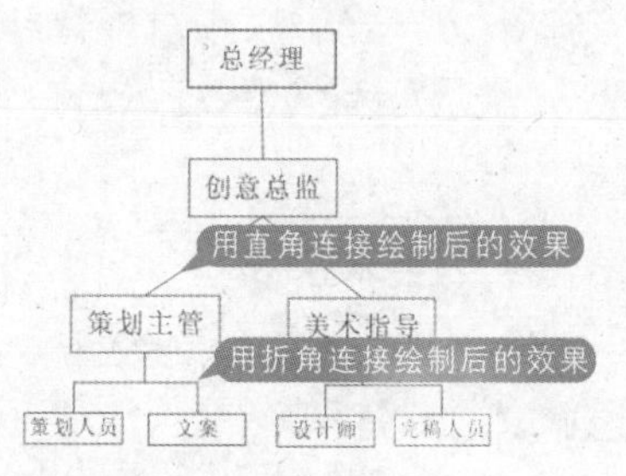

图3-30

02 在使用折线连线的时候，绘制出的折线上会有节点，如图3-31所示，可以通过移动鼠标改变节点，以此来改变折线的长短和形状。用户可以在属性栏的“线条宽度”下拉列表框中设置连线的宽度，还可以在“线条样式”下拉列表中设定线条的样式，在“起始箭头”和“终端箭头”下拉列表框中还提供了各种箭头样式，如图3-32所示。

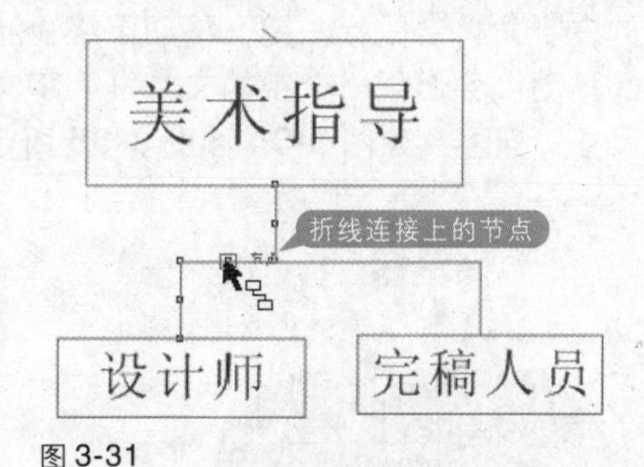

图3-31

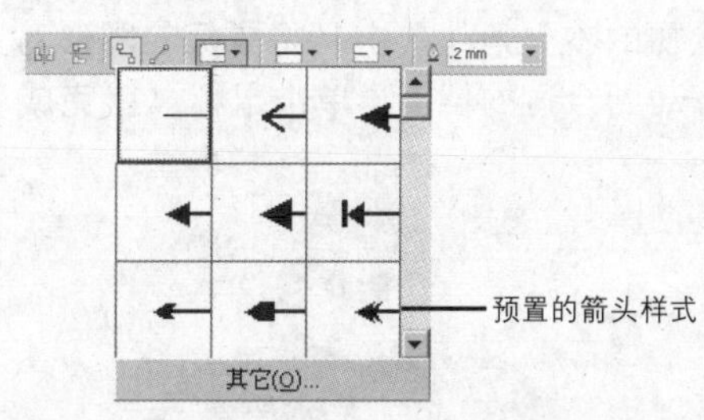

图3-32

Tip 技巧提示

在绘制连线后，用户不仅可以改变连线的轮廓宽度、样式以及连线的起始和结束箭头样式，还可以删除连线、可以使用挑选工具选中要删除的连线，然后按键盘上的【Delete】键删除，或者执行菜单栏中的“编辑/删除”命令。

度量工具

CorelDRAW X4 专门提供了一个为图形添加标注和尺寸线的度量工具。用度量工具设置的尺寸线的长度和位置都是动态更新的，度量的单位也可以设置或更改。标尺和尺寸线还可以附着到图形对象上，当图形被移动的时候，尺寸线和标注也可以跟着移动。

尺度或标注属性栏

尺度或标注属性栏如图 3-33 所示。

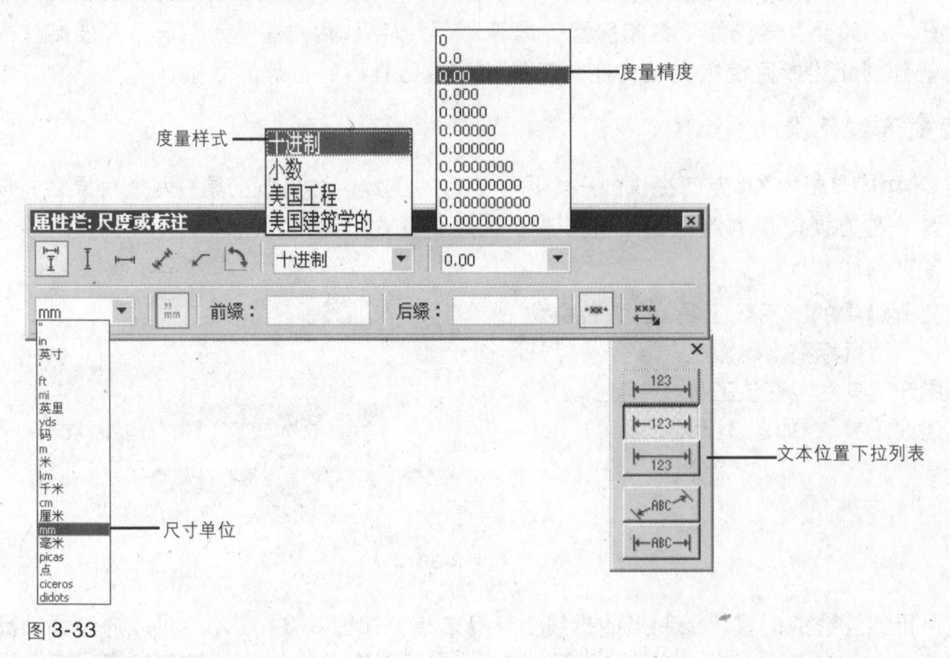

图 3-33

下面举例说明如何使用度量工具为图形对象添加尺寸线。

01 在画面中绘制一个卡通人物图形，然后选择工具箱中的“手绘工具”组中的“度量工具”。单击属性栏中的“水平度量工具”按钮。在人物的左下角单击鼠标左键，移动至终止测量的人物的右下角处单击。将鼠标向图形对象的下部移动，会出现一个空的文本框，将文本框移动到合适的位置再单击鼠标，就完成了水平尺寸的标注，如图 3-34 和图 3-35 所示。

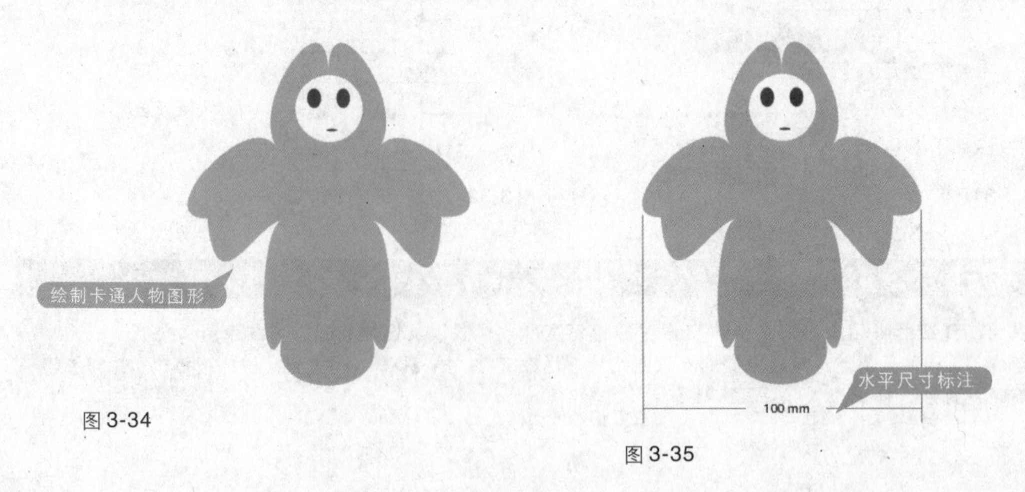

图 3-34

图 3-35

02 用鼠标单击“垂直度量工具”按钮，使用同样的操作方法，在人物的最上端和最底端各单击一次，移动鼠标将文本框放在合适的位置上，完成垂直尺寸的标注，如图3-36所示。

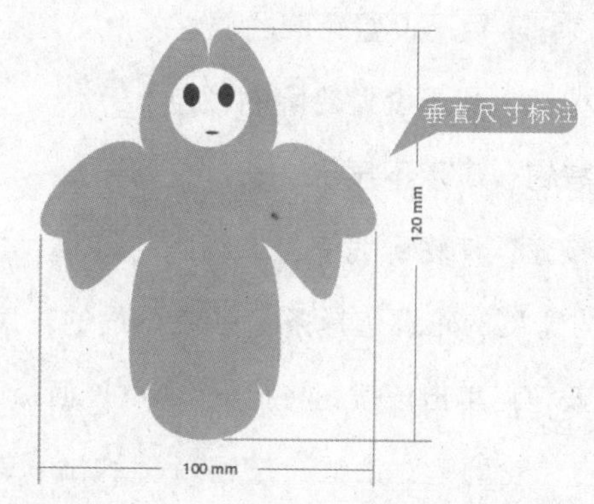

图3-36

03 用鼠标单击“倾斜度量工具”按钮，在人物顶端的位置单击鼠标，移动鼠标光标到终止测量的位置，等文本框移动到合适的位置后，单击鼠标，完成倾斜度量工具对图案的标注，如图3-37所示。

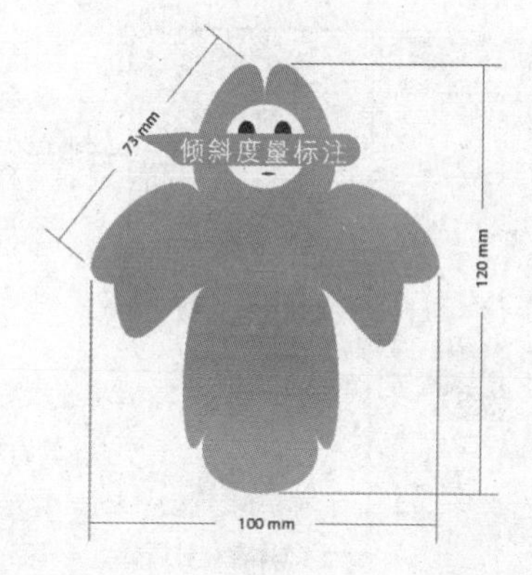

图3-37

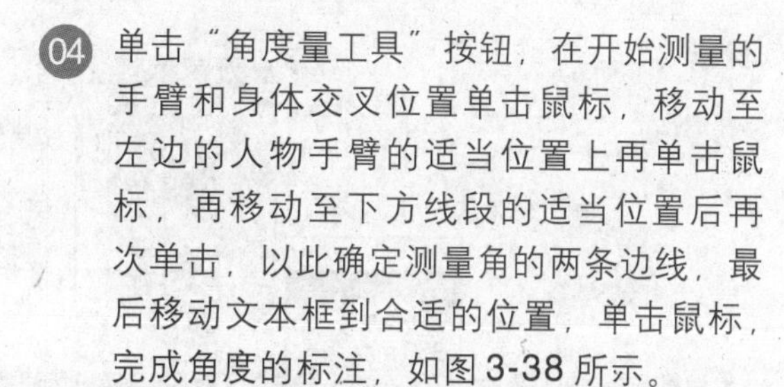
04 单击“角度量工具”按钮，在开始测量的手臂和身体交叉位置单击鼠标，移动至左边的人物手臂的适当位置上再单击鼠标，再移动至下方线段的适当位置后再次单击，以此确定测量角的两条边线，最后移动文本框到合适的位置，单击鼠标，完成角度的标注，如图3-38所示。

图3-38

3.1.4 为图形添加轮廓

在绘制图形的时候，用户要为绘制的图形添加轮廓，所谓轮廓就是指包围对象的曲线，是对象最外围的部分。在CorelDRAW X4中，创建的对象通常都有一个默认的轮廓属性。如果需要，可以改变对象的轮廓属性，包括轮廓的颜色、宽度、边角形状以及轮廓的样式和箭头形状等。

轮廓展开工具栏

在CorelDRAW X4中，可以改变对象的轮廓宽度、轮廓线样式、箭头样式以及边角形状等。选择工具箱中的“轮廓工具”按钮，弹出隐藏工具条。用鼠标拖出点住的隐藏工具条，将打开轮廓展开工具栏，如图3-39所示，该工具栏中的各按钮含义如下。

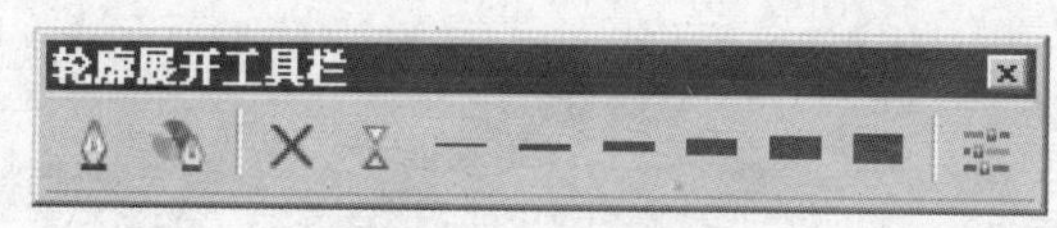

图3-39

按钮：用于设置轮廓的属性。

按钮：用于设置轮廓的颜色。

按钮：表示不显示。

按钮：使轮廓线变为最细线。

不同宽度的轮廓选择条：系统预设的轮廓。

按钮：单击该按钮将打开 CMYK 面板。

单击“轮廓笔对话框”按钮，弹出“轮廓笔”对话框，可以在该对话框中为所选的对象设置轮廓颜色、轮廓宽度、轮廓线样式和箭头样式等，如图 3-40 所示。

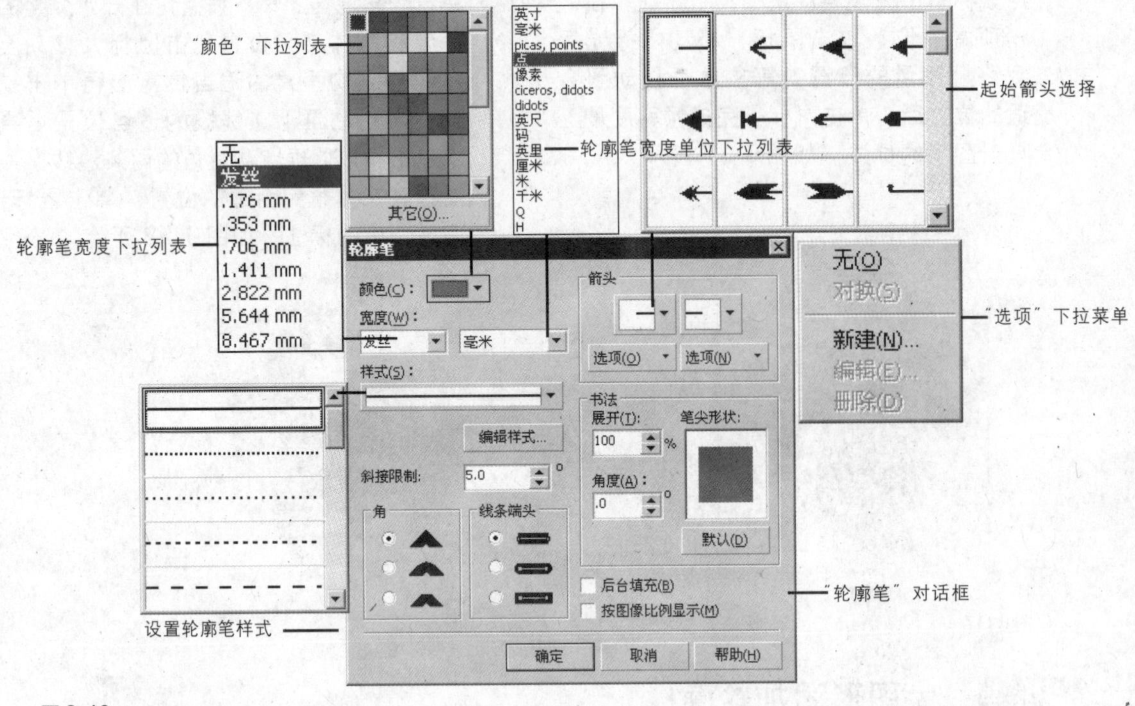

图 3-40

在轮廓展开工具栏“中单击”轮廓颜色对话框”按钮，弹出“轮廓色”对话框，在该对话框中可以为轮廓添加颜色，如图 3-41 所示。

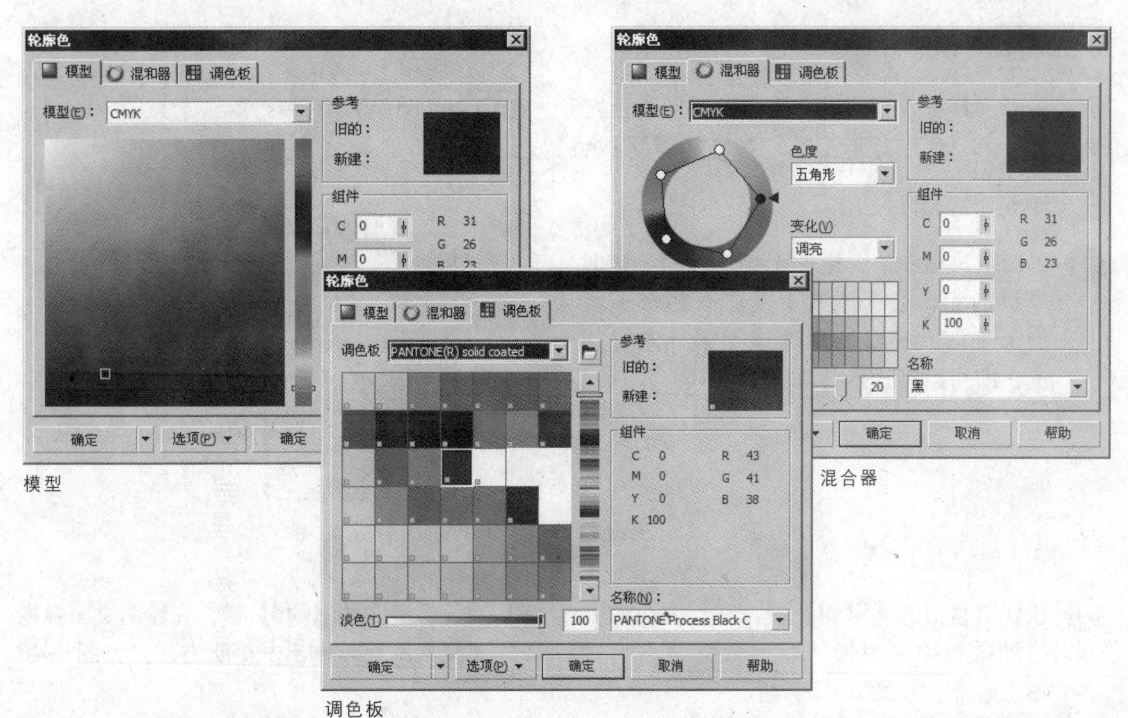

模型　混合器　调色板

图 3-41

如果对设置的轮廓不满意，要清除轮廓，可以选中对象，然后用鼠标右键单击绘图窗口右侧的“调色板”面板中的 按钮，清除对象的轮廓。也可以在选中对象后，单击轮廓展开工具栏中的“无轮廓”按钮，也可以清除对象的轮廓，如图 3-42 和图 3-43 所示。

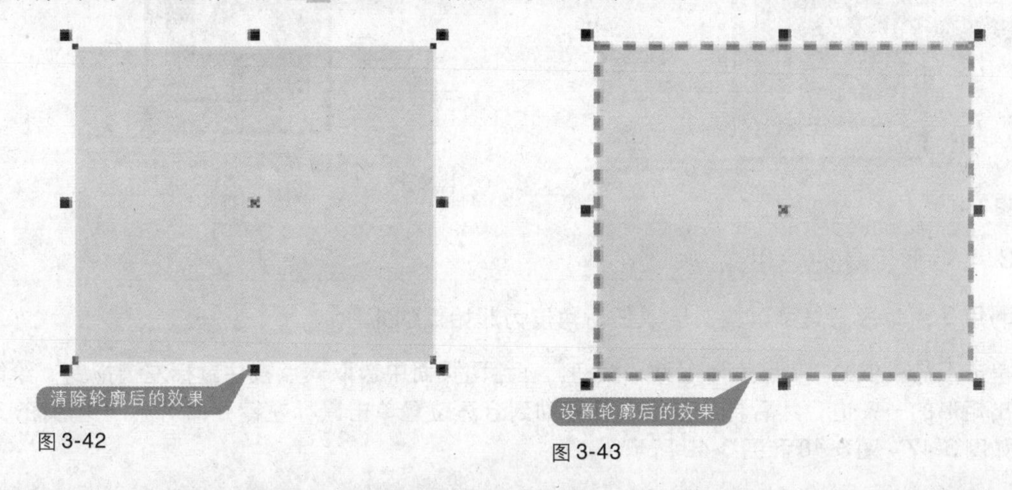

图 3-42　图 3-43

3.2 绘制简单图形

在制作图案的过程中，最基本的操作就是绘制简单图形，比如矩形、椭圆形、多边形等几何图形的绘制。在 CorelDRAW X4 的工具箱中提供了多种用于绘制几何图形的工具，通过这些工具，用户可以很方便地制作出绘图过程需要的几何图案，熟练地掌握这些工具，绘制图形的速度会有很大的提高。

3.2.1 绘制矩形

矩形工具可以绘制用户需要的矩形和正方形。在 CorelDRAW X4 中，单击工具箱中的“矩形工具”和“3 点矩形工具”按钮，就可以绘制矩形和正方形。

矩形工具的使用

01 单击工具箱中的“矩形工具”按钮，这时鼠标的光标会变成右下角带有矩形图案的十字形，在绘图页面按下鼠标左键拖曳，即可绘制矩形，如图 3-44 所示。

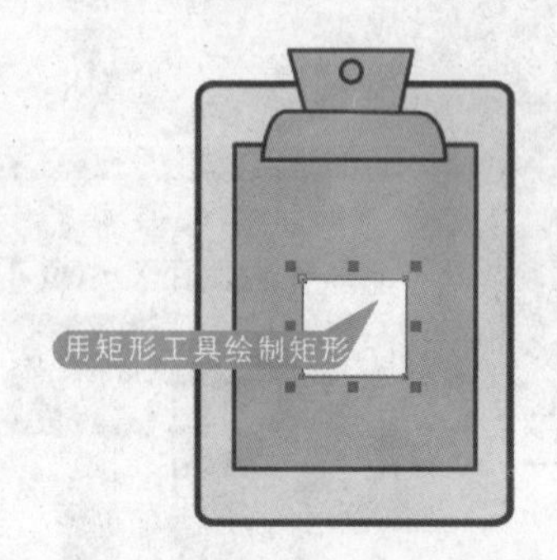

图 3-44

02 按住键盘上的【Shift】键，在绘图页面中拖动鼠标绘制矩形，此时鼠标落点为矩形中心点，如图 3-45 所示。

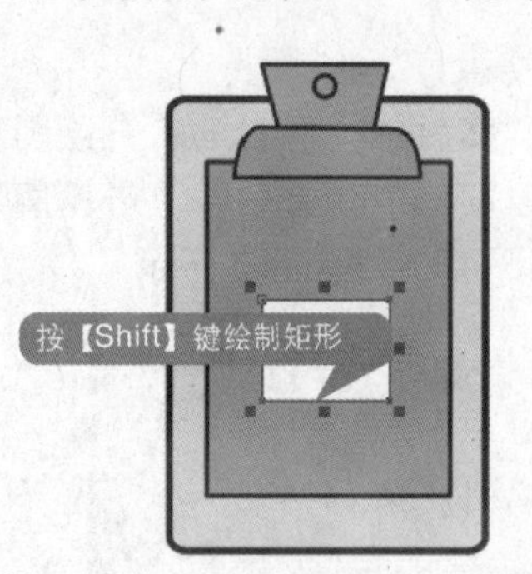

图 3-45

03 按住键盘中的【Ctrl】键，在绘图页面中拖曳鼠标即可绘制出一个正方形，如图 3-46 所示。

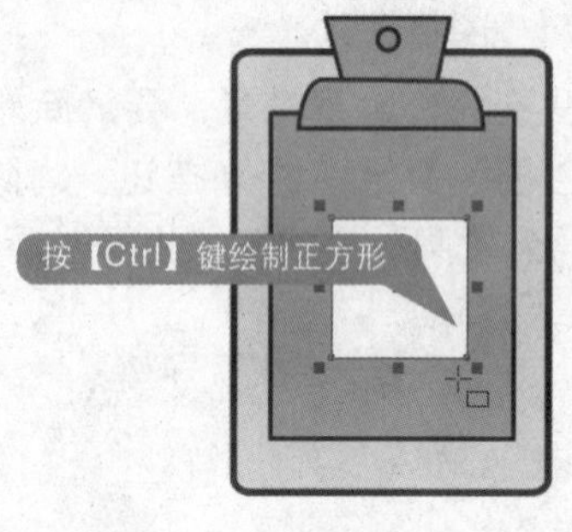

图 3-46

3 点矩形工具的使用

利用 3 点矩形工具可以绘制出以任何角度为起始点的矩形。

01 单击工具箱中的“3 点矩形工具”按钮，在绘图页面中选取一点按住鼠标左键拖曳，绘制出矩形的一条边，然后释放鼠标，并移动到合适位置单击鼠标左键，即可绘制矩形图形，如图 3-47、图 3-48 和图 3-49 所示。

图 3-47　　图 3-48

图 3-49

02 如果想要绘制正方形，则按住键盘中的【Ctrl】键，在绘图页面中选取一点，按住鼠标左键拖曳，绘制出正方形的一条边，然后释放鼠标并单击左键，即可绘制出一个正方形。同时还可以制作出不同角度的图形，比如菱形，如图 3-50 和图 3-51 所示。

图 3-50

图 3-51

3.2.2 绘制圆形

在 CorelDRAW X4 中，单击工具箱中的“椭圆工具”和“3 点椭圆工具”按钮就可以绘制用户需要的圆形图案。

单击工具箱中的“椭圆工具”按钮，将显示出隐藏工具条，在工具条中有“椭圆工具”和“3 点椭圆工具”两个选项按钮，可以根据需要来选择。

椭圆工具的使用

利用椭圆工具可以方便地绘制椭圆、圆形、饼形和圆弧。绘制椭圆的步骤如下。

单击工具箱中的“椭圆工具”按钮，在绘图页面中单击鼠标左键，这时鼠标的光标就会变成右下角带有椭圆图案的十字形，单击属性栏中的“椭圆工具”按钮，在页面中单击并拖曳即可绘制出椭圆形，如图 3-52 所示。

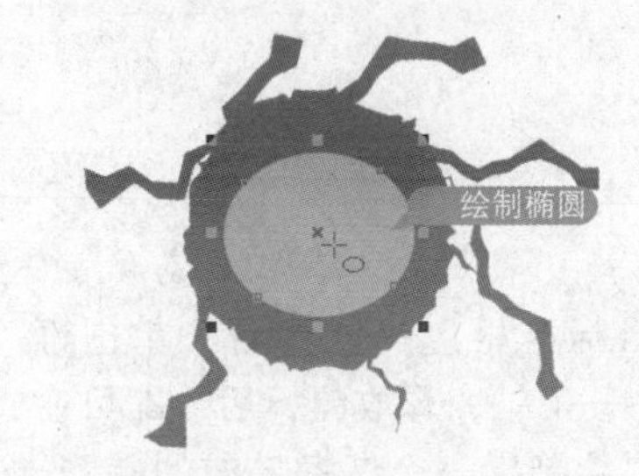

图 3-52

绘制圆形的步骤如下。

同样，单击工具箱中的“椭圆工具”按钮，在绘图页面中单击鼠标左键，这时鼠标的光标就会变成右下角带有椭圆图案的十字形，单击属性栏中的“椭圆工具”按钮，同时按住【Ctrl】键，单击并拖曳鼠标，即可在绘图页面中绘制出圆形，如图 3-53 所示。

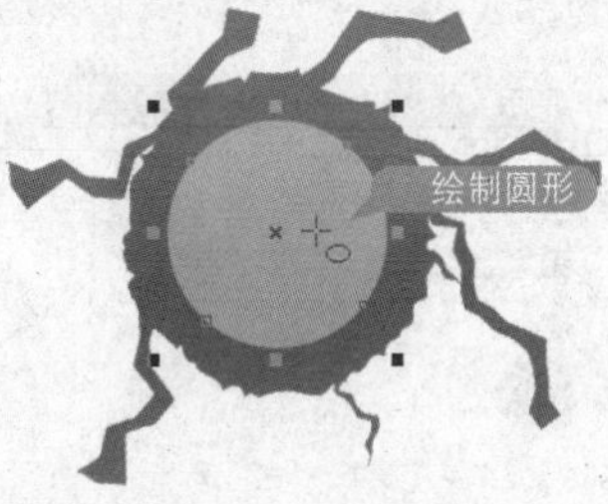

图 3-53

绘制饼形和圆弧的步骤如下。

单击工具箱中的“椭圆工具”按钮，在窗口上方显示出椭圆工具属性栏，在属性栏中单击“饼形”按钮或“弧形”按钮，使用相同的方法，即可在绘图页面中绘制出饼形或圆弧。按住【Shift】键并拖曳鼠标，即可在页面中绘制出以单位点为中心的椭圆饼形或圆弧；按住【Ctrl】键，单击并拖曳鼠标，即可绘制出以单击点为中心的圆形饼形或圆弧，如图3-54、图3-55和图3-56所示。

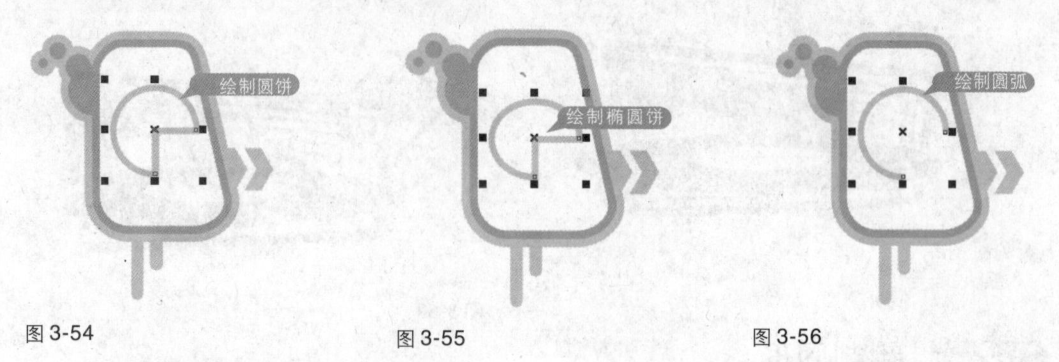

图3-54　图3-55　图3-56

3 点椭圆工具的使用

椭圆工具组中的3点椭圆工具可以帮助用户随意地绘制出椭圆形。

01 单击椭圆工具组中的“3点椭圆工具”按钮，在绘图页面中单击鼠标确定椭圆的第一点，并拖曳绘制出任意方向的线段，释放鼠标确定椭圆的一个轴，如图3-57所示。

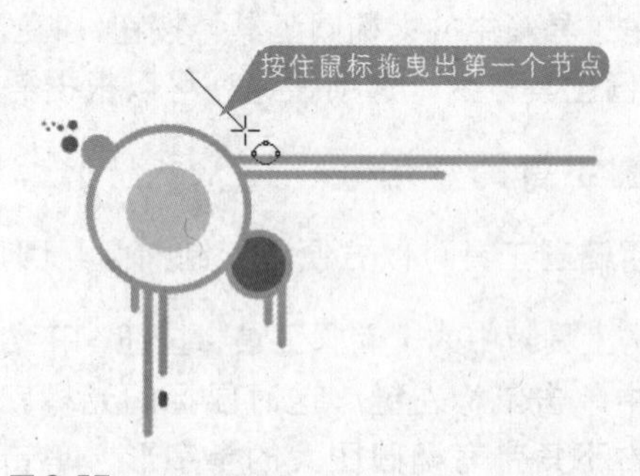

图3-57

02 继续拖曳鼠标至相应的位置后，单击确定椭圆的另一条轴。释放鼠标后，即可在绘图页面中绘制出一个任意方向的椭圆，如图3-58所示。

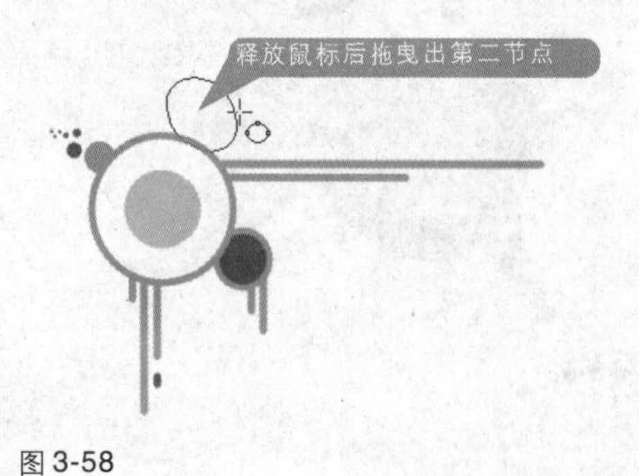

图3-58

03 在3点椭圆工具的属性栏中提供了诸如饼形或圆弧的起始角度等设置，用户可以根据需要进行设置，精确地绘制图形，如图3-59所示。

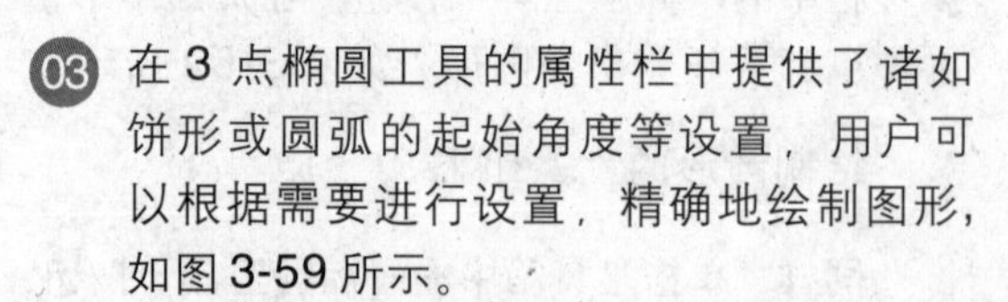

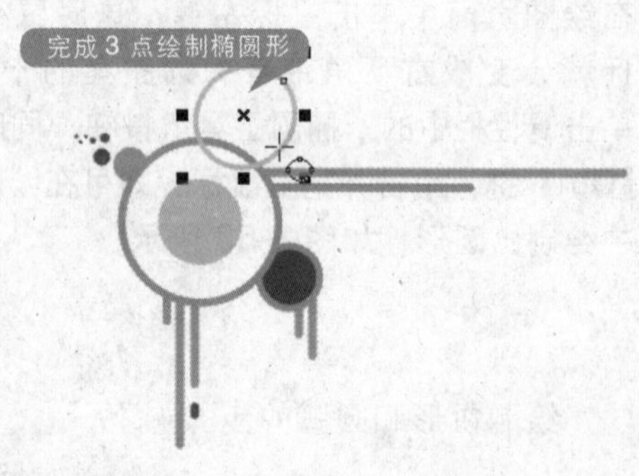

图3-59

04 在椭圆工具属性栏中单击“饼形”或“弧形”按钮，然后在“起始和结束角度”文本框中输入精确的起始角度，即可绘制出饼形和弧形，如图3-60所示。

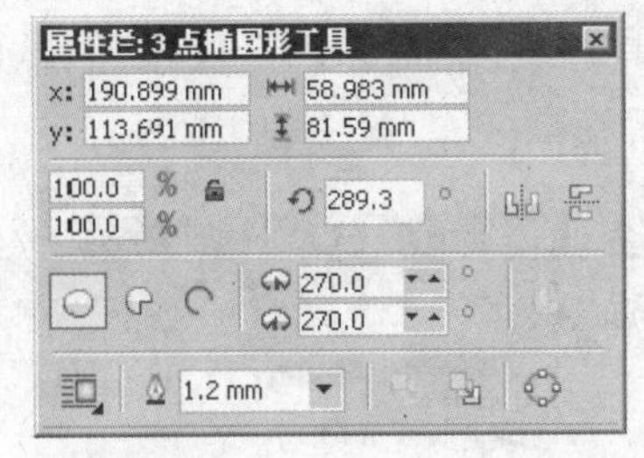

图3-60

3.2.3 绘制多边形

在CorelDRAW X4中，绘制多边形图案的工具很多，可以使用多边形工具绘制出不同的多边形和星形，也可以用智能绘图工具和贝赛尔工具绘制多边形。

用多边形工具绘制多边形

使用多边形工具可以绘制出不同的多边形和星形，同时，还可以通过设置多边形和星形的边数，绘制多种形态的多边形和星形，具体操作步骤如下。

01 单击工具箱中的“多边形工具”按钮，在弹出的工具条中单击“多边形工具”按钮。

02 在多边形工具属性栏中的“多边形的点数或边数”文本框中输入多边形的边数，按住鼠标左键在绘图区拖曳，绘制出多边形，如图3-61所示。

03 在“多边形工具”的工具条中单击“星形”按钮，在“多边形的点数或边数”文本框中输入星形的边数，按住鼠标左键在绘图区拖曳，就会绘制出一个星形，如图3-62所示。

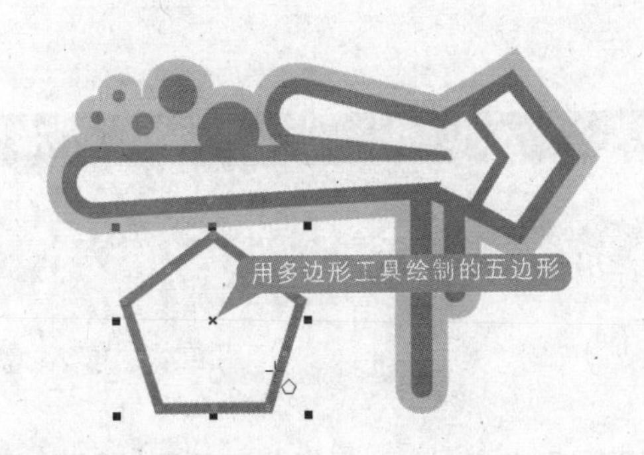

图3-61

图3-62

用智能绘图工具绘制多边形

在CorelDRAW X4中除了多边形工具以外，智能绘图工具也是绘制多边形的快捷方便的好工具。智能绘图工具是CorelDRAW X4的一个新增功能，它可以将任意绘制的草图自动转换成近似的基本图形或平滑曲线。

单击工具箱中的“智能绘图工具”按钮，在属性栏中可以调整该工具的各项参数，如图3-63所示。

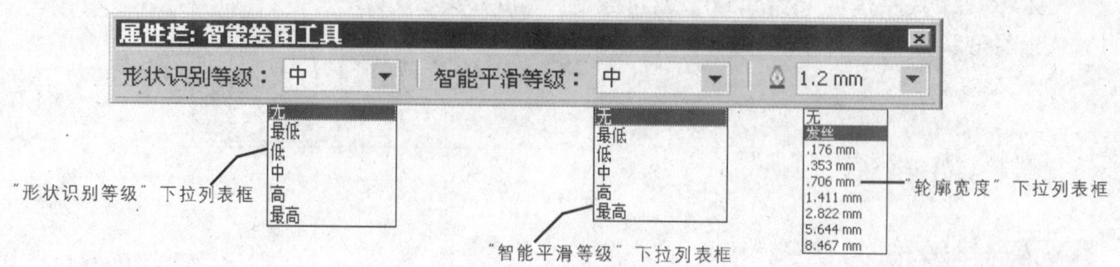

图3-63

01 单击工具箱中的“智能绘图工具”按钮，在属性栏的“形状识别等级”与“智能平滑等级”下拉列表框中调整工具的参数，在绘图页面中，单击并移动鼠标，绘制一个近似多边形的图形，由设定的起点拖出，绘制一周后，回到原点，如图3-64所示。

图3-64

02 当回到原点后，释放鼠标1秒后，绘制的图形会自动转换为近似的基本图形或近似的曲线，这里释放鼠标后，就会在绘图页面中自动生成一个多边形，如图3-65所示。

图3-65

Tip 技巧提示

智能绘图工具能自动识别圆形、矩形、箭头和平行四边形，可以智能地平滑曲线、最小化图像等。在绘制草图的时候，使用智能绘图工具是很好的选择。

用贝赛尔工具绘制多边形

在CorelDRAW X4中，可以绘制多边形的还有贝赛尔工具。贝赛尔工具是一个很灵活的绘图工具，不仅可以绘制直线和曲线图形，还可以绘制多边形。前面的章节已经详细讲述了贝赛尔工具的具体使用方法，这里就不再赘述。

3.2.4 绘制多样的图形

在CorelDRAW X4中提供了一整套用于绘制基本几何图形的工具，可以利用这些工具绘制基本图形、标注形状、箭头、流程图和星形等。这些图形样式大多是经常要用的，它们可以帮助用户节约绘图时间，提高绘图效率。

完美形状展开工具栏

完美形状展开工具栏如图3-72所示。

单击工具箱中的“基本形状工具”按钮，将显示出隐藏的工具条，用鼠标将工具条拖出，将显示完美形状展开工具栏，在该工具栏中显示了基本形状、箭头形状、流程图形状、标题形状和标注形状5个绘图工具，如图3-66所示。通过这些工具可以绘制出用户需要的基本图形和特殊图形，方便了用户，也节省了时间。

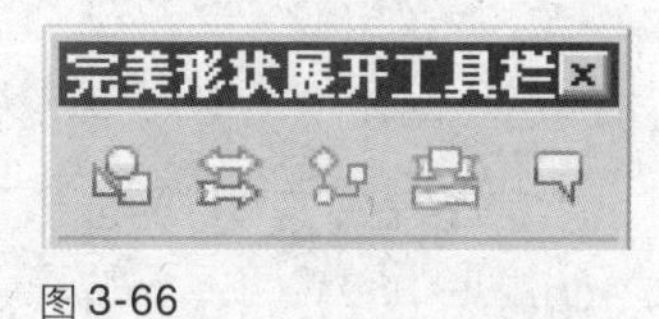

图3-66

用基本形状工具绘制图形

01 在工具箱中单击“基本形状工具”按钮，然后在属性栏中单击“完美工具”按钮，将弹出一个下拉面板，如图3-67所示。

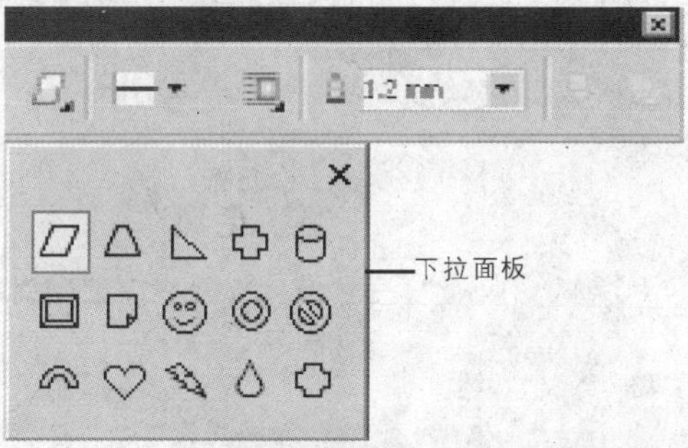

下拉面板

图3-67

02 在该面板中选择一个笑脸形状，用鼠标拖出一个笑脸图形。然后可以在属性栏中进行填充等设置，如图3-68所示。

图3-68

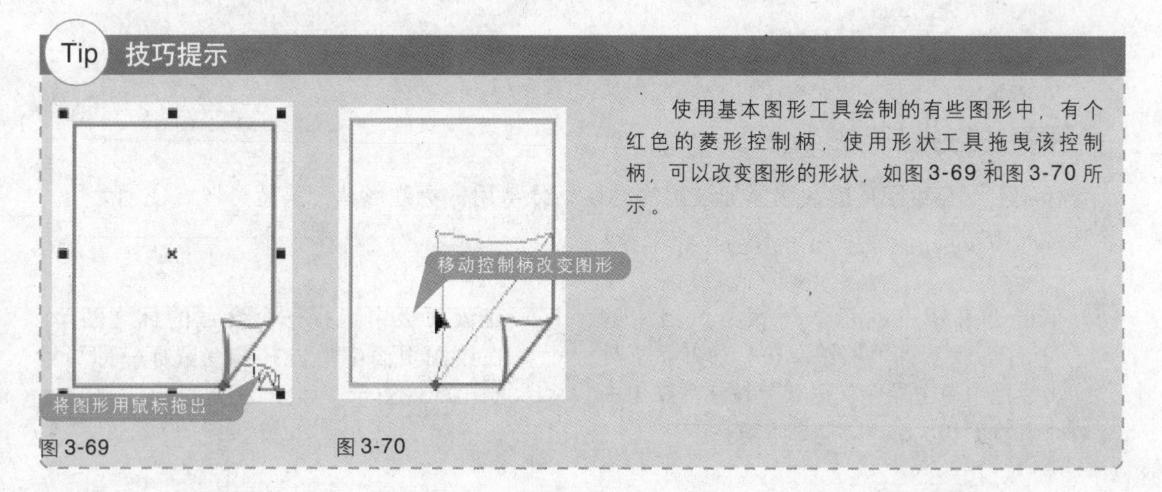

图3-69

图3-70

使用基本图形工具绘制的有些图形中，有个红色的菱形控制柄，使用形状工具拖曳该控制柄，可以改变图形的形状，如图3-69和图3-70所示。

用箭头形状工具绘制图形

01 在工具箱中单击“箭头形状工具”按钮，然后在属性栏中单击“完美形状”按钮，将弹出下拉面板，如图3-71所示。

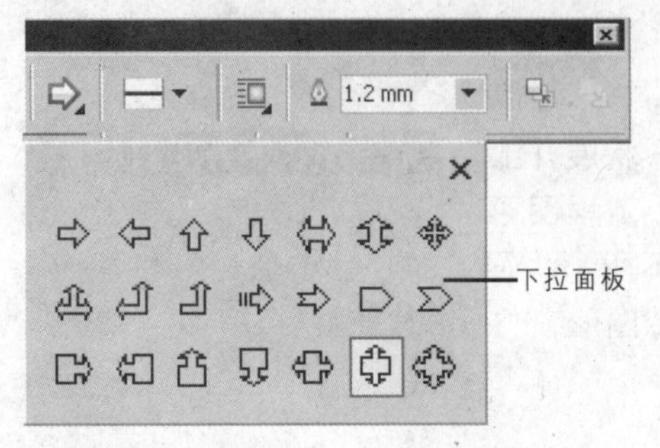

图3-71

02 在该下拉面板中选择一个箭头形状，用鼠标拖出一个箭头图形。同样可以对图形进行填充，并可以拖曳控制柄改变图形样式，如图3-72所示。

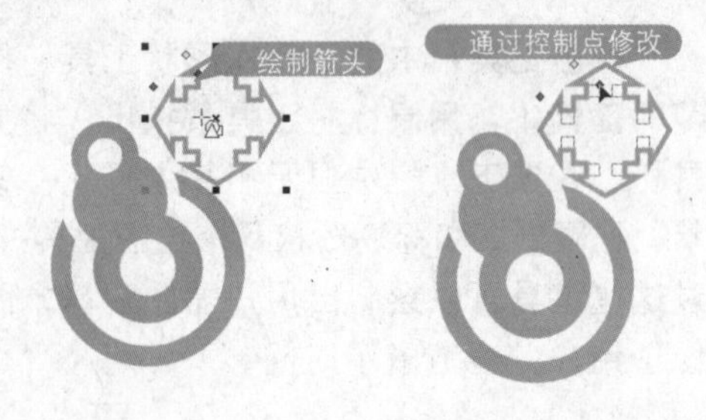

图3-72

用流程图形状工具绘制图形

在绘制流程图时，可以单击基本形状工具组中的“流程图形状工具”按钮，在属性栏中单击“完美形状”按钮，弹出一个下拉面板，在该面板中选择一个合适的图形，如图3-73所示，单击并拖曳鼠标，在页面中绘制出一个流程图，如图3-74所示。

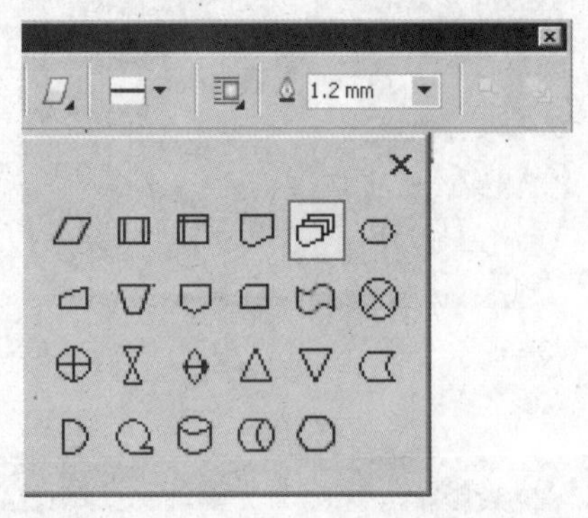

图3-73

图3-74

用标注形状工具绘制图形

标注图示在给图形或插图添加注解的时候十分常用，标注形状工具就可以方便地为用户添加标注图示。

01 单击工具箱中的基本形状工具组中的“标注形状工具”按钮，在标注形状工具属性栏中单击“完美形状”按钮，弹出一个下拉面板，如图3-75所示。

02 在该面板中选择一个合适的标注图示，在绘图页面中单击并拖曳鼠标，即可绘制出标注图示，如图3-76所示。

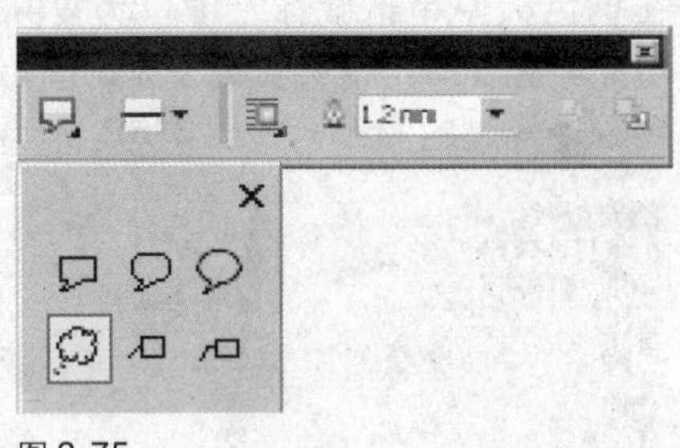

图 3-75

图 3-76

03 用鼠标拖出标注形状后，在图形中有一个红色的菱形控制柄，拖曳控制柄就会改变图形的样式，如图 3-77 和图 3-78 所示。

图 3-77

图 3-78

3.2.5 绘制其他图形

CorelDRAW X4 绘图软件提供了很多绘制特殊图形的工具，为用户带来了方便。在工具箱中还包括一些绘制特殊图形的按钮，如“复杂星形工具”按钮、“图纸工具”按钮和“螺纹工具”按钮等。

用复杂星形工具绘制图形

复杂星形工具的主要用途是绘制交叉复杂的星形，其使用方法非常简单。

01 单击工具箱中多边形工具组中的“复杂星形工具”按钮，在其属性栏中设置好复杂星形的点数与锐度（也可以直接在绘图窗口中绘制好复杂星形后再在属性栏中更改其大小、点数、位置与锐度等属性），如图 3-79 所示。

图 3-79

02 在绘图页面中拖曳鼠标即可绘制出复杂星形图形，如图 3-80 所示。

图 3-80

03 在属性栏中修改复杂星形工具的边数为“20”，锐度为“5”，效果如图3-81所示。

图3-81

04 在调色板中单击鼠标左键，为复杂星形填充颜色，单击鼠标右键去掉轮廓，即得到一个漂亮的图形，如图3-82所示。

图3-82

用图纸工具绘制图形

图纸工具的主要用途是绘制网格，网格工具可以帮助用户在绘制图形时精确地对齐对象，其使用方法非常简单。

01 选择工具箱中多边形工具组中的“图纸工具”，在其属性栏中设置好需要的纵、横方向的网格数量，如图3-83所示。

图3-83

02 在绘图页面中拖曳鼠标即可绘制出网格图形，如图3-84所示。

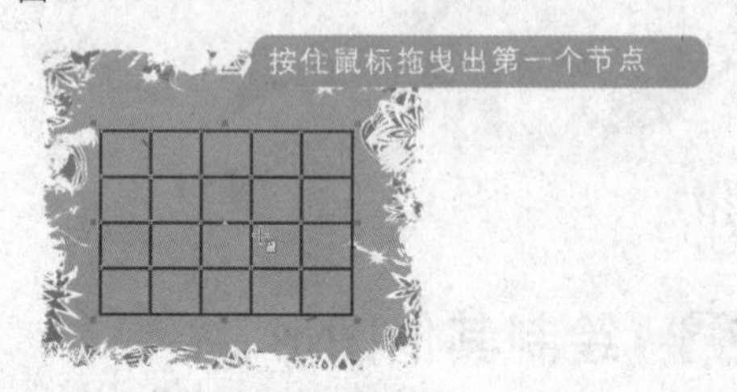

图3-84

Tip 技巧提示

绘制网格时，可以使用快捷键对图形进行特殊的绘制，单击“图纸工具”按钮后，按住【Ctrl】键拖曳鼠标，可以绘制出正方形的网格；按住【Shift】键拖动鼠标，可以绘制出以单击点为中心的网格；按住【Ctrl+Shift】组合键拖曳鼠标，可以绘制出以单击点为中心的正方形网格，如图3-85、图3-86和图3-87所示。

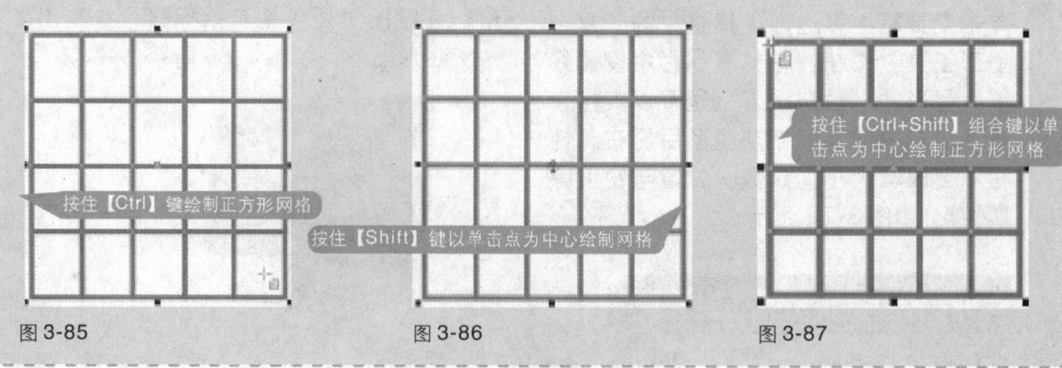

图3-85　图3-86　图3-87

用螺纹工具绘制图形

多边形工具组中还有一个螺纹工具。螺纹是一种特殊的曲线，利用螺纹工具可以绘制出"对称式螺纹"和"对数式螺纹"两种。对数式螺纹和对称式螺纹的区别在于，在相同的半径内，对称式螺纹的螺纹之间的间距是以倍数增长变化的，而对数式螺纹的螺纹之间的间距是相等的。

单击工具箱中多边形工具组中的"螺纹工具"按钮，在其属性栏中设置"螺纹回圈"的数值，并选择需要的螺纹类型。

设置好后，在绘图页面中拖曳鼠标绘制出螺纹图形，如图3-88和图3-89所示。

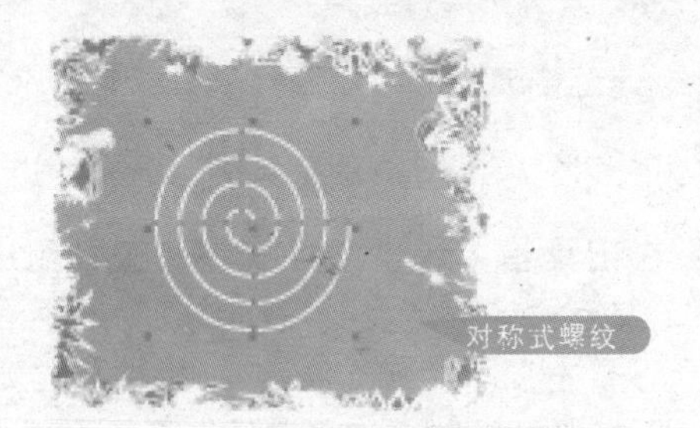

图3-88

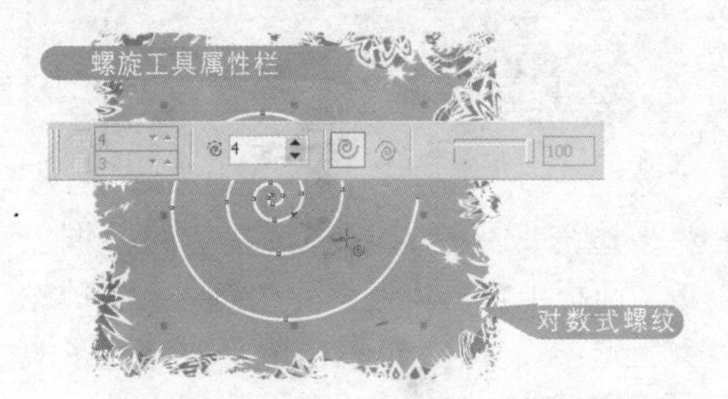

图3-89

Tip 技巧提示

在页面中绘制螺纹图形时，按住【Ctrl】键拖曳鼠标可以绘制出正螺纹；按住【Shift】键拖曳鼠标可以绘制出以鼠标的单击点为中心的螺纹；按住【Ctrl+Shift】组合键拖曳鼠标，可以绘制出以鼠标的单击点为中心的正螺纹。

3.3 绘制公司标志

前面已经介绍了CorelDRAW X4绘图软件中常用的一些绘图工具，了解这些工具对用户绘制图形有很大的帮助。该绘图软件的商业应用领域是非常广泛的，下面就介绍如何应用CorelDRAW X4绘图软件制作公司Logo。图3-90是一个已经绘制好的Logo。

图3-90

3.3.1 绘制标志背景主体图形

运行CorelDRAW X4绘图软件，新建一个空白文档，在空白文档中先绘制标志的背景主体图形，标志的背景主体图形是一个膨胀变形的多边形，这种夸张的表现方式在视觉上具有很强的冲击力。

01 首先，在空白页面中绘制多边形网格，单击工具箱中的“多边形工具”按钮，在其属性栏中设置边数为“8”，如图3-91所示，设置好后就可以在页面中绘制多边形了。

图3-91

02 单击“多边形工具”按钮后，在页面中单击鼠标左键并拖曳，按住【Ctrl】键，拖出一个正多边形，单击后释放鼠标，得到多边形，如图3-92所示。

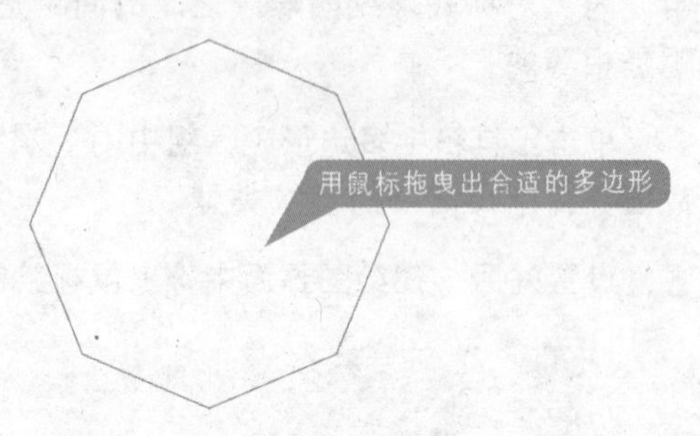

图3-92

03 将多边形做好后，在窗口右侧的“调色板”面板中右击“无色”按钮，去掉轮廓，选中“黄色”，单击鼠标左键为多边形填充颜色，如图3-93所示。

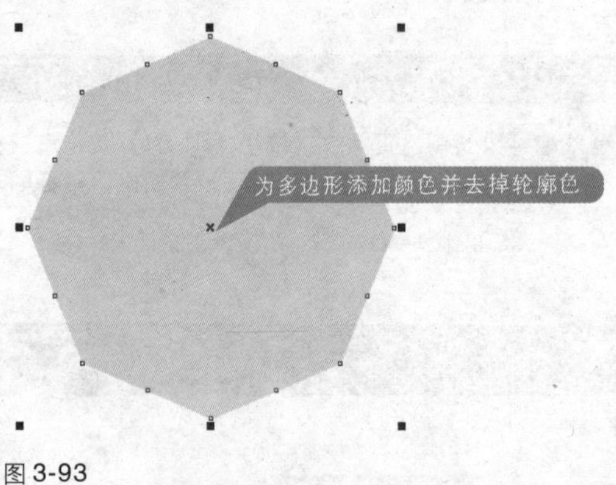

图3-93

04 在工具箱中单击交互式调和工具组中的“交互式变形工具”按钮，在网格的中心单击鼠标后确定一点，用鼠标拉动变形控制柄，对多边形进行变形，形成多边形膨胀的效果，如图3-94所示。

图3-94

Tip 技巧提示

交互式变形工具是交互式调和工具组中的一个工具，它可以快速改变对象的外观，在属性栏中有3种默认的变形方式，包括推拉变形、拉链变形和扭曲变形。在以后的章节中将会对交互式变形工具进行具体的讲解，因此在这里就不多作介绍。

3.3.2 绘制箭头

在标志中有一个上升的箭头，箭头图形是标志中的主体图案，表示股市行情的不断变换体现了经济的增长，也预示着公司的业绩会蒸蒸日上。

01 单击工具箱中的手绘工具组中的“贝赛尔工具”按钮，在绘图页面中单击确定一点，拖曳鼠标绘制出一条直线，再连续单击鼠标，绘制出一个箭头形状的图形，最后单击起始点合并路径，形成一个闭合的箭头形状的路径，如图3-95所示。

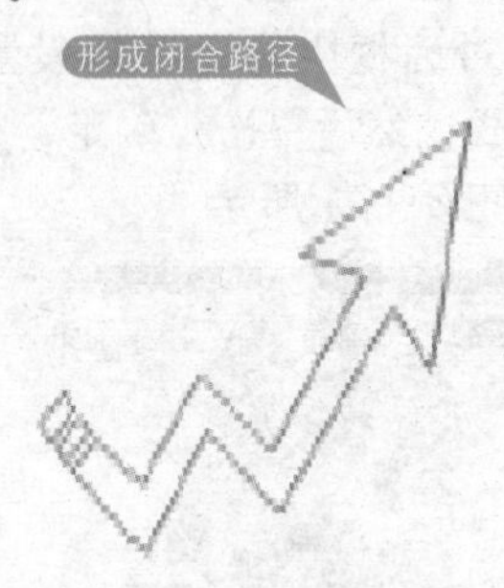

图3-95

02 在工具箱中手绘工具组中单击“形状工具”按钮，对创建的图形进行编辑修改，如图3-96所示。

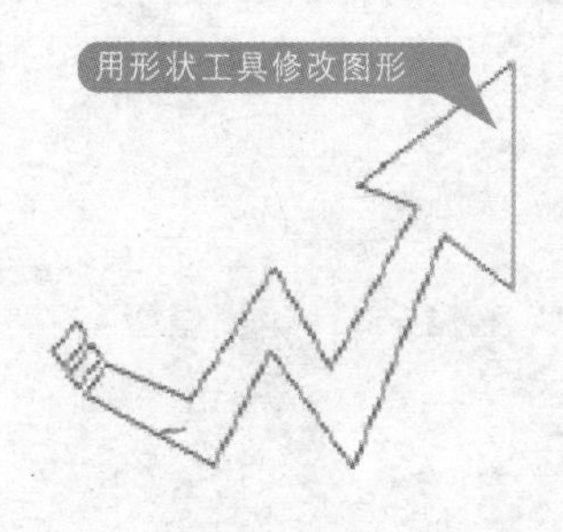

图3-96

03 在窗口右边的“调色板”面板中选择合适的颜色，单击鼠标右键，在“默认CMYK调色板”面板中选取颜色填充图形，如图3-97所示。

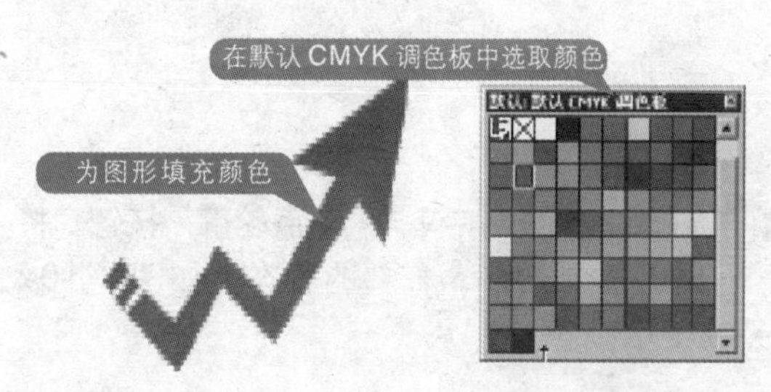

图3-97

04 选择图形后，单击鼠标右键，在弹出的快捷菜单中选择“复制”选项，将图形复制，再选择“粘贴”选项，得到另一个相同的图形。同时，也可以执行【Ctrl+C】、【Ctrl+V】组合键进行复制和粘贴，得到的图形用做阴影。在“调色板”面板中选择“黑色”，单击鼠标右键为复制出的图形填充颜色，如图3-98所示。

图3-98

05 将复制好的图形移动到合适的位置，以同样的方法制作出另一个箭尾，这样箭头就做好了。单击手绘工具组中的“艺术笔工具”按钮，使用这个工具也可以很快捷地绘制出已经做好的箭头，如图3-99所示。

图3-99

3.3.3 绘制进度曲线

要绘制的图形是关于金融界的一个标志，具有股市行情的起伏进度曲线，下面介绍进度曲线的制作过程。

01 单击工具箱中的“手绘工具”按钮，在绘图页面中的网格的右上角单击鼠标确定一点，拖出不规则曲线，如图3-100所示。

图3-100

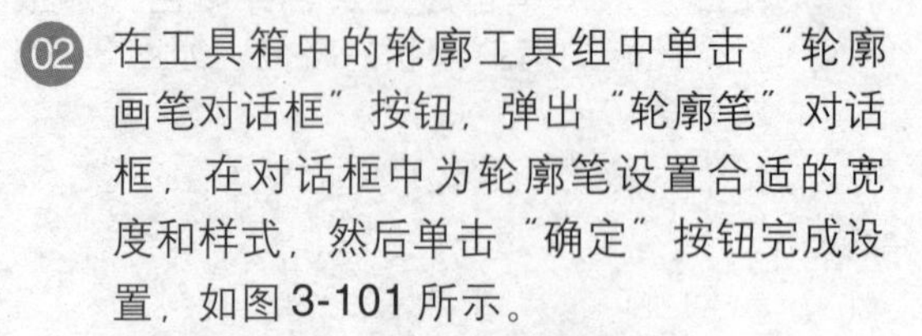

02 在工具箱中的轮廓工具组中单击“轮廓画笔对话框”按钮，弹出“轮廓笔”对话框，在对话框中为轮廓笔设置合适的宽度和样式，然后单击“确定”按钮完成设置，如图3-101所示。

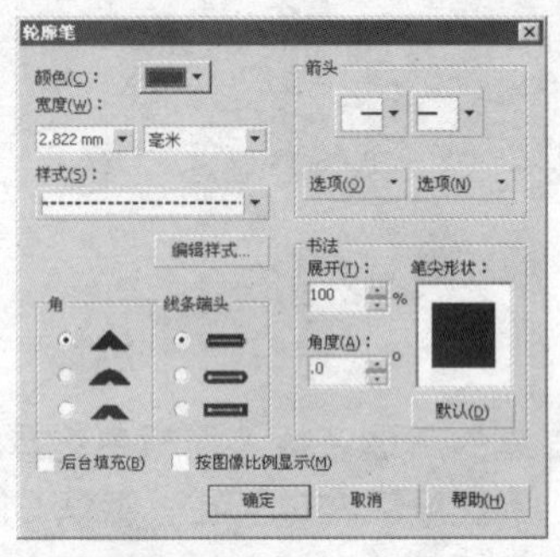

图3-101

03 在轮廓工具组中单击“8点轮廓”按钮，将进度曲线显示为需要的状态，如图3-102所示。

图3-102

3.3.4 标志的最终效果的制作

标志中文字的输入是接下来要讲解的内容，制作好这些内容后，标志就制作好了。

01 在工具箱中单击“文本工具”按钮，在绘图页面中用鼠标单击一点，就会出现一个文字输入光标，在光标处输入“WINNER”，如图3-103所示。

图3-103

02 选中文字，将文字移动到合适的位置，经过调整后得到了公司标志的最终效果，如图3-104所示。

图3-104

Chapter 04

对象的基本操作

本章重点讲解 CorelDRAW X4 在编辑和处理图像的过程中，对对象进行选取、剪切、复制、删除、旋转、镜像、自由变换、切割、擦除和涂抹等基本操作的技巧。

4.1 选取对象的多种方式

在对对象进行任何改变之前，都必须先将其选定。选取对象是CorelDRAW X4最常用的功能之一，可以在群组或嵌套群组中选择可见对象、隐藏对象，以及按创建顺序选择各个对象；也可以一次性选择所有对象，还可以撤销对对象的选择。

4.1.1 使用挑选工具直接选择对象

工具箱中的挑选工具是最常用的工具之一，通常用来从工作区中挑选所要编辑的对象，再通过鼠标移动所选对象本身或其节点，即可实现一些基本的编辑目的。

挑选工具的选项栏如图4-1所示。

执行“工具/选项”命令，在弹出的“选项”对话框左侧的列表框中依次选择“工作区/工具箱/挑选工具”选项，在显示的“挑选工具”参数设置区域中，可以根据需要更改各项默认值。

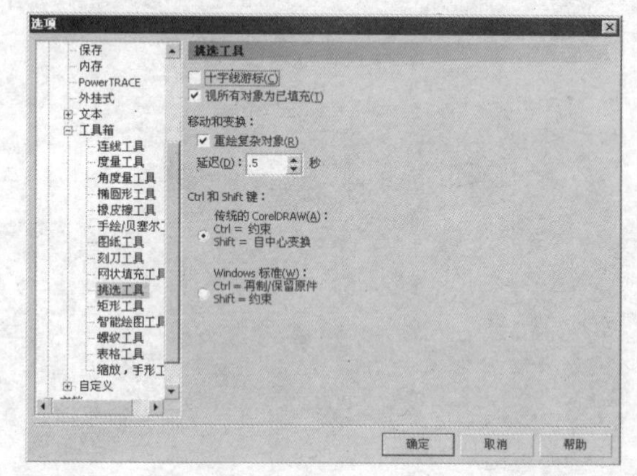

图4-1

选中“十字线游标”复选框，可将挑选工具的鼠标光标变为十字光标。

选中“视所有对象为已填充”复选框，可将所有图形对象（包括未填充的对象）视为已填充的对象，从而可在对象内部单击来选定它。如取消选中该复选框，则使用鼠标单击无填充对象内部时，将不能选中该对象。

选中“重绘复杂对象”复选框，将激活“延迟”文本框，在该文本框中输入数值，可以在调节移动对象时，控制轮廓线的延迟时间。

选中“Ctrl和Shift键”选区下的第一个单选按钮后，按住【Ctrl】键具有约束鼠标的功能，按住【Shift】键可以确保对象从中心成比例地变化；如选中第二个单选按钮，可以使【Ctrl】键具有复制对象且可以将原对象置于后面的功能，【Shift】键具有约束鼠标的功能。

下面我们来简单介绍一下挑选工具的具体使用方法。

单击工具箱中的“挑选工具”按钮，即可开始选取页面中的对象。使用鼠标单击要选取的对象，该对象周围即出现一些黑色的控制点，表示它已经被选中，如图4-2所示。

按住【Shift】键，并使用挑选工具依次单击各对象，可以同时选择多个对象，如图4-3所示。

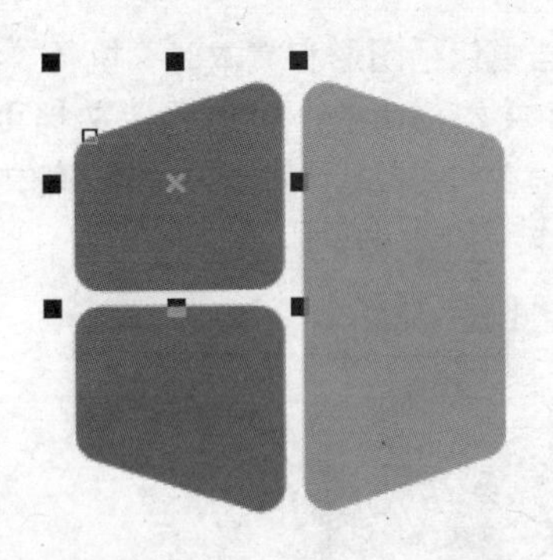

图 4-2

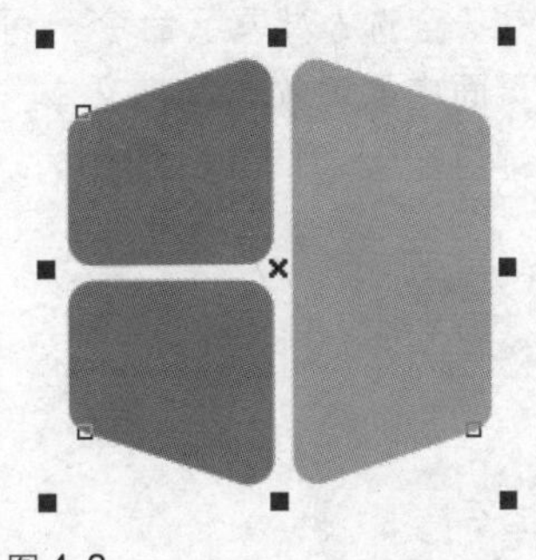

图 4-3

Tip 技巧提示

在选取对象时，也可以在要选择的对象的左上角按下鼠标，并向右下方拖出一个虚线方框，以完全包含住该对象，当松开鼠标键后，即可看到该对象被选中。

要从一群重叠的对象中选取某一对象时，只需按住【Alt】键，再使用鼠标逐次单击最上层的对象，即可依次选取下面各层的对象，如图 4-4 所示。

图 4-4

选取一个群组中的某个对象时，只需在按下【Ctrl】键的同时，使用鼠标单击所要选择的对象即可，此时对象周围的控制点将变为小圆点，如图 4-5 所示。

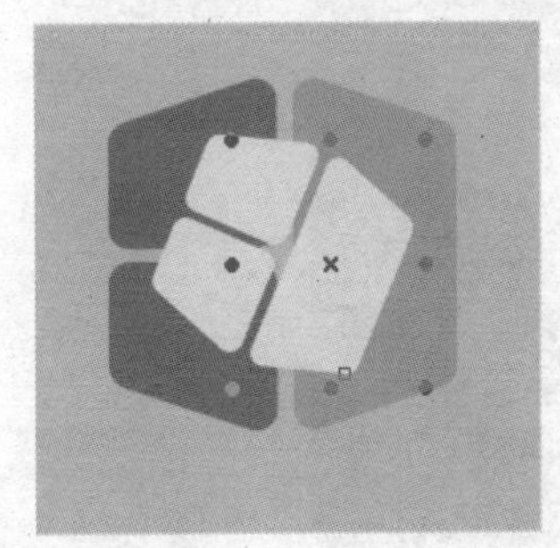

图 4-5

4.1.2 创建图形时选取对象

当使用工具箱中的矩形工具、椭圆工具、多边形工具等基本绘图工具绘制好对象时，CorelDRAW 会自动选取所绘对象，可以直接对对象进行移动、旋转、缩放等操作。也就是说，挑选工具已经融入到这些工具当中。

4.1.3 使用菜单命令选取对象

执行“编辑 / 全选”命令，出现一个弹出式菜单，在该菜单中选择适当命令，可以选取文档中的所有对象、文本、辅助线或节点。

执行“编辑/全选/对象”命令，可以将整个文档页面中的对象（包括文本、矢量图形）全部选中，如图4-6所示。

图4-6

当文档中包括图形和文本时，执行“编辑/全选/文本”命令，可以选取文档页面中的所有文本，从而对选中的所有文本进行操作，如图4-7所示。

图4-7

辅助线即标尺线，在没有选中的情况下呈黑色显示，执行“编辑/全选/辅助线”命令时，所有的导线将显示为红色，处于选中状态，如图4-8所示。

图4-8

对于一些矢量图形来说，常常包含许多节点，当选中该图形后，执行“编辑/全选/节点”命令，可以将图形中的所有节点都显示出来，如图4-9所示。

图4-9

4.2 剪切、复制、粘贴、再制与删除对象

在编辑处理对象时，经常需要制作图形对象的副本，或将不需要的图形清除。CorelDRAW X4提供了两种复制对象的方法：剪切或复制到剪贴板，然后粘贴到绘图中；还可以再制对象。

此外，还可以复制全部对象或其属性。当不再需要该对象时，还可以将其删除。

4.2.1 剪切、复制、粘贴与再制对象

01 执行“编辑/剪切”命令，或者按【Ctrl+X】组合键，或者在“标准”工具栏上单击“剪切”按钮，均可将图形对象从绘图页面中移除，如图4-10所示。

02 执行“编辑/复制”命令，或按【Ctrl+C】组合键，或者在“标准”工具栏中单击“复制”按钮，均可复制图形，如图4-11所示。

图 4-10

图 4-11

03 执行”编辑/粘贴“命令，或者按【Ctrl+V】组合键，或者在“标准”工具栏上单击“粘贴”按钮，即可将剪贴板上的对象粘贴到当前的绘图窗口中，如图 4-12 所示。

04 执行“编辑/再制”命令，或者按【Ctrl+D】组合键，即可将所选图形对象再制一份，如图 4-13 所示。

图 4-12

图 4-13

4.2.2 删除对象

如果需要删除一些不需要的文件，可以先选中需要删除的对象，然后执行“编辑/删除”命令，或者直接按键盘上的【Delete】键，即可将不需要的文件删除。

4.3 变换对象

在 CorelDRAW X4 中，对象的移动、旋转、调整尺寸大小、缩放与镜像、倾斜以及清除操作都被称为变换。

4.3.1 移动对象的位置

在编辑对象时，如需要移动对象的位置，可以直接使用鼠标移动对象，也可以通过设置数值将对象移动到精确的位置。

使用鼠标移动对象

选中该对象后，将光标移至对象的中心位置，光标变为✥状态，此时单击并拖曳即可移动对象。

Tip 技巧提示

移动对象时，按住【Ctrl】键再移动对象，则选中的对象只能在水平或垂直方向移动；如果先按住【+】键再移动选中的对象，也可以起到复制图像的作用。

精确移动对象

通过设置数值，可以精确移动对象。

01 选中对象，执行“排列 / 变换 / 位置”命令，并在打开的“变换”泊坞窗中单击“位置”按钮，此时位置数值显示为“水平：0，垂直：0”，如图 4-14 所示。

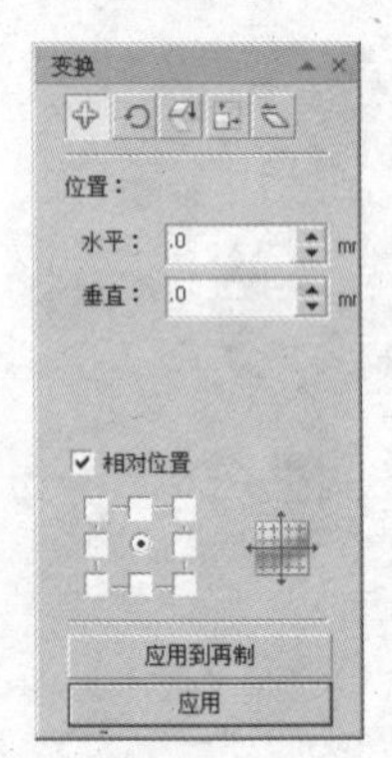

图 4-14

02 选择对象位置指示器中的原点周围的复选框，可以选择对象的移动方向，然后在“位置”选区下的参数框中输入对象将要移动的坐标位置数值，再单击“应用”按钮，即可按所作设置精确移动对象，如图 4-15 所示。

图 4-15

Tip 技巧提示

在属性栏中设置“X”、“Y”数值框中的数值可以显示对象在页面上的绝对位置，而在位置工具卷展栏中设置 X、Y 栏的数值则能精确调整对象的相对位置，通过它可以让操作变得很方便。如果要得到对象在页面中的精确位置，取消选择“相对位置”复选框即可。

如果单击“应用到再制”按钮，系统将在保留原对象的基础上再复制出一个对象，如图 4-16 和图 4-17 所示。

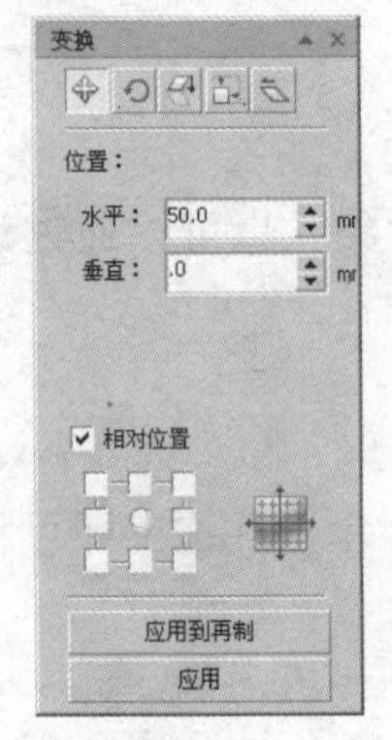

图 4-16

图 4-17

Tip 技巧提示

如果要对对象进行微调，可以按键盘上的方向键，微调的值可以在属性栏的微调偏移栏中进行调整。

4.3.2 旋转对象

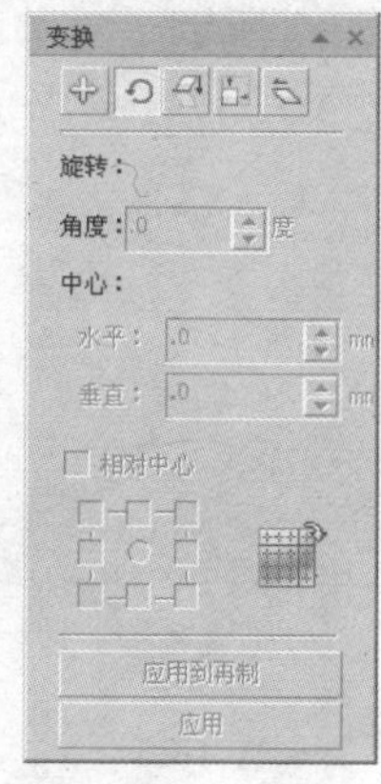

图4-18

执行“排列/变换/旋转”命令，弹出“旋转”泊坞窗，如图4-18所示。

在“角度”文本框中输入所选对象要旋转的角度值。

在“中心”选区下的两个数值框中，通过设置水平和垂直方向上的参数值，来决定对象的旋转中心。

选中“相对中心”复选框，可在其下方的指示器中选择旋转中心的相对位置。

单击“应用到再制”按钮，就会将所选对象再制一份并旋转，而原对象不变。

01 单击工具箱中的“挑选工具”按钮，双击要进行旋转的对象，使其处于旋转模式。此时对象周围将出现8个双方向箭头，并在中心位置出现一个小圆圈，即旋转中心，如图4-19所示。

图4-19

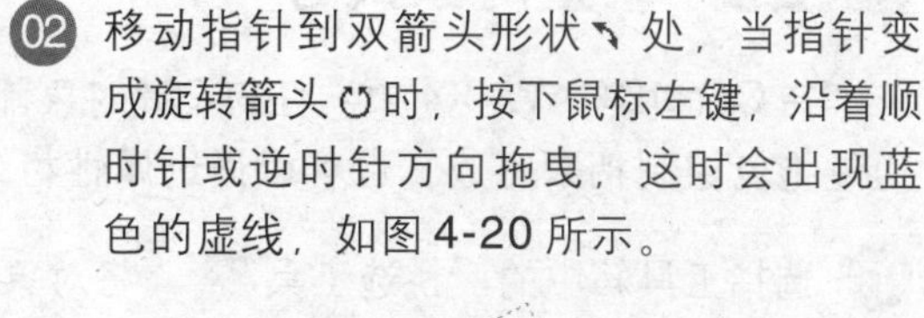

02 移动指针到双箭头形状处，当指针变成旋转箭头时，按下鼠标左键，沿着顺时针或逆时针方向拖曳，这时会出现蓝色的虚线，如图4-20所示。

图4-20

03 移动至所需的位置时释放鼠标左键，即可得到旋转的图形，如图4-21所示。

图4-21

04 旋转对象时，可移动对象中点，此时对象围绕新确定的中点旋转，如图4-22所示。

图4-22

05 执行“排列/变换/旋转”命令，并在打开的“变换”泊坞窗中单击“旋转”按钮，设置相应的参数值，然后单击“应用”按钮，也可以对对象进行旋转，如图 4-23 所示。

06 如果单击“应用到再制”按钮，系统将在保留原对象的基础上再复制出一个对象，如图 4-24 所示。

图 4-23

图 4-24

4.3.3 调整对象尺寸

在 CorelDRAW X4 中，任何设计对象都可以调整大小。当要调整对象的大小时，既可以通过拖曳控制柄来完成，也可以通过属性栏或者相应的泊坞窗来完成。

01 选择工具箱中的“挑选工具”，将对象选中，然后拖曳其任何一角的控制柄，即会出现一个蓝色虚线框，如图 4-25 所示。

02 当放大到所需的大小时，松开鼠标左键，即可得到放大的图像，如图 4-26 所示。

图 4-25

图 4-26

Tip 技巧提示

如果要将所选对象调整为原始大小的倍数，并且保持对象中心的位置不变，那么就同时按住【Shift】键和【Ctrl】键，然后拖曳对象一个角的控制柄。

4.3.4 缩放和镜像对象

要对对象进行缩放和镜像操作，可执行“排列/变换/比例”命令，然后在显示的泊坞窗中进行设置。

01 选中对象，执行"排列/变换/比例"命令，并在打开的"变换"泊坞窗中单击"缩放和镜像"按钮，如图4-27所示。

图 4-27

02 在该泊坞窗中输入所需的数值，设置完毕后，单击"应用到再制"按钮即可缩放和镜像所选对象，如图4-28所示。

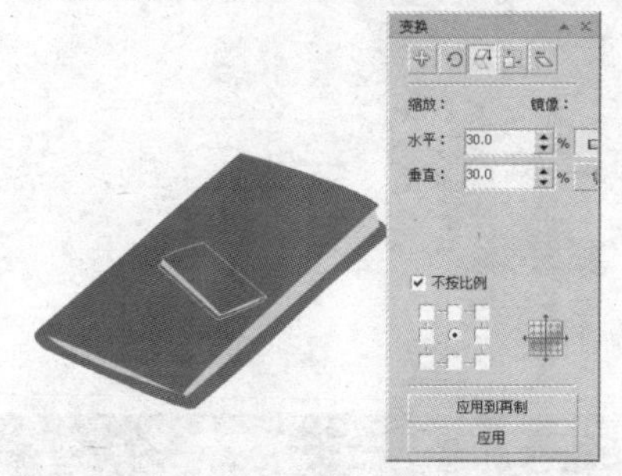

图 4-28

Tip 技巧提示

在"变换"泊坞窗的"缩放"选区下的文本框中输入数值，可设置对象在水平和垂直方向上的缩放比例；如选中"不按比例"复选框，表示可以对对象进行非等比缩放。此外，在对象缩放指示器中还可以选择缩放方向。在"镜像"选区下，通过单击"水平镜像"按钮或"垂直镜像"按钮，可以对所选对象进行水平或垂直方向上的镜像。单击"应用"按钮即可得到缩放和镜像的对象，单击"应用到再制"按钮，则表示系统将保留原对象状态不变，而将所做的设置应用于复制对象。

4.3.5 倾斜对象

在使用CorelDRAW X4进行绘图的过程中，常常需要将一些图形按一定角度和方向倾斜，在CorelDRAW X4中实现这一操作非常简单。

01 单击工具箱中的"挑选工具"按钮，双击对象，该对象的中心位置会变成⊙符号，如图4-29所示。

图 4-29

02 移动鼠标指针至对象4边的控制节点上，当鼠标指针变为⇌形状时，按住鼠标左键拖曳即可倾斜对象，如图4-30所示。

图 4-30

03 先按一下键盘上的【+】键，再对所选对象进行旋转或倾斜操作，则可以复制对象，并将所做操作应用到该对象上，如图4-31所示。

04 执行"排列/变换/倾斜"命令，并在打开的"变换"泊坞窗中单击"倾斜"按钮，此时系统将展开"倾斜"选区，在该选区中输入需要的数值，然后单击"应用"按钮，也可倾斜对象，如图4-32所示。

图 4-31

图 4-32

Tip 技巧提示

在“变换”泊坞窗的“倾斜”选区下的参数框中输入对象在水平和垂直方向上的倾斜值，然后单击“应用”按钮，即可倾斜所选对象。如果单击“应用到再制”按钮，即可保留原对象状态，将所做设置应用于复制对象。

4.3.6 清除对象变换

执行“排列/清除变换”命令，可以清除利用“变换”泊坞窗中各种操作所得到的变换效果，使所选对象恢复到变换操作之前的状态。

4.4 图像节点控制变形操作

在 CorelDRAW X4 中，创建的任何对象的轮廓上都有节点，通过调整节点可以改变对象的形状。因此，如何使用节点就成了调整对象形状的关键。

4.4.1 添加和删除节点

当对图像进行变形时，可以对节点进行添加、删除等操作，从而改变图形的形状或更好地编辑线条，绘制较复杂的图形效果。

01 执行“文件/打开”命令，打开一个矢量图文件。选择工具箱中的“形状工具”，选取图形，图形上出现节点，如图 4-33 所示。

图 4-33

02 移动鼠标指针到椭圆边框的适当位置并双击左键，或者单击属性栏中的“添加节点”按钮，即可添加节点，如图 4-34 所示。

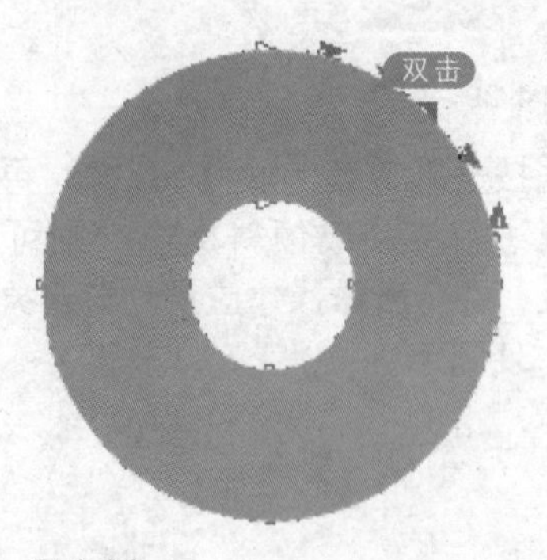

图 4-34

03 用工具箱中的“形状工具”选择一个节点，单击鼠标右键，在弹出的菜单中选择“添加”命令，添加一个节点，如图 4-35 所示。

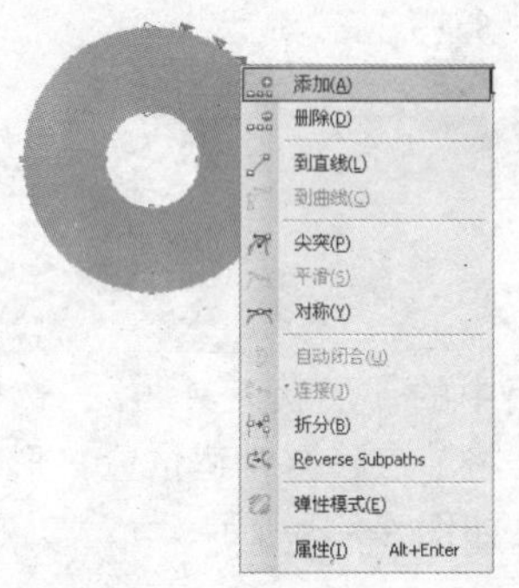

图 4-35

04 双击节点，或者选中节点后单击鼠标右键，在弹出的菜单中选择“删除”命令，或者单击属性栏中的“删除节点”按钮，即可将所选节点删除，如图 4-36 所示。

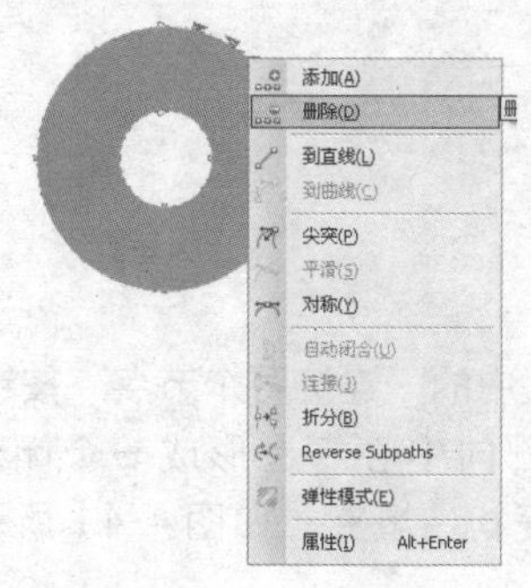

图 4-36

4.4.2 连接和分割曲线

对于同一个曲线对象上的两个节点，可以将它们连接为一个节点，此时，被连接的两个节点之间的线段就会闭合。如果被连接的两个节点是先前从一个节点分割开的，并且分割之前的对象内部有填充，那么，这两个节点重新连接之后，对象内部的填充会被自动恢复。

01 执行“文件/打开”命令，打开一个矢量图文件，选择工具箱中的“形状工具”，选取需要分割的节点，如图 4-37 所示。

图 4-37

02 在属性栏中单击“断开曲线”按钮，或单击鼠标右键，在弹出的菜单中选择“打散”选项，此时图形变为不闭合曲线，填充消失，如图 4-38 所示。

图 4-38

03 在页面空白处单击，取消对节点的选择，用工具箱中的形状工具选取节点，并拖曳鼠标，如图 4-39 所示。

04 要将一条断了的曲线连接起来形成闭合曲线，要先选中拆分的两个节点，如图 4-40 所示。

图 4-39

图 4-40

05 单击属性栏中的“连接两个节点”按钮，两个节点都向中心靠近形成一个闭合路径，并恢复初始填充，如图 4-41 所示。

06 选择工具箱中的“形状工具”，选中连接的节点，将节点移至合适位置，形成完整的图形，如图 4-42 所示。

图 4-41

图 4-42

4.4.3 直线与曲线的相互转换

在绘制平面设计作品时，经常要将直线转换为曲线，或将曲线转换为直线，在 CorelDRAW X4 中，直线和曲线之间是可以相互转换的。

01 执行“文件 / 打开”命令，打开一个矢量图文件，选择工具箱中的“形状工具”，在曲线上添加一个节点，如图 4-43 所示。

02 选择工具箱中的“形状工具”，选中所添加的节点，并拖曳节点，改变曲线的弯曲程度，如图 4-44 所示。

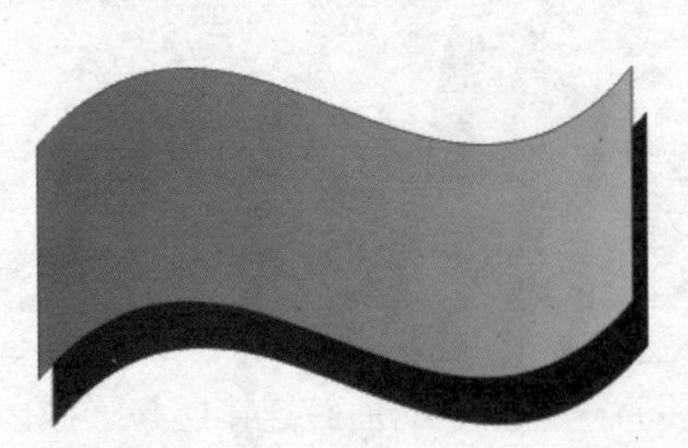

图 4-43

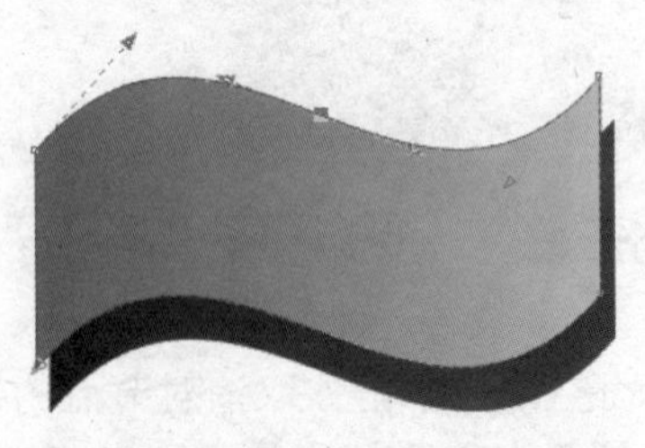

图 4-44

03 选中添加的节点，单击属性栏中的“转换曲线为直线”按钮，将曲线转换为直线，如图 4-45 所示。

04 选中所添加的节点，单击属性栏中的“转换直线为曲线”按钮，并调整控制节点，达到理想的效果，如图 4-46 所示。

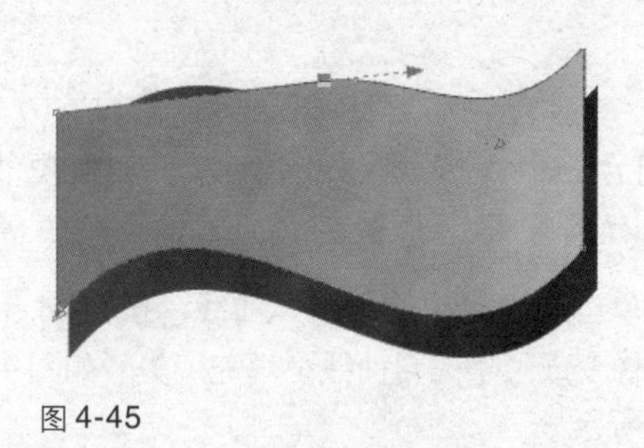

图 4-45

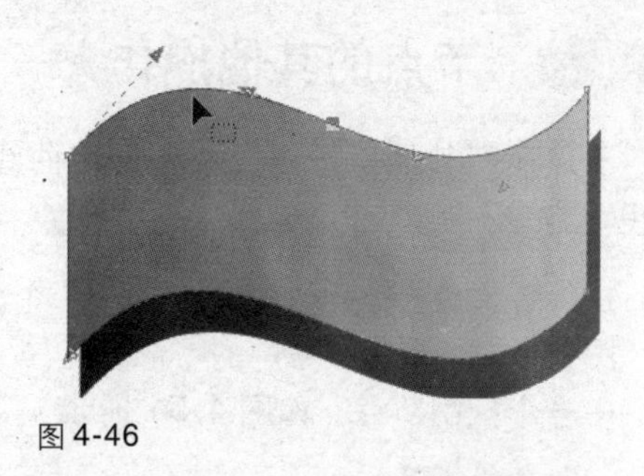

图 4-46

4.4.4 节点的平滑、尖突与对称

节点影响图形的形状，在调整曲线图形时，可以通过改变节点属性来改变曲线在节点处的形状，包括尖突的、平滑的和对称的。

01 执行"文件/打开"命令，打开一个矢量图文件，选择工具箱中的"形状工具"，选中一个控制节点，如图 4-47 所示。

图 4-47

02 单击属性栏中的"使节点成为尖突"按钮，节点两端的指向线变成相对独立的，可单独调节节点两边的线段长度和弧度，如图 4-48 所示。

图 4-48

03 单击属性栏中的"平滑节点"按钮，节点两端的指向线始终为同一直线，改变其中一个指向方向时，另外一个也会相应变化，但两个手柄的长度可以独立调节，相互之间没有影响，如图 4-49 所示。

图 4-49

04 单击属性栏中的"生成对称节点"按钮，节点两端的指向始终为同一直线，节点两端控制点的距离也始终是相等的，如图 4-50 所示。

图 4-50

Tip 技巧提示

也可以使用快捷键来改变所选节点的类型。要将平滑节点改为尖突节点，或将尖突节点改为平滑节点，就按【C】键；要将对称节点改为平滑节点，或将平滑节点改为对称节点，就按【S】键。

4.4.5 节点的其他操作

节点还有其他操作方式，如反转曲线的方向、闭合图形、提取子路径、伸长与缩短节点连线、旋转与倾斜节点连线、对齐节点、弹性模式和选择全部节点等。

01 执行“文件/打开”命令，打开一个矢量图文件，使用工具箱中的“形状工具”选中一个控制节点，如图4-51所示。

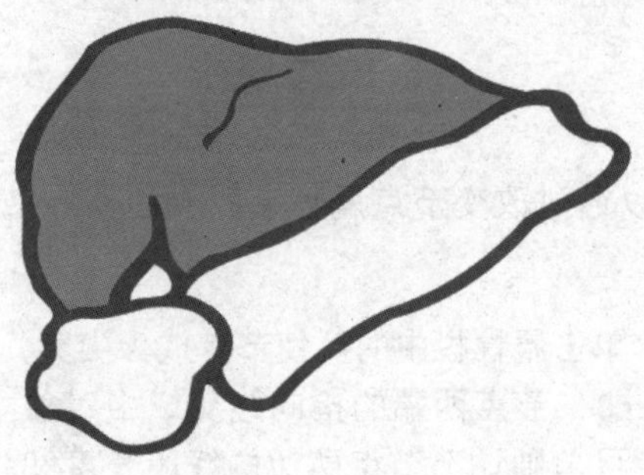

图4-51

02 单击属性栏中的“断开曲线”按钮，图像变成了不闭合曲线，填充消失，如图4-52所示。

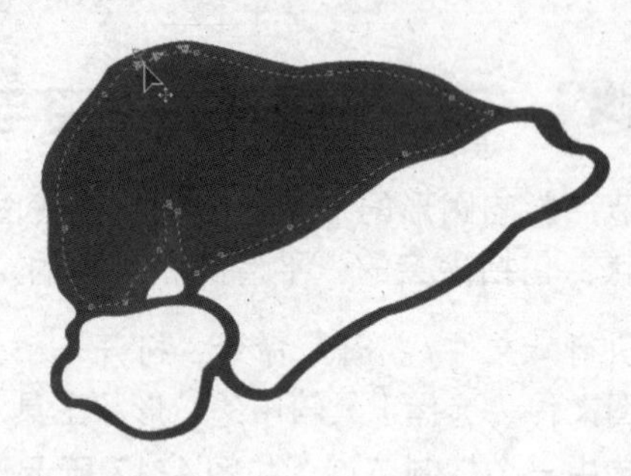

图4-52

03 在页面空白处单击，取消对节点的选择，使用工具箱中的“形状工具”选取节点，并拖曳鼠标，如图4-53所示。

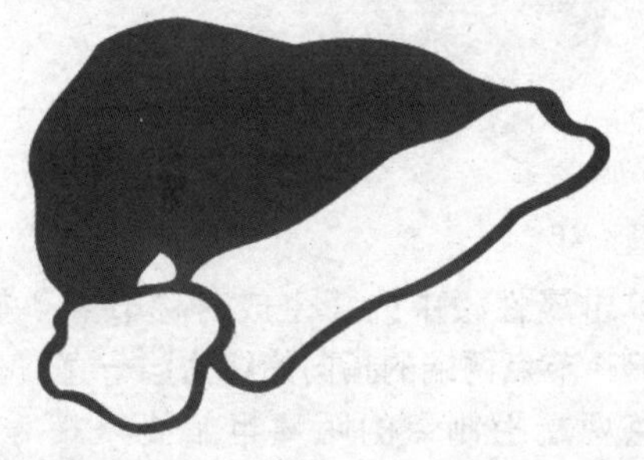

图4-53

04 选中拆分的两个节点，单击属性栏中的“延长曲线使之闭合”按钮，将两个节点闭合，形成一个闭合路径，如图4-54所示。

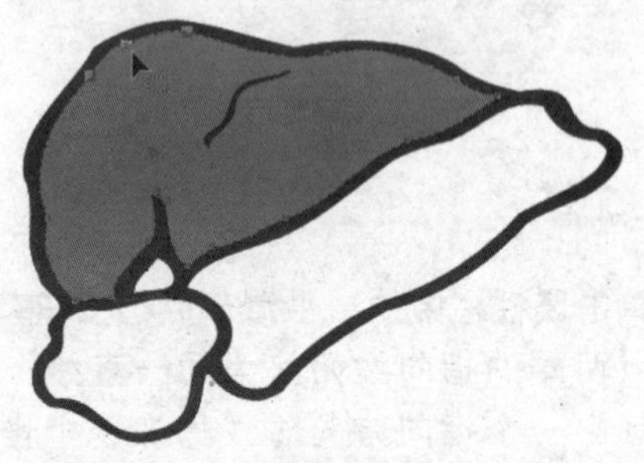

图4-54

Tip 技巧提示

使用“延长曲线使之闭合”按钮和“自动封闭曲线”按钮，可以将断开的节点用直线自动连接起来，使一个开放的曲线图形成为封闭图形。不同的是，“自动封闭曲线”按钮只需选取一个末端节点，而“延长曲线使之闭合”按钮则必须同时选取线段的起始节点和末端节点。

05 选中一个节点，单击属性栏中的“旋转和倾斜节点连线”按钮，并拖曳鼠标，将节点旋转并倾斜，如图4-55所示。

06 选中两个节点，单击属性栏中的“对齐节点”按钮，弹出“节点对齐”对话框，将两个节点对齐，如图4-56所示。

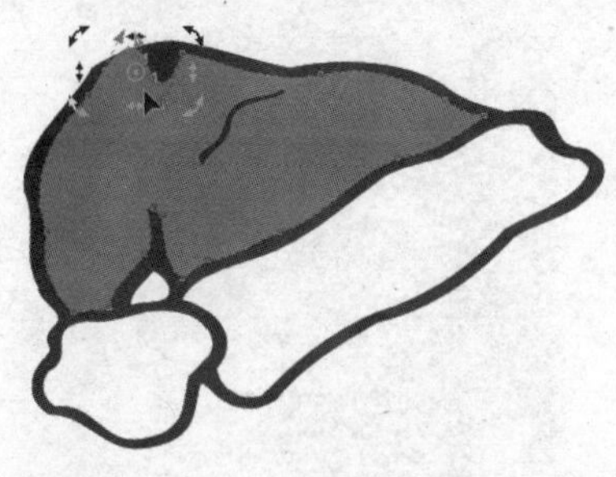

图 4-55

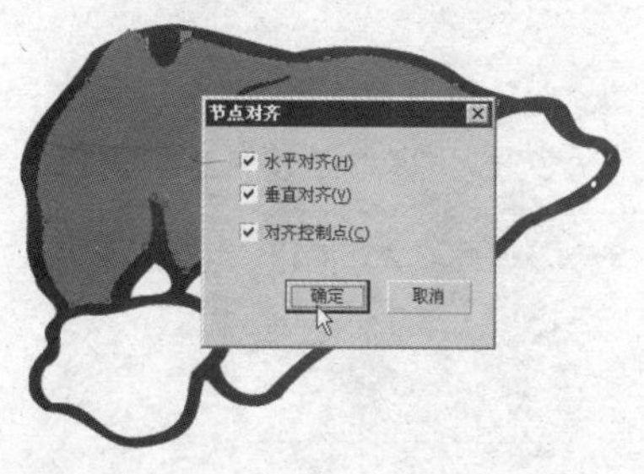

图 4-56

Tip 技巧提示

属性栏中的“反转曲线的方向”按钮，可以将起始节点和末端节点进行颠倒，即起始节点变为末端节点，而末端节点变为起始节点。提取子路径、反弹模式和选择全部节点等工具的操作比较简单，在此不再详述。

4.5 裁剪、切割、擦除对象局部

在 CorelDRAW X4 中，可以使用裁剪工具、刻刀工具和橡皮擦工具对对象局部进行分割和擦除操作，它们不仅可以操作路径和矢量图，还可以操作位图图像。

4.5.1 裁剪工具的基本操作

选择工具箱中的“裁剪工具”，它可以将单个的图形或群组图形进行裁剪，位图也可以执行此操作。

01 执行“文件/打开”命令，打开一个矢量图形，如图 4-57 所示，选择工具箱中的“裁剪工具”。

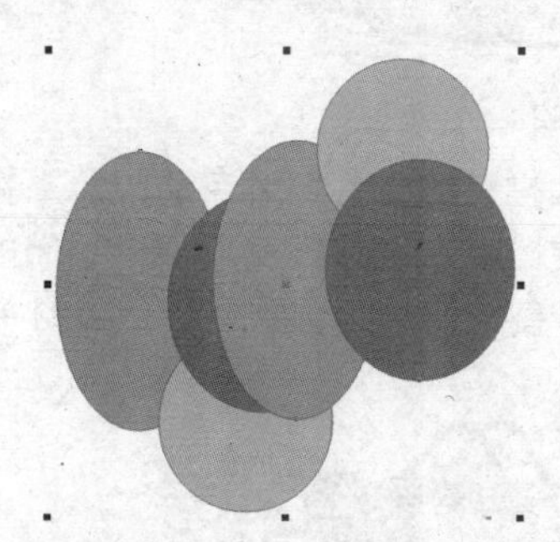

图 4-57

02 在工具箱中单击“裁剪工具”按钮，在图形中拉一个裁剪选取框。选取框以外的部分变为灰色，表示要被裁剪掉的部分，如图 4-58 所示。

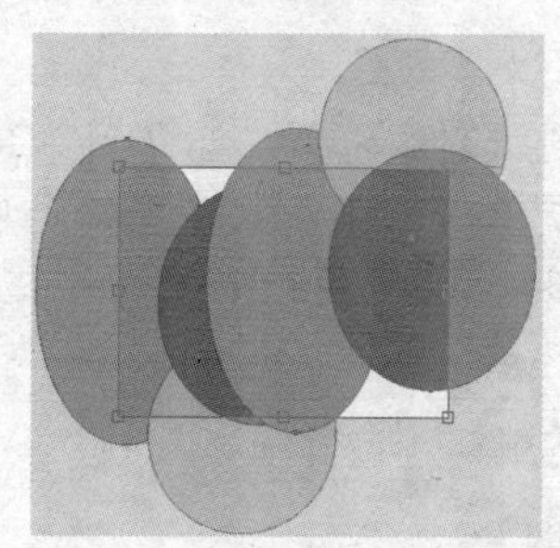

图 4-58

03 拖动鼠标，将选取框调整到合适大小，如图 4-59 所示。

04 双击鼠标，即可得到裁剪后的图形，如图 4-60 所示。

图 4-59

图 4-60

4.5.2 切割局部对象

使用CorelDRAW X4中的“刻刀工具”可以把一个对象分成几个对象，在它相对应的属性栏中，如果单击“成为一个对象”按钮，则可将一个对象打断，但仍然为一个对象；如果单击“剪切时自动闭合”按钮，则可以把一个对象分成几个对象；如果同时选择这两个工具，那么不会把对象分成几个对象而是连成一个对象。

01 执行“文件/打开”命令，打开一个矢量图形，如图4-61所示，选择工具箱中的“裁剪工具”，在弹出的工具条中选择“刻刀工具”。

图 4-61

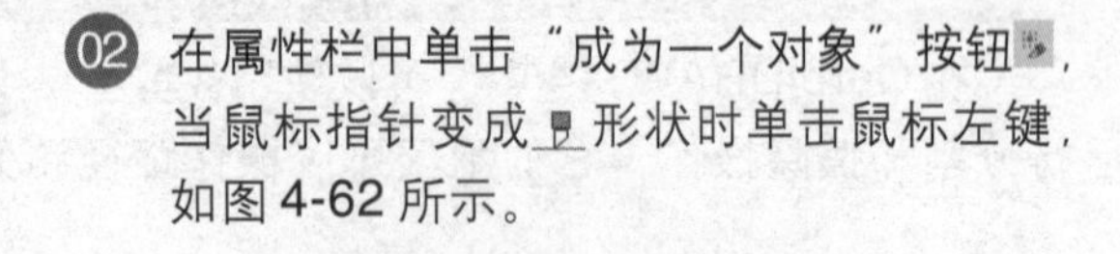

02 在属性栏中单击“成为一个对象”按钮，当鼠标指针变成形状时单击鼠标左键，如图4-62所示。

图 4-62

03 移动鼠标到所需的位置，当指针变成形状时再次单击，该对象在整体上仍然是一个图形，如图4-63所示。

图 4-63

04 单击属性栏中的“剪切时自动闭合”按钮，按住鼠标右键并拖曳，一个封闭的图形将被分割为两个闭合的图形，如图4-64所示。

图 4-64

4.5.3 擦除局部对象

在 CorelDRAW X4 中，可以使用橡皮擦工具将所选对象的某一部分擦除，并将受影响的部分闭合。当使用橡皮擦工具时，可以将对象分离为几个部分，这些分离的部分仍然作为同一个对象存在，它们将作为原来对象的子路径。对图形对象（如矩形、椭圆和多边形等）使用橡皮擦工具后，它们将变成曲线对象。

橡皮擦工具的属性栏如图 4-65 所示。

选择工具箱中裁剪工具组中的“橡皮擦工具”，可以将图形多余的部分擦除，如果要擦除的对象部分很大或很小时，可以利用属性栏调节和选择擦除工具的厚度及类型。属性栏中的各选项功能如下。

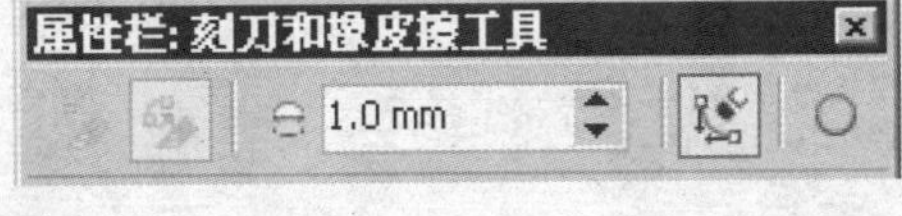

图 4-65

“橡皮擦厚度”微调框：在该微调框中直接输入数值，可以调节擦除的厚度，数值越大，擦除对象的宽度越宽。

“擦除时自动减少”按钮：可以减少使用橡皮擦工具擦除对象时所产生的节点。

“圆形 / 方形”按钮：不选择此按钮，擦除工具的形状为圆形；选择此按钮，擦除工具的形状为方形。

橡皮擦工具还可以擦除位图图像，其方法也是一样的。

下面我们简单介绍一下橡皮擦工具的使用方法。

01 执行“文件 / 打开”命令，打开一个矢量图形，如图 4-66 所示，选择工具箱中的“裁剪工具”，在弹出的工具条中选择“橡皮擦工具”。

02 在其属性栏中的“橡皮擦厚度”微调框中输入合适的数值，改变橡皮擦的厚度，然后按住鼠标左键拖曳，即可擦除图形，如图 4-67 所示。

图 4-66

图 4-67

4.5.4 虚拟段删除工具

使用虚拟段删除工具可以删除对象中的交叉部分（也可成为虚拟线段）。

如果要同时删除多条虚拟线段，可在要删除的虚拟线段周围拖出一个选取框，以框住要删除的虚拟线段。如果要删除一条虚拟线段，则在该虚拟线段上单击即可。

01 执行“文件/新建”命令，再在工具箱中选择“3点椭圆工具”，然后在绘图区中绘制一个椭圆形状，如图4-68所示。

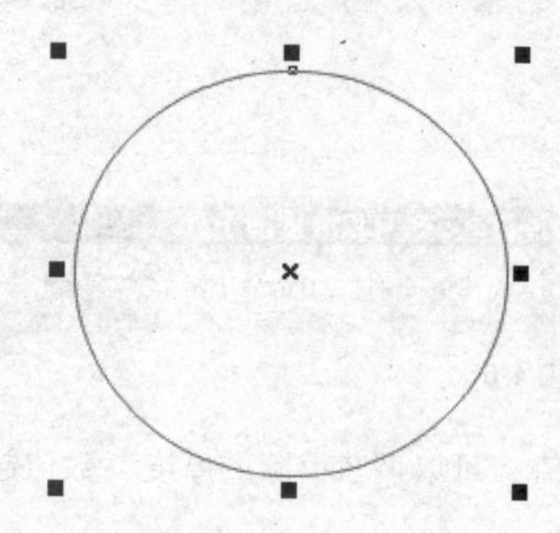

图4-68

02 按【F11】键，弹出“渐变填充”对话框，在其中的“类型”下拉列表中选择“射线”选项，在“颜色调和”栏中设定好颜色，单击“确定”按钮，对椭圆进行渐变填充，如图4-69所示。

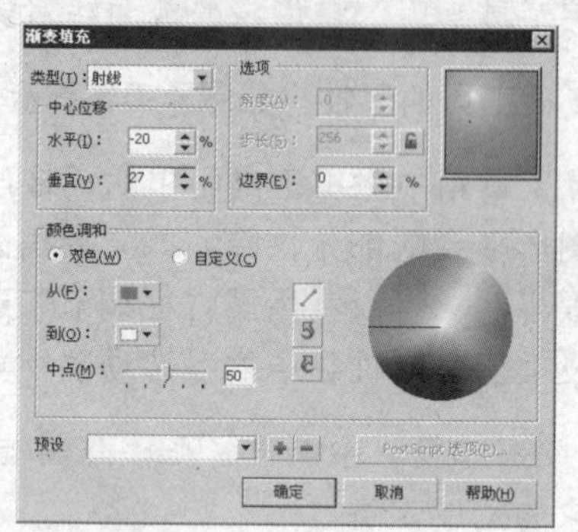

图4-69

03 再用“3点椭圆工具”在画面中绘制一个椭圆形状，如图4-70所示。

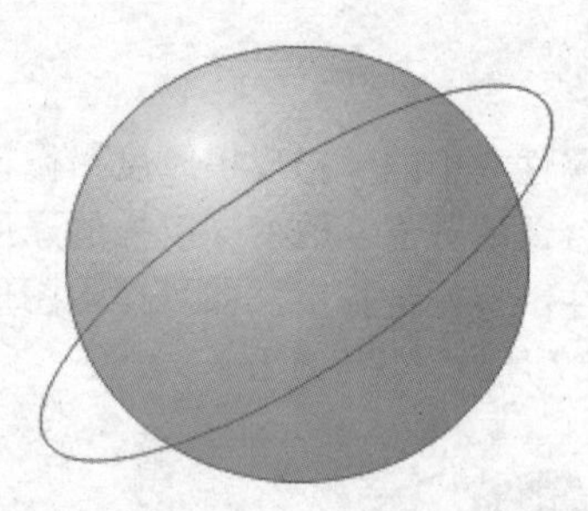

图4-70

04 在属性栏的“轮廓宽度”下拉列表中选择“1.4mm”选项，然后在默认CMYK调色板中右击“天蓝”颜色，使它的轮廓为天蓝色，如图4-71所示。

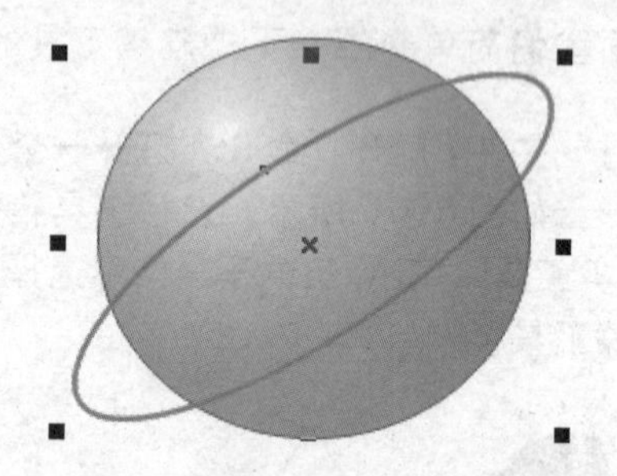

图4-71

05 在工具箱中选择“虚拟段删除工具”，然后移动指针到画面中需要删除的线段上，指针呈倒立状时单击，如图4-72所示。

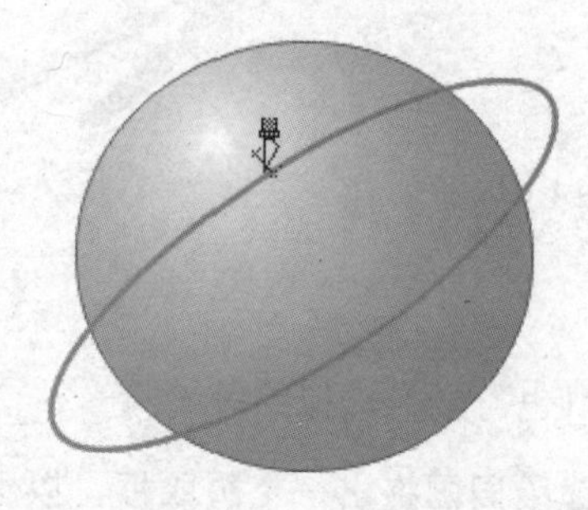

图4-72

06 单击鼠标后，所单击的交点之间的线段将被删除，最终效果如图4-73所示。

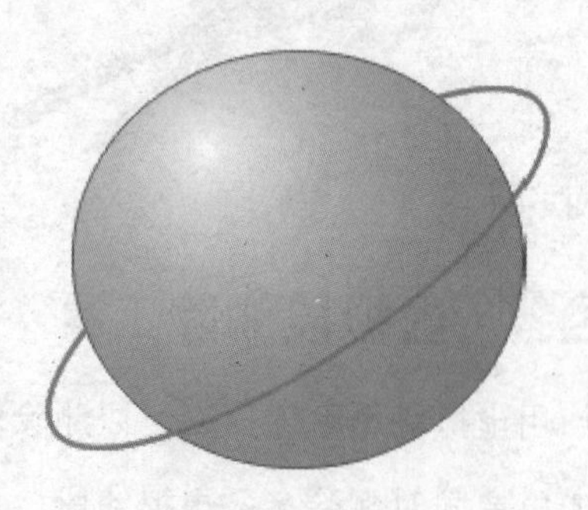

图4-73

4.6 涂抹笔刷工具

选择工具箱中的"涂抹笔刷"和"粗糙笔刷"，可以使绘制好的曲线更为复杂，满足用户需要。

4.6.1 涂抹笔刷的基本操作

下面我们通过实例来介绍涂抹笔刷的应用方法。

01 执行"文件/打开"命令，打开一个矢量图形，选择工具箱中的"挑选工具"，选中伞面部分，如图4-74所示。

图4-74

02 选择工具箱中的"形状工具"，在弹出的工具条中选择"涂抹笔刷"，在其属性栏中将"笔尖大小"设置为"3.5mm"，沿着伞面边缘拖曳，如图4-75所示。

图4-75

4.6.2 粗糙笔刷的基本操作

下面我们通过实例来介绍粗糙笔刷的应用方法。

01 执行"文件/打开"命令，打开一个矢量图形，选择工具箱中的"挑选工具"，选中矢量图中的蓝色旗，如图4-76所示。

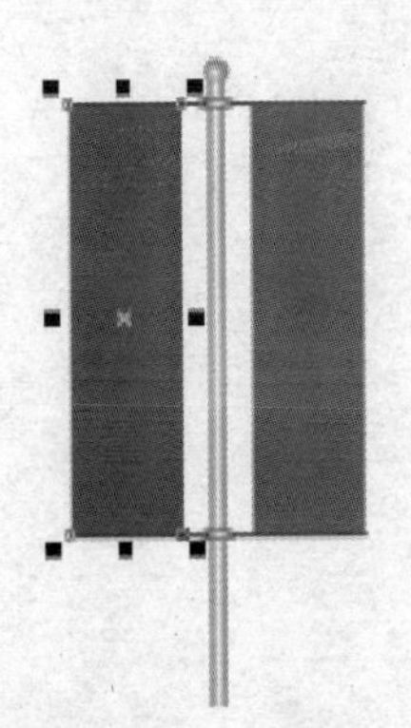

图4-76

02 选择工具箱中的"粗糙笔刷"，将"笔尖大小"设置为"15mm"，"使用笔压大小控制尖突频率"设置为"2"，沿着旗面边缘的轮廓走向拖曳鼠标即可，如图4-77所示。

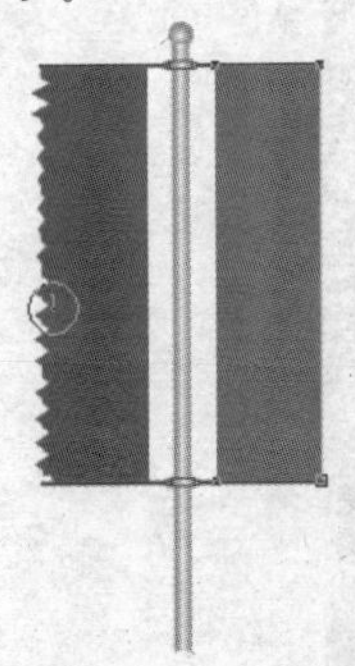

图4-77

读书笔记

Chapter 05

CorelDRAW X4 组织和管理对象

在使用CorelDRAW X4的过程中，特别是对多个对象进行编辑时，经常需要将对象整齐、有条理地排列或者组合起来，这就需要使用撤销、对齐、分布、排序和组织工具等命令，以使画面更整齐、更美观。下面就对这些组织和管理对象的工具进行详细介绍。

5.1 对象的撤销和恢复

在CorelDRAW X4中，经常需要对作品进行反复修改，对同一个对象可能也要反复多次修改才能取得满意的效果，这时就需要用到对象的撤销和恢复功能。

5.1.1 撤销功能的使用

修改文档后，如果又希望恢复原状，可以执行撤销操作。

在菜单栏上选择“编辑/撤销删除”命令即可，如图5-1所示。也可以选择菜单栏中的“工具/选项”命令，调出“选项”对话框，在对话框中的“工作区/常规”项目中将默认撤销操作数设定为20个，也可以根据实际需要更改这个数字，但是数值越大，对系统资源的要求就越高。

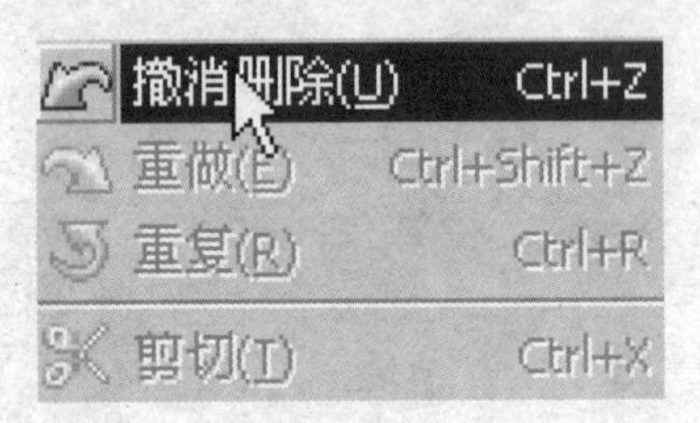

图5-1

5.1.2 重复功能的使用

若撤销后又想回到刚才修改后的文档，可使用重复功能。

在菜单栏上选择“编辑/重复”命令，即可实现重复功能。使用重复功能可以执行下列操作：填充、删除、再制、倾斜、旋转、缩放、轮廓、移动和排列菜单中的任何命令。

5.2 对齐、分布及排列对象

在使用CorelDRAW X4的过程中，特别是在对多个对象进行编辑时，有效地组织图形对象会使图形创作更加准确、快捷，创作的作品更加生动形象。CorelDRAW X4还提供了“文件/打开”命令，在实际操作时经常需要打开两个或者两个以上的图形对象，我们就以打开两个图形对象为例来说明图形对象的特定效果处理功能，这些功能是CorelDRAW X4的灵魂。

5.2.1 对齐和分布对象

有时候为了达到特定的效果，需要精确地对齐和分布对象。利用CorelDRAW X4中提供的对齐和分布功能，可以很容易地做到这一点。

对齐对象

通过对齐对象的操作，可以使工作页面中的对象按照某个指定的规则，在水平方向或者竖直方向上对齐，具体操作步骤如下。

01 执行“文件/打开”命令，在弹出的”打开绘图”对话框中，选择光盘中的“5-1”文件，如图5-2所示。

02 按下【Shift】键，选中这两个对象，然后执行“排列/对齐和分布/对齐和分布”命令，打开“对齐与分布”对话框，如图5-3所示，也可以单击属性栏中的“对齐和分布”按钮。

图 5-2

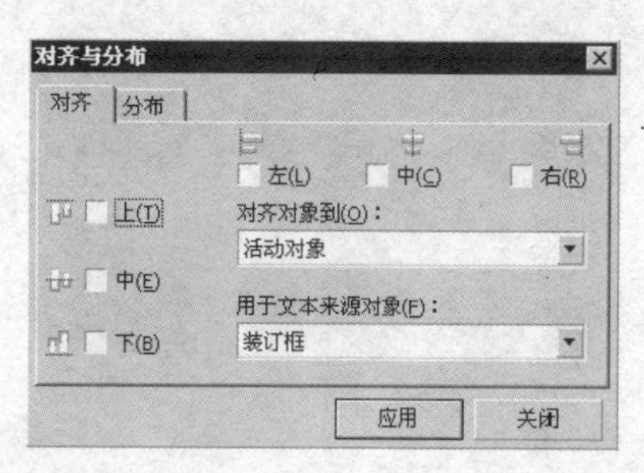

图 5-3

03 单击“对齐”选项卡，在相应的面板中提供了上、中、下和左、中、右几种对齐方式，根据需要进行选择，然后再单击“应用”按钮即可。也可以先选中两个对象，再执行“排列/对齐和分布”命令，在弹出的菜单中选择“水平居中对齐”和“垂直居中对齐”命令，得到的结果如图 5-4 所示。

04 在“对齐”面板的“对齐对象到”下拉列表框中还提供了“活动对象”、“页边”、“页面中心”、“网格”和“指定点”等多种对齐方式，如图 5-5 所示。

图 5-4

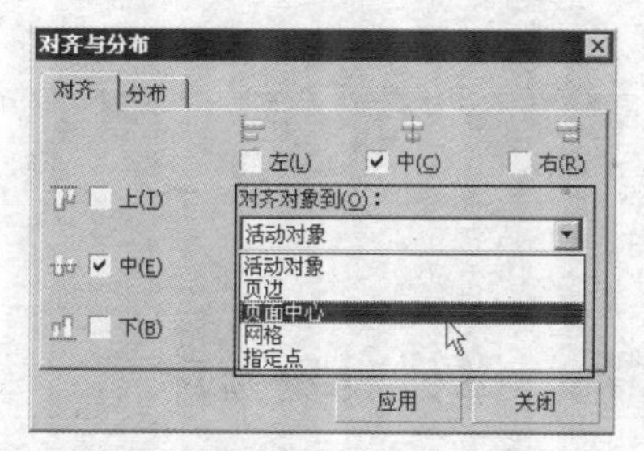

图 5-5

Tip 技巧提示

在对齐、分布图形对象的时候，并不一定要通过窗口菜单栏来选择命令，也可以直接用快捷键操作。上对齐可以直接按【T】键，下对齐可以直接按【B】键，左对齐可以直接按【L】键，右对齐可以直接按【R】键，横中心对齐可以直接按【E】键，竖中心对齐可以直接按【C】键。

分布对象

通过分布对象的操作，可以使工作页面中的对象按照某个指定的规则，在水平方向或者竖直方向上距离相等，操作步骤如下。

01 执行“文件/打开”命令，在弹出的“打开绘图”对话框中，选择光盘中的“5-2”素材文件，将其打开，如图 5-6 所示。

02 按下【Shift】键，选中所有对象，然后执行“排列/对齐和分布/对齐和分布”命令，打开“对齐与分布”对话框，如图 5-7 所示，也可以单击属性栏中的“对齐和分布”按钮来打开该对话框。

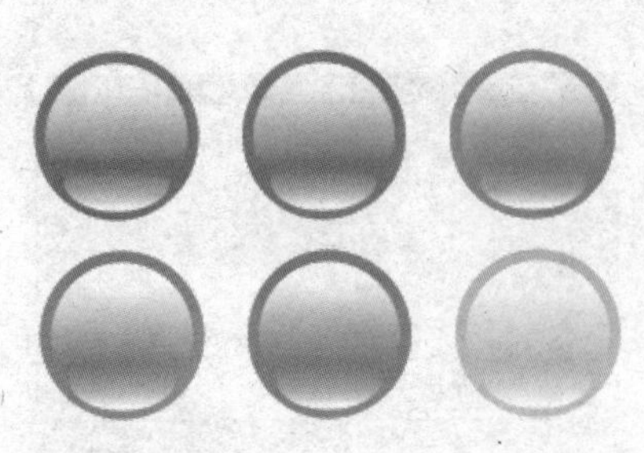
图 5-6

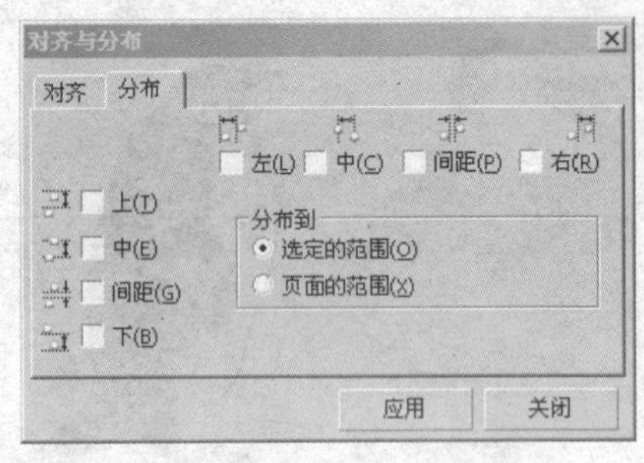

图 5-7

03 选中上排的 3 个对象，执行对话框中的“中”命令或按快捷键【E】，然后再选中下排的3个对象，也执行对话框中的“中”命令。最后将上下的 3 个图形对象分别组合，然后再全选，执行对话框中的“中”命令，得到的结果如图 5-8 所示。

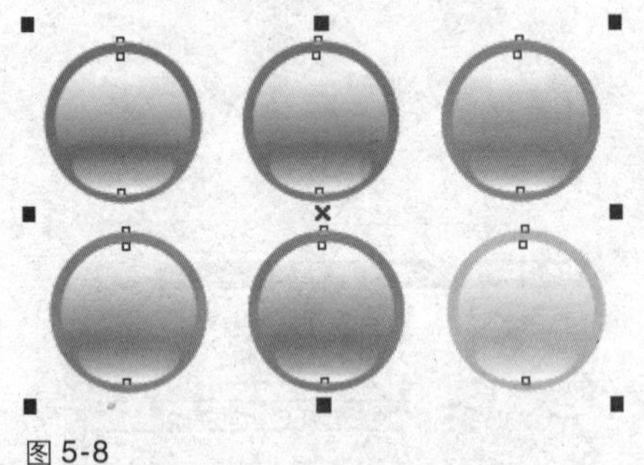
图 5-8

04 在“分布”选项卡中，在“分布到”栏下除了提供“选定的范围”单选按钮，还提供了“页面的范围”单选按钮，如图 5-9 所示。

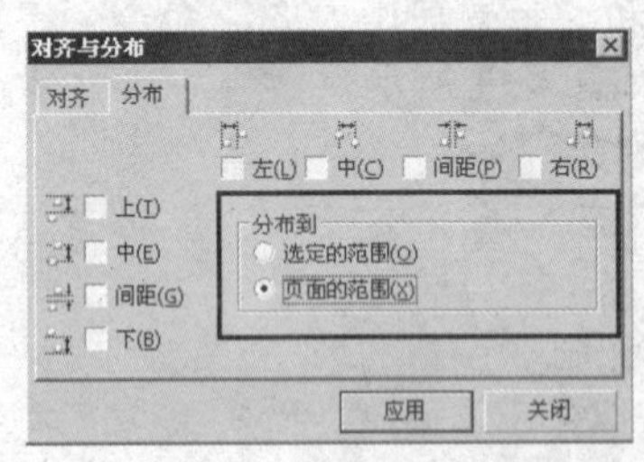

图 5-9

5.2.2 排列对象顺序

如果用户要在绘图中绘制两个以上的图形对象，就可以使用“排列 / 顺序 / 到图层前面”命令或者“到图层后面”命令来调整对象顺序。复杂的绘图是由一系列相互重叠的对象组成的，而这些对象的排序决定了图形的外观，排序操作可以任意改变这些图形的顺序。使用“结合”命令可以融和多条曲线、直线和形状，以创建一个全新的形状，该形状具有一定的填充和属性。

使图形对象“到图层前面”的具体操作步骤如下。

01 执行“文件 / 打开”命令，在弹出的“打开绘图”对话框中选择光盘中的“5-3”文件，打开的文件如图 5-10 所示。

02 在菜单栏上选择“排列 / 顺序 / 到图层前面”命令，或者按【Shift+PageUp】组合键，可以快速地把图形对象移动到最前面，如图 5-11 所示。

图5-10

图5-11

使图形对象"到图层后面"的具体操作步骤如下。

01 执行"文件/打开"命令，在弹出的"打开绘图"对话框中，选择光盘中的"5-4"文件，打开的文件如图5-12所示。

02 执行"排列/顺序/到图层后面"命令，或者按【Shift+PageDown】组合键，可以快速地把图形对象移动到最后面，如图5-13所示。

图5-12

图5-13

使图形对象"向前一层"的具体操作步骤如下。

01 执行"文件/打开"命令，在弹出的"打开绘图"对话框中，选择光盘中的"5-5"文件，打开的文件如图5-14所示。

02 执行"排列/顺序/向前一层"命令，或者按【Ctrl+PageUp】组合键，可以快速地把图形对象移动到前一层，如图5-15所示。

图5-14

图5-15

使图形对象“向后一层”的具体操作步骤如下。

01 执行“文件/打开”命令，在弹出的”打开绘图”对话框中，选择光盘中的“5-5”文件，打开的文件如图5-16所示。

图5-16

02 执行“排列/顺序/向后一层”命令，或者按【Ctrl+PageDown】组合键，可以快速地把图形对象移动到后一层，如图5-17所示。

图5-17

Tip 技巧提示

使用“结合”命令可以融和多条曲线、直线和形状，以创建一个全新的形状，该形状具有一般的填充和属性。如果原始对象是重叠的，则重叠区域会被剪切掉，得到一个空缺效果，能够看到对象下面的部分。如果对象不重叠，它们则是单一的部分，仍然保持空间上的分离。

5.3 修整对象

“焊接”命令允许把多个对象绑在一起，以创建一个单独的对象。如果焊接重叠的对象，这些对象将连接起来创建一个只有单一轮廓的对象；如果焊接不重合的对象，则形成一个焊接群组，焊接后对象将采取目标对象的填充和轮廓属性。

01 执行“文件/打开”命令，在弹出的”打开绘图”对话框中选择光盘中的“5-6”文件，如图5-18所示。

图5-18

02 首先用矩形工具新建一个方形对象，然后再用底纹填充工具填充色彩，再用挑选工具选择它，因为它是需要焊接的对象，如图5-19所示。

图5-19

03 执行“窗口/泊坞窗/造形”命令，打开“造形”泊坞窗，在下拉列表框中选择“焊接”选项，如图5-20所示。

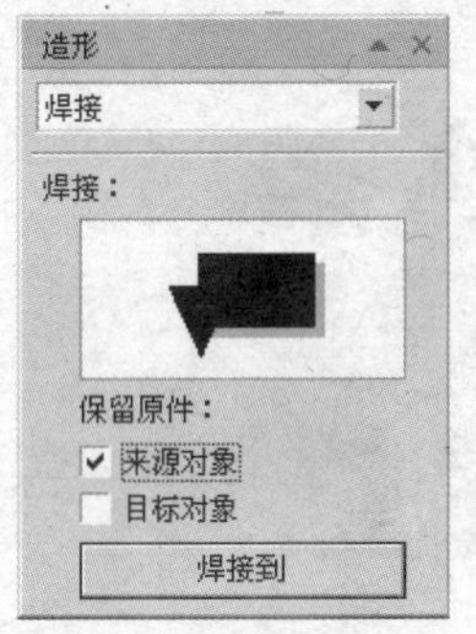

图5-20

04 按照对话框中的参数设置，单击“焊接到”按钮，并单击另一单边形对象，焊接后的图形如图5-21所示。

图5-21

Tip 技巧提示

在“造形”对话框的“保留原件”栏中，“来源对象”复选框表示保留来源对象，如果想在接合之后保留选定的对象副本，可以选中该复选框；“目标对象”复选框表示保留目标对象，如果想在接合之后保留目标对象（把选定的对象焊接到的那个对象）副本，可以选中该复选框。

一次可以接合的对象数量不受限制，只要启用了“跨图层编辑”命令，还可以接合不同图层上的对象。在此情况下，接合后的对象位于与目标对象相同的图层上，但是有一点要说明，不能对使用段落文本、克隆的主对象进行接合，但是可以接合克隆的对象。

如果是框选对象，焊接后的图形轮廓及填充颜色则与位于最底层的对象的轮廓填充颜色相同；如果是单击选择，则与最后选中对象的轮廓和填充颜色相同。

5.3.1 修剪对象

修剪对象时可以移除被其他选定对象重叠的区域，这些区域被修剪后会创建一个新的形状轮廓，利用“修剪”命令可以快速创建不规则形状对象。在执行“修剪”命令之前需要确定修剪哪个对象，用于修剪的对象必须与目标对象重叠。

01 执行“文件/打开”命令，在弹出的”打开绘图”对话框中，选择光盘中的“5-7”文件，并将其打开，如图5-22所示。

图5-22

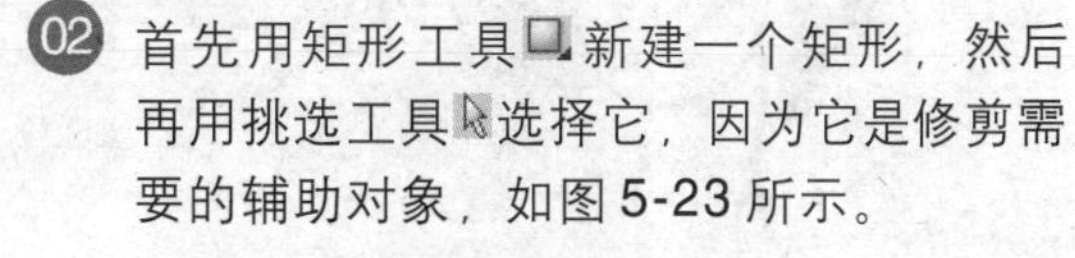

02 首先用矩形工具新建一个矩形，然后再用挑选工具选择它，因为它是修剪需要的辅助对象，如图5-23所示。

图5-23

03 执行“窗口/泊坞窗/造形”命令，打开“造形”泊坞窗，在下拉列表框中选择“修剪”选项，如图5-24所示。

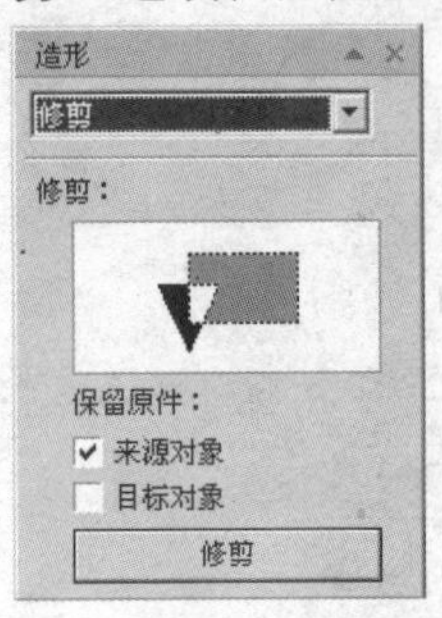

图5-24

04 用挑选工具选定来源对象后，单击“修剪”按钮，再用鼠标单击目标对象，得到修剪结果，如图5-25所示。

图5-25

Tip 技巧提示

“修剪”命令通过移除与其他对象重叠的区域来改变对象的形状，所修剪的对象，即“目标对象”，将保留其填充与轮廓属性，但是不能对段落文本、克隆的主对象进行修剪，但可以对克隆对象进行修剪。

5.3.2 相交对象

“相交”命令的基本功能是从两个或者两个以上图形对象的交叠处生成一个新的对象，新对象的填充和属性取决于目标对象的填充和属性。

01 执行“文件/打开”命令，在弹出的“打开绘图”对话框中，选择光盘中的“5-8”文件，如图5-26所示。

图5-26

02 先选择贝赛尔工具新建一个图形，然后再用挑选工具选择它，如图5-27所示。

图5-27

03 执行“窗口/泊坞窗/造形”命令，打开“造形”泊坞窗，在下拉列表中选择“相交”选项，如图5-28所示。

04 用挑选工具选定来源对象后，单击“相交”按钮，再用鼠标单击目标对象，得到结果，如图5-29所示。

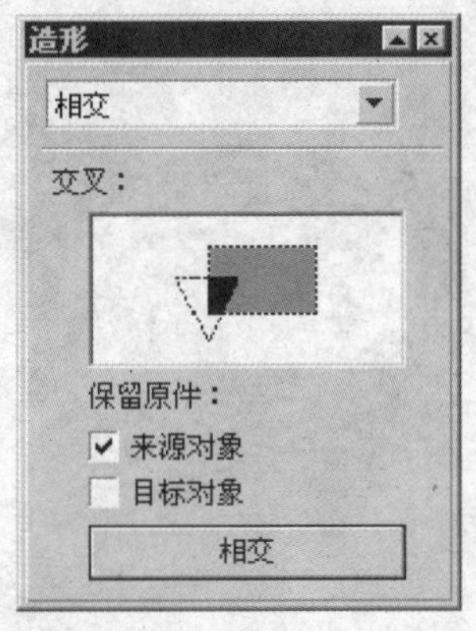

图 5-28

图 5-29

Tip 技巧提示

“相交”命令是使用两个或两个以上重叠对象的公共区域来创建新的图形对象，新图形对象的形状和大小也就是重叠区域的形状和大小，新建图形对象的填充和属性取决于目标对象。

5.3.3 简化对象

简化操作可以减去后面图形对象与前面图形对象的重叠部分，并保留前、后的图形对象。执行该操作的过程中必须同时选择两个或者两个以上的对象。

使对象“简化”的具体操作步骤如下。

01 执行“文件/打开”命令，在弹出的”打开绘图”对话框中选择光盘中的“5-9”文件，并将其打开，如图 5-30 所示。

图 5-30

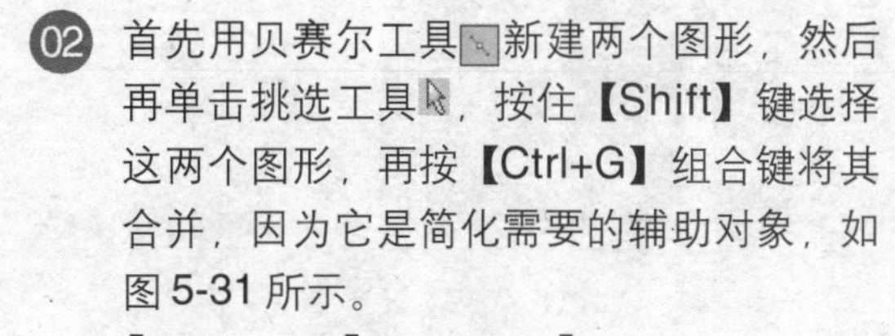

02 首先用贝赛尔工具新建两个图形，然后再单击挑选工具，按住【Shift】键选择这两个图形，再按【Ctrl+G】组合键将其合并，因为它是简化需要的辅助对象，如图 5-31 所示。

图 5-31

03 执行“窗口/泊坞窗/造形”命令，打开“造形”泊坞窗，在下拉列表框中选择“简化”选项，如图 5-32 所示。

04 用挑选工具选定来源对象后，单击“简化”按钮，再用鼠标单击目标对象，得到的结果如图 5-33 所示。

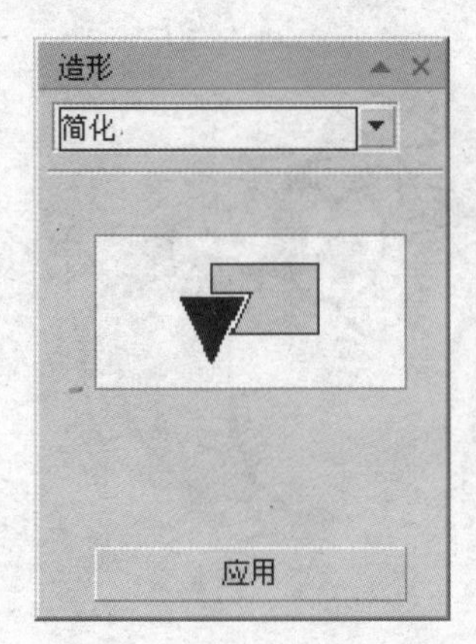

图 5-32

图 5-33

使前面对象减后面对象的具体操作如下。

01 执行"文件/打开"命令，在弹出的"打开绘图"对话框中，选择光盘中的"5-10"文件，并将其打开，如图 5-34 所示。

02 首先选择贝赛尔工具，新建一个图形对象，然后再单击"挑选工具"按钮，按住【Shift】键选择刚才新建的图形，因为它是"前减后"操作需要的辅助对象，如图 5-35 所示。

图 5-34

图 5-35

03 执行菜单"窗口/泊坞窗/造形"命令，打开"造形"泊坞窗，在下拉列表框中选择"前减后"选项，如图 5-36 所示。

04 用挑选工具选定来源对象后，单击"前减后"按钮，再用鼠标单击目标对象，得到的结果如图 5-37 所示。

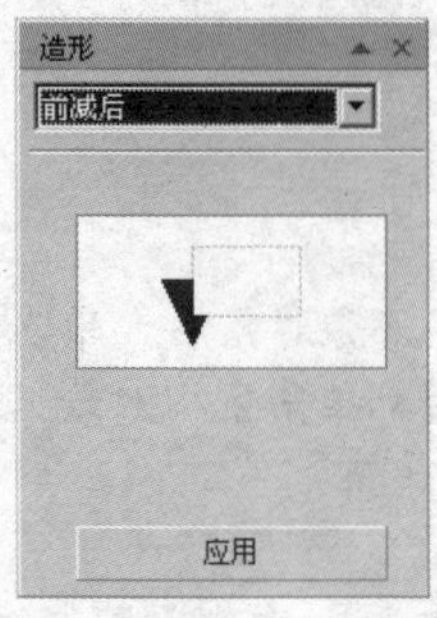

图 5-36

图 5-37

使后面对象减前面对象的具体操作如下。

01 执行“文件/打开”命令，在弹出的“打开绘图”对话框中，选择光盘中的“5-11”文件，并将其打开，如图 5-38 所示。

图 5-38

02 首先使用贝赛尔工具新建一个图形对象，然后再单击“挑选工具”按钮，按住【Shift】键选择刚才新建的图形，因为它是“后减前”操作需要的辅助对象，如图 5-39 所示。

图 5-39

03 执行“窗口/泊坞窗/造形”命令，打开“造形”泊坞窗，在下拉列表框中选择“后减前”选项，如图 5-40 所示。

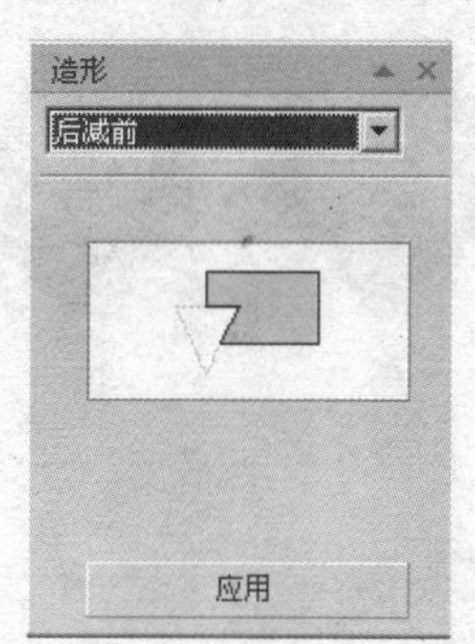

图 5-40

04 用挑选工具选定来源对象后，单击“后减前”按钮，再用鼠标单击目标对象，得到的结果如图 5-41 所示。

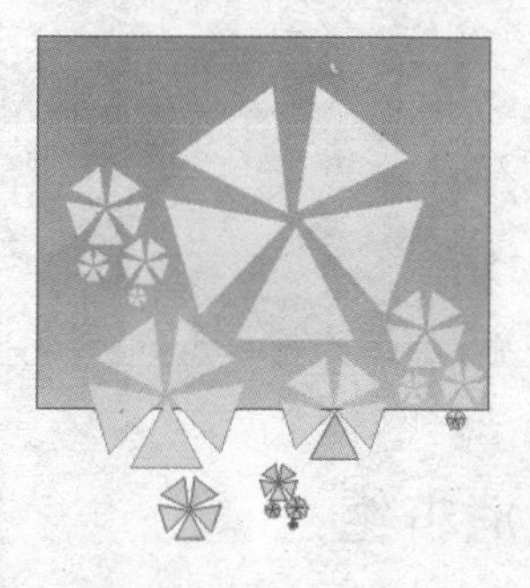

图 5-41

5.4 群组和取消群组对象

使用“群组”命令，可以将多个对象绑定到一起，作为一个整体来处理；使用“取消群组”命令，可以将群组起来的对象拆分为单一独立的对象。这两个命令对于保持对象的空间和位置关系很重要。

5.4.1 组合两个或者多个对象

“群组”命令可以将多个对象组合为一个整体，方便用户的统一操作。群组对象还可以创建嵌套的群组。

01 执行“文件/打开”命令，在弹出的”打开绘图”对话框中，选择光盘中的“5-12”文件，并将其打开，如图5-42所示。

图5-42

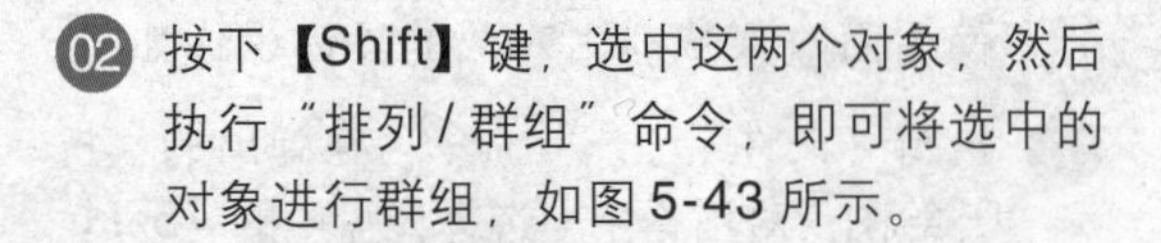

02 按下【Shift】键，选中这两个对象，然后执行“排列/群组”命令，即可将选中的对象进行群组，如图5-43所示。

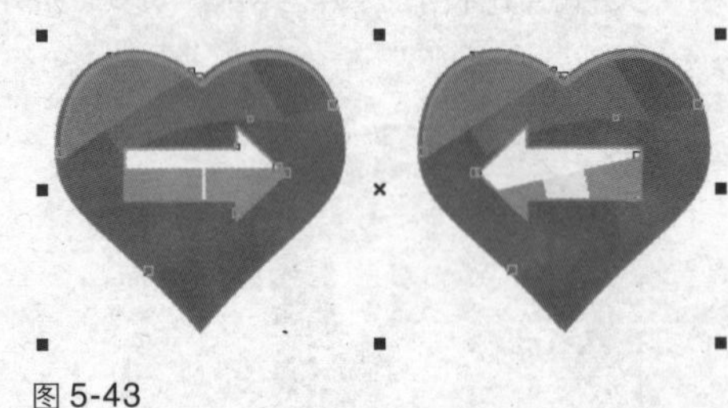

图5-43

5.4.2 嵌套群组

01 执行“文件/打开”命令，在弹出的“打开绘图”对话框中，选择光盘中的“5-13”文件，并将其打开，如图5-44所示。

图5-44

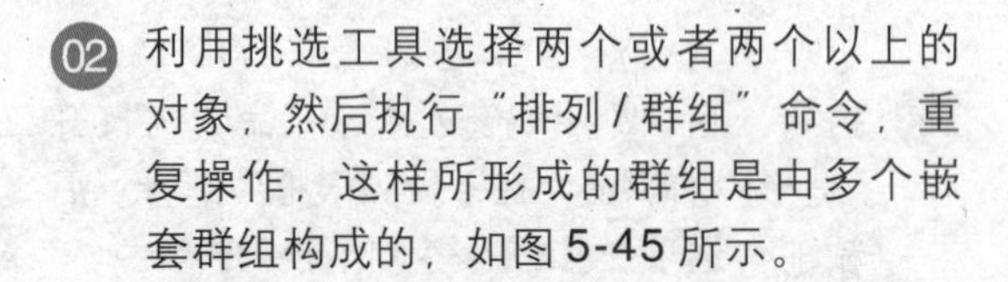

02 利用挑选工具选择两个或者两个以上的对象，然后执行“排列/群组”命令，重复操作，这样所形成的群组是由多个嵌套群组构成的，如图5-45所示。

图5-45

5.4.3 取消群组

“取消群组”命令是把群组对象拆分成其组件对象，如果是嵌套群组，可以重复执行“取消群组”命令，直到全部取消为止。

取消群组的具体操作步骤如下。

01 执行“文件/打开”命令，在弹出的“打开绘图”对话框中，选择光盘中的“5-14”文件，并将其打开，如图5-46所示。

图5-46

02 选择“挑选工具”，单击要取消的群组中的任意对象，然后执行“排列/取消群组”命令来取消群组，如图5-47所示。

图5-47

取消全部群组的具体操作步骤如下。

01 执行“文件/打开”命令，在弹出的“打开绘图”对话框中，选择光盘中的“5-14”文件，并将其打开，如图5-48所示。

图5-48

02 选择“挑选工具”，单击要取消的群组中的任意对象，然后执行“排列/取消全部群组”命令，取消后的群组如图5-49所示。

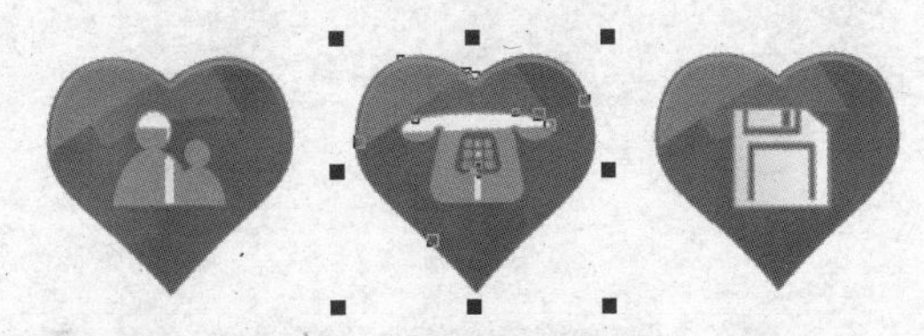

图5-49

5.4.4 选择群组中的对象

01 执行“文件/打开”命令，在弹出的“打开绘图”对话框中，选择光盘中的“5-14”文件并将其打开，如图5-50所示。

图5-50

02 将对象群组起来后，也可以单独选择其中某个对象。按下【Ctrl】键，同时单击群组中的一个对象，即可在群组中选中该对象，如图5-51所示。

图5-51

5.5 结合及拆分对象

在CorelDRAW X4中，用户可以将多个对象组合在一起，然后将这个组合当做一个对象进行编辑，也可以将组合在一起的对象重新拆分。

5.5.1 选择群组中的对象

结合与群组的功能比较相似，不同的是如果对象在结合前有颜色填充，在结合后将变成最后选择的对象颜色。

01 执行“文件/打开”命令，在弹出的”打开绘图”对话框中，选择光盘中的“5-15”文件并将其打开，同时选择“椭圆工具”，按住【Shift】键画一个圆。选中两个图形对象，然后按快捷键【E】和【C】，再按【Ctrl+PageDown】组合键将圆置后，如图5-52所示。

图5-52

02 按下【Shift】键选中所有的图形对象，执行“排列/结合”命令，即将选中的对象组合成为一个新的对象，原来对象重叠的地方被移除，且新建对象，以最后选中对象的颜色作为自身的颜色，如图5-53所示。

图5-53

Tip 技巧提示

如果将矩形、椭圆形、文本等基本对象进行结合，将会得到一个曲线对象；如果将文本对象与文本对象进行结合，则会得到一个文本块。

5.5.2 拆分对象

“拆分”命令是把一个组合对象拆分成其组件对象。拆分对象与组合对象完全相反，拆分工具不但针对图形图像，还可以使用“拆分”命令拆分美术字。

01 在工作区域中使用复杂星形工具和矩形工具分别绘制一个图形对象并涂上不同的颜色，然后按下【Shift】键选中所有的图形，执行“排列/结合”命令，就将选中的两个对象组合成了一个新的对象，如图5-54所示。

图5-54

02 选择“挑选工具”，选择新组合的图形对象，然后执行“排列/拆分”命令，新建的图形即被拆分开来，如图5-55所示。

图5-55

5.6 锁定与解锁对象

在CorelDRAW X4中，若要避免绘制的图形对象被意外地改动，可以使用“锁定对象”命令将对象锁定。锁定的对象将不能再进行编辑，除非解除对它的锁定。

01 执行“文件/打开”命令，在弹出的“打开绘图”对话框中选择光盘中的“5-19”文件，并将其打开，如图5-56所示。

图5-56

02 选择“矩形工具”，建立一个矩形选区，选中两个图形对象，然后按快捷键【E】和【C】，再按【Ctrl+PageDown】组合键将圆置后。选中要锁定的对象，然后执行“排列/锁定对象”命令，就可以将对象锁定，如图5-57所示。

图5-57

5.6.1 解除锁定对象

01 执行“文件/打开”命令，在弹出的“打开绘图”对话框中选择光盘中的“5-20”文件，并将其打开，按前述的步骤锁定对象，如图5-58所示。

图5-58

02 用挑选工具选中锁定的对象，然后执行“排列/解除锁定对象”命令，就可以将对象解除锁定，如图5-59所示。

图5-59

5.6.2 解除锁定全部对象

01 执行“文件/打开”命令，在弹出的“打开绘图”对话框中，选择光盘中的“5-21”文件，并将其打开，按前述的步骤锁定要锁定的对象，如图5-60所示。

02 用挑选工具选中锁定的对象，然后执行“排列/解除锁定全部对象”命令，就可以将所有对象解除锁定，如图5-61所示。

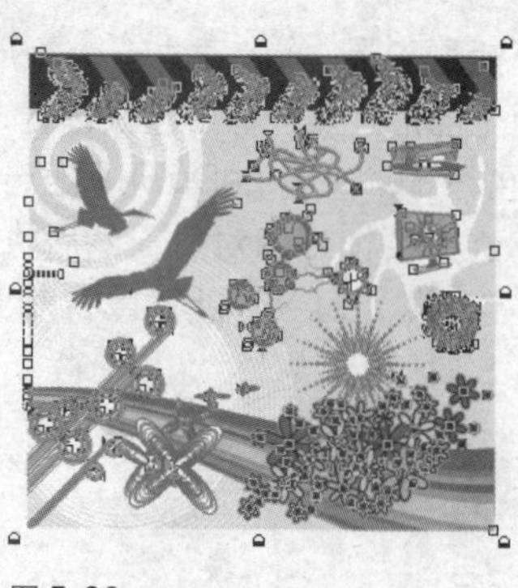
图 5-60

图 5-61

5.7 路径的绘制

在 CorelDRAW X4 中，用户绘制图形对象的时候，根据不同的情况和需要可以将图形对象转换成曲线，还可以将轮廓转换为对象。

5.7.1 将几何图形转换为曲线

当绘制了一个几何图形后，如果还要进一步编辑该几何图形，就必须将其转换为曲线。

01 在绘图页面上用矩形工具绘制一个几何图形，选择“排列 / 转换为曲线”命令，或者单击属性栏中的“转换为曲线”按钮，将几何图形转换为曲线图形对象，如图 5-62 所示。

图 5-62

02 选择“形状工具”，单击并拖曳曲线上的节点，可以对其进行编辑，如图 5-63 所示。

图 5-63

5.7.2 将轮廓线转换为对象

01 执行“排列 / 将轮廓转换为对象”命令，可以将线段及图形的轮廓线转换为图像对象，如图 5-64 所示。

02 对转换后的图形对象可以进行色彩填充和编辑等操作，如图 5-65 所示。

图 5-64

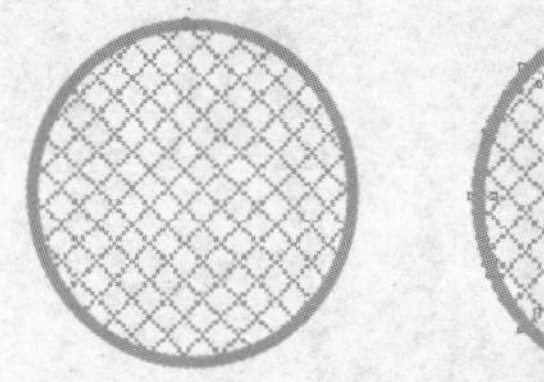
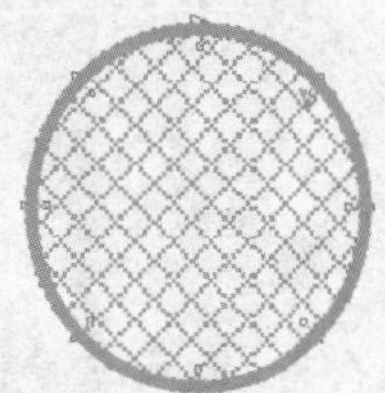

图 5-65

5.7.3 闭合路径

使最近的节点和直线闭合的具体操作步骤如下。

01 使用贝塞尔工具绘制一个不闭合的图形，如图 5-66 所示。

图 5-66

02 执行“排列 / 闭合路径 / 最近的节点和直线”命令，就可以得到如图 5-67 所示的图形对象。

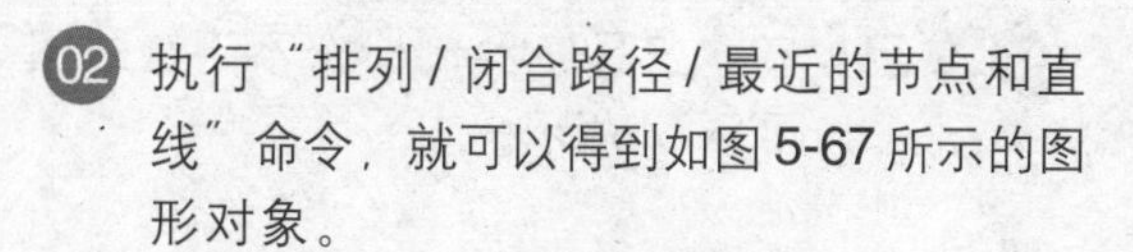

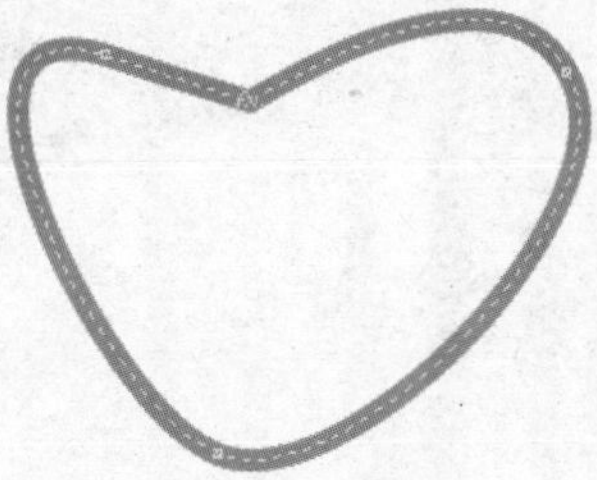

图 5-67

使最近的节点和曲线闭合的具体操作步骤如下。

01 使用贝塞尔工具绘制一个不闭合的图形，如图 5-68 所示。

图 5-68

02 执行“排列 / 闭合路径 / 最近的节点和曲线”命令，就可以得到如图 5-69 所示的图形对象。

图 5-69

从起点到终点使用直线闭合的具体操作步骤如下。

01 使用贝塞尔工具绘制一个不闭合的图形，如图 5-70 所示。

02 执行“排列 / 闭合路径 / 从起点到终点使用直线”命令，就可以得到如图 5-71 所示的图形对象。

图 5-70

图 5-71

从起点到终点使用曲线闭合的具体操作步骤如下。

01 使用贝塞尔工具 绘制一个不闭合的图形，如图 5-72 所示。

图 5-72

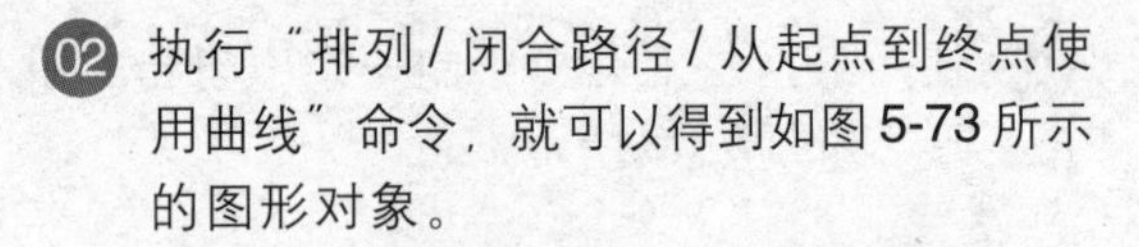

02 执行“排列 / 闭合路径 / 从起点到终点使用曲线”命令，就可以得到如图 5-73 所示的图形对象。

图 5-73

Chapter 06
交互式工具的运用

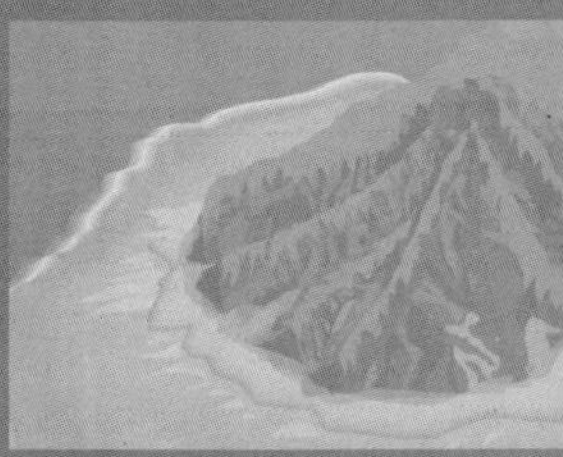

使用CorelDRAW X4不仅可以绘制出漂亮的图形，还可以为图形添加各种特殊的效果。CorelDRAW X4中有许多创建特殊效果的工具，如调和、轮廓、封套、变形、立体化、阴影和透镜等，用户可用这些工具绘制出各种鲜明的图形。

6.1 交互式调和工具的使用

在 CorelDRAW X4 中，使用调和功能可以让矢量图之间产生形状、轮廓、颜色及尺寸上的平滑变化。利用交互式调和工具，可以创建两个对象之间的过渡效果，包括直线调和、沿路径调和等。

6.1.1 建立调和

调和对象的过程也就是渐变的过程，利用交互式调和工具，可以创建对象之间的过渡效果。交互式调和工具的属性栏如图 6-1 所示。

图 6-1

下面分别介绍属性栏中各个选项的含义。

列表框：可以选择系统预置的调和样式。

和 文本框：可以在文本框中设定对象的坐标值及尺寸大小。

微调框：可以在对两个对象调和渐变后，调和对象之间的数量和改变它们的形状。

微调框：通过设置文本框中的数值来改变渐变的旋转度数。

按钮：可以在调和中产生旋转过渡的效果，以两个对象中间的位置作为旋转中心进行分布。

按钮：表示颜色渐变的方式为直线。

按钮：表示颜色渐变的方式为顺时针。

按钮：表示颜色渐变的方式为逆时针。

按钮：通过拖曳对话框中的滑块来加速调整对象和色彩。

按钮：用来设定调和时过渡对象大小的加速变化。

使用沿路径渐变效果，过渡的图形会沿着指定的曲线来变化，如图 6-2 和图 6-3 所示。

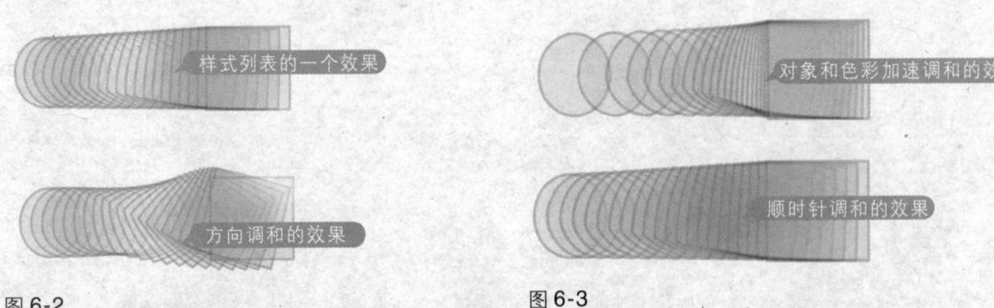

图 6-2　　图 6-3

下面我们就来简单介绍交互式调和工具的使用方法。

01 首先选择“矩形工具”和“椭圆工具”，在页面内绘制两个图形对象，如图6-4所示，然后选择工具箱中的“交互式调和工具”。

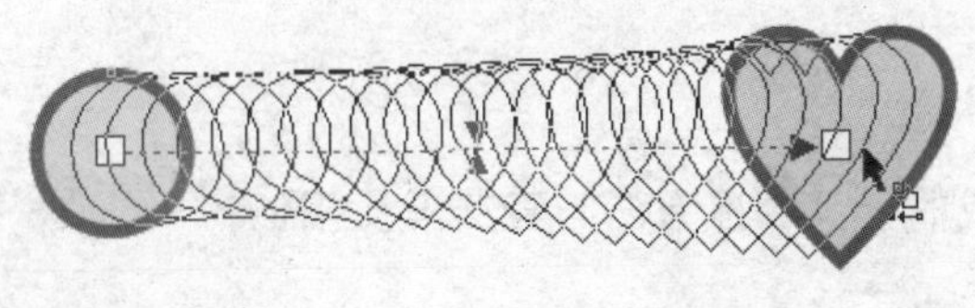

图6-4

02 在其中一个对象上按住鼠标左键不放，拖曳到另一个对象上，再释放鼠标，便创建了直线调和效果，如图6-5所示。

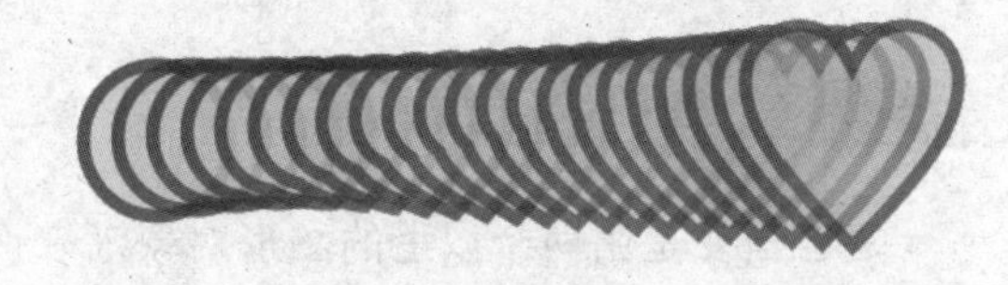

图6-5

6.1.2 路径调和

路径调和属性栏如图6-6所示。单击“路径属性”按钮在弹出的下拉菜单中选择“从路径分离”选项，可以使调和的起始及终止对象在路径上，而过渡对象不覆盖路径。单击“杂项调和选项”按钮，在弹出的下拉菜单中的“沿全路径调和”选项可以使调和对象填满整个路径；“旋转全部对象”选项可以使过渡对象沿路径旋转。单击“起始和结束对象属性”按钮，在弹出的下拉菜单中可以接着调和路径，沿着路径调和。

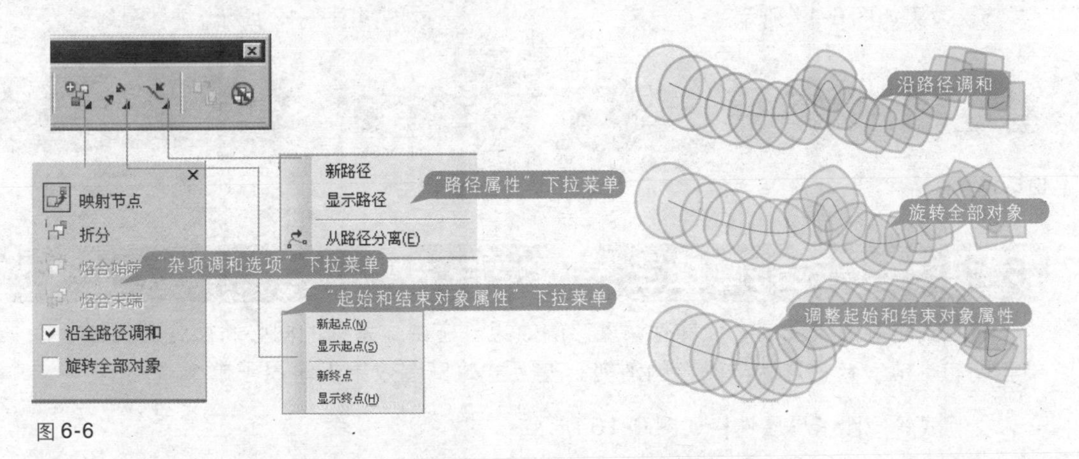

图6-6

下面我们就来简单介绍路径调和的使用方法。

01 新建一个页面，在绘图页面上用贝塞尔工具绘制一条路径，如图6-7所示，同时选择有相对应的调和效果的对象，然后单击属性栏中的“路径属性”按钮。

02 在弹出的菜单中选择“新路径”选项，这时鼠标会变成弯曲的箭头形状，用鼠标光标单击路径即可，如图6-8所示。

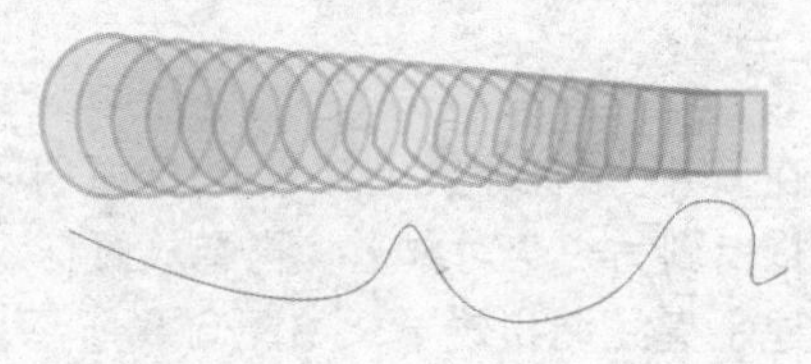

图 6-7

图 6-8

6.1.3 复合渐变

复合渐变是由两个以上的图形对象渐变而成的，其创建方法与直线渐变相似。

01 首先在工具箱中选择“基本形状工具”，在页面内绘制 4 个不同的图形对象，如图 6-9 所示。

图 6-9

02 然后选择工具箱中的“交互式调和工具”，先使和渐变，设置步长为 5，效果如图 6-10 所示。

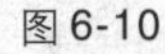

图 6-10

03 再选择，使和渐变，设置步长为 5，效果如图 6-11 所示。

图 6-11

04 再选择，使和渐变，设置步长为 5，效果如图 6-12 所示。

图 6-12

6.2 交互式轮廓图工具的使用

交互式轮廓图效果是一种具有深度感的效果，它由一系列的同心轮廓线圈组成，效果与调和相似，包括形状与颜色的渐变。交互式轮廓图效果仅能用于单个对象。

交互式轮廓图工具属性栏如图 6-13 所示。

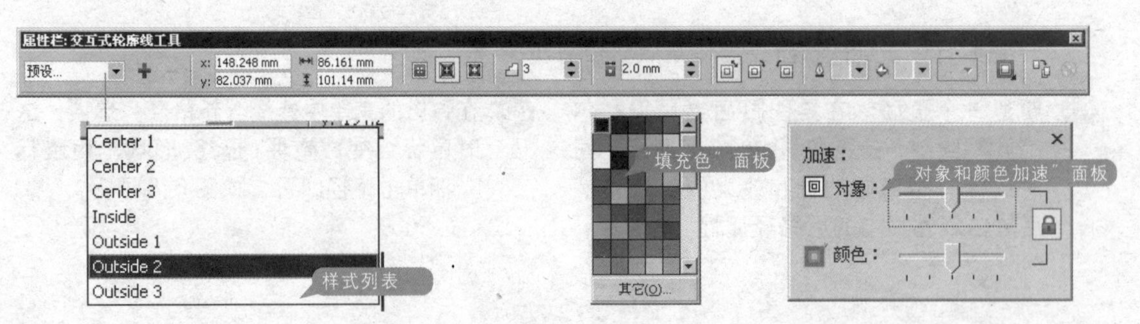

图 6-13

下面分别介绍属性栏中各个选项的含义。

预设... 列表框：可以选择系统预置的调和样式，效果如图6-14所示。

x: -127.119 mm y: 246.665 mm 和 108.39 mm 98.165 mm 文本框：可以在文本框中设定对象的坐标值及尺寸大小。

按钮：表示轮廓向中心变化。

按钮：表示轮廓向内变化，最后轮廓图不一定在图形的中心。

按钮：表示轮廓向外变化。

按钮：调整轮廓线圈的级数。

按钮：调整各个轮廓线圈之间的距离。

按钮：可以在色谱中用直线所通过的颜色来填充原始对象和最后一个轮廓形状，并根据它们创建颜色的级数。

按钮：可以在色谱中用顺时针所通过的颜色来填充原始对象和最后一个轮廓形状，并根据它们创建颜色的级数，如图6-15所示。

图6-14

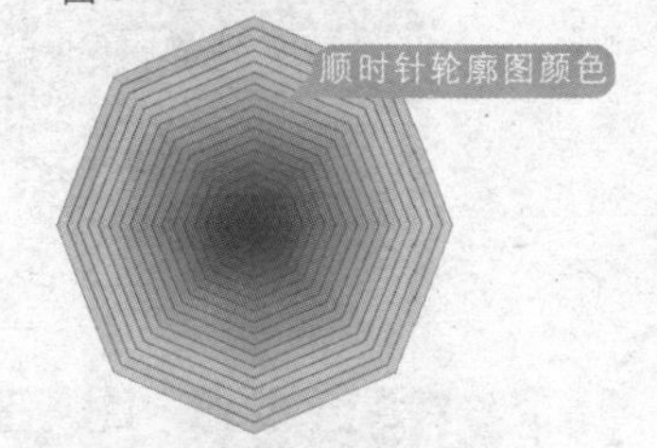

图6-15

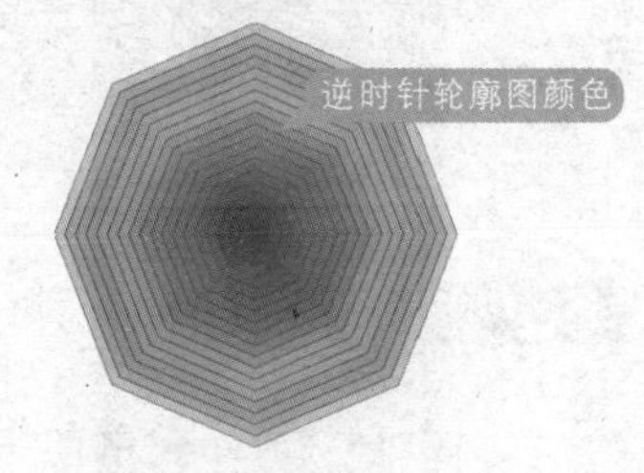

图6-16

按钮：可以在色谱中用逆时针所通过的颜色来填充原始对象和最后一个轮廓形状，并根据它们创建颜色的级数，如图6-16所示。

按钮：可以在弹出的面板中选择最后一个同心轮廓线的颜色，如图6-17所示。

按钮：可以在弹出的面板中选择最后一个同心轮廓的颜色，如图6-18所示。

：用来调节轮廓对象与轮廓颜色的加速度，如图6-19所示。

按钮：当原始对象使用了简便效果时，可以通过单击该按钮来改变渐变填充的最后终止颜色，如图6-20所示。

图6-17

图6-18

图6-19

图6-20

使用交互式轮廓图工具的方法如下。

01 用挑选工具选中对象，然后在工具栏中选择“交互式轮廓图工具”，拖曳鼠标到对象上（向里或者向外），如图6-21所示。

02 当鼠标的形状为 时，释放鼠标便完成了轮廓图效果的制作，如图6-22所示。

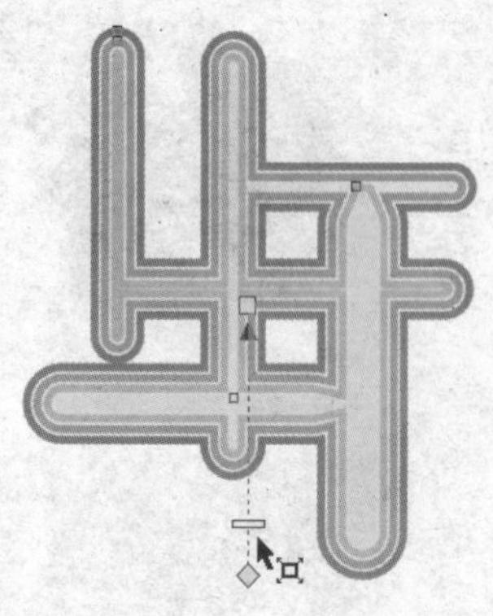
图 6-21

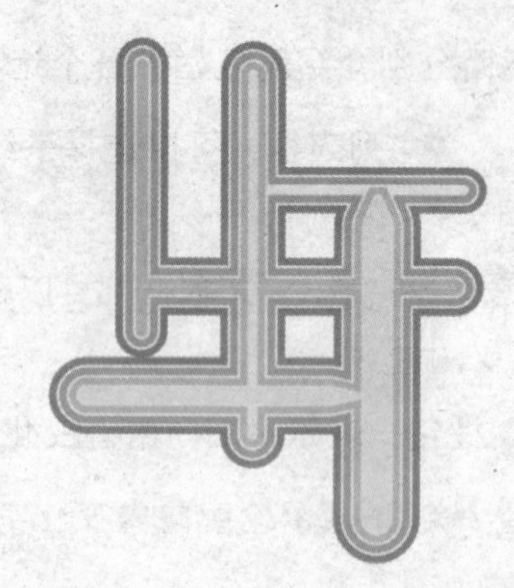
图 6-22

Tip 技巧提示

将对象应用于轮廓线时，创建出的效果如同地图上创建的轮廓线一样。将轮廓化对象应用到一个对象的时候，它将贴附在这些线条上，在这种情况下，对所有原始对象所做的修改，包括形状和填充的修改，均会影响到轮廓线。

6.2.1 到中心

“到中心”表示轮廓向中心变化。

01 执行“文件/打开”命令，在弹出的“打开绘图”对话框中，选择光盘中的“6-5”文件，并将其打开，如图6-23所示。

图 6-23

02 在其属性设置栏中，执行“到中心”渐变，设置“轮廓图步数”为9，数值越大层数越多，设置“轮廓图偏移”为4，数值越大效果越明显，设置后的效果如图6-24所示。

图 6-24

6.2.2 向内

“向内”表示轮廓向内变化，最后轮廓图不一定在图形的中心。

01 执行“文件/打开”命令，在弹出的“打开绘图”对话框中，选择光盘中的“6-5”文件，并将其打开，如图6-25所示。

图6-25

02 在其属性设置栏 中，执行“向内”渐变，设置“轮廓图步数”为9，数值越大层数越多，设置“轮廓图偏移”为4，数值越大效果越明显，设置后的效果如图6-26所示。

图6-26

6.2.3 向外

“向外”表示轮廓向外变化。

01 执行“文件/打开”命令，在弹出的“打开绘图”对话框中，选择光盘中的“6-5”文件，并将其打开，如图6-27所示。

图6-27

02 在其属性设置栏 中，执行“向外”渐变，设置“轮廓图步数”为9，数值越大层数越多，设置“轮廓图偏移”为3，数值越大效果越明显，设置后的效果如图6-28所示。

图6-28

6.3 交互式变形工具的使用

交互式变形工具可以快速地改变对象的外观，变形效果是让对象的外形产生不规则的变化。交互式变形工具中有“推拉变形”、“拉链变形”和“扭曲变形”3种方式，它们可以单独使用，也可以配合使用。

01 选择工具箱中的“交互式变形工具”，在属性栏中选择需要的变形方式，选中需要变形的图形对象，并按住鼠标左键拖曳到适当的位置，然后释放鼠标即可，效果如图 6-29 所示。

02 用户可以根据调整变形控制线上的“推拉失真振幅”、“推拉失真频率”和“中心变形”设置来改变图形对象效果，如图 6-30 所示。

图 6-29

图 6-30

6.3.1 推拉变形

“推”变形可以将正在变形的对象节点推离变形中心，“拉”变形可以将对象的节点向中心拉进，可以通过鼠标拖曳定位手柄变形中心，也可以使用推拉工具快速生成多种效果。选择工具箱中的“交互式变形工具”，在属性栏中单击“推拉变形”按钮，在“推拉失真振幅”中设定变形的幅度，正数值用于推动变形，负数值用于拉动变形，单击属性栏中的“中心变形”按钮，可以将变形中心点设定在对象的中心。

01 执行“文件/打开”命令，在弹出的“打开绘图”对话框中，选择光盘中的“6-13”文件，并将其打开，如图 6-31 所示。

02 在工具箱中选择“交互式变形工具”，在其属性栏中单击“推拉变形”按钮。在对象相应位置按下鼠标左键，以选择变形中心点，然后拖曳鼠标以调节“推拉失真振幅”和“频率”，如图 6-32 所示。

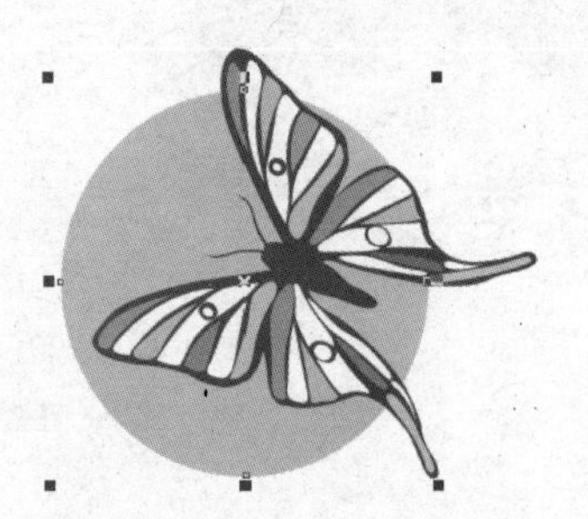

图 6-31

图 6-32

6.3.2 拉链变形

拉链变形工具提供了 3 种不同的变形方式，分别是随机变形、平滑变形和局部变形。

随机变形

“随机变形”表示图形对象变形的方向是不定的。

01 执行“文件/打开”命令，在弹出的“打开绘图”对话框中，选择光盘中的“6-14”文件，并将其打开，如图6-33所示。

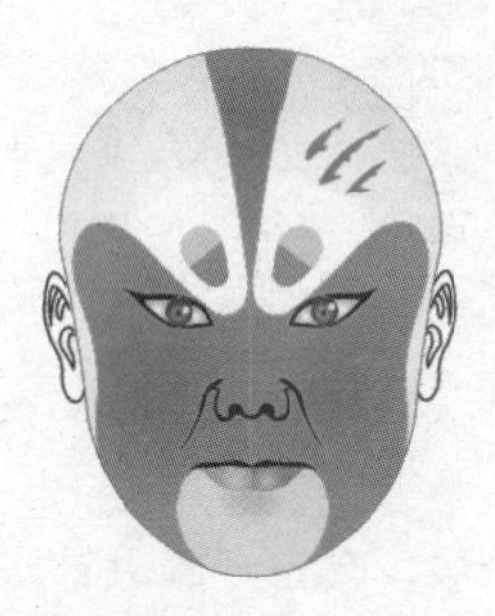

图6-33

02 在工具箱中选择“交互式变形工具”，在其属性栏中单击“拉链变形”按钮，再单击“随机变形”按钮。在对象相应的位置按下鼠标左键，然后拖曳鼠标以调节“拉链失真振幅”和“频率”，效果如图6-34所示。

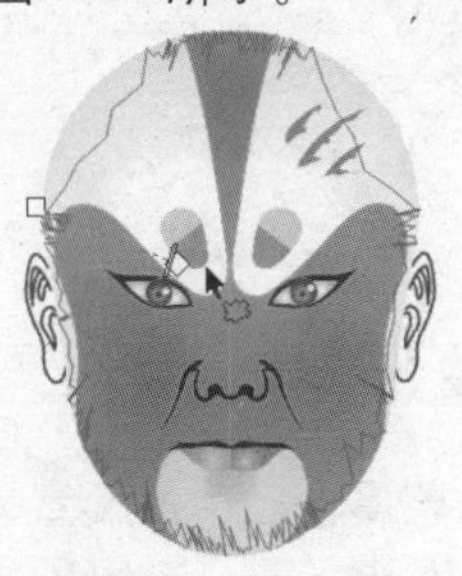

图6-34

平滑变形

“平滑变形”表示图形对象变形的边缘看起来更加光滑。

01 执行“文件/打开”命令，在弹出的“打开绘图”对话框中，选择光盘中的“6-14”文件，并将其打开，如图6-35所示。

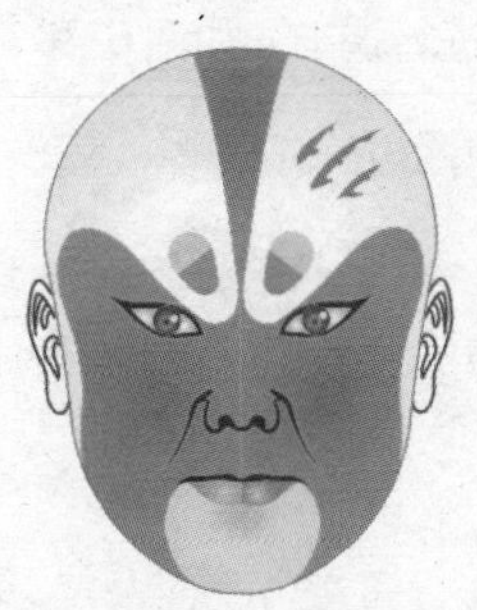

图6-35

02 在工具箱中选择“交互式变形工具”，在其属性栏中单击“拉链变形”按钮，再单击“平滑变形”按钮。在对象相应的位置按下鼠标左键，然后拖曳鼠标以调节“拉链失真振幅”和“频率”，效果如图6-36所示。

图6-36

局部变形

“局部变形”表示图形对象只是产生局部变形的效果，类似于边界产生变形。

01 执行“文件/打开”命令，在弹出的“打开绘图”对话框中，选择光盘中的“6-14”文件，并将其打开，如图6-37所示。

02 在工具箱中选择“交互式变形工具”，在其属性栏中单击“拉链变形”按钮，再单击“局部变形”按钮。在对象相对应位置按下鼠标左键，然后拖曳鼠标以调节“拉链失真振幅”和“频率”，如图6-38所示。

图 6-37

图 6-38

6.3.3 扭曲变形

用户可以通过调整属性栏中的设置来使对象产生类似旋涡状的效果。单击"顺时针旋转"或者"逆时针旋转"按钮，可以给对象添加顺时针或者逆时针方向的缠绕变形效果。

"完全旋转"文本框用来设置完全旋转时的圈数，"附加角度"文本框用来设定应用旋转圈数的同时添加的旋转角度。变形中心点的位置不同，所产生的变形幅度也不一样，中心点在对象外部时产生的幅度较大，反之则小。

01 执行"文件/打开"命令，在弹出的"打开绘图"对话框中，选择光盘中的"6-15"文件，并将其打开，如图 6-39 所示。

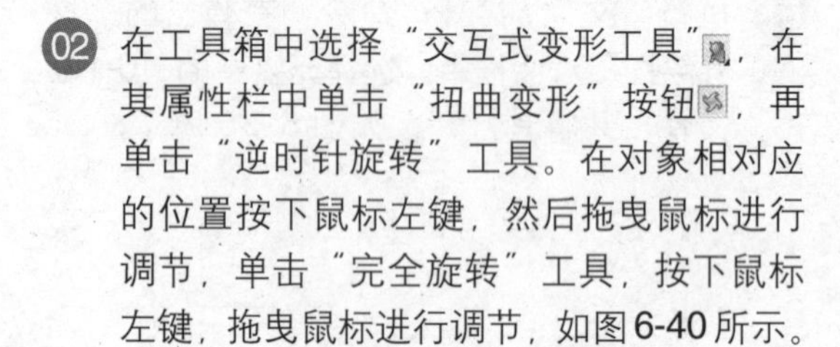

02 在工具箱中选择"交互式变形工具"，在其属性栏中单击"扭曲变形"按钮，再单击"逆时针旋转"工具。在对象相对应的位置按下鼠标左键，然后拖曳鼠标进行调节，单击"完全旋转"工具，按下鼠标左键，拖曳鼠标进行调节，如图 6-40 所示。

图 6-39

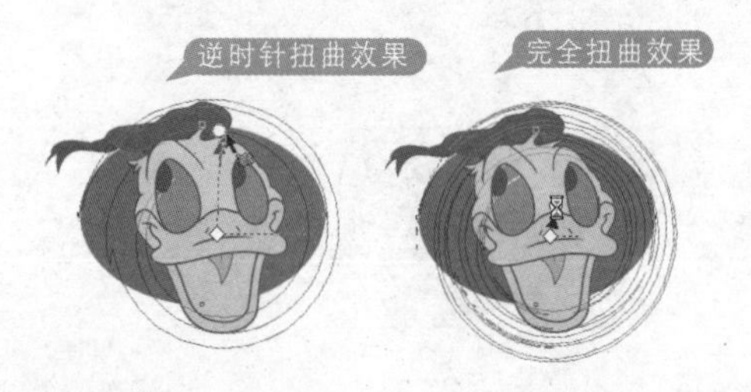

图 6-40

6.4 交互式阴影工具的使用

使用交互式阴影工具，可以给图形加上阴影效果，加强图形的可视性和立体感，使图形更加生动。它可以使对象产生平面立体效果，并且与对象链接在一起，对象外观改变的同时，阴影效果也会同时随着产生变化。使用交互式阴影工具可以快速地为对象添加阴影效果。

交互式阴影工具属性栏如图 6-41 所示。

用户可以根据需要设定阴影的颜色。从调色板中将颜色色块拖到阴影控制线的黑色方块中，方块的颜色会变成选定的颜色，阴影的颜色也会随之改变。也可以通过交互式阴影工具的属性栏来精确地为对象添加阴影效果。

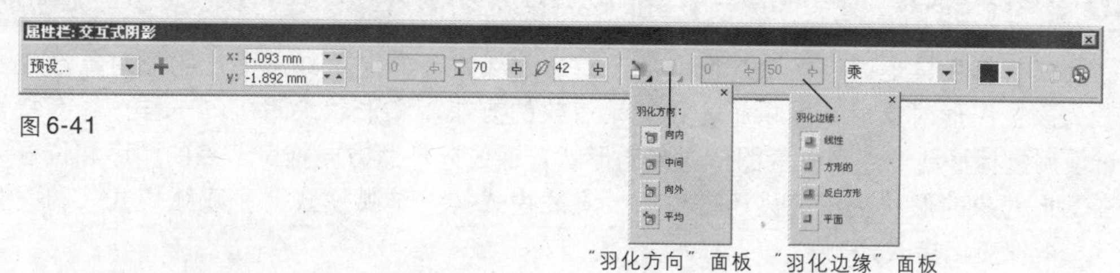

图 6-41

“羽化方向”面板 “羽化边缘”面板

下面分别介绍属性栏中各个选项的含义。

预设... 列表框：可以选择系统预置的阴影样式。

数值框：可以设定阴影相对于对象的坐标值。

数值框：设定阴影效果的角度，数值的有效范围在 − 360° 到 360° 之间。

数值框：设定阴影的不透明度，数值越小，不透明程度也就越小。

数值框：设定阴影的羽化效果，数值越小，羽化程度越小。

按钮：单击该按钮，在弹出的面板中设定阴影的羽化方向，包括“向内”、“中间”、“向外”和“平均”4 个方向。

按钮：单击该按钮，在弹出的面板中设定阴影羽化边缘的类型，包括“线性”、“方形的”、“反白方形”和“平面”4 种类型。

50 数值框：设定阴影的淡化及伸展，如图 6-42 所示。

下拉按钮：设定阴影的颜色，如图 6-43 所示。

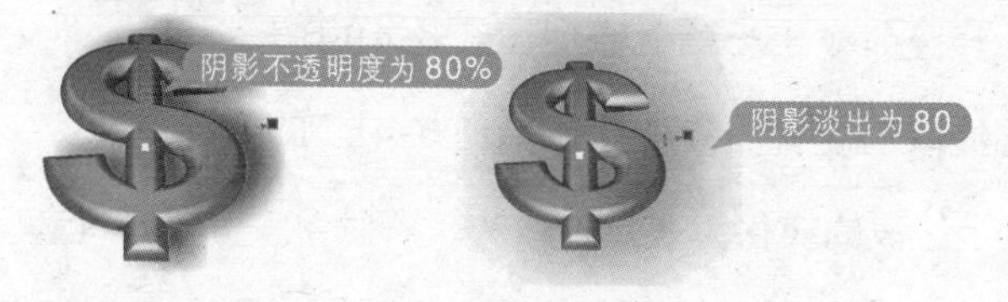

图 6-42

图 6-43

下面我们就来简单介绍一下交互式阴影工具的使用方法。

01 选择工具箱中的“交互式阴影工具”，并选中要添加阴影效果的对象。在对象上按住鼠标左键并拖曳光标到需要的位置，然后释放鼠标键即可为对象添加阴影效果，如图 6-44 所示。

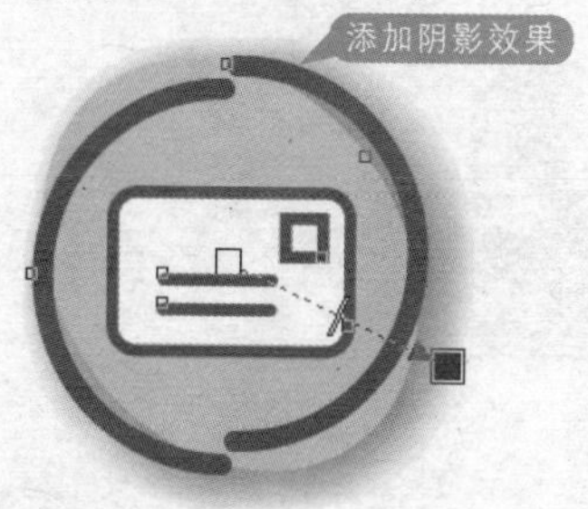

图 6-44

02 用鼠标拖曳阴影控制线中间的调节按钮，可以调节阴影的不透明程度。靠近白色方块的不透明度小，阴影也随之变淡；反之，不透明度就大，阴影也较浓，如图 6-45 所示。

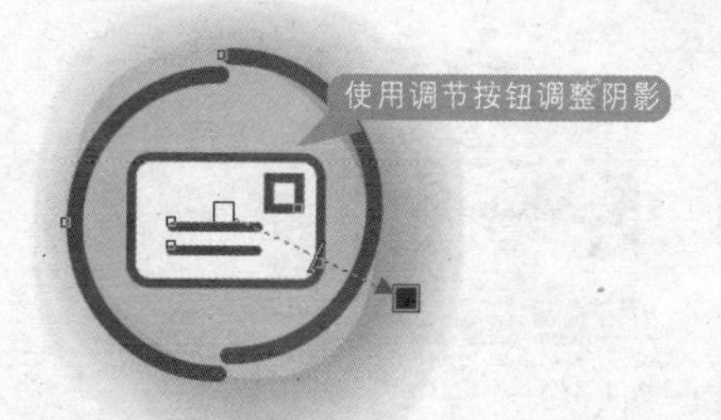

图 6-45

6.5 交互式封套工具的使用

交互式封套工具是通过修改封套上的节点来改变封套的形状，从而使图形对象产生变形效果，为改变图形对象形状提供了一种简单有效的方法。和形状编辑工具一样，封套特性允许通过使用鼠标移动节点来改变图形对象的形状，通过向任意方向拖曳节点的顺序和位置，重新改变图形对象的形状。该工具还提供了“直线模式”、“单弧模式”、“双弧模式”和“非强制模式”4 种变化模式。

交互式封套工具属性栏如图 6-46 所示。

图 6-46

用户可以使用交互式封套工具属性栏上的各项设置来定义封套效果，在“封套样式”下拉列表框中可以选择系统预置的样式，单击“封套的直线模式”、“封套的单弧模式”、“封套的双弧模式”和“封套的非强制模式”按钮可以选择不同的封套编辑模式。

下面分别介绍属性栏中各个选项的含义。

“封套的直线模式”按钮：表示封套上线段的变化为直线，如图 6-47 所示。

“封套的单弧模式”按钮：表示封套上线段的变化为单弧线，如图 6-48 所示。

“封套的双弧模式”按钮：表示封套上线段的变化为双弧线，如图 6-49 所示。

“封套的非强制模式”按钮：表示封套上线段的变化为非强制模式。有时候，可以将封套作为普通的曲线来编辑，如图 6-50 所示。

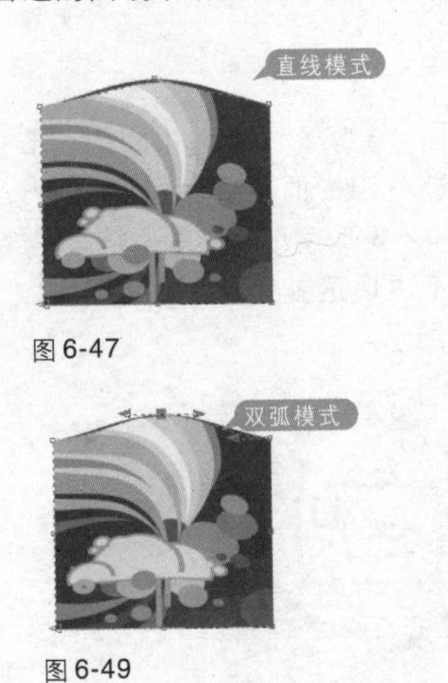

图 6-47

图 6-49

图 6-48

图 6-50

自由变形 列表中还提供了“水平”、“原始”、“自由变形”和“垂直”4种映射模式。

“水平”模式：表示先使图形对象适合封套，再进行一定程度的水平方向上的压缩。

“原始”模式：表示将图形对象上的节点映射到封套的曲线上，形成对应的变形关系。

“自由变形”模式：表示只是将对象选择框上的控制手柄映射到封套的边角节点上，形成对应的变形关系。这种方式使图形对象变化更大。

“垂直”模式：表示先使对象适合封套，再进行一定程度上的垂直方向上的压缩。

“保留线条”按钮：表示在应用封套效果的时候，可以将对象的线条保留为直线，或者转换为曲线。

“添加新封套”按钮：表示使用指定的图形外观创建封套效果，用交互式封套工具选中图形对象后，单击“创造性封套”按钮，再用鼠标单击要作为封套外形的对象即可。

下面我们就来简单介绍一下交互式封套工具的使用方法。

01 在工作页面内绘制一个图形对象，选择工具箱中的“交互式封套工具”，鼠标形状变为。用鼠标单击图形对象，对象的四周将会出现带节点的边框，如图6-51所示。

图6-51

02 移动鼠标到节点处，当鼠标的形状变为时，按下鼠标左键进行节点的拖曳，释放鼠标键后，对象的形状将发生相应的改变。用同样的方法可以拖曳其他节点，进行相应的改变，最终效果如图6-52所示。

图6-52

6.6 交互式立体化工具的使用

在CorelDRAW X4中，用户可以使用工具箱中的交互式立体化工具为图形对象添加立体化效果。沿图形对象的边的投影点把它们连接起来以形成面，立体化的面和它们的控制对象形成一个动态的链接组合，可以任意改变。

交互式立体化工具属性栏如图6-53所示。

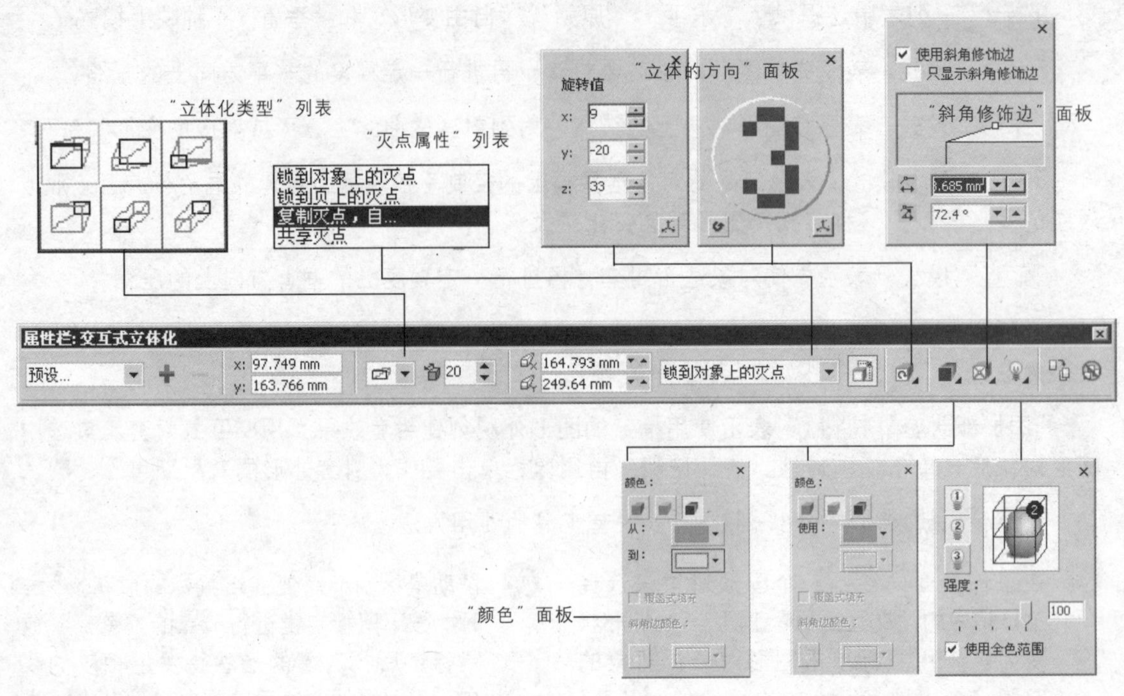

图6-53

下面分别介绍属性栏中各个选项的含义。

预设... 列表框：表示系统预置的样式。

数值框：用于设置对象在画面中的位置。

下拉按钮：其下拉列表中包含基本立体化的类型。这些类型可分为两种：透视立体化模型和平行立体化模型。透视立体化模型在远近和深度方面都产生错觉，像是立体化的表面朝着消失点后退；平行立体化的效果是立体画面上的线条与面上的其他线条平行。在属性栏上有相对应的控制按钮，它们分别是“消失点在绘图区的后方”、“消失点在绘图区的前方”、“向消失点方向变化的透视立体化”、“与消失点相反的方向变化的透视立体化”、“向消失点方向变化的平行立体化”和“与消失点相反的方向变化的平行立体化”，效果分别如图6-54、图6-55、图6-56和图6-57所示。

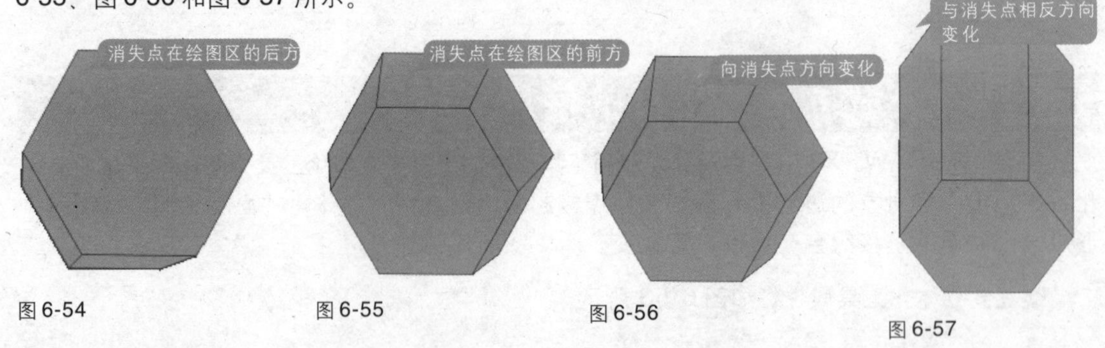

图6-54 图6-55 图6-56 图6-57

20 数值框：表示图形对象的透视深度，数值越大，立体化效果越强。

数值框：表示图形对象的灭点位置的坐标值。

锁到对象上的灭点 下拉列表框：提供了“锁到对象上的灭点”、“锁到页上的灭点”、“复制灭点，自…”和“共享灭点”4 种方式。

按钮：表示用相对于对象中心点或者页面的坐标原点来计算或显示灭点的坐标值。

按钮：单击该按钮，在弹出的面板中通过拖曳图例来旋转控制对象；也可以在文本框中输入数值来设定旋转。

按钮：单击该按钮，在弹出的面板中可以设定“使用对象填充”和“使用纯色”、“使用递减的颜色”3 种方式，效果分别如图 6-58、图 6-59 和图 6-60 所示。

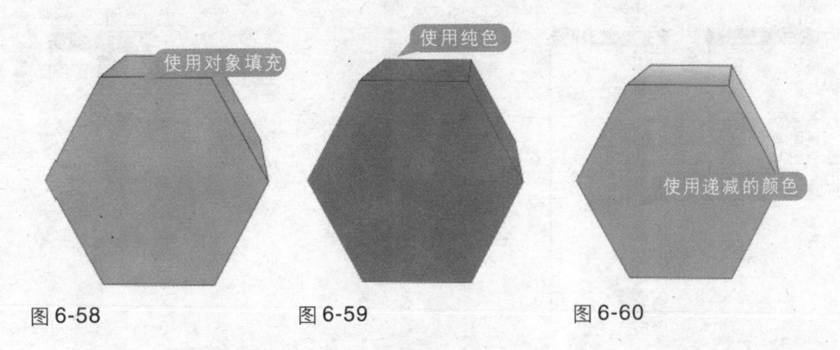

图 6-58　图 6-59　图 6-60

按钮：单击该按钮，在弹出的面板中通过拖曳图形对象的节点来添加斜角的效果，也可以在属性栏中输入数值来设定斜角。选中“只显示斜角修饰边”复选框后，将只显示斜面。

按钮：可以在面板的图例中为对象添加光照效果。

下面我们就来简单介绍一下交互式立体化工具的使用方法。

01 用挑选工具选定对象，在交互式效果展开工具条中单击“交互式立体化工具”按钮，鼠标在工作区域中变为形状，如图 6-61 所示。

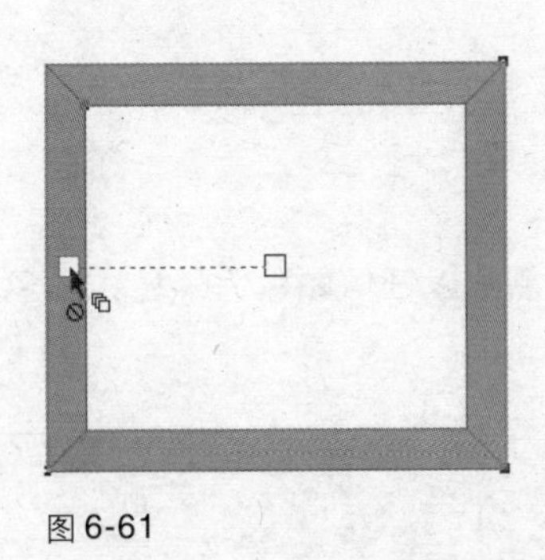

图 6-61

02 在图形对象上按下鼠标左键并向想要的立体化方向拖曳，拖曳的过程中，在图形的四周会出现一个立体化框架，同时会有一个指示延伸方向的箭头出现，如图 6-62 所示。

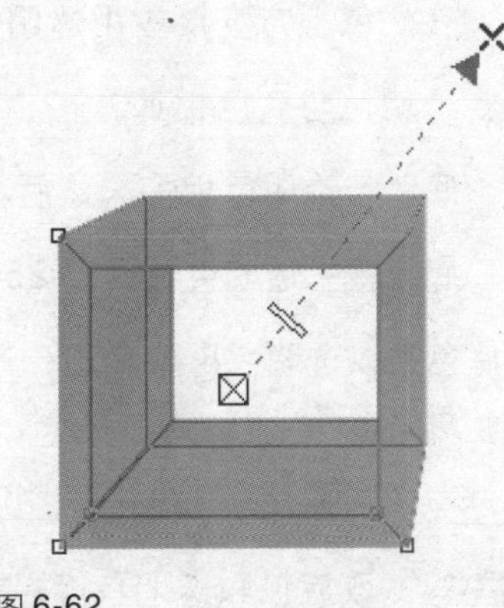

图 6-62

6.7 交互式透明工具的使用

交互式透明工具可以使图像呈现出透明的效果，提供了“标准”、“渐变”、“图案”及“底纹”等透明效果，它不仅可改变对象的外观，还可改变对象的颜色。

交互式透明工具属性栏如图6-63所示。

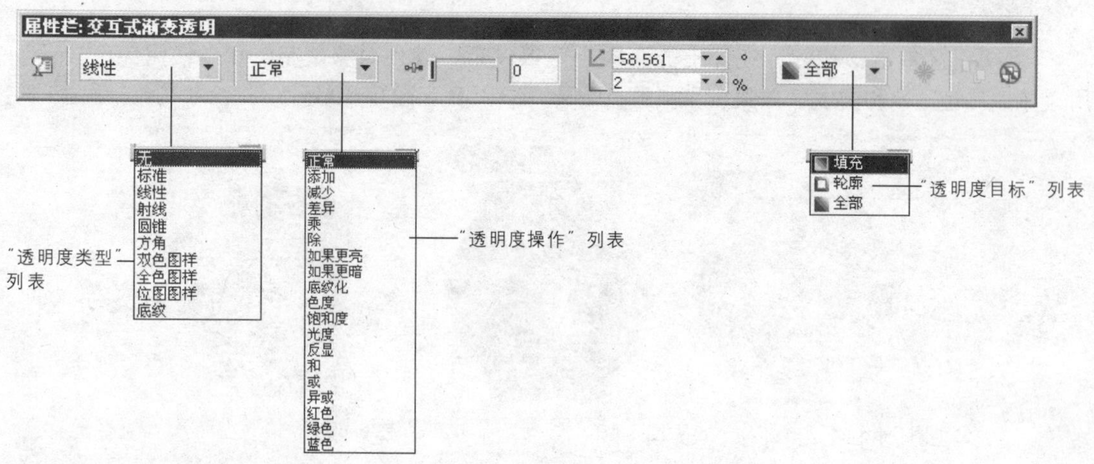

图6-63

下面分别介绍属性栏中各个选项的含义。

“透明度类型”列表框：该列表框中包括“标准”、“线性”、“射线”、“圆锥”、“方角”、“双色图样”、“全色图样”、“位图图样”和“底纹”等选项。

“开始透明度”调节框：调节起始透明度，其中参数0为不透明，参数100为全部透明。

按钮：冻结透明度效果，冻结后的对象作为一组独立的对象。

下拉列表框：该下拉列表框中包括“填充、“轮廓”和“全部”3个选项。三者相互区别，使用的时候分别得到不同的效果。

下拉列表框：决定了上层如何与底层的颜色结合，该下拉列表中的各选项含义如下。

“正常”：在底色上方直接应用透明色。

“添加”：透明色与底色相加。

“减少”：底色与透明色相加，然后减去255。

“差异”：底色减去透明色再乘以255。

“乘”：底色乘以透明色再除255，产生颜色加深效果。黑色乘以任何颜色为黑色，白色乘以任何颜色，颜色不变。

“除”：底色除透明色。

“如果更亮”：取底色和透明色颜色较亮的部分。

“如果更暗”：取底色和透明色颜色较暗的部分。

“底纹化”：将透明色转化为灰阶，然后用底色与灰阶相乘。

“色调”：用透明色的色度与底色的饱和度和光度创建新的颜色。

“饱和度”：用透明色的饱和度与底色的色度和光度创建新的颜色。

“光度”：用透明色的光度与底色的色度和饱和度创建新的颜色。

“反显”：利用透明色的互补色创建新的颜色。

“和”：底色与透明色应用布尔代数公式AND。

“或”：底色与透明色应用布尔代数公式OR。

“异或”：底色与透明色应用布尔代数公式XOR。

“红色”：底色的G和B通道与透明色的R通道创建新的颜色。

“绿色”：底色的R和B通道与透明色的G通道创建新的颜色。

“蓝色”：底色的R和G通道与透明色的B通道创建新的颜色。

01 用挑选工具选定对象，单击工具箱中的“交互式透明工具”按钮。在属性栏中的“透明度类型”下拉列表框中选择“标准”选项，通过拖曳“开始透明度”滑块设定对象的起始透明度，效果如图6-64所示。

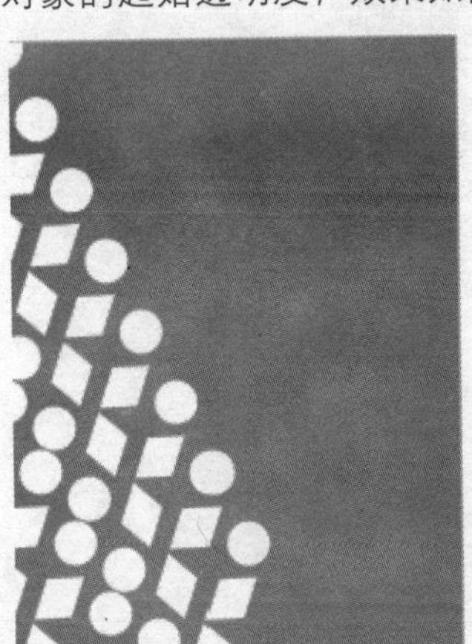

图6-64

02 在“透明度目标”下拉列表框中选择将透明度效果应用于“填充”。然后再通过拖曳“开始透明度”滑块设定对象的起始透明度，调整图像对象为最佳状态，效果如图6-65所示。

图6-65

读书笔记

Chapter 07 色彩管理及应用

在使用CorelDRAW X4的过程中，色彩模式是否正确使用直接影响文件能否以纯正颜色正确输出，而轮廓线和色彩填充是构成图形的主要元素之一，通过轮廓和颜色的填充能够自行设置绚丽多彩的颜色填充效果。

7.1 色彩管理

CorelDRAW X4 中的每个图形对象都具有“填充”属性，CorelDRAW X4 提供了比较丰富的“填充”选项设置，用户可以自定义颜色的属性。系统还提供了“均匀填充”、“渐变填充”、“图样填充”、“底纹填充”和“Postscript 填充”5 种类型，以供用户选择使用。

7.1.1 颜色模式

色彩模式是图形设计最基本的知识，每一种模式都有其优缺点和适用范围，下面讲解几种常见的色彩模式。

RGB 模式

RGB 是色光的色彩模式。R（Red）代表红色，G（Green）代表绿色，B（Blue）代表蓝色，也就是三原色。在 RGB 模式中，由红、绿、蓝相叠加可以产生其他颜色，因此该模式也称为加色模式，如图 7-1、图 7-2 和图 7-3 所示。

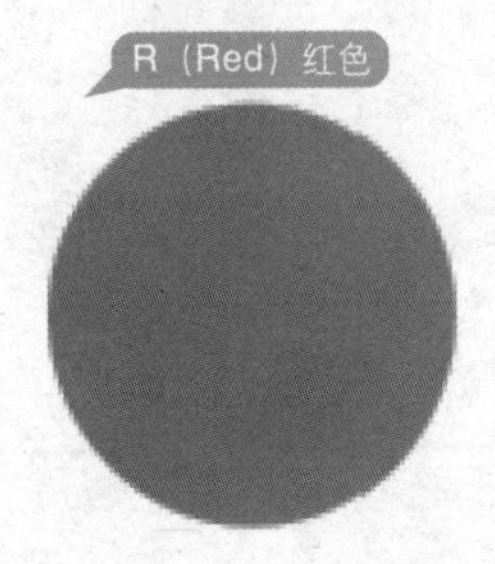

图 7-1

图 7-2

图 7-3

RGB 的值在 0～255 之间，值越大，该颜色的光越多，产生的颜色越淡，如图 7-4 所示。相反，值越小，此颜色的光越少，产生的颜色也越浓，如图 7-5 所示。

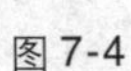
图 7-4

图 7-5

CMYK 模式

我们在印刷品上看到的颜色就是 CMYK 模式的，CMYK 模式是由 C（Cyan）青色、M（Megenta）洋红色、Y（Yellow）黄色和 K（Black）黑色 4 种基本颜色组合成不同色彩的一种颜色模式，如图 7-6、图 7-7、图 7-8 和图 7-9 所示。这是一种减色色彩模式，理论上（C：100、

M：100、Y：100）可以合成黑色，但是由于一般的油墨纯度不统一，因此要加上黑色K（Black）才可以得到纯黑色。

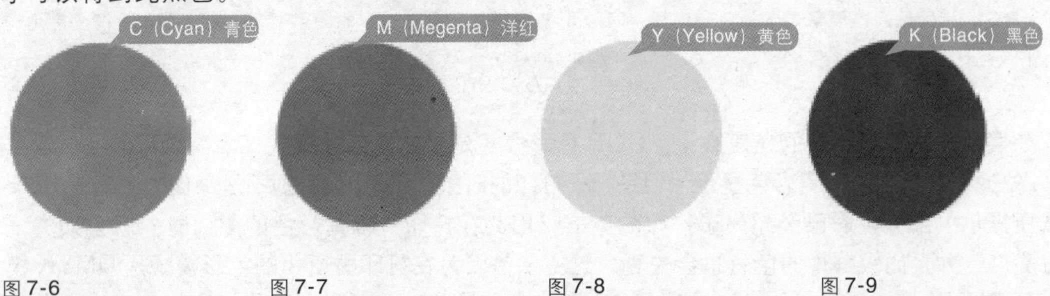

图7-6　图7-7　图7-8　图7-9

01 执行“文件/打开”命令，在弹出的”打开绘图”对话框中，选择光盘中的“7-2”文件，并单击“打开”按钮将其打开，如图7-10所示。

02 用挑选工具选择图形对象，然后在工具栏中选择“填充工具/均匀填充”命令，在打开的对话框中选择“CMYK”模式，然后再设置为“C：40、M：0、Y：0、K：0”，得到如图7-11所示的效果。

图7-10

图7-11

HSB模式

在HSB模式中，H表示最基本的颜色即色相，数值的有效范围在0～360之间；S表示饱和度也称彩度，也就是颜色的浓度，数值的有效范围在0～100之间，为0时表示灰色，白、黑和其他灰色色彩都没有饱和度；B表示颜色亮度，数值的有效范围在0～100之间，为0时表示黑色，为100时表示白色。

Lab模式

Lab模式包含了RGB和CMYK的色彩模式，这种模式常用于RGB和CMYK之间的转换。如果需要将RGB模式转换为CMYK模式，应该首先把图像转换为Lab模式，再通过Lab模式转换为CMYK模式，这样在颜色转化过程中可以减少损失。

灰度模式（Grayscale）

灰度模式只存在灰度，这种模式表示从黑色到白色之间有256种不同深浅的灰色调。在灰度文件中，图像的色彩饱和度为0，亮度是唯一能够影响灰度图像的选项。当一个彩色文件转换为灰度文件时，所有的颜色信息都将从文件中去掉。

Tip 技巧提示

RGB 模式是用于屏幕显示的色彩模式，可以用来绘制网页中应用到的图形对象；而CMYK 模式是用于印刷品设计时的色彩模式。

如果从电脑编辑图像的角度来说，RGB 色彩模式是最佳的色彩模式，因为它可以提供全屏幕24位的色彩范围，即真彩色显示。但是用于打印的时候，RGB 模式则不是最佳的，因为RGB 模式所提供的部分色彩已经超出了打印的范围，因此在打印一幅真彩色的图像时，就会损失一部分亮度，并且比较鲜艳的色彩也会失真。这主要是因为在打印时所用的色彩模式是CMYK 模式，而CMYK 模式所定义的色彩要比RGB 模式定义的色彩少很多，因此打印时，系统会自动将RGB 模式转换为CMYK 模式，这样就会损失一部分颜色，出现打印后失真的现象。

7.1.2 调色板的应用

每一个调色板都是配置好的专用颜色系统，移动“淡色”滑块，可以改变CMYK 的值；单击“调色板”下拉菜单，可以从中选择所需要的颜色样式，如图7-12 和图7-13 所示。

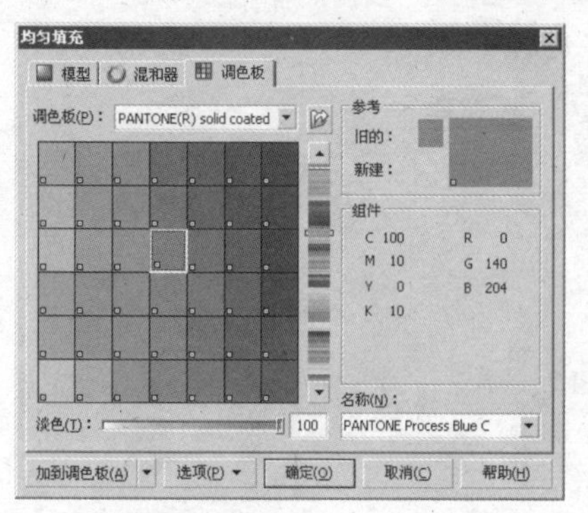

图7-12

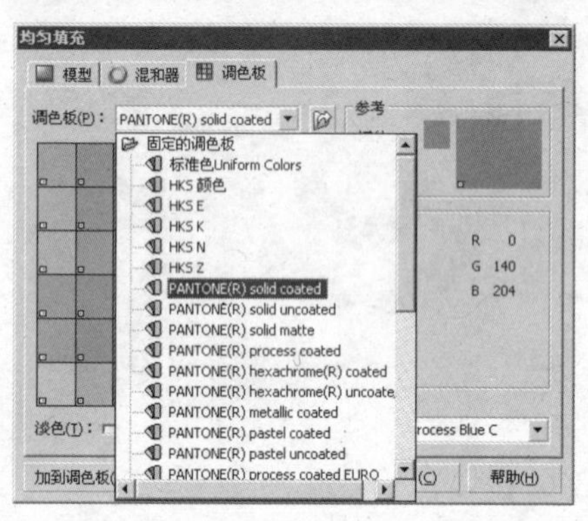

图7-13

选择调色板

CorelDRAW X4 默认的调色板模式是CMYK 模式，用户可以根据需要选择不同的色彩模式。执行“窗口/调色板”命令，在它的级联菜单中选择需要的色彩模式调色板，选定后的调色板会出现在绘图页面的右侧，如图7-14 和图7-15 所示。

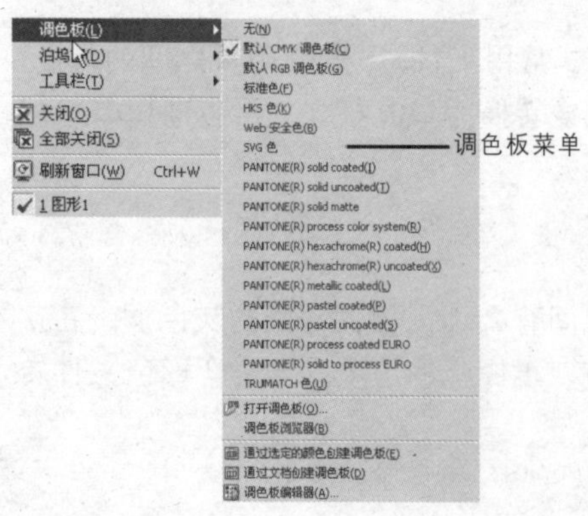

图7-14

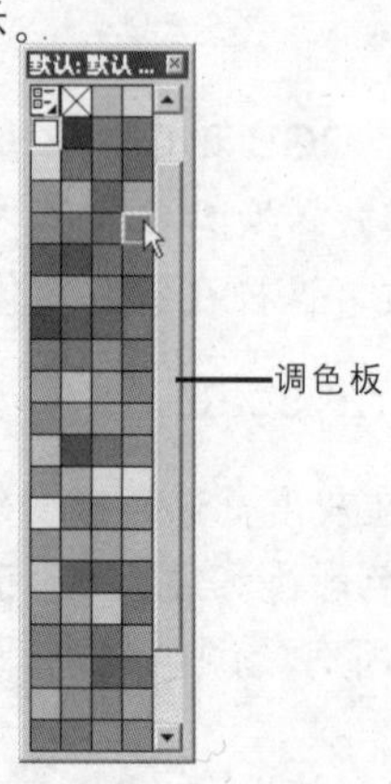

图7-15

使用调色板浏览器

选择“窗口/泊坞窗/调色板浏览器”命令，可以调出“调色板浏览器”泊坞窗。用户可以选择“固定的调色板”或者“自定义调色板”，选定后的调色板会出现在绘图页面的右侧。

“调色板浏览器”属性栏

“调色板浏览器”属性栏如图7-16所示。

在“调色板浏览器”属性栏上有4个按钮，分别是“创建一个新的空白调色板”按钮、“使用选定的对象创建一个新调色板”按钮、“使用文档创建一个新调色板”按钮和“打开调色板编辑器”按钮。可以使用它们来创建不同的调色板，而且创建方法也相同。

图7-16

01 打开一个图形文件，调出“调色板浏览器”泊坞窗，如图7-17所示。单击“创建一个新的空白调色板”按钮，弹出“保存调色板为”对话框。

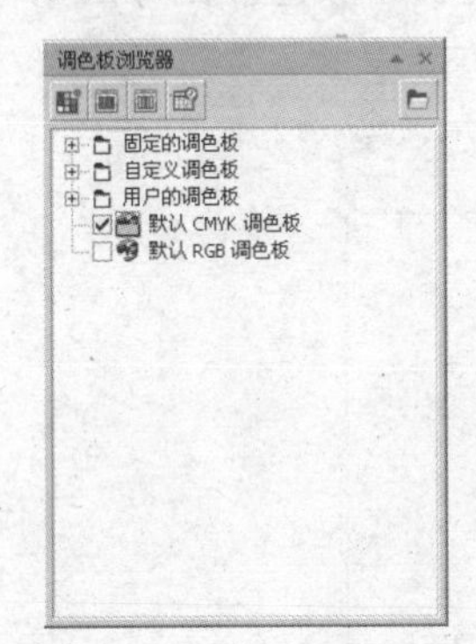

图7-17

02 在该对话框的“文件名”文本框中输入文件名，并设置好保存位置，然后单击“保存”按钮即可，如图7-18所示。这时新创建的调色板会出现在“调色板浏览器”泊坞窗中。

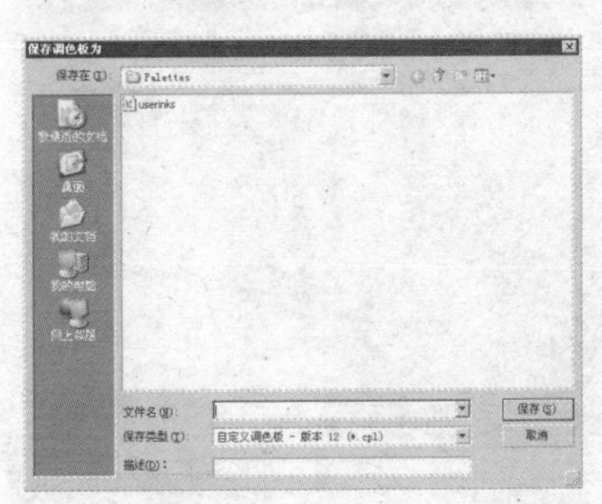

图7-18

03 单击“打开调色板编辑器”按钮，打开“调色板编辑器”对话框。在该对话框上方的下拉列表中选择刚才新建的调色板，如图7-19所示。

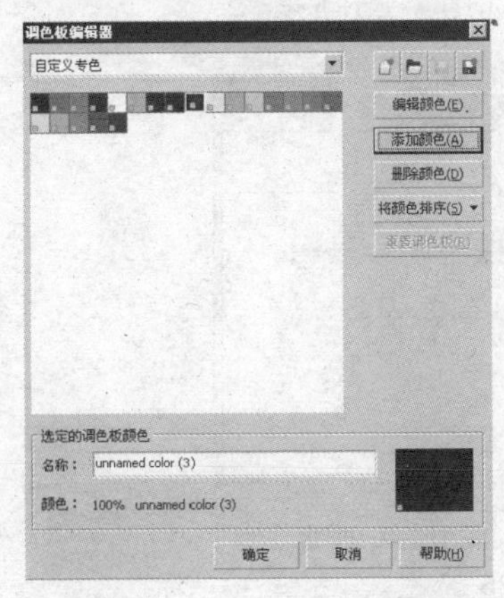

图7-19

04 单击并选中对话框中显示的色块，单击右侧的“编辑颜色”按钮，便可在弹出的“选择颜色”对话框中重新设定颜色，如图7-20所示。

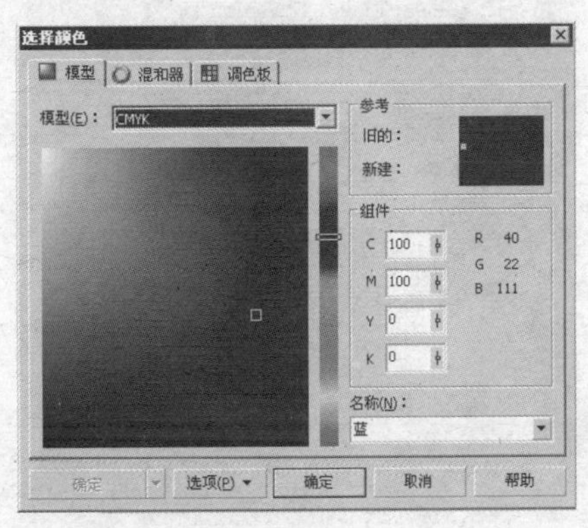

图7-20

7.1.3 色彩设置

使用颜色样式

选择“窗口/泊坞窗/颜色样式”命令，可以调出“颜色样式”泊坞窗。

“颜色样式”属性栏

“颜色样式”属性栏如图7-21所示。

在“颜色样式”属性栏上有5个按钮，分别是“新建颜色样式”按钮、“新建子颜色”按钮、“编辑颜色样式”按钮、“自动创建颜色样式”按钮和“将选择的颜色转换为专色”按钮。可以通过它们来创建不同的颜色样式。

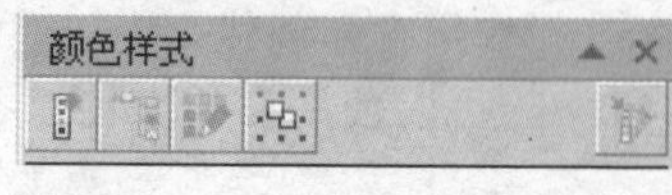

图7-21

01 打开一个图形文件，调出“颜色样式”泊坞窗。单击“新建颜色样式”按钮，弹出“新建颜色样式”对话框，如图7-22所示。

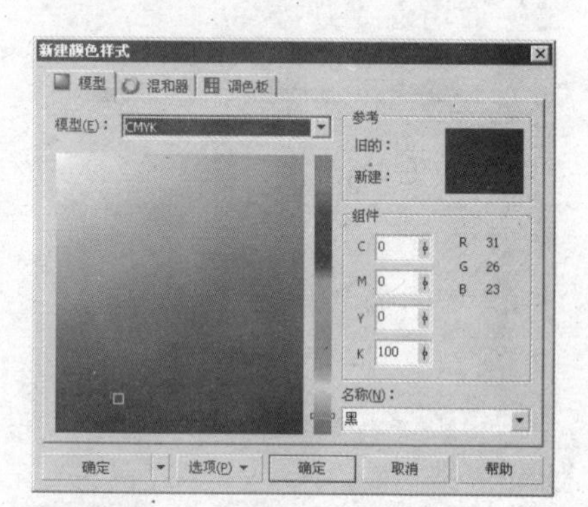

图7-22

02 在该对话框中选择需要新建的颜色样式，然后单击“确定”按钮，这时新创建的颜色样式会出现在“颜色样式”泊坞窗中，如图7-23所示。

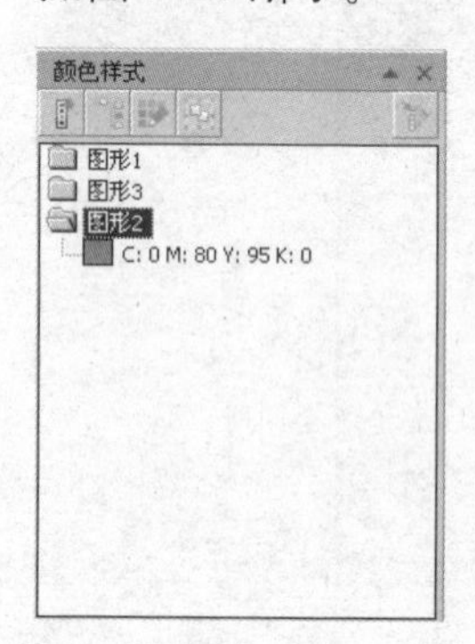

图7-23

03 单击“新建子颜色”按钮，弹出“创建新的子颜色”对话框，如图7-24所示。

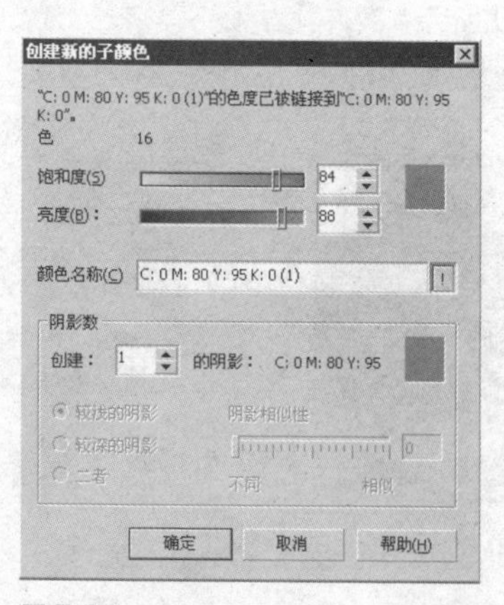

图7-24

04 在该对话框中设置好需要新建的颜色样式，然后单击“确定”按钮，这时候新创建的颜色会出现在“颜色样式”泊坞窗中，如图7-25所示。

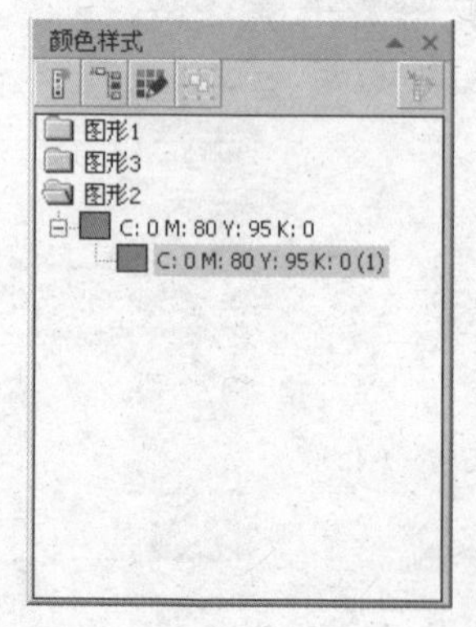

图7-25

7.2 图形对象的色彩填充

通过为图形添加不同的颜色，会制作出不同的效果。颜色可以分为很多种样式，可以通过调整颜色的浓度创建不同的效果，由此获得一系列近似颜色的样式。色彩填充对于绘图作品的表现十分重要，在CorelDRAW X4中，有“均匀填充”、“渐变填充”、“图样填充”、“底纹填充”和“Postscript填充”等一系列填充方式。

7.2.1 均匀填充

“均匀填充”即“单色填充”，是CorelDRAW X4最基本的填充方式，同时也是最简单和最直接的填充方式，即利用调色板，直接从调色板中选取颜色来填充对象，也可以单击工具栏上的“填充工具”按钮，在其级联菜单中选择“均匀填充”选项进行填充。

下面我们简单介绍均匀填充的使用方法。

01 执行“文件/打开”命令，在弹出的”打开绘图”对话框中，选择光盘中的“7-3”文件，并单击“打开”按钮将其打开，如图7-26所示。

图7-26

02 选中需要填充的对象，然后在调色板中选择需要填充的颜色，填充效果如图7-27所示。

图7-27

03 用鼠标在调色板中选择颜色，拖曳颜色到对象上或者对象边框上，也可以为对象或者边框填充颜色，如图7-28和图7-29所示。

图7-28

图7-29

Tip 技巧提示

图7-30

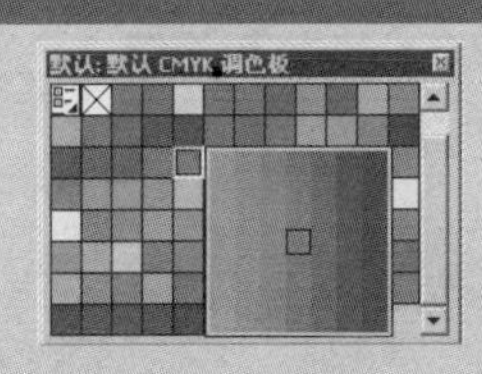

图7-31

在调色板上单击并按住鼠标左键会弹出与所选色样相邻的颜色，如图7-30和图7-31所示。

7.2.2 渐变填充

在 CorelDRAW X4 中，渐变填充包括“线性”、“射线”、“圆锥”和“方角”4 种类型，可以灵活地运用这 4 种渐变类型，使图形图像更加绚丽多彩。

“渐变填充”对话框如图 7-32 所示。

单击工具栏上的“填充工具”按钮，在其子菜单中选择“渐变填充”选项，在弹出的对话框的“类型”下拉列表中提供了 4 种渐变填充选项：“线性”、“射线”、“圆锥”和“方角”。

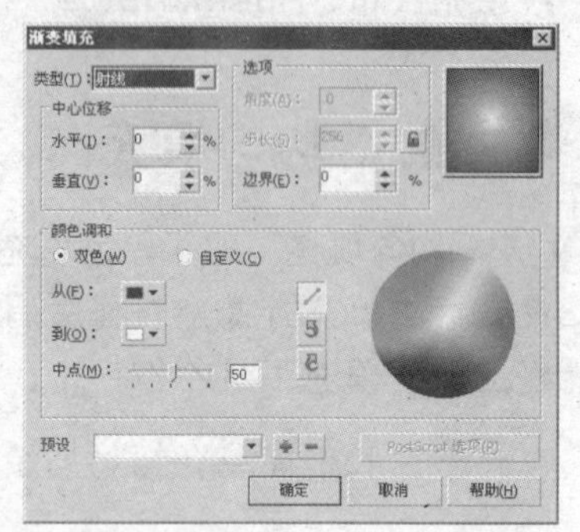
图 7-32

在该对话框中，渐变填充的“角度”范围在－360°～360°之间。“步长”值用于设置渐变的阶层数，默认设置为 256，该数值越大，渐变层次就越多，对渐变色的表现越细腻。“边界”用于设置边缘的宽度，其取值范围在 0～49 之间，该数值越大，相邻颜色间的边缘就越窄，其颜色变化就越明显。“中心位移”栏中的参数可以调整射线、圆锥等渐变方式的填色中心点的位置。

在“渐变填充”对话框中，选择“颜色调和”栏下的“自定义”单选按钮后，用户可以在渐变轴上双击左键增加颜色的控制点，然后在右侧的调色板中设置颜色，如图 7-33 所示。在三角形上双击鼠标左键可以删除颜色点。还可以通过单击“其他”按钮调出“选择颜色”对话框，对颜色进行设置。也可以在“渐变填充”对话框下方的“预设”下拉列表中选择在系统中预先设计好的渐变色彩填充样式，如图 7-34 所示。

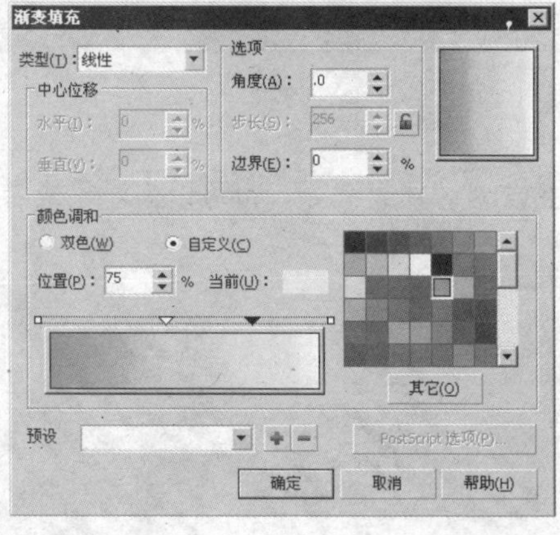
图 7-33

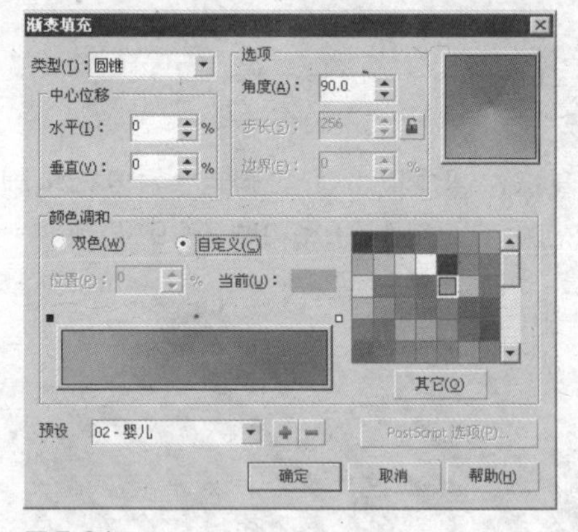
图 7-34

7.2.3 交互式填充

在 CorelDRAW X4 的填充工具组中还提供了一种交互式填充工具，利用它可以灵活方便地进行填充，以及在对象中添加各种类型的填充。

交互式填充工具的属性栏如图 7-35 所示。

图 7-35

选择工具箱中的“交互式填充工具”，在其属性栏左侧的“填充类型”列表中，包括“无填充”、“均匀填充”、“线性”、“射线”、“圆锥”、“方角”、“双色图样”、“全色图样”、“位图图样”、“底纹填充”和“Postscript 填充”等类型。每一种类型都有自己对应的属性栏选项，操作步骤和设置方法也基本相同。

在工具箱中选择“交互式填充工具”，然后选择需要填充的图形对象。在属性栏中设置需要的填充类型及其属性选项后，便可以填充对象。创建填充后，可以通过设置“填充下拉式”和“最终填充挑选器”下拉列表中的颜色和拖曳填充控制线及渐变填充中心点的位置，随意调整填充颜色的渐变效果，如图 7-36 和图 7-37 所示。

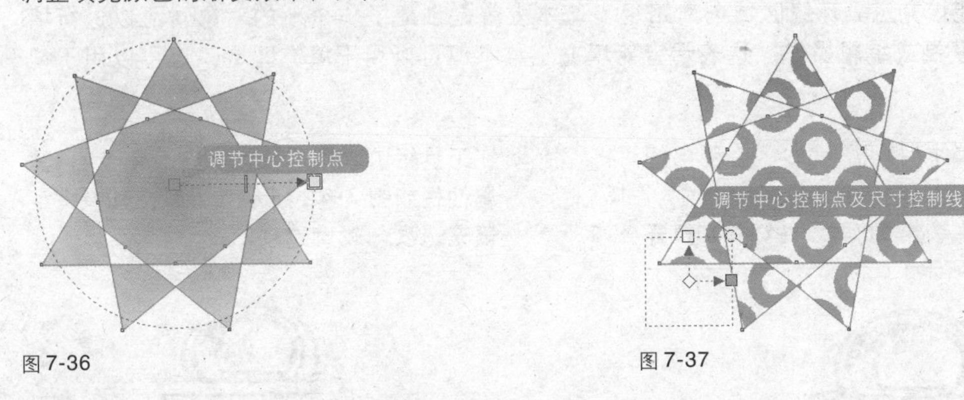

图 7-36

图 7-37

7.2.4 交互式网状填充

利用交互式网状填充工具可以轻松地创建复杂多变的网状填充效果，同时还可以在每个网点填充不同的颜色并定义颜色的扭曲方向。

01 用挑选工具选中要进行网状填充的对象，在工具箱中选择交互式填充工具组中的“交互式网状填充工具”。在“交互式网状填充工具”属性栏中设置需要的网格数目，这时会在对象上出现网状节点，如图 7-38 所示。

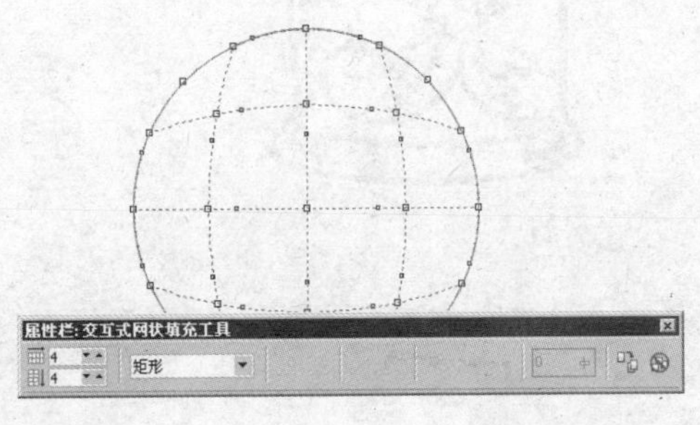

图 7-38

单击要填充的节点，在调色板中选定需要填充的颜色，即可为该点填充颜色。通过拖曳选中的节点还可以扭曲及改变颜色的填充方向，如图7-39和图7-40所示。

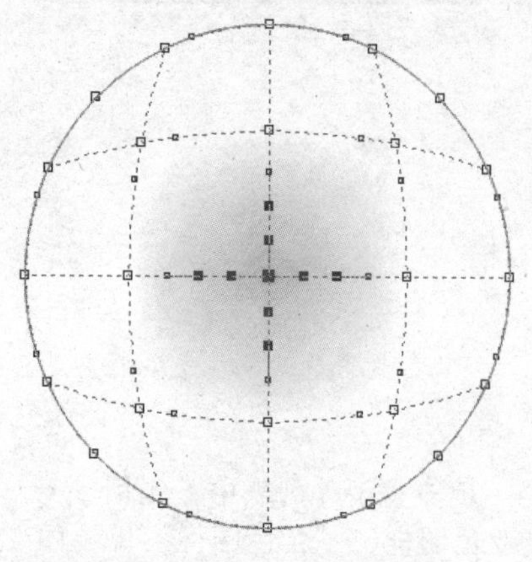
图7-39

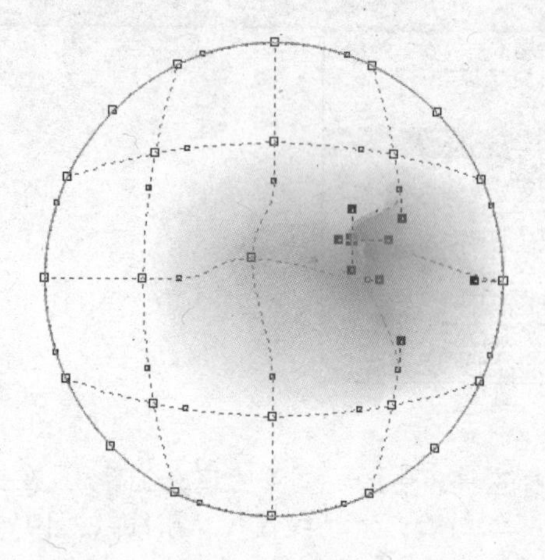
图7-40

7.2.5 智能填充工具

智能填充工具可以在任意对象与对象之间相互重叠区域的某一部分进行颜色填充，而不会像其他填充工具那样，必须指定某个对象才能填充，而且会将颜色填充满整个指定对象。

由于智能填充工具环绕区域创建路径，基本上就是创建了一个新的对象，可以进行填充、移动、复制或编辑操作。这表示智能填充工具不但可以用于填充区域，还可以用于创建新对象。

01 执行“文件/打开”命令，在弹出的“打开绘图”对话框中，选择光盘中的“7-15”文件，并单击“打开”按钮将其打开，如图7-41所示。

图7-41

02 在工具箱中选择“智能填充工具”，其属性栏如图7-42所示，可以在其中指定填充选项与轮廓选项。

图7-42

03 在属性栏中单击颜色块，弹出下拉式调色板，可在其中选择所需的颜色，再在“轮廓宽度”下拉列表中选择“1.0mm”，如图7-43所示。

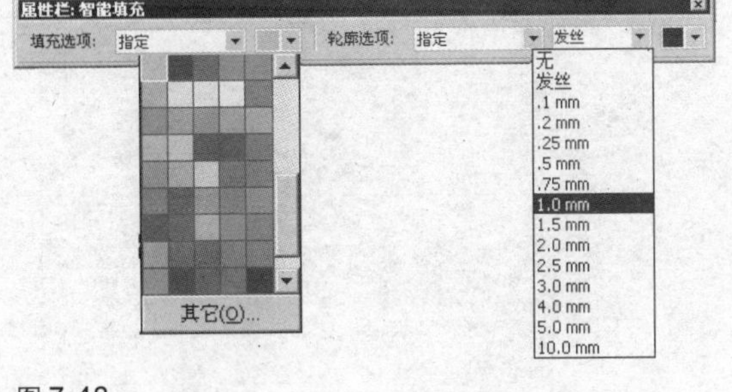
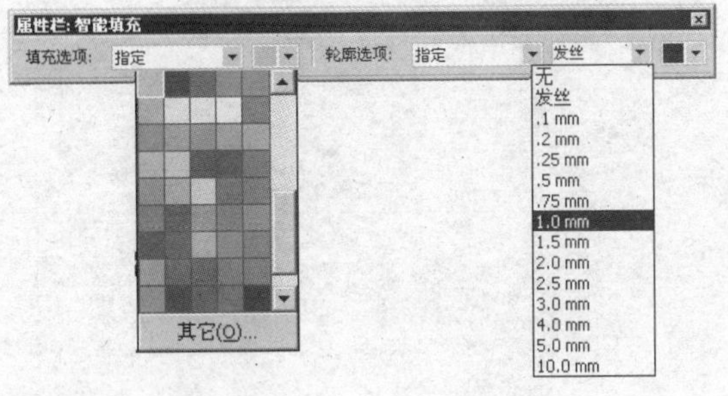

图7-43

04 设置好参数后，移动指针到画面中要填充颜色的区域上单击，即可用刚设置的参数进行填充，填充后的效果如图7-44所示。

图7-44

05 再次单击颜色块，弹出下拉式调色板，可在其中选择所需的颜色，填充杯子的其他部分，如图7-45所示。

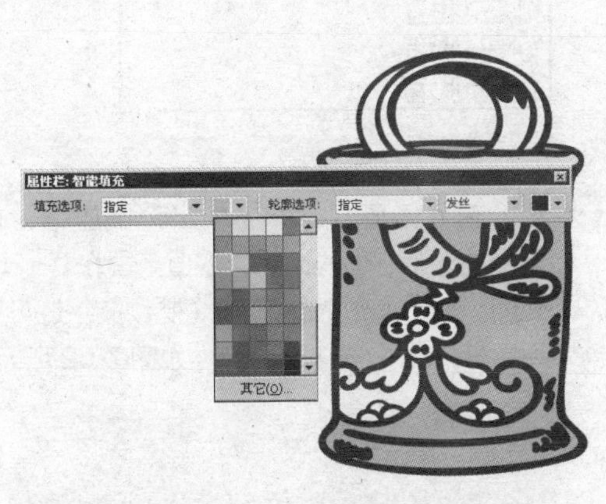

图7-45

06 用与前面同样的方法，在属性栏的“填充选项”下拉式调色板中选择所需的颜色，然后分别移动指针到画面中要填充颜色的区域上单击，填充后的最终效果如图7-46所示。

图7-46

7.3 色彩调整

在CorelDRAW X4中，可以对选中的矢量图形及位图图像进行色彩的调整和变换。调整对象色调的工具可以控制绘图中的对象阴影，色彩平衡，颜色的亮度、深度与浅度之间的关系等，还可以利用这些工具恢复阴影或者高光中的缺失以及校正曝光不足或者曝光过度等现象，从而提高图像的质量。

7.3.1 高反差

当绘制一个复杂的图形时，可以对它进行一些局部或者整体的调整，使其达到特殊的效果。

01 执行“文件/打开”命令，在弹出的”打开绘图”对话框中，选择光盘中的“7-4”文件，并单击“打开”按钮打开图片，如图7-47所示。

图7-47

02 执行“效果/调整/高反差”命令，打开“高反差”对话框，如图7-48所示。

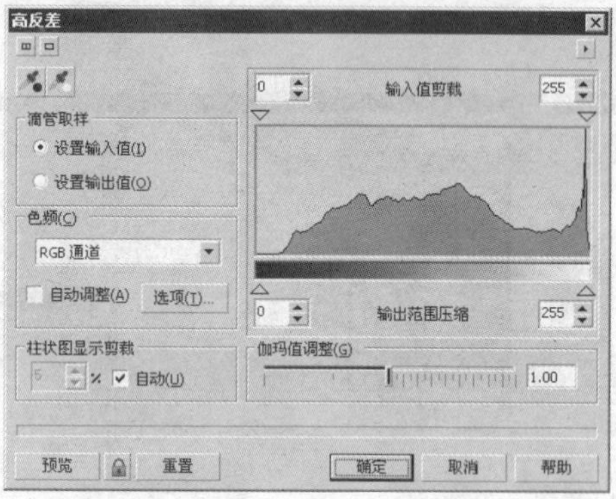

图7-48

03 在“滴管取样”栏中选择“设置输入值”或“设置输出值”单选按钮，如图7-49所示。

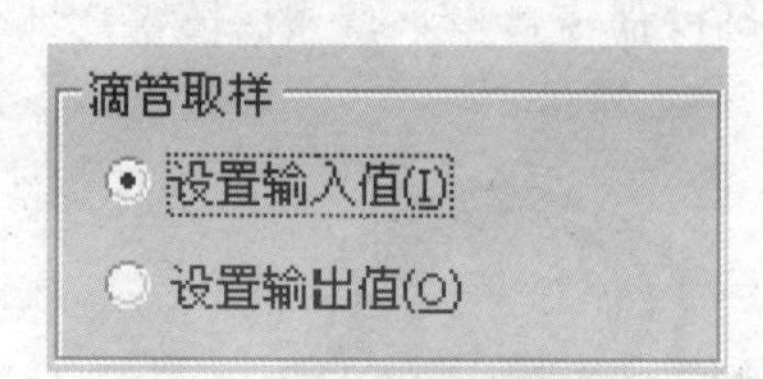

图7-49

04 在“色频”栏中设定选区颜色，共有4种颜色通道，如图7-50所示。

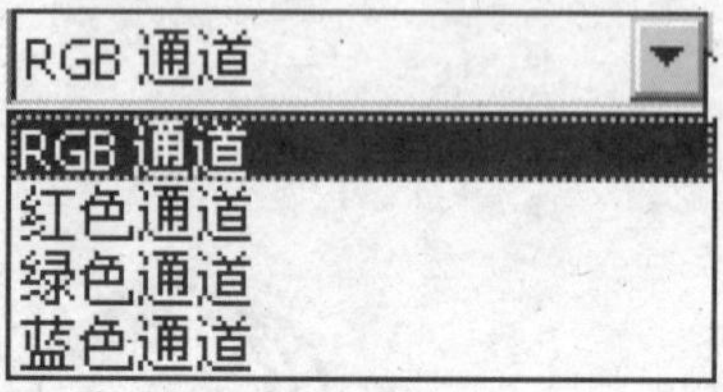

RGB 通道
RGB 通道
红色通道
绿色通道
蓝色通道

图7-50

05 单击“选项”按钮，弹出“自动调整范围”对话框。在此对话框中设定黑白的比例，设定好后单击“确定”按钮，如图7-51所示。

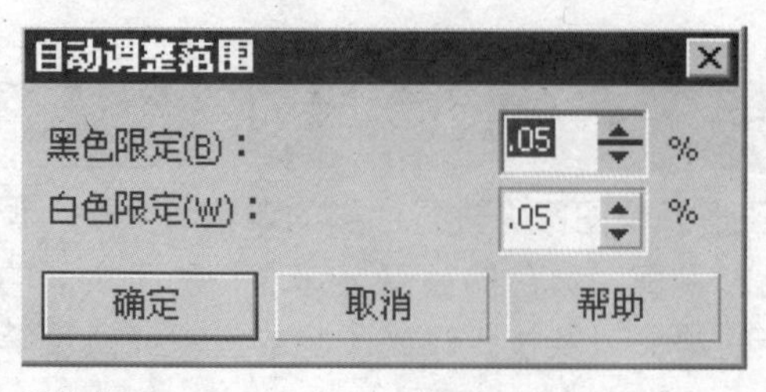

图7-51

06 在“输入值剪裁”和“输出范围压缩”微调框中设定它们的比例，取值范围在0~255之间。除了通过输入值来改变数值，还可以用鼠标拖曳△按钮来设置，如图7-52所示。

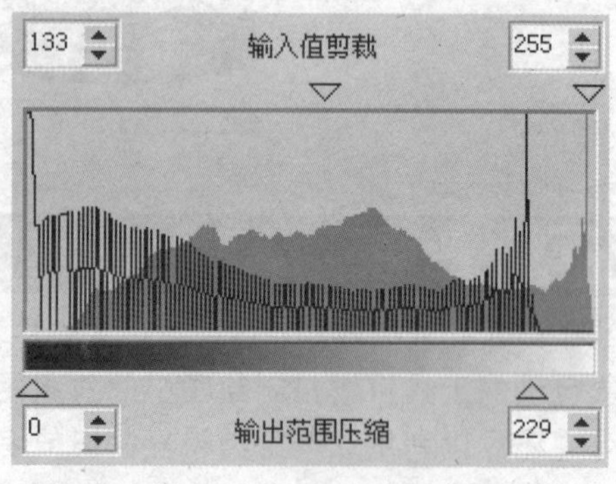

图7-52

07 设置好参数以后，单击“确认”按钮，即可看到变化后的效果，如图 7-53 和图 7-54 所示。

图 7-53

图 7-54

7.3.2 局部平衡

用户可以对图形对象进行局部调整。

01 执行“文件 / 打开”命令，在弹出的“打开绘图”对话框中，选择光盘中的“7-5”文件，并单击“打开”按钮将其打开，如图 7-55 所示。

图 7-55

02 执行“效果 / 调整 / 局部平衡”命令，打开“局部平衡”对话框，如图 7-56 所示。

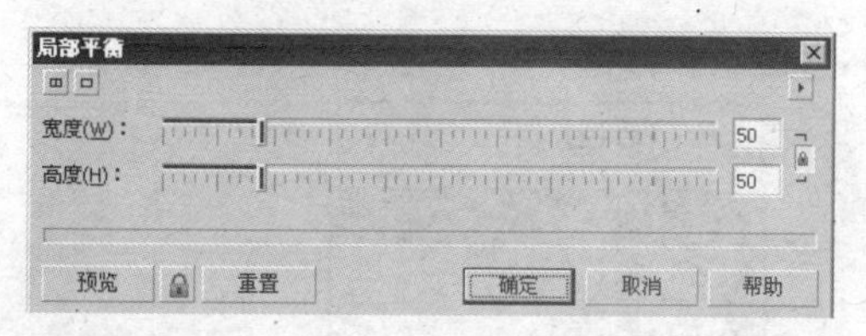

图 7-56

03 用鼠标拖曳滑块，调整对象的宽度和高度，取值范围在 5～255 之间，设定相应的数值后，单击“确定”按钮，可以看到局部平衡后的效果，如图 7-57 和图 7-58 所示。

图 7-57

图 7-58

7.3.3 取样 / 目标平衡

绘制一个图形对象时，可以对其进行目标平衡。

01 执行“文件 / 打开”命令，在弹出的“打开绘图”对话框中，选择光盘中的“7-6”文件，并单击“打开”按钮将其打开，如图 7-59 所示。

图 7-59

02 执行“效果 / 调整 / 取样 / 目标平衡”命令，打开“样本 / 目标平衡”对话框，如图 7-60 所示。

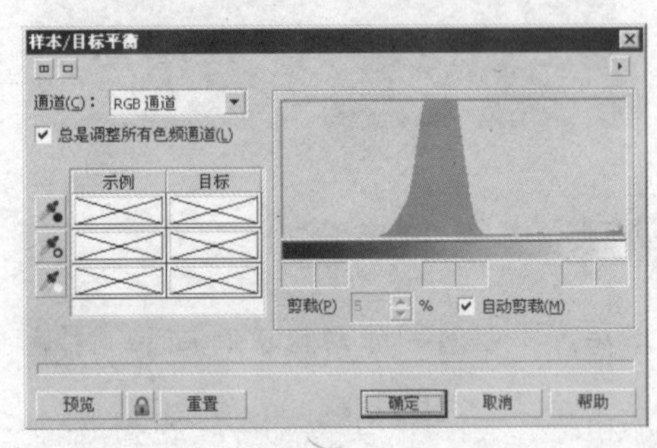

图 7-60

03 在“通道”下拉框中选择通道样式，共有 4 种颜色设定，如图 7-61 所示。

图 7-61

04 单击按钮表示启用预览窗口，可以在对话框中预览图像的调整效果，如图 7-62 所示。

图 7-62

7.3.4 调合曲线

用户可以对图形对象进行色调的调整。

01 执行“文件 / 打开”命令，在弹出的“打开绘图”对话框中，选择光盘中的“7-7”文件，并单击“打开”按钮打开图片，如图 7-63 所示。

02 执行“效果 / 调整 / 调合曲线”命令，打开“调合曲线”对话框，在“活动色频”下拉列表中设置其颜色，如图 7-64 所示。

图7-63

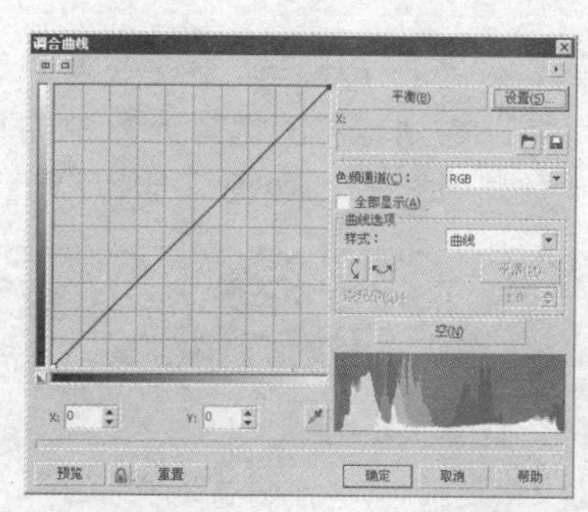

图7-64

03 单击按钮或者按钮可以改变曲线的方向，单击“空”按钮表示取消设置，单击“平衡”按钮表示曲线使线条更平滑，单击“选项”按钮，弹出“自动调整范围”对话框，在此对话框中可以设定黑色和白色线条的比例，完成设定后单击“确定”按钮，如图7-65所示。

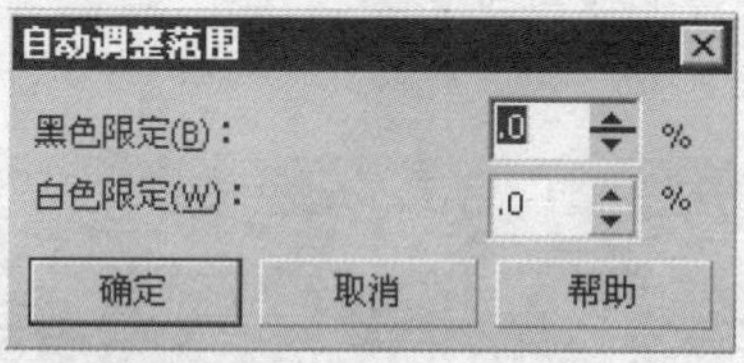

图7-65

04 选中“全部显示”复选框，表示全部显示，此时在线条区域出现一条斜线，如图7-66所示。

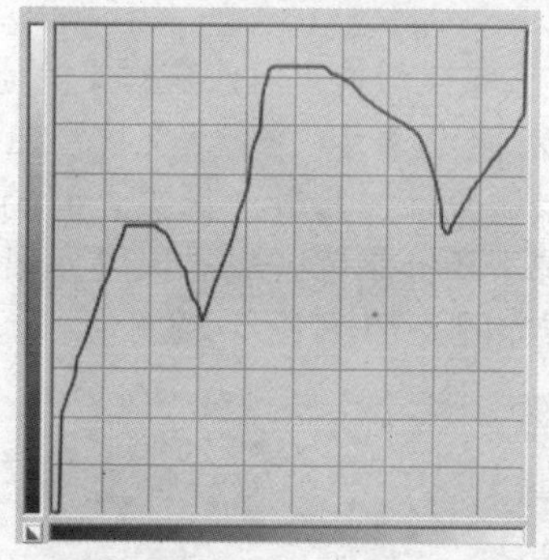

图7-66

05 根据自己的需要，设定参数，设置完成后，单击“确定”按钮，效果如图7-67和图7-68所示。

图7-67

图7-68

7.3.5 亮度/对比度/强度

“亮度/对比度/强度”选项通过改变HSB的值来调整绘图中的亮度、对比度和强度，主要在“主色RGB”和CMYK的互补色之间变更绘图的值，对校正颜色色调很有帮助。

01 执行“文件 / 打开”命令，在弹出的“打开绘图”对话框中，选择光盘中的“7-8”文件并将其打开，如图 7-69 所示。

图 7-69

02 执行“效果 / 调整 / 亮度 / 对比度 / 强度”命令，打开“亮度 / 对比度 / 强度”对话框，如图 7-70 所示。

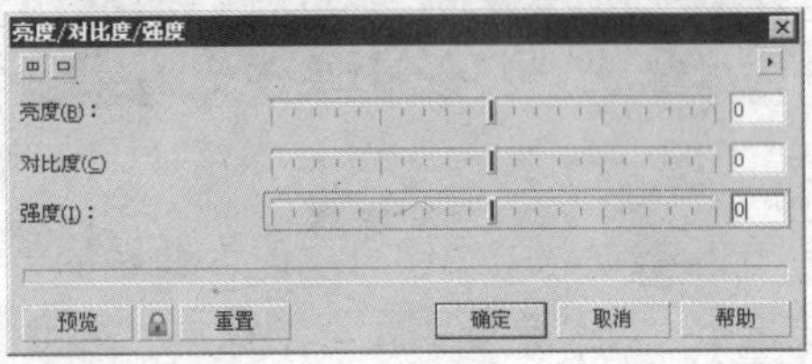

图 7-70

03 用鼠标左右拖曳滑块可以改变对象的亮度和对比度，其取值范围在 -100～100 之间，负值表示变暗，正值表示变亮。“亮度”值增加或减少所有像素值的色调范围；拖曳“对比度”滑块可以调整最浅和最深像素之间的差异；“强度”游标用来加强绘图中浅色区域的亮度，但是不降低深色区域的浓度。根据自己的需要设置上述各项，然后单击“确定”按钮，效果如图 7-71 和图 7-72 所示。

图 7-71

图 7-72

7.3.6 颜色平衡

“颜色平衡”允许在 RGB 和 CMYK 颜色值之间变换绘图的颜色模式，可以增加或减少颜色色调的数量，还可以通过“颜色平衡”过滤器来改变整个图形对象的色度值。

“颜色平衡” 对话框如图 7-73 所示，对话框中的各选项含义如下。

“阴影”复选框：在绘图区域应用颜色校正，不选中该复选框时颜色校正不影响这些区域。

“中间色调”复选框：在绘图的中间色调区域应用颜色校正，不选中该复选框时颜色校正不影响这些区域。

“高光”复选框：在高光显示部分增加颜色校正，不选中该复选框时颜色校正不影响这些区域。

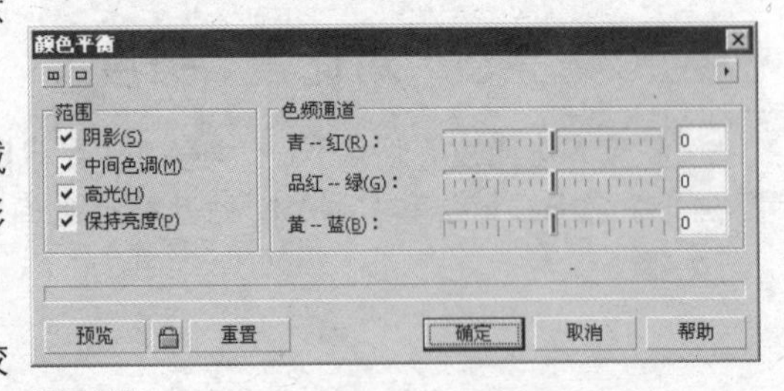

图 7-73

“保持亮度”复选框：在应用颜色校正的同时保持绘图的亮度级，不选中该复选框时颜色校正将影响绘图的颜色变深。

“青—红”通道：在绘图中添加青色和红色以校正任何不均衡的颜色，滑块向右移动添加红色，向左移动添加青色。

“品红—绿”通道：在绘图中添加品红和绿色以校正任何不均衡的颜色，滑块向右移动添加绿色，向左移动添加品红色。

“黄—蓝”通道：在绘图中添加黄色和蓝色以校正任何不均衡的颜色，滑块向右移动添加蓝色，向左移动添加黄色。

01 执行“文件/打开”命令，在弹出的“打开绘图”对话框中，选择光盘中的“7-9”文件并将其打开，如图7-74所示。

图7-74

02 执行“效果/调整/颜色平衡”命令，打开“颜色平衡”对话框，如图7-75所示。

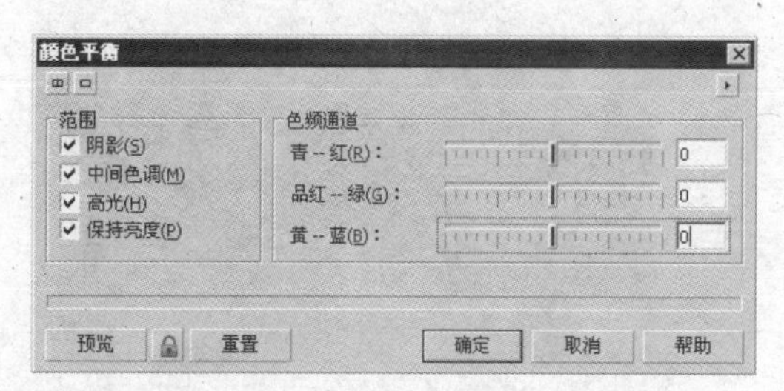

图7-75

03 根据自己的需要设定参数，设置完成后，单击“确定”按钮，效果如图7-76和图7-77所示。

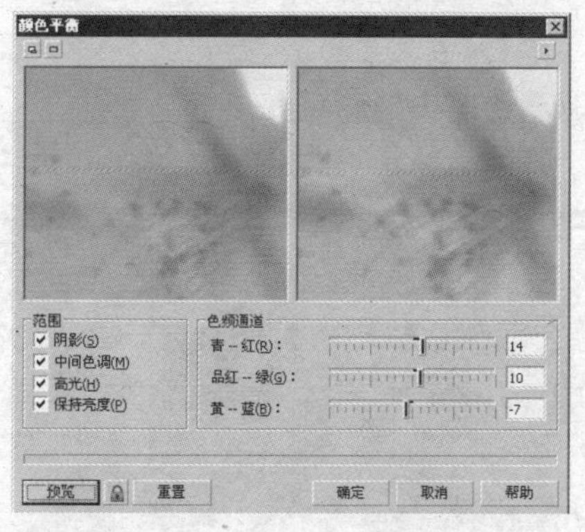

图7-76

图7-77

7.3.7 伽玛值

伽玛值是一种调色的方法，它考虑人眼因为相邻区域的色值不同而产生不同的视觉印象，允许在对阴影或者高光没有显著影响的情况下，改进绘图的效果。

01 执行"文件/打开"命令，在弹出的"打开绘图"对话框中，选择光盘中的"7-10"文件，并将其打开，如图7-78所示。

图7-78

02 执行"效果/调整/伽玛值"命令，打开"伽玛值"对话框，如图7-79所示。

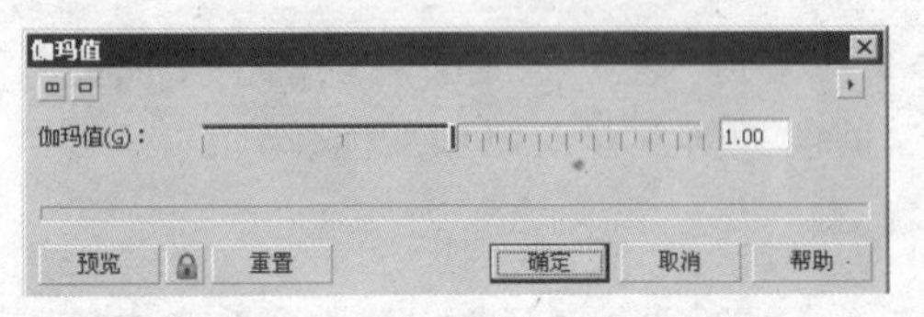

图7-79

03 移动"伽玛值"滑块来设置曲线值，值越大，中间的色调越浅；值越小，中间色调越深，如图7-80所示，设置后的效果如图7-81所示。

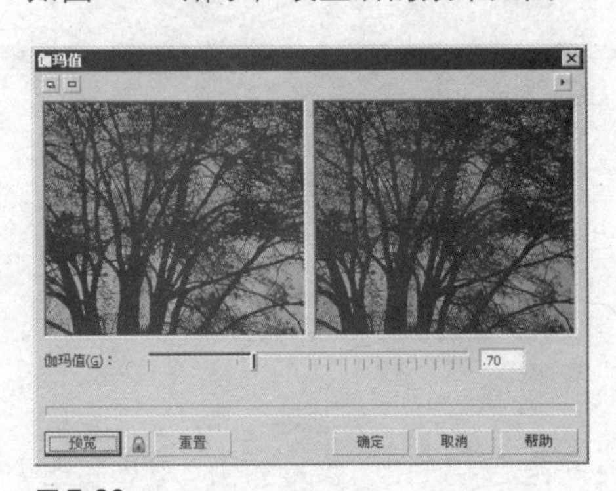

图7-80

图7-81

7.3.8 色度/饱和度/亮度

"色度/饱和度/亮度"是通过改变HSL的值来调整绘图中的颜色和浓度。

"色度/饱和度/亮度"对话框如图7-82所示。

其中，"色频通道"选项组用于设定颜色，包含的颜色分别是"红"、"黄"、"绿"、"青"、"蓝"、"品红"和"灰度"。

色度取值范围在-180～180之间。

饱和度取值范围在-100～100之间。

亮度取值范围在-100～100之间。

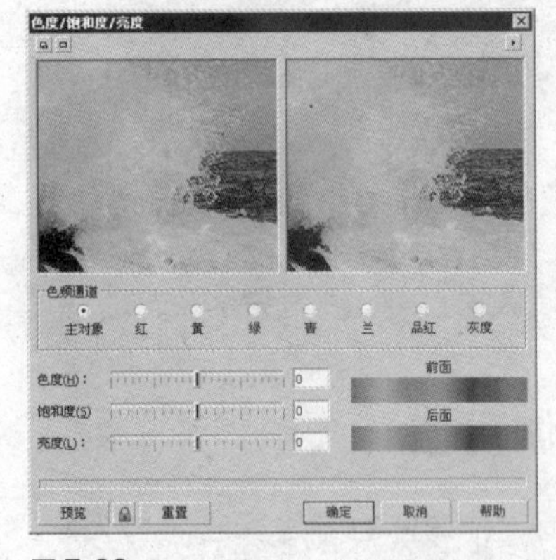

图7-82

01 执行“文件/打开”命令，在弹出的“打开绘图”对话框中，选择光盘中的“7-11”文件并将其打开，如图7-83所示。

图7-83

02 执行“效果/调整/色度/饱和度/亮度”命令，打开“色度/饱和度/亮度”对话框，如图7-84所示。

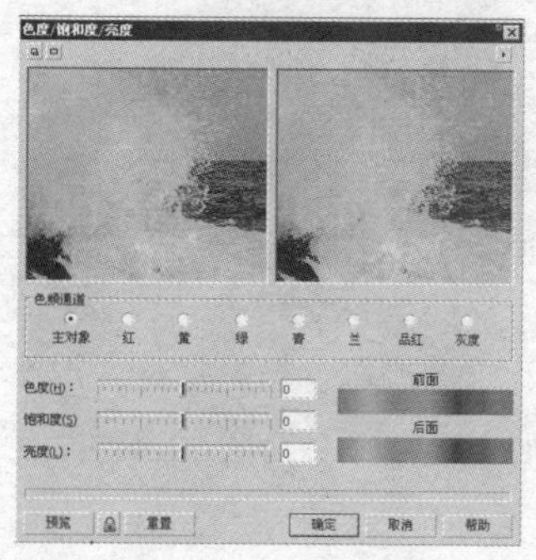

图7-84

03 在该对话框中根据自己的需要设定参数，设置完成后，单击“确定”按钮，如图7-85所示，效果如图7-86所示。

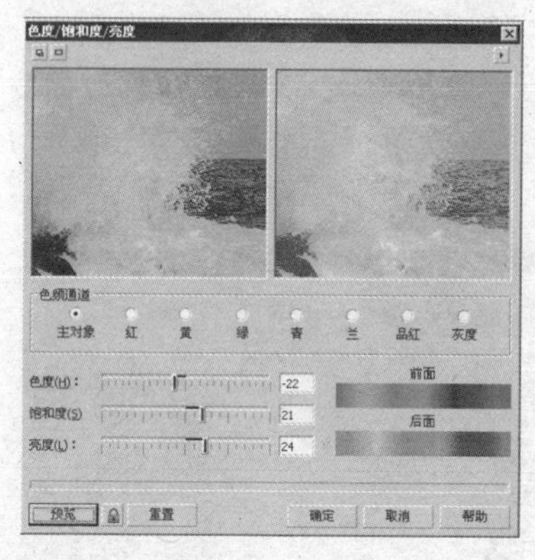

图7-85

图7-86

7.3.9 选择颜色

通过“所选颜色”命令，可以重新调整图形对象的颜色分布。

01 执行“文件/打开”命令，在弹出的“打开绘图”对话框中，选择光盘中的“7-12”文件并将其打开，如图7-87所示。

图7-87

02 执行“效果/调整/所选颜色”命令，打开“所选颜色”对话框，如图7-88所示。

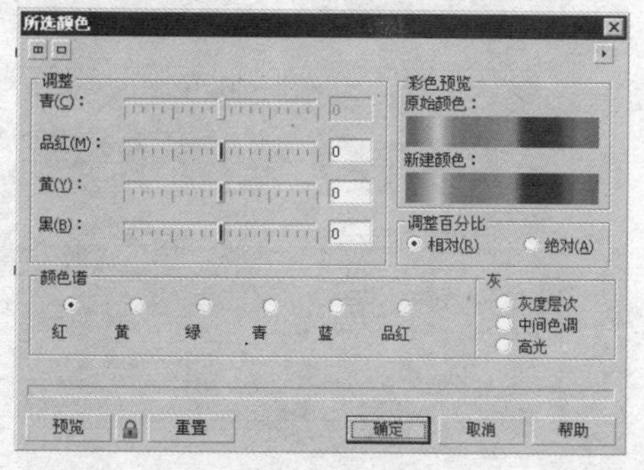

图7-88

03 在该对话框中根据自己的需要设定参数，设置完成后单击“确定”按钮，如图 7-89 所示，效果如图 7-90 所示。

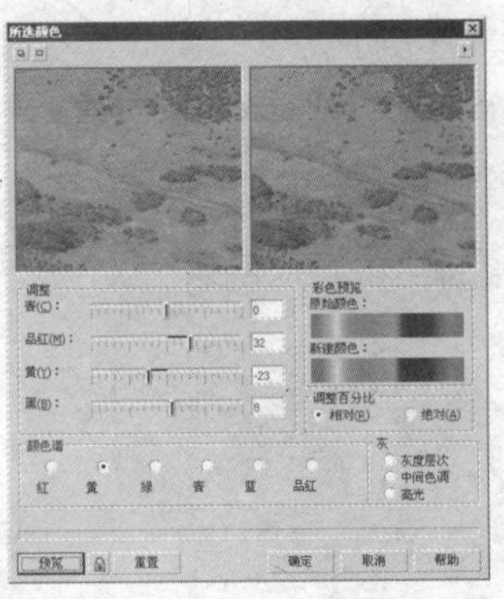

图 7-89

图 7-90

7.3.10 替换颜色

通过“替换颜色”命令可以重新调整图形对象的颜色分布。

01 执行“文件 / 打开”命令，在弹出的“打开绘图”对话框中选择光盘中的“7-13”文件并将其打开，如图 7-91 所示。

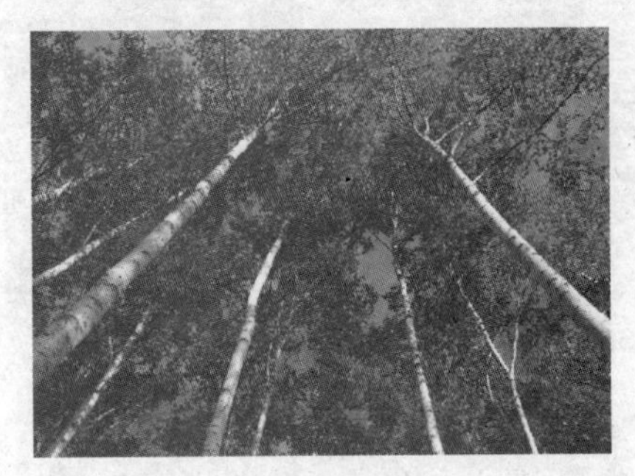

图 7-91

02 执行“效果 / 调整 / 替换颜色”命令，打开“替换颜色”对话框，如图 7-92 所示。

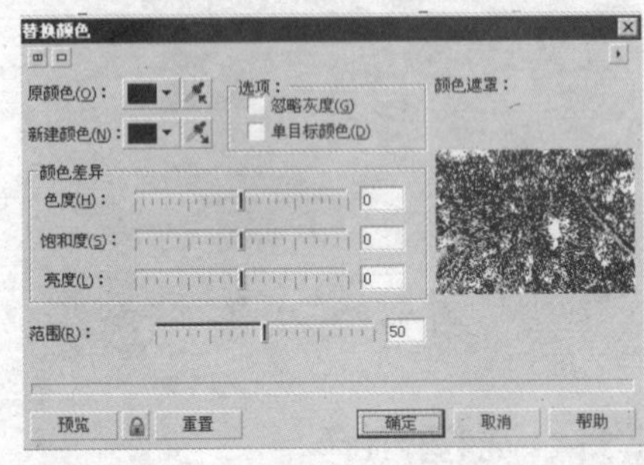

图 7-92

03 在对话框中的“原颜色”列表中选择画中的颜色，在“新建颜色”列表中根据自己的需要选择替换的颜色。在“颜色差异”栏中调节图形对象的“色度”、“饱和度”和“亮度”的比例。根据自己的需要设定参数，设置完成后单击“确认”按钮，如图 7-93 所示，效果如图 7-94 所示。

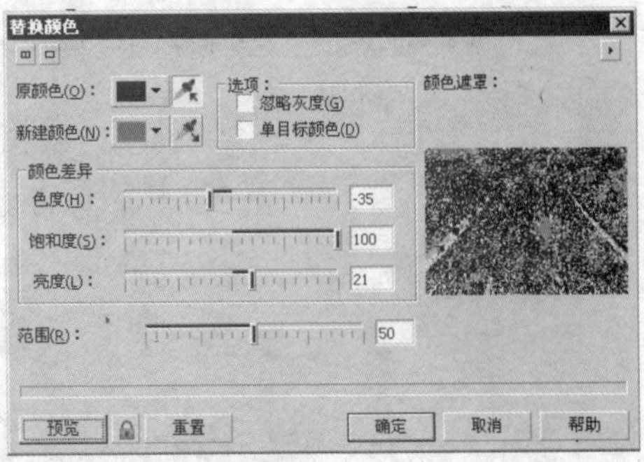

图 7-93

图 7-94

7.3.11 通道混合器

通过“通道混合器”的使用，可以达到调整图形对象颜色的目的。

01 执行“文件/打开”命令，在弹出的“打开绘图”对话框中，选择光盘中的“7-14”文件并将其打开，如图7-95所示。

图7-95

02 执行“效果/调整/通道混合器”命令，打开“通道混合器”对话框，如图7-96所示。

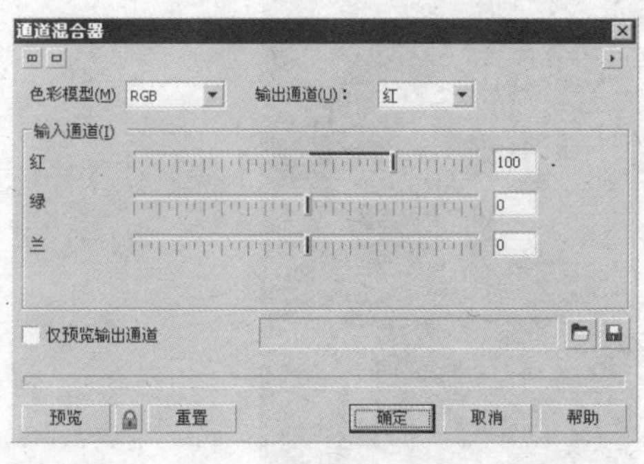

图7-96

03 在“色彩模型”下拉列表中设置颜色模式，在“输出通道”下拉列表中设置通道选项，在“输入通道”栏中设置“红”、“绿”和“蓝”的数值，具体参数设置如图7-97所示。根据自己的需要设定完参数后，单击“确定”按钮，效果如图7-98所示。

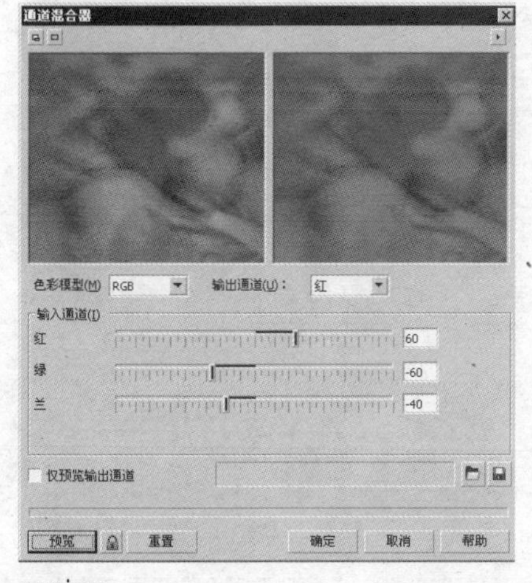

图7-97

图7-98

读书笔记

Chapter 08

文字编排——美术文本和段落文本

在使用 CorelDRAW X4 的过程中，经常涉及到文本的处理。CorelDRAW X4 除了具备专业的图形绘制功能外，还具备专业的文字处理和排版功能，CorelDRAW X4 中有美术文本和段落文本两种文本模式。

8.1 创建文本

CorelDRAW X4 对文字的处理很灵活，它将文本分为段落文本和美术文本，如果在工具箱中单击“文本工具”按钮并直接键入文字，则创建的是美术文本；若添加了段落文本框，则创建的是段落文本。

8.1.1 创建美术文本

艺术体文字即美术字，实际上就是指单个文字对象，普通文字使用特殊的图形效果后也就称为美术文字。要对美术文字设置特殊效果，可以像处理其他图形对象一样。

01 执行“文件/新建”命名，建立一个新的绘图页面，然后单击工具箱中的“文本工具”按钮，如图 8-1 所示。

图 8-1

02 将鼠标移动到工作页面内，在空白处单击鼠标，就可以添加文字了，如图 8-2 所示。

美术文本

图 8-2

8.1.2 创建段落文本

当在文档中添加大型文本时，就需要使用段落文本。创建段落文本必须先绘制段落文本框，它有两种类型：一种是大小固定的文本框，另一种是可以自动调节大小的文本框。添加固定内容的文本的时候，绘制的文本框就是文本的大小。使用大小固定的文本时，当添加内容大于文本框所容纳的范围的时候，部分文本将会被裁剪，如果添加可以自动调节大小的文本框，文本框则会根据键入内容的多少，垂直调整自身的大小。

01 选择工具箱中的“文本工具”，按住鼠标左键在绘图页面中拖曳鼠标，会出现一个虚线框，释放鼠标就会在虚线框中出现插入点光标，在光标后输入文字即可，如图 8-3 所示。

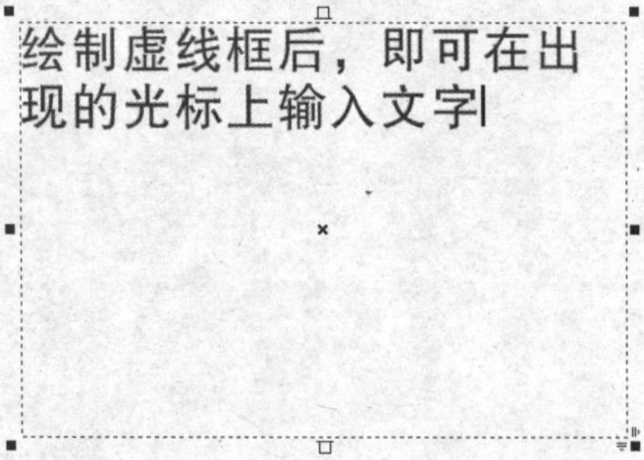

绘制虚线框后，即可在出现的光标上输入文字

图 8-3

02 也可以使用【Ctrl+V】组合键，将其他文字处理软件中的文本复制到虚线框中进行编辑。在“粘贴”时会出现“导入/粘贴文本”对话框，可以在该对话框中设置是否保留文本的字体或者格式，如图 8-4 所示。

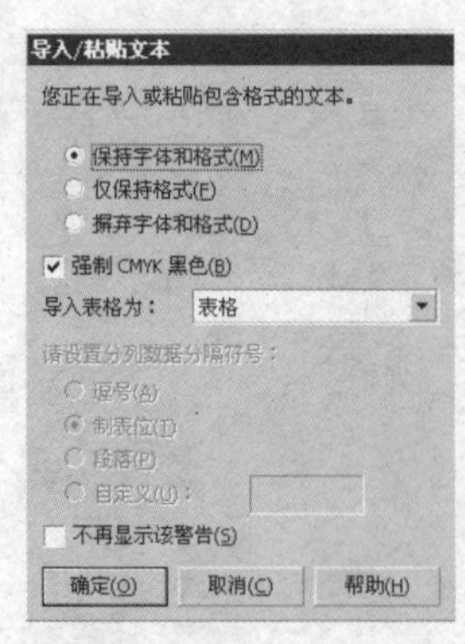

图 8-4

转换文本类型最直接的方法是使用属性栏，还可以利用“文本 / 转换到段落文本”或“文本 / 转换到美术字”命令，如图 8-5 所示。如果对段落文本应用了特殊效果或者段落文本超出了其文本框，则不能将段落文本转换成美术字。

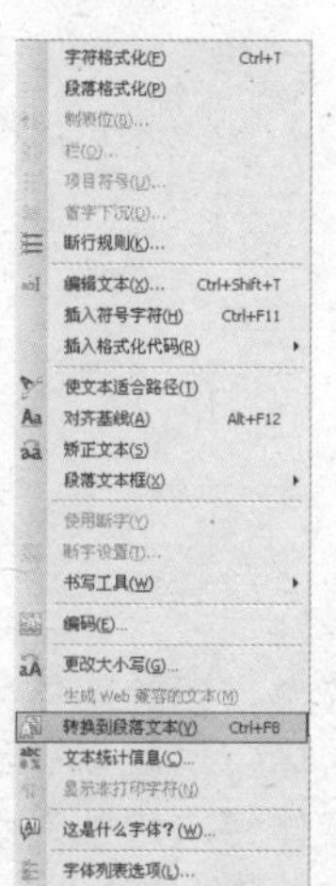

图 8-5

Tip 技巧提示

需要添加大型文本时（如报纸，宣传册等），最好使用段落文本，段落文本包含的格式编排比美术文本多；但是如果要在文档中添加几条说明或者标题，最好使用美术文本。

8.2 调整位置

文字是交流的工具，在 CorelDRAW X4 中，文本的编辑是非常重要的，可以把文字作为对象来处理，也就是充分利用 CorelDRAW X4 强大的图形处理功能来修改和编辑文本，创建各种文本效果。

8.2.1 文本属性

文本工具属性栏

文本工具属性栏如图 8-6 所示。

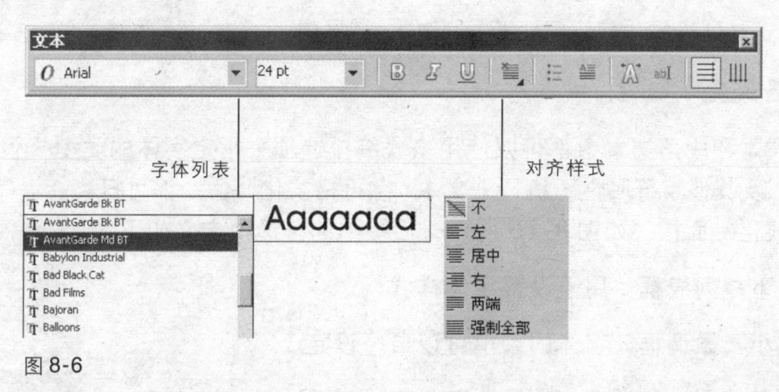

图 8-6

“字体”下拉列表框：在该下拉列表框中可以设置字体的样式，设置的效果如图 8-7 和图 8-8 所示。

宋体

新知互动

图 8-7

汉仪大黑简

新知互动

图 8-8

“字体大小”下拉列表框：可以在下拉列表中选择字体大小，也可以在列表框中直接输入数值，数值越大，字体也越大，反之则越小，效果如图8-9如图8-10所示。

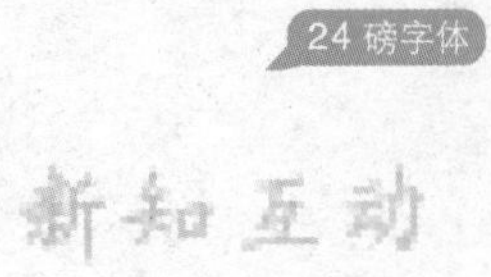

图8-9

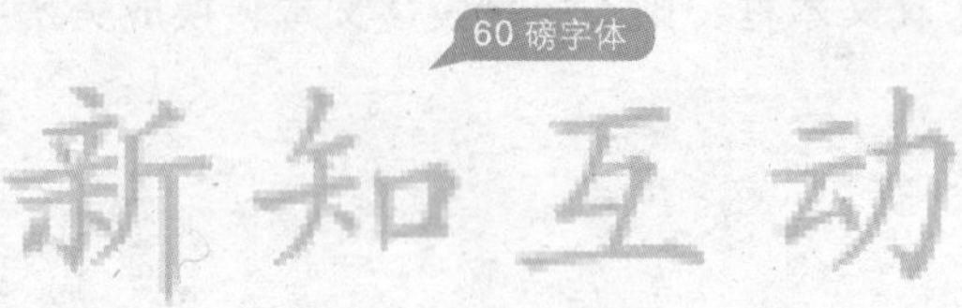

图8-10

除了在列表中选择字体的大小外，还可以在选中文本对象后，直接用鼠标拖曳对象来改变它的大小。

【Ctrl+2】组合键：每次减少2磅的字体大小。

【Ctrl+4】组合键：按照字体每次减少一级。

【Ctrl+6】组合键：按照字体每次增加一级。

【Ctrl+8】组合键：每次增加2磅的字体大小。

“字体样式”按钮组中包括“加粗”、“倾斜”和“下画线”按钮，其效果如图8-11、图8-12、图8-13和图8-14所示。

图8-11

图8-12

图8-13

图8-14

“对齐样式”列表框：包含了“不”、“左”、“居中”、“右”、“两端”和“强制全部”选项。

“字符格式化”面板

在美术文本和段落文本中都可以使用格式编排选项来指定字体的类型，设定字体的大小、粗细、间距以及其他字符属性。执行“文本/字符格式化”命令，可打开“字符格式化”面板，如图8-15所示。面板中的各选项含义如下。

“字体”下拉列表框：用于设置字体样式。

“字体大小”微调框：字体的大小可以自行设定。

“字距调整范围”微调框：用于调整文字距离。

“字符效果”下拉列表：可以改变字体的效果，如添加“下画线”、“删除线”、“上画线”、“大写”以及“位置”的调整。

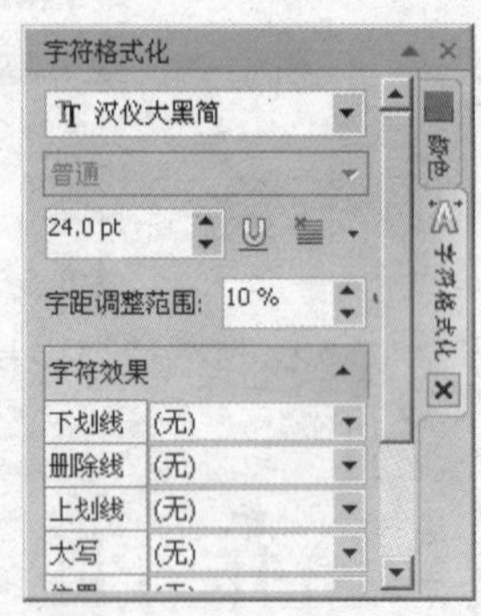

图8-15

“下画线”、“删除线”和“上画线”：可以从下拉框中选择“单细”、“单倍细体字”、“单粗”、“单粗字”、“双细”、“双细字”等选项。

“大写”：用来设定字母的大小写。

“位置”：包括字母的上标和下标两种，如图8-16、图8-17和图8-18所示。

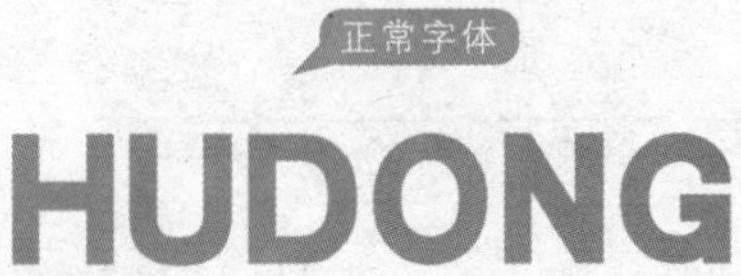

正常字体
HUDONG

图8-16

设置下标
HUDONG

图8-17

设置上标
HUDONG

图8-18

“段落格式化”面板

执行“文本/段落格式化”命令，可打开“段落格式化”面板，如图8-19所示。面板中的各选项含义如下。

段落格式化
对齐
水平 无
垂直 上
间距
缩进量
文本方向
方向 水平

图8-19

“对齐”下拉列表：设置字体的对齐方式，包括“左对齐”、“居中对齐”、“右对齐”、“全部调整”和“强制调整”等选项。

“间距”下拉列表：设置字符之间的间距、语言间距、段落前间距、段落后间距和行距。

“缩进量”下拉列表：设置文本缩进的距离，包括“首行缩进”、“左缩进”和“右缩进”等选项。

“文本方向”下拉列表：文本方向包括水平方向和垂直方向，效果如图8-20所示。

执行“文本/编辑文本”命令，可打开“编辑文本”对话框，如图8-21所示。在框中输入的文字可以改变其字体、字号以及对齐方式等。

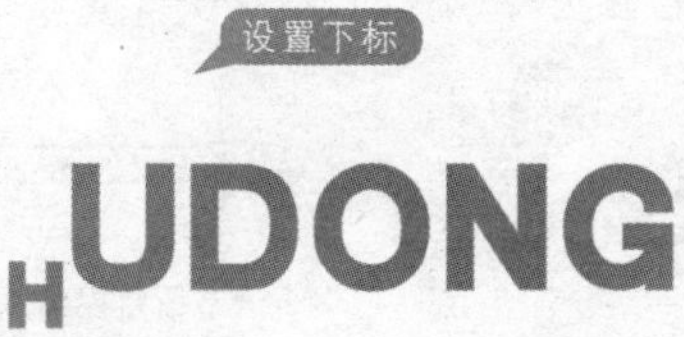

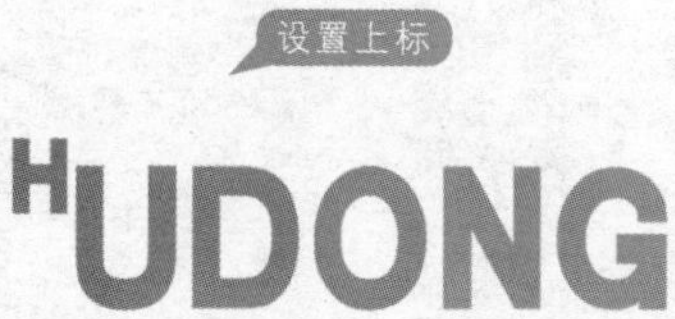

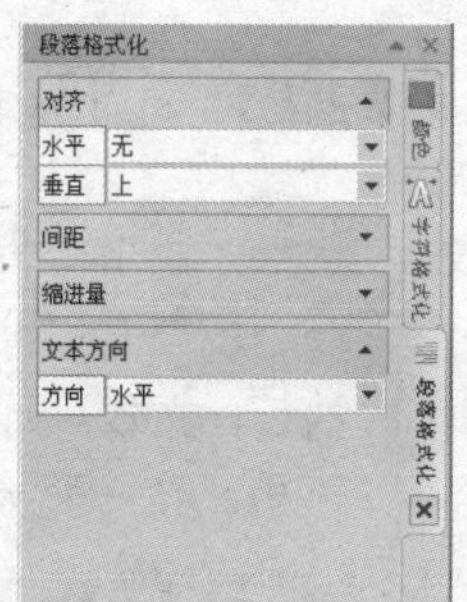

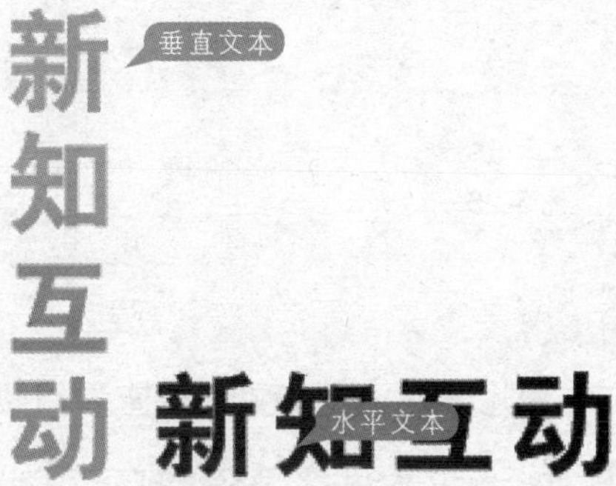

垂直文本
新知互动
新知互动
水平文本

图8-20

编辑文本
汉仪大黑简
24 pt
HUDONGHUDONGHUDONGHUDONGHUDONGHUDON
GHUDONGHUDONGHUDONGHUDONG
选项(P)
导入(I)...
确定(O)
取消(C)
帮助(H)

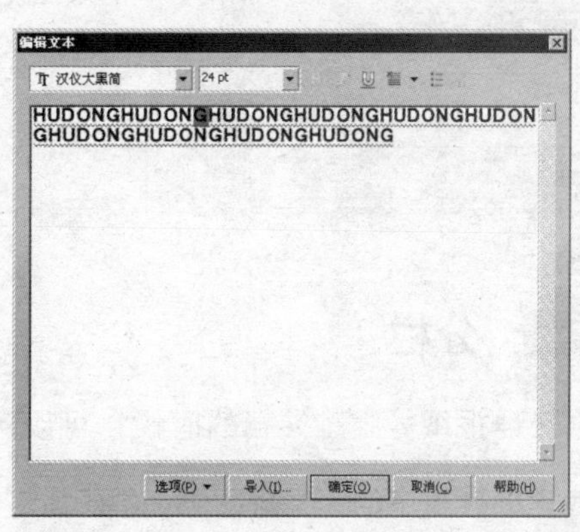

图8-21

8.2.2 编排文字

编排文字能够使文字更加整齐美观。在文本工具的属性栏中单击“增加缩排”按钮，即可将整个段落缩进一定的距离。

段落文字在标尺上有它特定的控制工具，如图 8-22 所示。

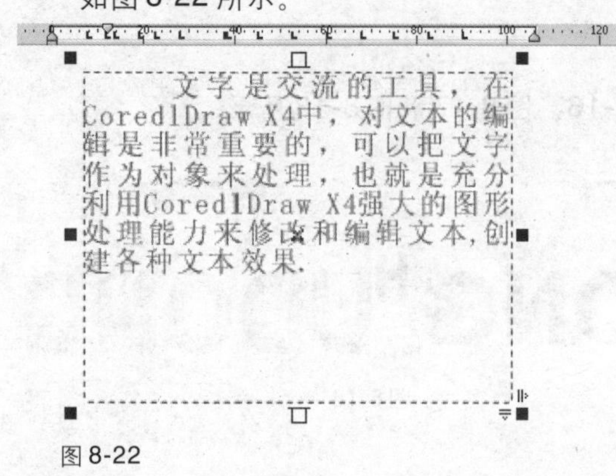

图 8-22

段落前若要空两格，可以调节它的首行缩进。

标尺上出现段落项目符号的控制工具，如图 8-23 所示。

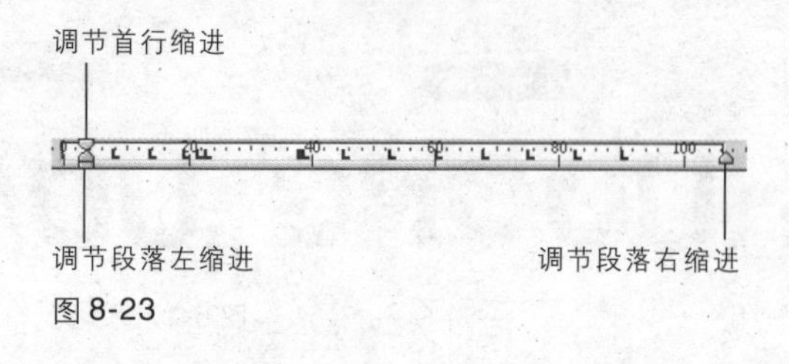

图 8-23

8.2.3 调整段、行、字符间的距离

在处理段落文本的时候，可以调整段落与段落之间的距离、行与行之间的距离以及字符与字符之间的距离等，使段落文本装饰性更强。

01 执行“文本/段落格式化”命令，打开“段落格式化”面板，如图 8-24 所示。

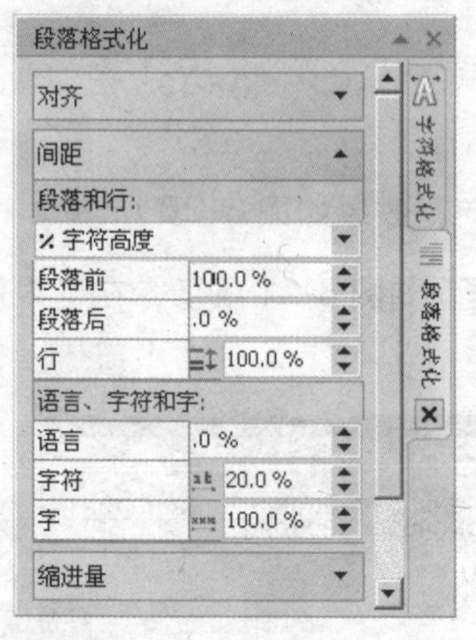

图 8-24

02 在间距区域设置“字符”、“字”、“语言”、“段落前”、“段落后”和“行”之间的距离。设置完后单击“确定”按钮，效果如图 8-25 所示。

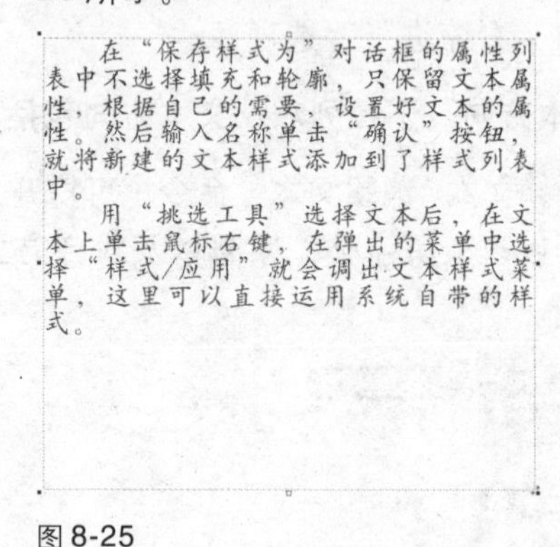

图 8-25

8.2.4 分栏

当处理报纸等大型文档的时候，可以对段落文本使用分栏，使其更便于查看和阅读。

01 选择工具箱中的“文本工具”，然后选中段落文本，如图 8-26 所示。

02 执行“文本/栏”命令，打开“栏设置”对话框，如图 8-27 所示。

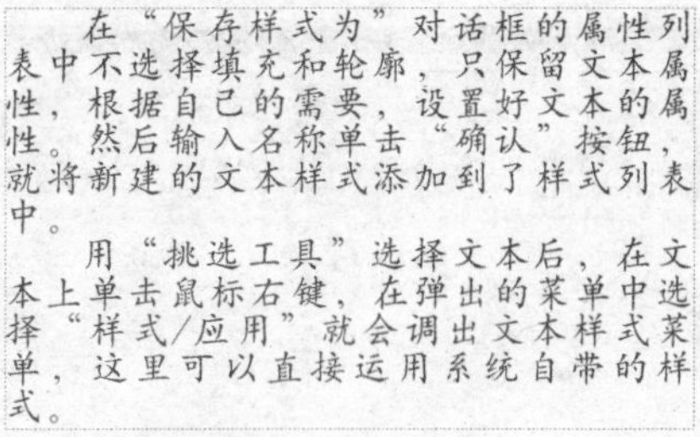

在“保存样式为”对话框的属性列表中不选择填充和轮廓，只保留文本属性，根据自己的需要，设置好文本的属性。然后输入名称单击“确认”按钮，就将新建的文本样式添加到了样式列表中。

用“挑选工具”选择文本后，在文本上单击鼠标右键，在弹出的菜单中选择“样式/应用”就会调出文本样式菜单，这里可以直接运用系统自带的样式。

图 8-26

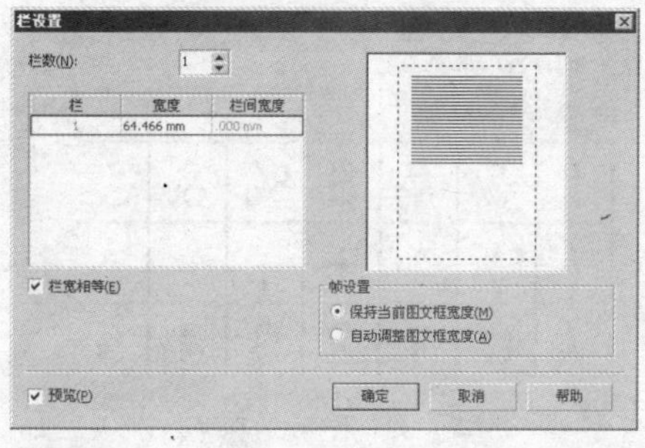

图 8-27

03 在“栏数”文本框中设置栏数为 4，然后在“宽度”和“栏间宽度”中输入宽度和栏间宽度值，如图 8-28 所示。

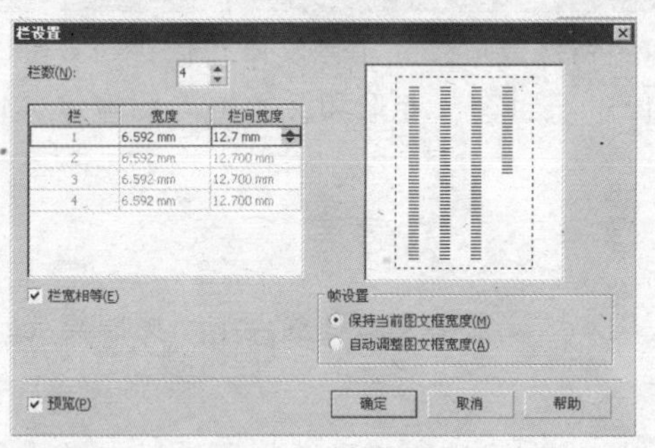

图 8-28

04 设置好后单击“确定”按钮，就把文本变成了分栏格式，如图 8-29 所示。

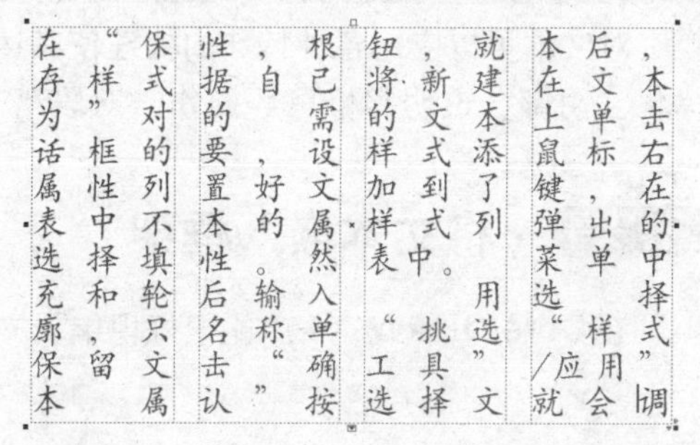

图 8-29

8.2.5 在文本中添加符号

除了直接在文本中添加符号外，还可以通过“编辑文本”对话框添加符号。利用“编辑文本”对话框来编辑，会更加明了。

01 在工具箱中单击“文本工具”按钮，然后在绘图页面中选择文本，就可以直接在文本中添加符号。或者执行“文本/插入符号字符”命令，打开“插入字符”对话框，在该对话框中选择需要的符号，完成后单击“插入”按钮，就完成了为文本添加符号的操作，如图 8-30 所示。

02 在工具箱中单击“文本工具”按钮，然后在绘图页面中选择文本，接着在属性栏中单击“文本编辑”按钮，打开“编辑文本”对话框，在此对话框中也可以为文本添加符号，如图 8-31 所示。

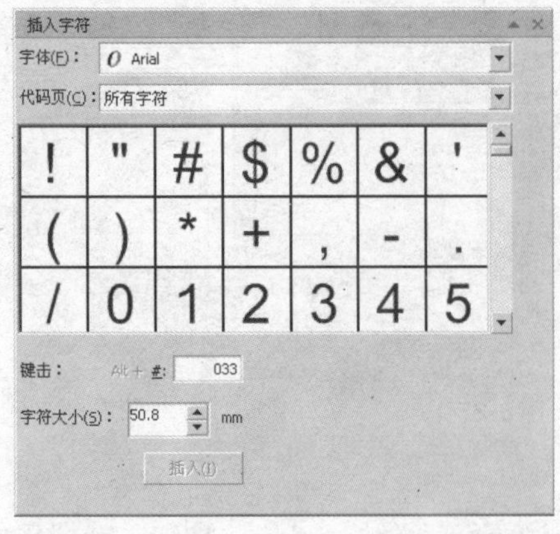
图 8-30

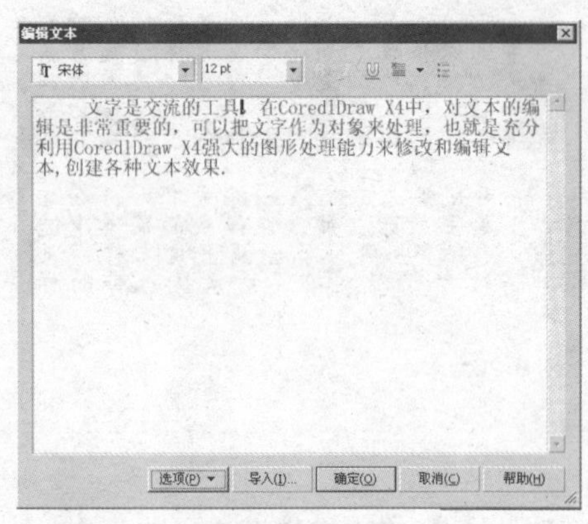
图 8-31

8.3 文本特殊编辑

对文本可以应用各种特殊的处理使其达到不同的特殊效果。对美术文本可以进行变形、立体化、阴影、透明和修剪等操作，对段落文本可以进行封套、变形和文本嵌入图形等操作。

8.3.1 将文本嵌入框架

在 CorelDRAW X4 中能很好地编辑文本，使文本适应当前文本框的大小，更加美观。

01 在工具箱中选择“挑选工具”，然后选中文本再执行“文本/段落文本框/按文本框显示文本”命令，就可以将文本调整到适合文本框的大小，如图 8-32 所示。

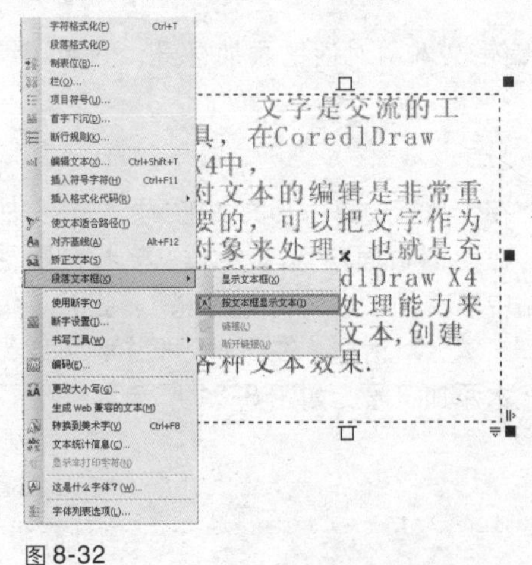
图 8-32

02 或者用挑选工具选中文本后，单击鼠标右键，在弹出的菜单中选择“按文本框显示文本”命令，也可以将文本调整到适合文本框的大小，如图 8-33 所示。

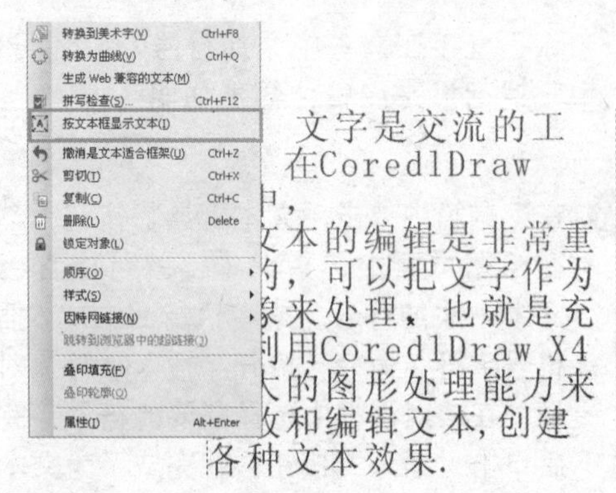
图 8-33

8.3.2 使文本适合路径

将美术文本沿着特定的路径来排列，可以得到特殊的效果。

01 用贝塞尔工具绘制一条曲线，也可以用矩形工具或者椭圆工具绘制几何图形。用挑选工具选中文本，再执行“文本/使文本适合路径”命令，鼠标会变成向右的黑色箭头，如图8-34和图8-36所示。

02 移动鼠标单击路径，就可以使文本按照路径进行排列。然后按【Ctrl】键选择路径，再按【Del】键删除路径，如图8-35和图8-37所示。

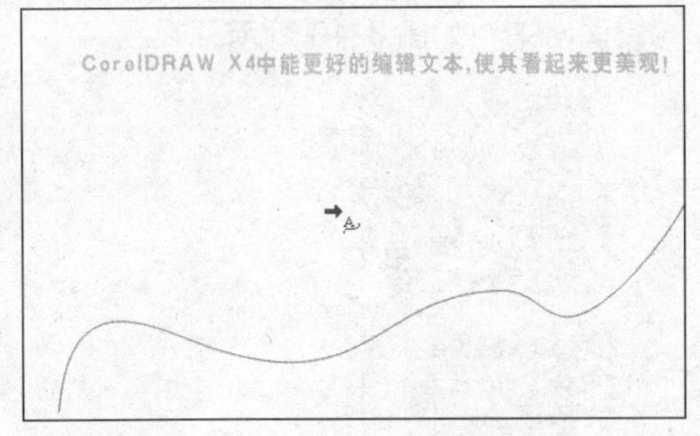

图8-34

图8-35

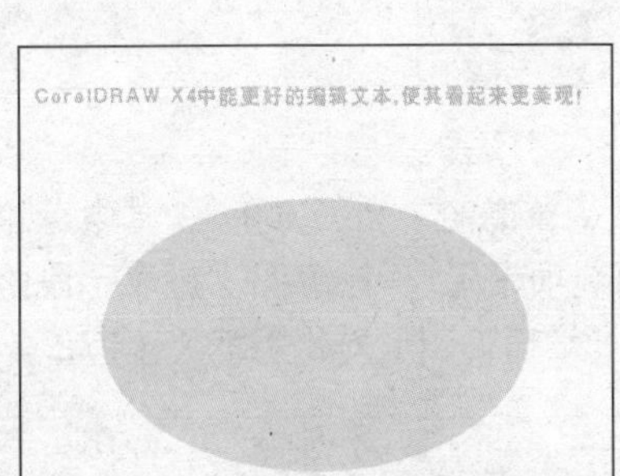

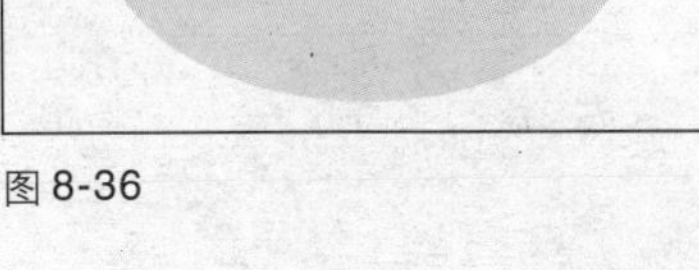

图8-36

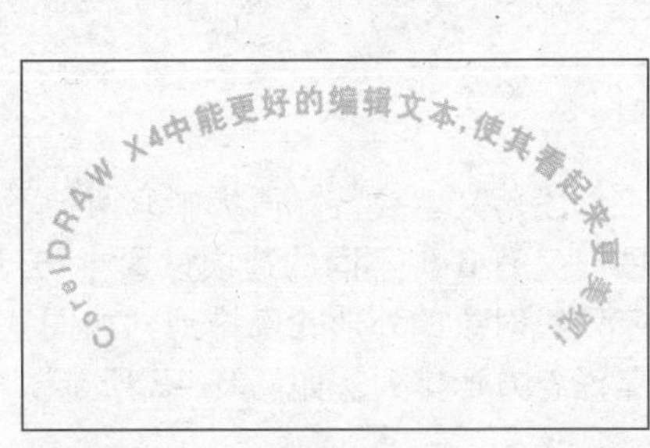

图8-37

“对象上的文字”属性栏

“对象上的文字”属性栏如图8-38所示。

图8-38

“文字方向”下拉列表框：选择文本对齐到相对于路径放置的方向。

“与路径距离”微调框 .0 mm：调整文本与路径的距离。

“水平偏移”微调框 42.871 mm：调整文本在水平方向上的偏移。

“镜像文本”栏 镜像文本:：调整路径上文字的方向。

“贴齐标记”下拉按钮 贴齐标记：调整文字与路径的距离时移动的距离。

“字体列表”下拉列表框 Kozuka Gothic Pro B：调整路径上文字的字体。

8.3.3 制作文本绕图效果

在制作宣传册、报纸等时，通常需要将段落文本与图形对象相结合，这时就需要制作文本绕图效果。

01 在文本的区域内放置一张图片，根据不同的需要，将图放在不同的区域，这时候从画面上来看，图片把下面的文字遮住了，如图8-39所示。

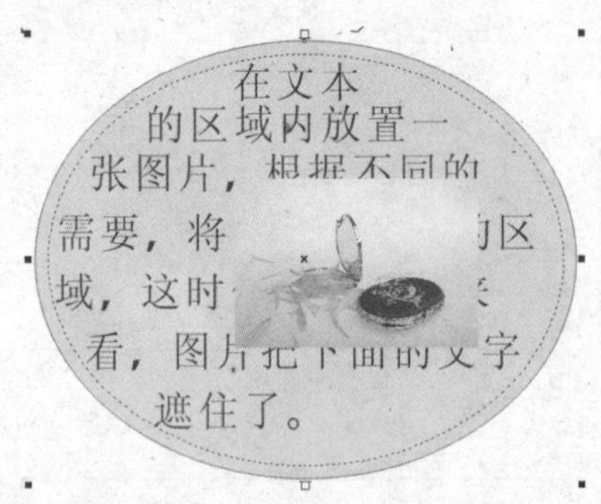

图8-39

02 用挑选工具选择图片，然后单击“段落文本换行”按钮，把“段落文本换行”面板调出来，如图8-40所示。

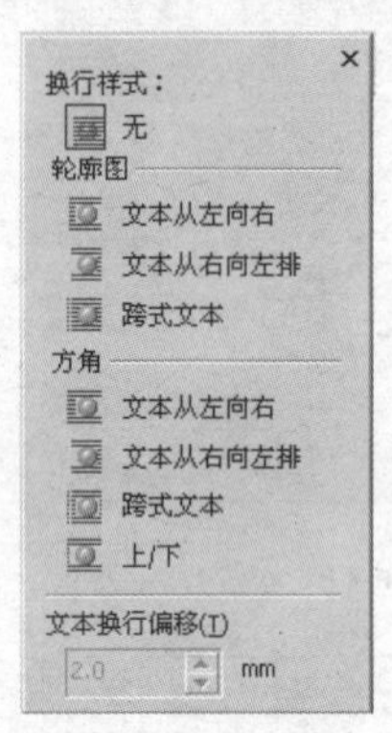

图8-40

03 在“段落文本换行”面板中有两种不同的编排，分别是“轮廓图”和“方角”。其中“轮廓图”又有3种不同的选项设置，“方角”有4种不同的选项设置。“轮廓图”是表示段落文字沿着对象的外形轮廓排列，如图8-41所示，“方角”是指把图形对象看成一个方形，文字沿着方形排列，如图8-42所示。

图8-41

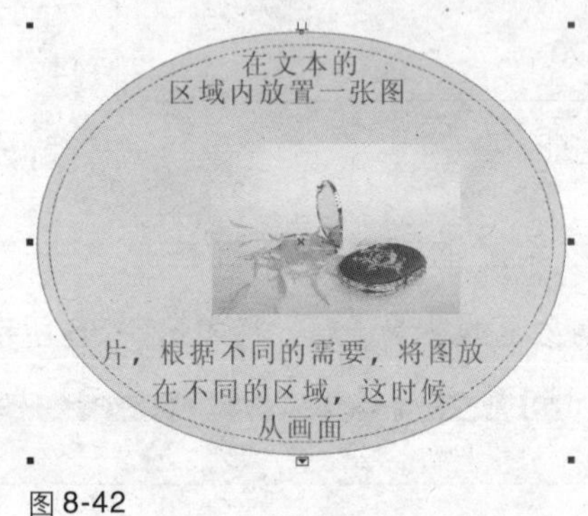

图8-42

04 “文本换行偏移”调节框可以设置文字与边界之间的距离，如图8-43和图8-44所示。

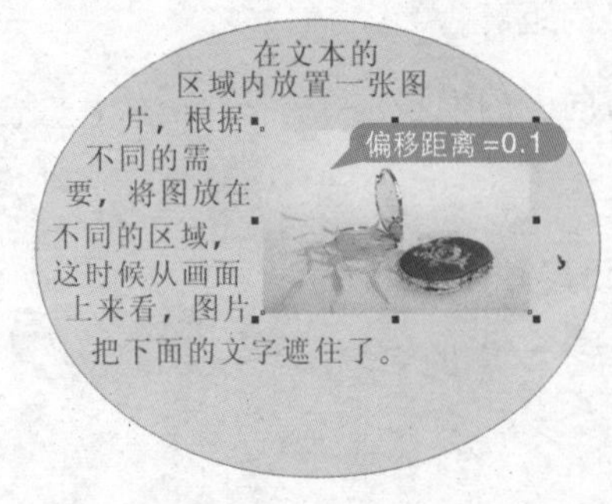

图8-43

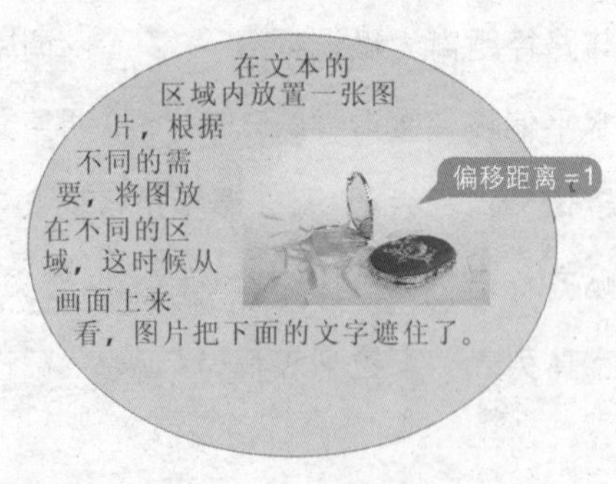

图8-44

Chapter 09

轻松处理位图图像

在 CorelDRAW X4 软件中，可以使用不同的方法来处理位图，例如裁剪位图、跟踪位图、改变位图的颜色、给位图添加特殊效果等，还可以将矢量图转换为位图。

9.1 将矢量图转换为位图

在绘图过程中，如果要对位图进行编辑，可以在CorelDRAW X4软件中启动位图编辑程序，或者执行“位图/编辑位图”命令，还可以在属性栏上单击“编辑位图”按钮，对选择的位图进行编辑。

在CorelDRAW X4中，可以将矢量图形转换为位图。当矢量图转换为位图后，就可以设置一些只能用于位图的特殊效果了。先选中矢量图形，然后执行“位图/转换为位图”命令，就可以将矢量图转换为位图了。

01 按【Ctrl + N】组合键新建一个A4的空白文件，选择工具箱中的“矩形工具”，在绘图页面中拖曳出一个任意大小的矩形，然后在“调色板”泊坞窗中选择红色作为矩形的填充颜色，如图9-1所示。

图9-1

02 选中这个矩形，执行“位图/转换为位图”命令，在弹出的“转换为位图”对话框中保持默认设置，单击“确定”按钮后，矢量的矩形图就转换为位图了，如图9-2所示。

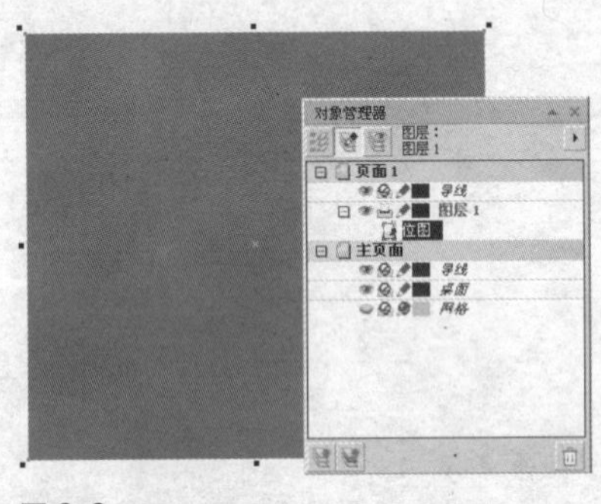

图9-2

“转换为位图”对话框如图9-3所示，对话框中的具体参数详解如下。

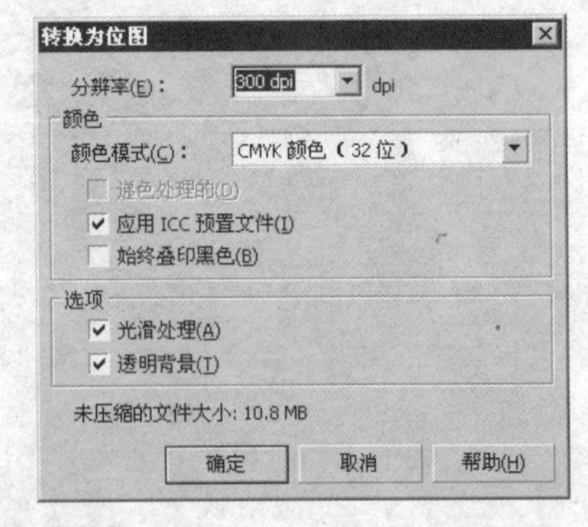

图9-3

“分辨率”下拉列表框：在“分辨率”下拉列表框中也有6种供选择的位图分辨率，还可以在这里输入60~10000的任意数字作为所需要的位图分辨率。分辨率的数值越大，图像的清晰程度越精细，所占的磁盘空间也就越多。

“颜色”栏：在“颜色模式”下拉列表框中有6种颜色类型，选择的颜色类型不同，所得到的位图效果也会不同。

“递色处理的”复选框：选中这个复选框，可以使矢量图在转换为位图后颜色变浅，可以提高颜色的转换效果。

“应用ICC预置文件”复选框：选中这个复选框，可以使当前的分色片预置文件也转换为位图。

“光滑处理”复选框：选中这个复选框，可以使矢量图在转换为位图后，其边缘比较光滑。

“透明背景”复选框：选中“透明背景”复选框，可以除去矢量图在转换为位图后，四周所带有的白色框。

Tip 技巧提示

在CorelDRAW X4软件中，可以把含有多种图样填充的图形转换为位图，这样可以大大降低图像的复杂程度。在将矢量图转换为位图的时候，如果选取多个图形转换为位图，转换后将变为一个图像。将矢量图转换为位图后，虽然可以对其进行各种效果的处理，但是不能再对其进行形状上的编辑，而且用于矢量图上的各种填充功能也不可再使用。值得注意的是，如果要想使转换的位图能使用各种位图的效果处理，在转换时就必须将“颜色”参数设置在24bit以上。

9.2 使用图框精确剪裁位图

图框精确裁剪就是使图片置入封闭的路径中，然后按照用户的需要进行修改。图框精确裁剪不仅可以对矢量图进行操作，对位图也同样适用。当放置在图框中的对象比图框大时，对象将被裁剪，以适应图框。通过将一个图框精确裁剪的对象放置在另一个图框精确裁剪对象中，就可以创建复杂的嵌套图框精确裁剪对象。当然，裁剪后的对象仍然可以进行编辑而不影响其图框，对图框也可以进行修改。

9.2.1 新建精确裁剪图框

图框是用来裁剪选择对象的，对选择对象进行裁剪后，仍然可以对图框进行编辑修改，但图框必须是封闭的图形。

01 按【Ctrl + N】组合键新建一个图形文件，在工具箱中选择“矩形工具”，然后在绘图页面上拖曳出一个矩形框，如图9-4所示。

图9-4

02 选中该矩形，依次按【Ctrl + C】、【Ctrl + V】组合键复制一个矩形，然后按住【Shift + Alt】组合键的同时用挑选工具拖曳这个矩形，将其缩小，如图9-5所示。

图9-5

03 按住【Shift】键将这两个矩形图全部选中，然后执行“排列/结合”命令，接着再单击工具箱中的“底纹填充”按钮，在弹出的“底纹填充”对话框中选择一种图样，然后单击“确定”按钮即可将图样应用到图形中，图框也就做好了，如图9-6所示。

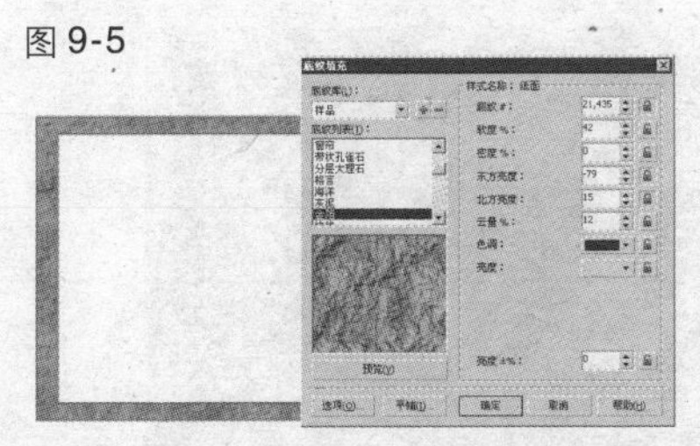

图9-6

9.2.2 编辑图框精确裁剪对象

将置入图框中的对象暂时与图框分离，就可以对对象进行修改。编辑对象时，图框的轮廓将以灰色线条显示，且不能被选择。

01 在刚才创建了图框的文件中，导入光盘中的“9-1”文件，这张导入的图片为RGB位图，如图9-7所示。

图9-7

02 选择导入的图片，执行“排列/顺序/到图层后面”命令，在绘图区域中，可以看到导入的图片比图框要大，这就意味着图片将被裁剪以适应图框，如图9-8所示。

图9-8

03 选择工具箱中的“矩形工具”，然后在绘图页面上拖曳出一个与矩形内框大小相同的矩形，选中导入的图片，然后执行“效果/图框精确裁剪/放置在容器中”命令，此时鼠标将变成黑色的三角图标，如图9-9所示。

图9-9

04 用鼠标单击绘制的矩形后，导入的图片就被放置在矩形框中，也完全适合于前面创建的裁剪框，如图9-10所示。

图9-10

05 用鼠标右键单击裁剪的图片，在弹出的菜单中选择“编辑内容”命令，此时图框的轮廓以灰色线显示，不能被选择，如图9-11所示。

图9-11

06 为了使整个画面保持完整性，被裁剪的部分不要太多，所以，按住【Shift＋Alt】组合键的同时，用挑选工具来等比例缩小图形，如图9-12所示。

图9-12

07 用鼠标右键单击编辑后的图片，在弹出的菜单中选择“结束编辑”命令，就结束了编辑图片的操作，回到被剪切并重新编辑后的效果，如图9-13所示。

图9-13

9.2.3 复制图框精确裁剪对象

要复制一个图框精确裁剪对象到其他普通对象或其他图框精确裁剪对象，先要选择目的对象，然后执行“效果/复制效果/图框精确裁剪自”命令，接着再单击图框精确裁剪对象，这样就可以将裁剪的对象复制到其他普通对象或其他图框精确裁剪对象上了。

01 导入光盘中的“9-2”文件。选择工具箱中的“矩形工具”，在绘图页面上拖曳出一个矩形，如图9-14所示。

图9-14

02 选中导入的图片，然后执行“效果/图框精确裁剪/放置在容器中”命令。这里只需要裁剪出时钟，但是裁剪出的图像却显示出很少的时钟图像，如图9-15所示。

图9-15

03 用鼠标右键单击裁剪的图片，在弹出的菜单中选择“编辑内容”命令，然后用挑选工具移动图片，使时钟图形位于矩形框内。用鼠标右键单击编辑后的图片，在弹出的菜单中选择“结束编辑”命令，效果如图9-16所示。

图9-16

04 选择工具箱中的“椭圆工具”，在绘图页面上按住【Ctrl】键拖曳出一个正圆形。然后执行“效果/复制效果/图框精确裁剪自”命令，用变成黑色三角的鼠标单击先前被裁剪的图形，这个图形就被复制到绘制的正圆中了，如图9-17所示。

图9-17

9.2.4 锁定图框精确裁剪对象

用鼠标右键单击图框精确裁剪对象，然后在弹出的菜单中选择“锁定图框精确裁剪对象”命令，这样要移动图框精确裁剪对象，其内容也会随之而移动。

01 针对前面裁剪好的图片，用“挑选工具”移动裁剪对象，裁剪的对象不会随着裁剪框的移动而移动，如图9-18所示。

图9-18

02 用鼠标右键单击图框精确裁剪对象，然后在弹出的菜单中选择“锁定图框精确裁剪的内容”命令后，再次移动该裁剪对象，裁剪对象随着裁剪框的移动而移动，如图9-19所示。

图9-19

9.2.5 设置图框精确裁剪对象

在CorelDRAW X4软件中，可以将位图或者矢量图置入其他对象中，而且这些对象可以是任何CorelDRAW中适用的对象，比如矩形框、艺术文字等。在进行了“图框精确裁剪”操作后，还可以像普通对象一样对其进行属性设置。

01 导入光盘中的“9-3”文件。选择工具箱中的“矩形工具”，在绘图页面上拖曳出一个矩形。选中导入的图片，然后执行“效果/图框精确裁剪/放置在容器中”命令，效果如图9-20所示。

图9-20

02 选中裁剪对象，然后在调色板上用左键单击蓝色，整个图框就被填充上了蓝色，然后设置“轮廓”为无，如图9-21所示。

图9-21

9.3 管理效果

在CorelDRAW X4软件中，可以通过执行“效果/克隆效果”命令或“效果/复制效果”命令来克隆或者复制对象的效果，也可以执行“效果/清除效果”命令将对象的效果清除。利用这些命令可以很快完成对画面的编辑。在前一节中我们讲了复制精确裁剪对象的操作，在这一节就不再重复了，因为“复制效果”命令中的每一种命令的操作都是与之相似的。

9.3.1 克隆效果

“克隆效果”命令的操作与“复制命令”的操作方法是相同的，同样是将图形的效果复制到另一个图形中，并且在使用这个命令时也将图形的属性一起转移到其他图形上。不同的是，使用“复制效果”命令所复制出的效果是独立的，而使用“克隆效果”命令复制出的图形效果与原来的图形是一个整体，当改变原图形中的效果时，所复制出的图形效果也会随之改变。

01 选择工具箱中的“椭圆工具”，在绘图页面上按住【Ctrl】键拖曳出两个正圆形。其中一个圆填充黄色、另外一个填充蓝色。然后选择工具箱中的“交互式调和工具”，在两个选中的圆形处进行拖曳，如图9-22所示。

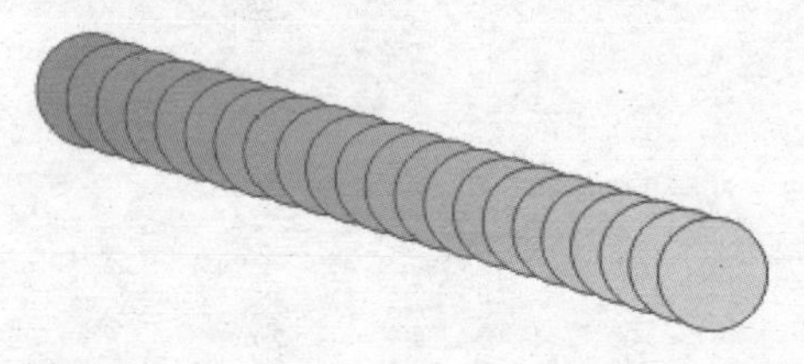

图9-22

02 再选择工具箱中的“矩形工具”，在绘图页面上拖曳出两个矩形图形，一个填充青色，另外一个填充红色，如图9-23所示。

图9-23

03 选中这两个新绘制的矩形，执行“效果/复制效果/调和自”命令，当鼠标变为三角形形状时，将光标移动到椭圆形的调和效果图上单击，这样就将椭圆形的调和效果复制到矩形上了，如图9-24所示。

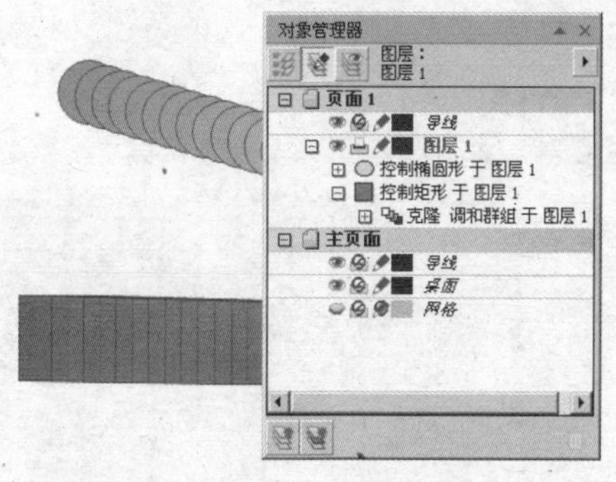

图9-24

04 选择工具箱中的“多边形工具”，在绘图页面上拖曳出两个多边形，一个填充绿色、另外一个填充橘红色。选中这两个新绘制的多边形，执行“效果/克隆效果/调和自”命令，通过“对象管理器”泊坞窗中的显示，可以看出复制效果与克隆效果的不同，如图9-25所示。

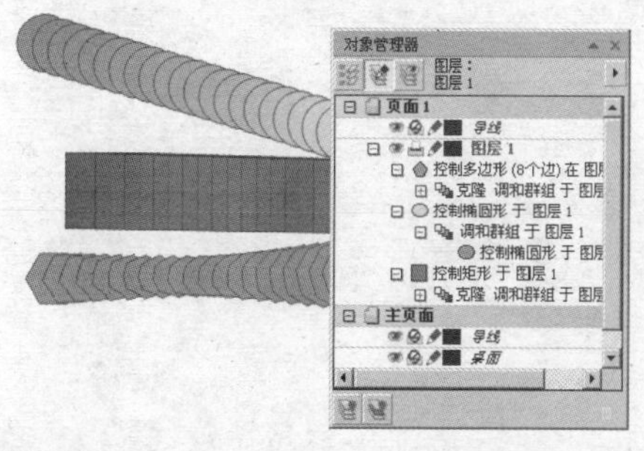

图9-25

9.3.2 清除效果

使用“清除效果”命令可以将图形所产生的调和、立体化、阴影等效果清除，清除后的图形将恢复为原来的形状，也可以在选取添加效果的图形后，在属性栏上单击“清除效果”按钮，这样就将所选的图形效果清除了。

01 选择工具箱中的“椭圆工具”，在绘图页面上按住【Ctrl】键拖曳出一个正圆形。并将其填充为黄色，然后选择工具箱中的“交互式立体化工具”，在圆形处进行拖曳，这样就制作出圆形的立体效果了，如图9-26所示。

02 选中这个制作了立体效果的圆形图形，然后执行“效果/清除效果”命令，即可将圆形的立体效果清除，如图9-27所示。

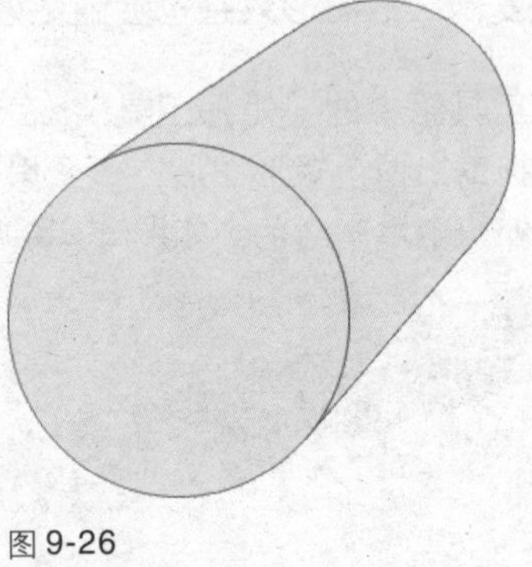
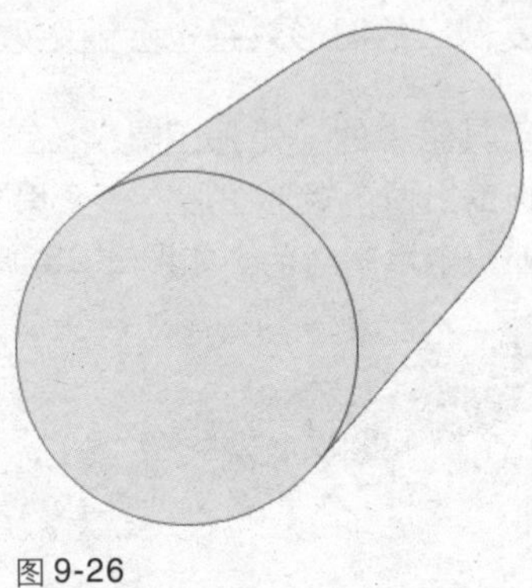

图9-26

图9-27

Chapter 10 为位图添加特殊效果

CorelDRAW X4 可以为位图创建很多特殊效果，包括三维效果、艺术笔触、模糊、相机、颜色转换、轮廓图、创造性、扭曲、杂点和鲜明化类型等，每一类型的效果中又都包含了几种不同的效果。

10.1 快速制作阴影效果

使用交互式阴影工具可以快速地给位图添加阴影效果，还可以设置阴影的透明度、角度、位置、颜色和羽化程度。

01 按【Ctrl + N】组合键新建一个 A4 的空白文件，在属性栏上单击“导入”图标，从光盘中导入“10-1”文件。因为这个图形是矢量图，所以选中导入的图形，执行“位图 / 转换为位图”命令，在弹出的“转换为位图”对话框中，在保持默认设置不变的情况下，选中“透明背景”复选框，单击“确定”按钮，转换成的位图如图 10-1 所示。

图 10-1

02 选择工具箱中的“交互式阴影工具”，然后从导入的图形的右上方向左下方拖曳鼠标到合适的位置后，松开鼠标，就形成了该图形的阴影，如图 10-2 所示。

图 10-2

03 选中这个投影形状，然后在属性栏的 预设... 下拉列表中选择一个预置的阴影效果，如图 10-3 所示。

图 10-3

04 设置完这个预置效果后，在属性栏上设置阴影的透明度、颜色和羽化程度等参数，其中阴影的颜色设为橘红色。设置完成后，该阴影效果就有了另外一种感觉，如图 10-4 所示。

图 10-4

10.2 内部滤镜效果

CorelDRAW X4 软件内部自带了 10 种滤镜效果，这 10 种滤镜效果各自又包含了几种不同的效果。通过这些效果，可以很快制作出需要的效果图形。

10.2.1 为位图添加三维效果

CorelDRAW X4软件提供了许多三维效果命令，使用这些命令，可以很快创建位图的三维效果。使用三维效果命令时，应该先选择一幅位图图像，这样“三维效果”中的命令才可以应用。在使用任意一个命令时，都会弹出一个对话框，设置对话框中的不同参数和选项，所产生的效果也不相同。

“三维旋转”对话框如图10-5所示，对话框中的具体参数详解如下。

“垂直”微调框：在该微调框中输入旋转角度的数值，可以将图像在垂直方向上旋转。

“水平”微调框：在该微调框中输入旋转角度的数值，可以将图像在水平方向上旋转。

“最适合”复选框：选中该复选框，经过三维旋转后的图形尺寸将以最合适的大小显示。

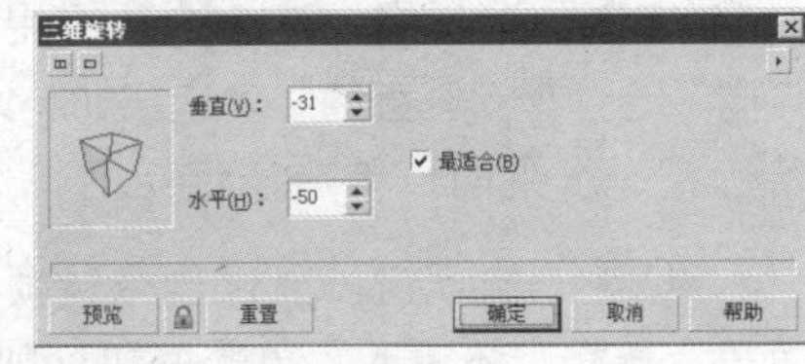

图10-5

“预览”按钮：在对话框的预览状态下，单击“预览”按钮或🔒按钮，都可以对当前窗口的图形产生的效果进行预览。但是，单击“预览”按钮，只对当前使用参数所产生的图像效果进行预览，当调整对话框中的参数设置后，必须再次单击“预览”按钮，进行重新预览；单击🔒按钮，重新调整对话框中的参数后，系统将自动进行预览。

“重置”按钮：单击该按钮后，可以将当前设置的所有参数和图像预览所产生的效果恢复到默认状态。

单击□按钮，将显示对照的预览窗口，其中，左边的窗口显示图像原始的效果，右边的窗口则显示完成选项设置后的效果，如图10-6所示。若单击□按钮，对话框将变为单个预览框，如图10-7所示。单击□按钮，对话框将还原为默认的对话框。

图10-6

图10-7

Tip 技巧提示

使用三维旋转效果时，可以根据需要设置图像沿水平和垂直方向旋转。在旋转时，以模拟三维空间的方式来旋转位图，从而使其变成三维的一个面，可以绕两个互相垂直的轴旋转，使图像产生一种景深的效果。

卷页效果

“卷页”命令可以使图像产生一种书的页角卷起的特殊效果，在“卷页”对话框中，可以设置图像要卷起的页角和卷角的方向，还可以设置卷页的透明等效果。

“卷页”对话框如图10-8所示，对话框中的具体参数详解如下。

“页角”选项组：单击这个选项组中的任意一个预览按钮，就可以选择需要卷起的页角方式。

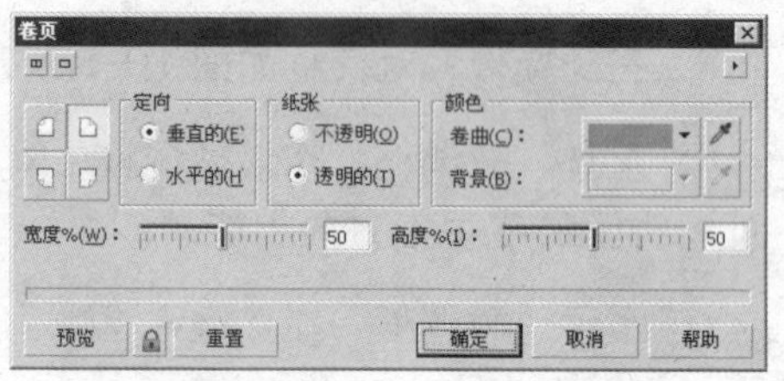

图10-8

“定向”选项组：这个选项组用于设置需要卷页的方向，若选择“垂直的”单选按钮，则将页角垂直卷起；若选择“水平的”单选按钮，则将页角水平卷起。

“纸张”选项组：通过这个选项组可以设置卷页的效果，选择“不透明”单选按钮，则卷页使用纯色创建效果；选择“透明的”单选按钮，可以通过卷页看到下面的图像。

“颜色”选项组：在这个选项组中包括“卷曲”和“背景”两个选项。调整“卷曲”选项中的颜色可以改变卷页背部的颜色，调整“背景”选项中的颜色可以调整卷页下面的底色，一般底色都设置为白色。在这两个选项中不仅可以在“颜色板”上直接选择颜色，也可以通过“颜色拾取”按钮直接从位图图像中选择一种颜色来作为卷页效果的背景色。

“宽度”和“高度”选项：这两个选项主要用来调整卷页弯卷程度的大小，调整它们的滑块就可以设置卷页的大小。其中“宽度”选项只对卷页的宽度起作用，“高度”选项的数值也只对调整高度起作用。

01 新建一个文件，在属性栏上单击“导入”按钮，从光盘中导入“10-3”位图图像文件，如图10-9所示。

图10-9

02 选中此图片，然后执行“位图/三维效果/卷页”命令，在弹出的“卷页”对话框中对各个选项进行参数设置，在“颜色”选项组中，设置“卷曲”的颜色为10%的黑色，“背景”颜色则用“颜色拾取器”直接选择图像中的颜色，然后单击“确定”按钮，效果如图10-10所示。

图10-10

10.2.2 艺术笔触特殊效果

CorelDRAW X4 软件提供了 14 种艺术笔触效果，它们通过模仿传统的绘图效果，将位图转换为徒手用画笔绘制的艺术效果，且每一种艺术笔触都可以增强图像的艺术效果。

炭笔画效果

使用“炭笔画”命令可以将图像转换为好像用炭笔在画板上绘制的素描效果的图像，图像的颜色为黑白色。

印象派效果

使用“印象派”命令可以使图像产生一种类似于绘画中的印象画法绘制的朦胧色彩，形成一种印象画派的效果。印象派效果可以应用于除“黑白”颜色模式之外的图像。

“印象派”对话框如图 10-11 所示，对话框中的具体参数详解如下。

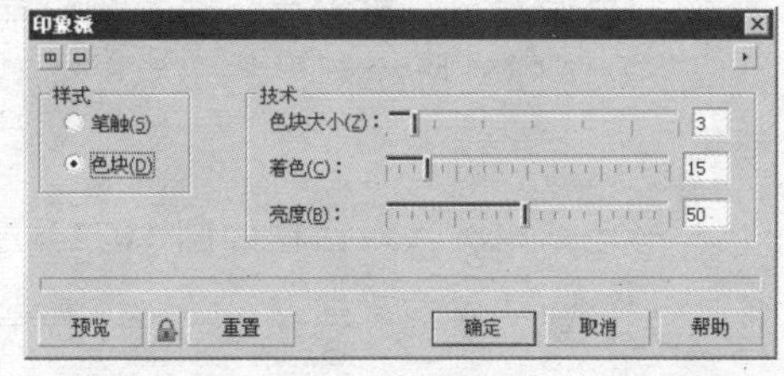

图 10-11

“样式”选项组：这个选项组中包括“笔触”和“色块”两种印象派的描绘手法，选择其中一种就可以设置图像的印象派样式。

“技术”选项组：调整选项组中的“色块大小”可以改变色块的大小以设置图像的变形程度，调整“着色”选项的滑块可以改变着色的轻重效果，移动“亮度”滑块可以设置图像中的亮度效果。

调色刀效果

“调色刀”对话框如图 10-12 所示，对话框中的具体参数详解如下。

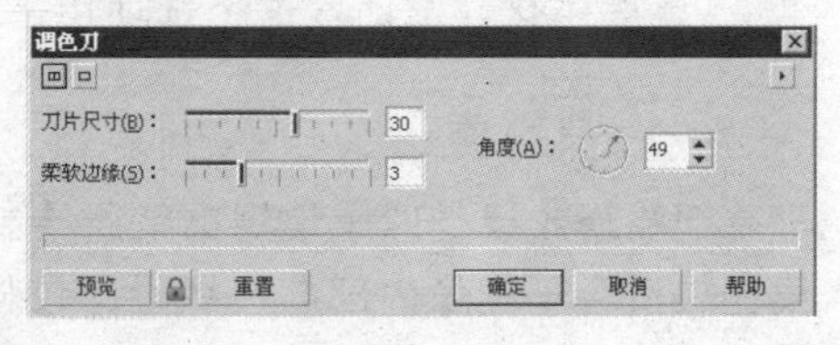

图 10-12

“刀片尺寸”选项：调整其右侧的滑块或者直接在右侧的文本框中输入数值，可以调整图像的粗糙程度，数值越大，图像就越粗糙。

“柔软边缘”选项：这个选项用来设置图像边缘的坚硬程度。

“角度”选项：在右侧的文本框中直接输入数值，或者移动“角度盘”中的指针来设置调色板刀片雕刻的方向。

下面我们简单介绍一下调色刀效果的制作方法。

01 新建一个文件，在属性栏上单击“导入”按钮，从光盘中导入“10-4”位图文件，如图 10-13 所示。

02 选中导入的图片，然后执行“位图 / 艺术笔触 / 调色刀”命令，在弹出的“调色刀”对话框中进行选项参数的设置，设置完成后单击“确定”按钮，效果如图 10-14 所示。

图 10-13

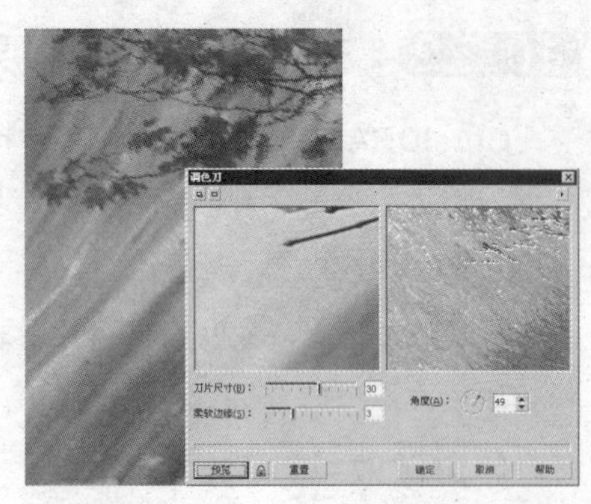

图 10-14

彩色蜡笔画效果

“彩色蜡笔画”命令与“蜡笔画”命令的效果不同，“彩色蜡笔画”命令使图像产生一种类似于彩色蜡笔所绘制出的斑点艺术效果，使图像变得模糊，而“蜡笔画”命令能使图像溶化。

“彩色蜡笔画”对话框如图 10-15 所示，对话框中的具体参数详解如下。

“彩色蜡笔类型”选项组：这个选项组中有两个单选按钮，选择“柔性”单选按钮产生的图像效果不太明显，而选择“油性”单选按钮会使图像效果变得非常明显。

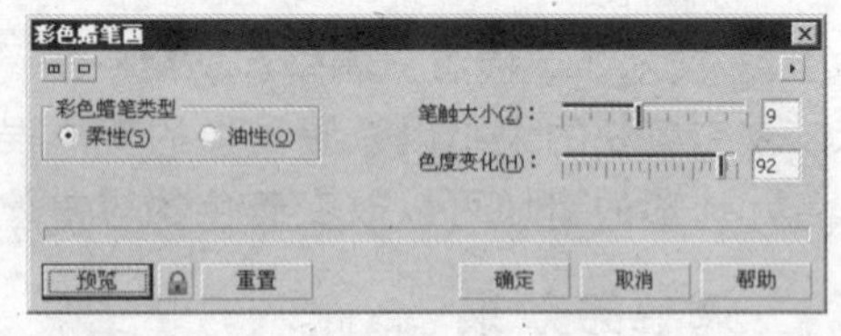

图 10-15

“笔触大小”选项：移动这个选项的滑块，可以设置笔迹的尺寸大小。

“色度变化”选项：这个选项用于设置蜡笔在绘制图像时的色调变化程度。

钢笔画效果

钢笔画效果类似于使用钢笔所绘制的素描图像效果，使图像产生一种手绘效果，这个效果比较适合于图像内部与边缘对比较强烈的图像。

“钢笔画”对话框如图 10-16 所示，对话框中的具体参数详解如下。

“样式”选项组：此选项组中的两种样式“交叉阴影”和“点画”用来设置轮廓笔和墨水的样式。

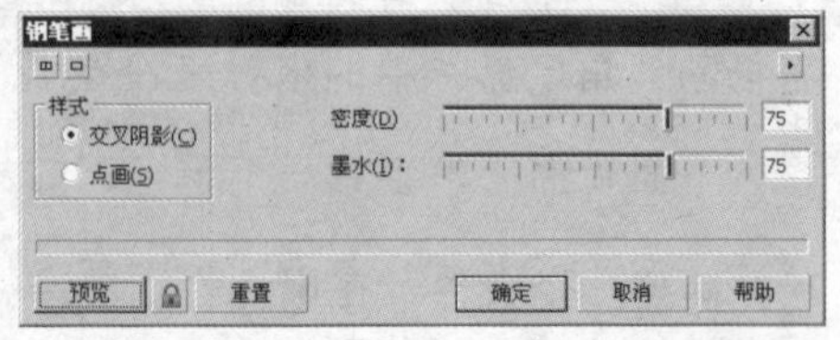

图 10-16

“密度”选项：这个选项用来设置墨水钢笔绘制的线条或者黑点的密度，数值越大，其密度就越精密。

“墨水”选项：调整“墨水”选项的数值滑块，可以调整墨水的数量，数值越大，图像越接近黑色，数值越小，图像的显示就越接近白色。

下面我们简单介绍一下钢笔画效果的制作方法。

01 新建一个文件，在属性栏上单击“导入”按钮，从光盘中导入“10-5”位图文件，如图10-17所示。

图10-17

02 选中导入的图片，然后执行“位图/艺术笔触/钢笔画”命令，弹出的“钢笔画”对话框如图10-18所示，在该对话框中进行设置后单击“确定”按钮即可。

图10-18

点彩派效果

“点彩派”命令使图像看起来好像由大量的色点组成。“点彩派”对话框中的“大小”选项决定色点的大小，“亮度”选项用来设置图像中色点的亮度。

木版画效果

“木版画”命令可以使图像在色彩和黑白色之间生成一个明显的对照点，使图像产生在木板上刮涂的绘画效果。在其对话框中的“刮痕至”选项组中选择“颜色”或者“白色”单选按钮以设置刮痕的颜色，而“密度”选项决定在木板上刮涂图像时的稀疏程度，移动“大小”滑块则可以设置刮痕笔画的粗细程度。

素描效果

“素描”对话框如图10-19所示，对话框中的具体参数详解如下。

“铅笔类型”选项组：在这个选项组中有“碳色”和“颜色”两种铅笔类型供选择，选择“碳色”类型，创建的图像为黑白色，选择“颜色”类型，创建的图像颜色为彩色。

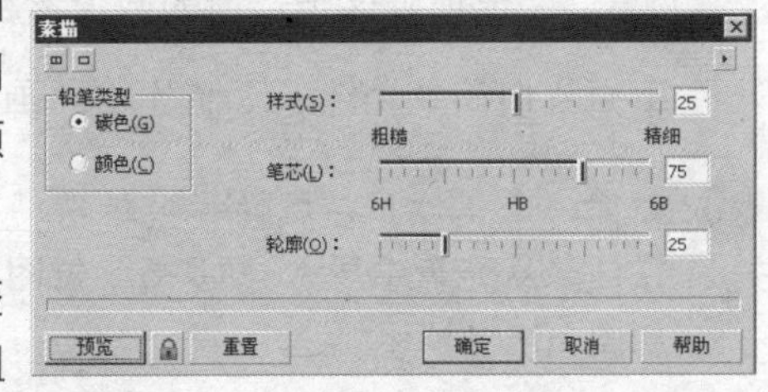

图10-19

“样式”选项：移动“样式”选项的滑块就能调整所绘制图像的精细程度，调整的数值越小，图像就越粗糙，调整的数值越大，图像就越精细。

“笔芯”选项：这个选项类似于我们常用的铅笔类型，将滑块向6H方向移动时，铅笔就比较硬，绘制出来的图像就比较精细，颜色比较淡，如果朝6B方向移动，铅笔就比较软，绘制出来的图像比较粗糙，颜色比较黑。

“轮廓”选项：移动滑块或者在后面的文本框中输入数值，就可以设置素描图像的外轮廓线的深浅程度，数值越大，绘制的图像的轮廓线就越明显；数值越小，绘制出的图像的轮廓线就越模糊。

下面我们简单介绍一下素描效果的制作方法。

01 新建一个文件，在属性栏上单击“导入”按钮，从光盘中导入“10-5”位图文件。选择相同的图片方便对同一滤镜下的不同命令进行对比，如图10-20所示。

图10-20

02 选中导入的图片，然后执行“位图/艺术笔触/素描”命令，在弹出的“素描”对话框中进行选项参数的设置，设置完成后单击“确定”按钮，如图10-21所示。

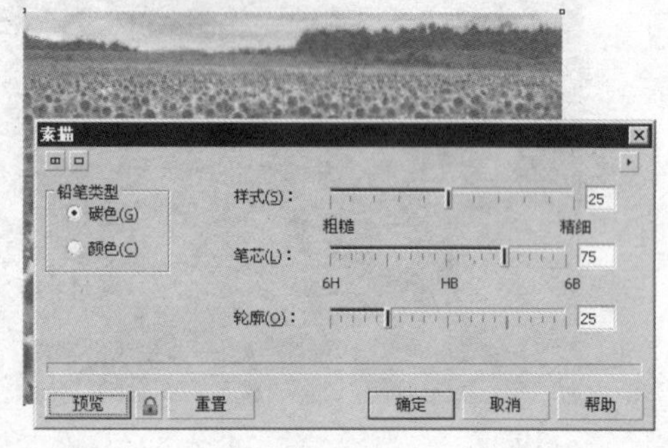

图10-21

水彩画效果

“水彩画”对话框如图10-22所示，对话框中的具体参数详解如下。

“画刷大小”选项：移动这个选项的滑块就可以设置笔画的粗细。

“粒状”选项：调整此选项的滑块就可以更改笔画对图像的粗糙程度，数值越大，粗糙程度就越大，数值越小，粗糙程度也就越弱。

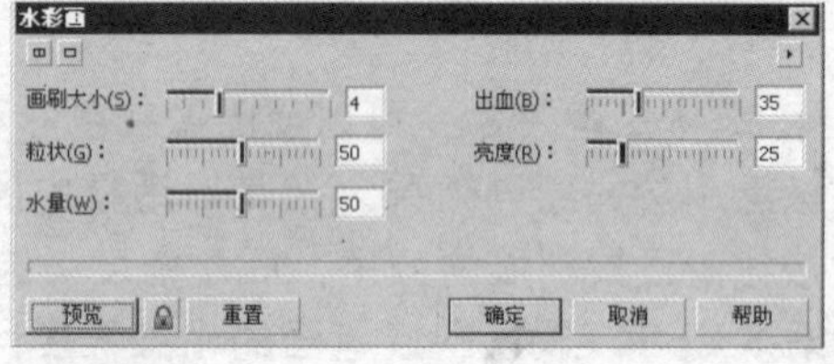

图10-22

“水量”选项：这个选项决定颜料中的含水量。

“出血”选项：这个选项的滑块可以调整颜料在图像中的扩散程度。

“亮度”选项：这个选项的数值参数决定图像的亮度强弱。

下面我们简单介绍一下制作水彩画效果的方法。

01 新建一个文件，在属性栏上单击“导入”按钮，从光盘中导入“10-5”位图文件，如图10-23所示。

图10-23

02 选中导入的图片，然后执行“位图/艺术笔触/水彩画”命令，在弹出的“水彩画”对话框中进行选项参数的设置，设置完成后单击“确定”按钮，如图10-24所示。

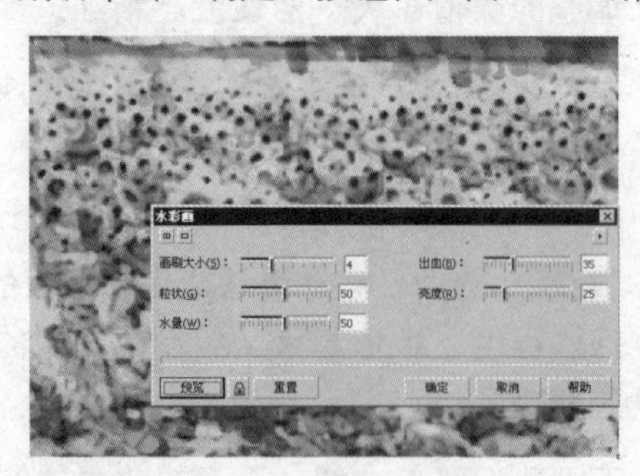

图10-24

水印画效果

“水印画”命令可以使图像产生一种水彩斑点的绘画效果，这个命令适用于不想使图像中出现细节的地方。在“水印画”对话框中，“变化”选项组中的3种变化的图案效果可以适应于不同的图像需要；“大小”选项决定着水彩斑点的大小；要调整笔画之间的对比效果，可以移动“颜色变化”滑块。

波纹纸画效果

“波纹纸画”对话框如图10-25所示，对话框中的具体参数详解如下。

“笔刷颜色模式”选项组：该选项组中有“颜色”和“黑白”两种模式，它们用来控制波浪纸的笔刷颜色。

“笔刷压力”选项：移动此选项的滑块就可以调整绘制波纹纸效果时笔画的强度，数值越大，图像上所显示的颜色值就会越少。

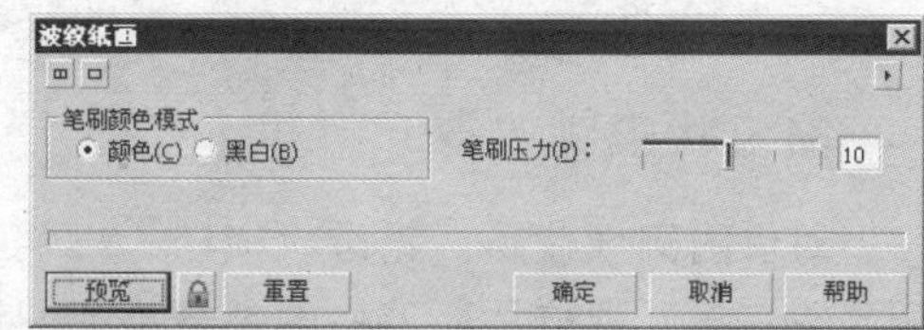

图10-25

Tip 技巧提示

“艺术笔触”中的14种笔触效果命令只可以在除48位RGB、16位灰度、调色板、黑白颜色模式之外的图像上应用。

10.2.3 模糊特殊效果

CorelDRAW X4软件中有9种模糊效果命令，通过这些命令可以将位图图像制作出柔和、平滑、混合、运动的图像外观效果。使用不同的命令，所产生的模糊效果也会有很大的差异。

定向平滑效果

“定向平滑”命令可以给位图图像添加很少的模糊效果，使图像中的渐变区域变平滑，产生比较细小的变化，但是却不会影响图像的边缘细节和纹理效果，比较适合于平滑人体皮肤色调和调整图像中细小的粗糙部位。在“定向平滑”对话框中，可以在需要的地方使用最大限度的模糊效果。

高斯式模糊效果

“高斯式模糊”命令是一种常用的模糊效果命令，它可以使图像按照在对话框中设置的半径高斯分布变化，从而产生一种模糊变形的效果。设置的半径数值越大，所产生的模糊效果也就越强烈。

01 新建一个文件，在属性栏上单击“导入”按钮，从光盘中导入“10-6”位图文件，如图10-26所示。

02 选中导入的图片，然后执行“位图/模糊/高斯式模糊”命令，在弹出的“高斯式模糊”对话框中进行选项参数的设置，然后单击“确定”按钮，如图10-27所示。

图10-26

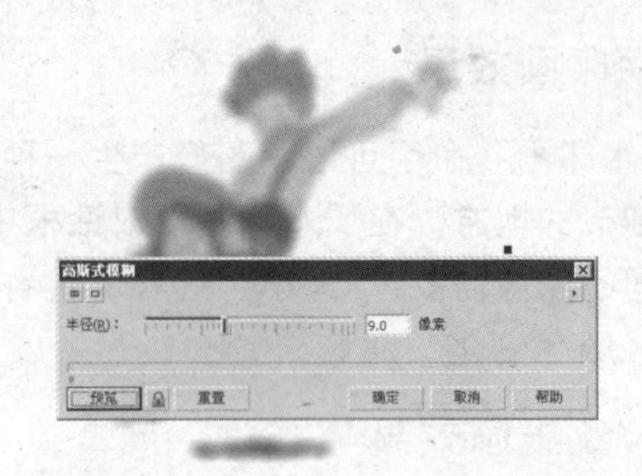

图10-27

锯齿状模糊效果

对位图图像使用“锯齿状模糊”命令所产生的模糊效果是柔和的，可以减少对位图经过调整或者重新取样后所产生的参差不齐的边缘，最大限度减少扫描图像的灰尘和刮痕，特别对高对比度的图像，所产生的效果更加明显。

Tip 技巧提示

在“锯齿状模糊”对话框中，要设置模糊效果来影响宽度上的像素数量，可以调整其“宽度”选项的滑块；要设置模糊效果来影响高度上的像素数量，可以调整其“高度”选项的滑块；若选中“均衡”复选框，就可以保证在调整“宽度”和“高度”两个选项参数时平衡模糊程度，若取消选中“均衡”复选框，就只能单独调整图像在“宽度”和“高度”上的模糊程度。

低频滤波器

“低频滤波器”命令可以消除由于调整图像的大小而产生的尖锐边角和细节，使图像更柔和。在“低频滤波器”对话框中，设置“百分比”数值可以设置图像的模糊效果的程度，数值越大，图像模糊的程度就越明显；设置“半径”数值可以调整图像在应用“低频滤波器”命令时连续选择和评估像素的数量。

动态模糊效果

“动态模糊”是一种常见的用于表现图像运动效果的命令，它可以使图像产生运动时的模糊幻觉效果。

“动态模糊”对话框如图10-28所示，对话框中的具体参数详解如下。

“间隔”选项：移动这个选项的滑块，可以改变动态模糊效果图像与原图像之间产生运行效果而偏移的距离。

“方向”选项：调整这个选项的指针或者在右侧的文本框中输入数值就可以调节图像运动模糊效果的偏移角度。

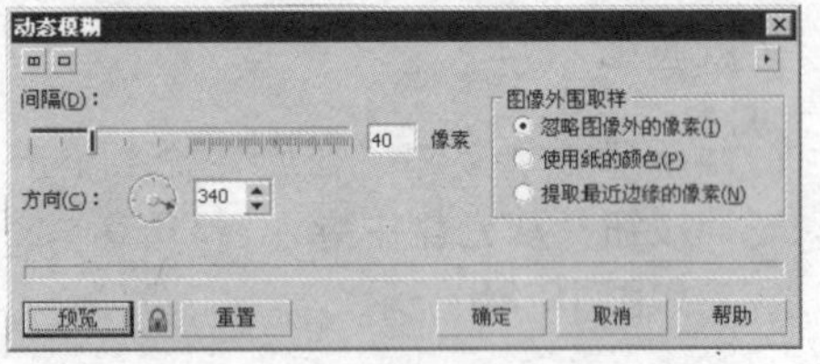

图10-28

“图像外围取样”选项组：在这个选项组中包括3个运动图像的取样模式选项，“忽略图像外的像素”、“使用纸的颜色”和“提取最近边缘的像素”。其中“忽略图像外的像素”可以忽略图像外的像素模糊效果，“使用纸的颜色”对模糊效果开始处使用纸的颜色，“提取最近边缘的像素”在模糊效果开始处使用图像边缘的颜色。

放射状模糊效果

使用放射状模糊效果时，先打开“放射状模糊”对话框，然后单击按钮，在原图上单击以确定放射的中心点，离放射中心越远，放射模糊效果就越明显。在对话框中设置放射模糊的“数量”，以调整图像中放射部分的多少与强弱，这时就可以从图像的放射中心发出模糊光线，以产生模糊效果。

平滑效果

“平滑”命令是通过调整每个像素之间的色调，减小相邻像素之间的色调差别，使较粗糙的位图图像产生细微的模糊变化而变得比较平滑。这种模糊效果不是很明显，所以必须将图像放大后才能看出其中的变化效果，也可以多次对图像使用这个效果，使模糊效果变得明显。

柔和效果

通过设置“柔和”对话框中的“百分比”选项，将一个颜色比较粗糙的图像柔化，使图像产生细微的模糊效果，但是不会影响图像中的细节。

缩放效果

缩放效果与放射状模糊效果有些相似，都是从设置的中心点向外扩散模糊，但是使用缩放效果的图像是逐渐增强且突出图像中的某一部分的模糊效果，离中心点越近，模糊效果就越弱。调整“数量”滑块就可以设置缩放效果的明显程度。

10.2.4 扩散特殊效果

在“相机”选项中只有一种类似于给图像添加模糊效果的“扩散”命令，它通过扩散图像的像素来填充空白区域，消除不需要的杂点。在“扩散”对话框中，通过设置“层次”数值来设置图像扩散的强度，数值越大，效果就越明显。

01 新建一个文件，在属性栏上单击“导入”按钮，从光盘中导入“10-7”位图文件，如图10-29所示。

图10-29

02 选中导入的图片，然后执行“位图/相机/扩散”命令，在弹出的“扩散”对话框中设置“层次”参数为100，单击“确定”按钮，就能发现图像与原图像的细微差别，如图10-30所示。

图10-30

10.3.5 颜色转换特殊效果

CorelDRAW　X4 软件中有 4 种用于位图颜色的转换方式，它们可将图像颜色转换为特殊效果。执行“位图 / 颜色转换”命令，在弹出的子菜单中选择需要的转换命令即可。

位平面效果

“位平面”命令可将位图图像中的色彩变为最基本的 RGB 色彩，并使用纯色来表现图像中的色调，这种效果适用于图像中的渐变效果的表现。

“位平面”对话框如图 10-31 所示，对话框中的具体参数详解如下。

“红”、“绿”、“蓝”选项：这是 3 种颜色参数选项，移动滑块可以调整不同位平面效果的强度。

“应用于所有位面”复选框：选中这个复选框，可以使在调整“红、绿、蓝”3 种选项中的一种滑块时，其他颜色的数值同时被调整，其数值相同。

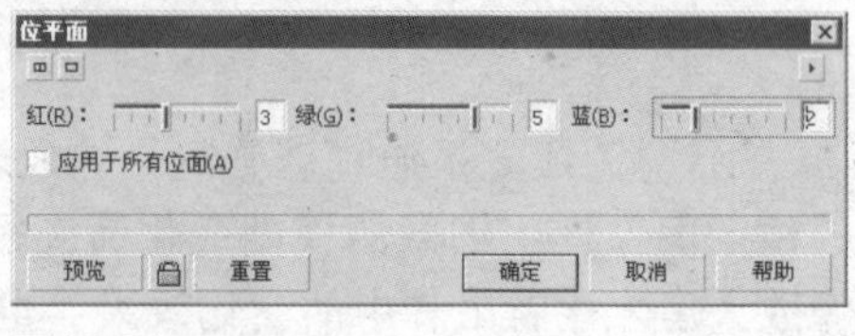

图 10-31

下面我们简单介绍一下位平面效果的制作方法。

01 新建一个文件，在属性栏上单击“导入”按钮，从光盘中导入“10-8”位图文件，如图 10-32 所示。

02 选中导入的图片，然后执行“位图 / 颜色转换 / 位平面”命令，在弹出的“位平面”对话框中设置参数，然后单击“确定”按钮，如图 10-33 所示。

图 10-32

图 10-33

半色调效果

“半色调”对话框如图 10-34 所示，对话框中的具体参数详解如下。

“青”、“品红”、“黄”、“黑”选项：通过对这 4 个颜色通道选项的数值的调整，可以指定相应颜色的筛网角度，以改变图像的混合色彩。

“最大点半径”选项：移动这个选项的滑块以改变添加的半色调原点的最大半径的大小。

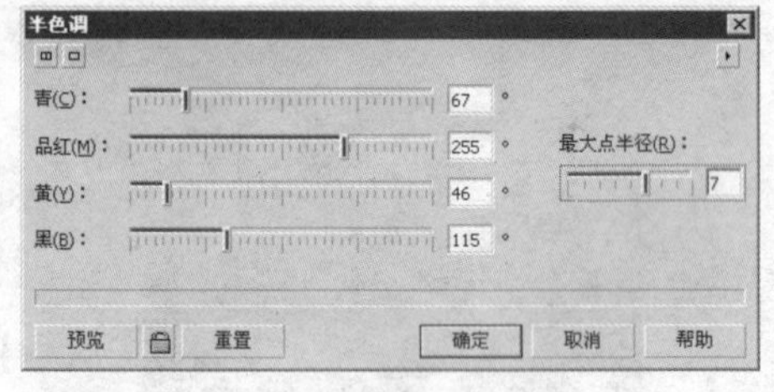

图 10-34

下面我们简单介绍一下制作半色调效果的方法。

01 新建一个文件，在属性栏上单击“导入”按钮，从光盘中导入“10-8”位图文件，如图 10-35 所示。

图 10-35

02 选中导入的图片，然后执行“位图/颜色转换/半色调”命令，在弹出的“半色调”对话框中设置参数，然后单击“确定”按钮，如图 10-36 所示。

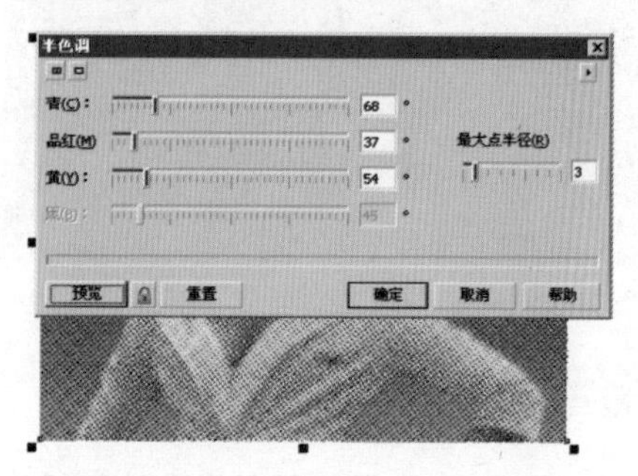

图 10-36

梦幻色调效果

梦幻色调效果就是将原图像的色彩效果转换为明亮的电子色色彩效果。在其对话框中设置的“层次”选项参数数值越大，得到的效果就越明显。

01 新建一个文件，在属性栏上单击“导入”按钮，从光盘中导入“10-8”位图文件，如图 10-37 所示。

图 10-37

02 选中导入的图片，然后执行“位图/颜色转换/梦幻色调”命令，在弹出的“梦幻色调”对话框中设置“层次”数值为 160，单击“确定”按钮，如图 10-38 所示。

图 10-38

曝光效果

曝光效果就是将图像的色彩效果转换为类似于照片底片的颜色效果，通过调整对话框中的“层次”数值滑块，就可以改变图像的曝光程度。

01 新建一个文件，在属性栏上单击“导入”按钮，从光盘中导入“10-8”位图文件，如图 10-39 所示。

02 选中导入的图片，然后执行“位图/颜色转换/曝光”命令，在弹出的“曝光”对话框中设置“层次”数值为 214，单击“确定”按钮，如图 10-40 所示。

图 10-39

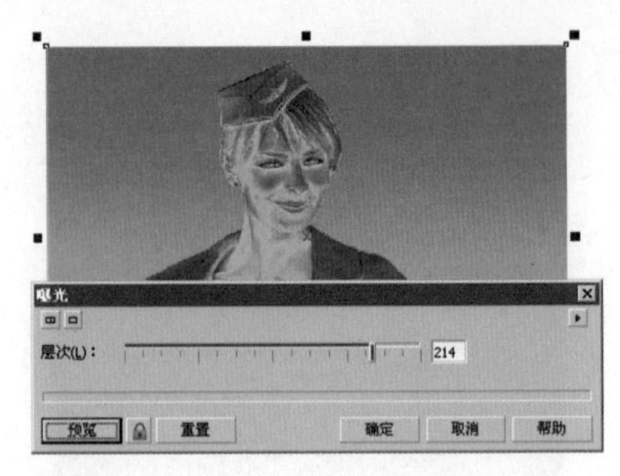

图 10-40

10.3.6 轮廓图特殊效果

“轮廓图”命令是按照图像中的亮部和暗部来区分和寻找勾画轮廓线的。CorelDRAW X4软件中提供了 3 种轮廓图效果，通过在其相应的对话框中设置“层次”等一系列参数可改变图像的效果。

边缘检测效果

“边缘检测”命令可以选择不同的选项来对图像进行边缘检测，然后将其转换为曲线。这个效果比较适用于包含文本的高对比度效果的位图图像，“边缘检测”对话框如图 10-41 所示。

图 10-41

下面我们简单介绍一下边缘检测效果的制作方法。

01 新建一个文件，在属性栏上单击“导入”按钮，从光盘中导入“10-9”位图文件，如图 10-42 所示。

02 选中导入的图片，然后执行“位图 / 轮廓图 / 边缘检测”命令，因为整个图像的背景是黑色的，为了能有鲜明的对比，所以在弹出的“边缘检测”对话框中设置“背景色”为“其他”，在颜色列表中选择红色，单击“确定”按钮后，可以给位图图像添加不同的轮廓效果，如图 10-43 所示。

图 10-42

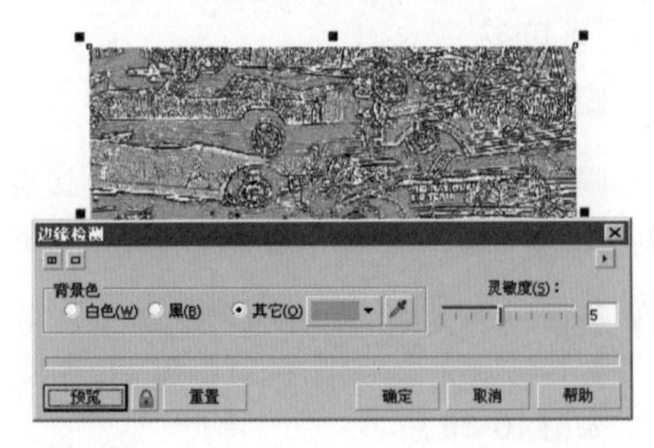

图 10-43

查找边缘效果

“查找边缘”命令可以检测到图像中对象的边缘轮廓，使图像的边缘彻底地显示出来，并将其转换为柔和或者尖锐的曲线，这个命令同样也适用于具有高对比度效果的图像。

“查找边缘”对话框如图10-44所示，对话框中的具体参数详解如下。

“边缘类型”选项：这个选项包括“软”和“纯色”两个单选按钮，如果选择“软”单选按钮，可以产生一种平滑模糊的轮廓线，选择“纯色”单选按钮，就会产生尖锐的轮廓线。

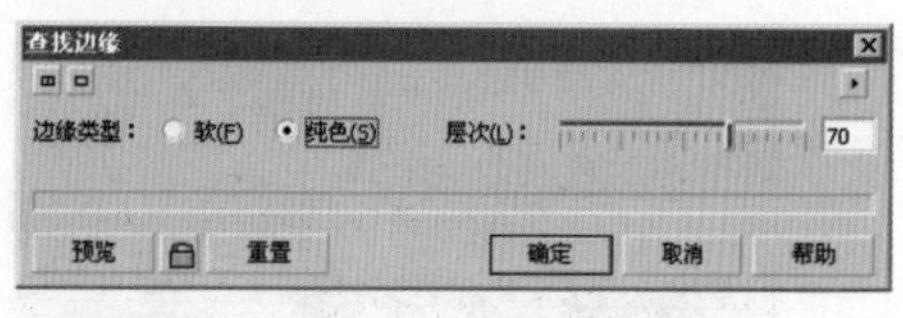

图10-44

“层次”选项：这个选项用来查找边缘效果的强烈程度，数值越大，边缘轮廓显示就越清楚；数值越小，边缘轮廓显示就越模糊。

下面我们简单介绍一下制作查找边缘效果的方法。

01 新建一个文件，在属性栏上单击“导入”按钮，从光盘中导入“10-9”位图文件，如图10-45所示。

图10-45

02 选中导入的图片，然后执行“位图/轮廓图/查找边缘”命令，在弹出的“查找边缘”对话框中设置“边缘类型”为“纯色”，单击“确定”按钮，系统会自动寻找位图的边缘，并将图像边缘用比较亮的颜色显示出来，如图10-46所示。

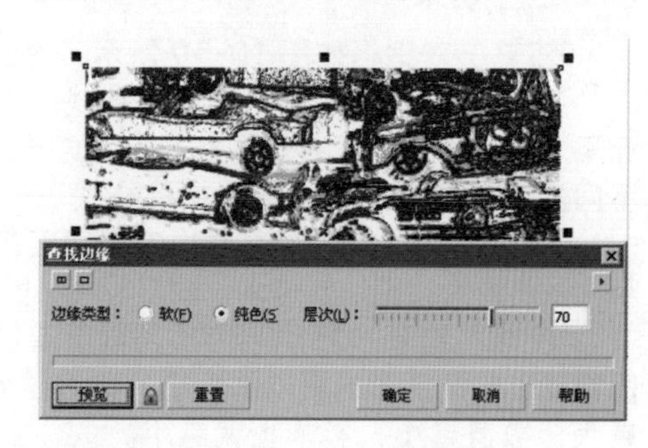

图10-46

描摹轮廓效果

“描摹轮廓”对话框如图10-47所示，对话框中的具体参数详解如下。

“层次”选项：此选项用来设置描绘轮廓的亮度，这个亮度的数值在1～255之间进行变化。

“边缘类型”选项：包括“下降”和“上面”两个不同的边缘类型单选按钮，选择“下降”单选按钮可以跟踪亮度数值低于“层次”最大亮度的颜色，而选择“上面”单选按钮则相反，即跟踪亮度数值高于“层次”最大亮度的颜色。

图10-47

01 新建一个文件，在属性栏上单击“导入”按钮，从光盘中导入“10-9”位图文件，如图10-48所示。

图10-48

02 选中导入的图片，然后执行“位图/轮廓图/描摹轮廓”命令，在弹出的“描摹轮廓”对话框中设置“边缘类型”为“上面”，单击“确定”按钮，就会发现图像中对象的边缘轮廓特别突出，如图10-49所示。

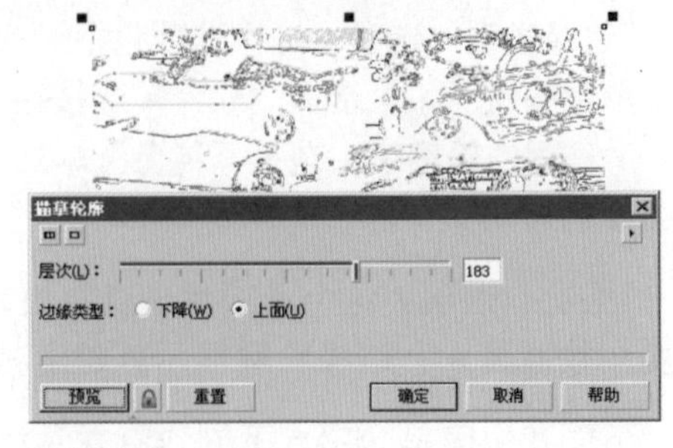

图10-49

10.2.7 创造性特殊效果

CorelDRAW X4 软件中虽然提供了很多可以使图像产生变化的命令，但是“创造性”命令却给用户带来了不同的图像变化效果，它通过滤镜将位图图像转化为添加各种不同形状和纹理的底纹艺术效果的图像。

工艺效果

“工艺”对话框如图10-50所示，对话框中的具体参数详解如下。

“样式”下拉列表框：单击“样式”右侧的三角图标，在下拉列表框中有很多工艺品的样式，可以选择不同的工艺品来作为图像转换的样式。

“大小”选项：这个选项用来决定工艺品图块的大小，数值越大，图块就越大，数值越小，图块也就越小。

“完成”选项：移动此选项的数值滑块，可以设置图像受工艺品图形的影响的大小，数值越大，影响也就越大，数值越小，影响也就越小。

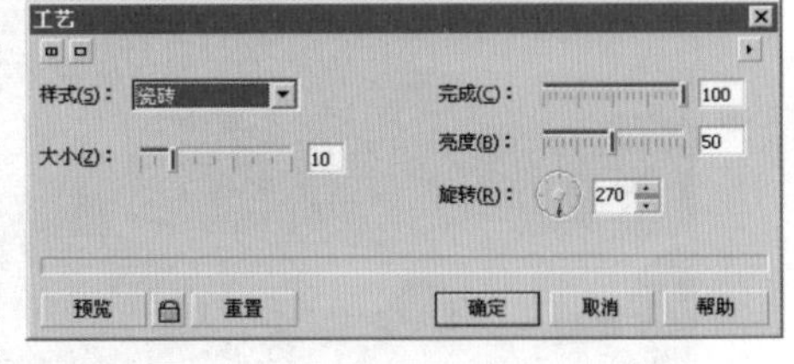

图10-50

“亮度”选项：移动此选项的滑块就可改变亮度的强弱。

“旋转”选项：调整此选项的参数可以设置工艺品图形的旋转角度。

织物效果

下面我们来简单介绍一下制作织物效果的方法。

01 新建一个文件，在属性栏上单击“导入”按钮，从光盘中导入“10-10”位图文件，如图10-51所示。

02 选中导入的图片，然后执行“位图/创造性/织物”命令，在弹出的“织物”对话框中设置“样式”为“刺绣”，单击“确定”按钮，就会发现图像已具有了刺绣底纹效果，如图10-52所示。

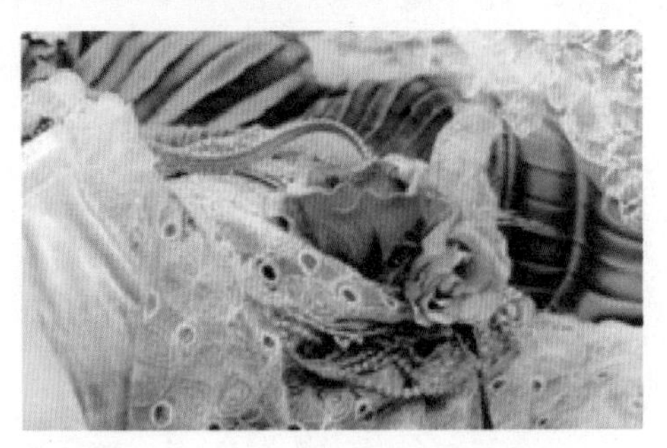

图 10-51

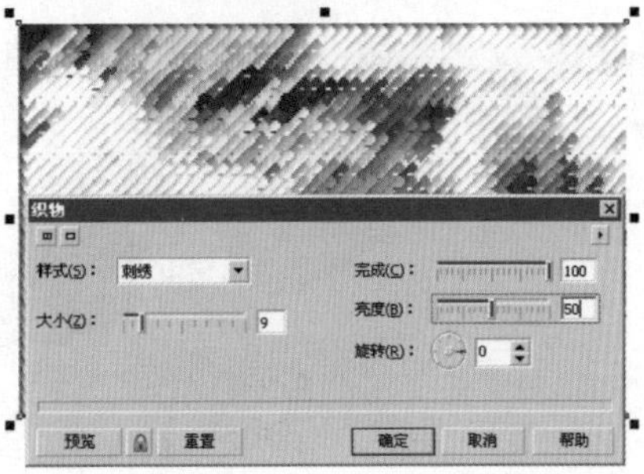

图 10-52

框架效果

“框架”对话框如图 10-53 所示，对话框中的具体参数详解如下。

“颜色”选项：在颜色列表中可以直接设置图框的颜色。

“不透明”选项：这个选项用于设置图框的透明度，选项参数的数值越大，图框就越透明。

“模糊 / 羽化”选项：要更改图框边角的透明度和羽化程度，可以通过调整这个选项的数值滑块来实现。

“调和”下拉列表框：在该下拉列表中有“常规”、“添加”和“乘”3 个选项，选择不同的选项，图像将会有不同的效果。

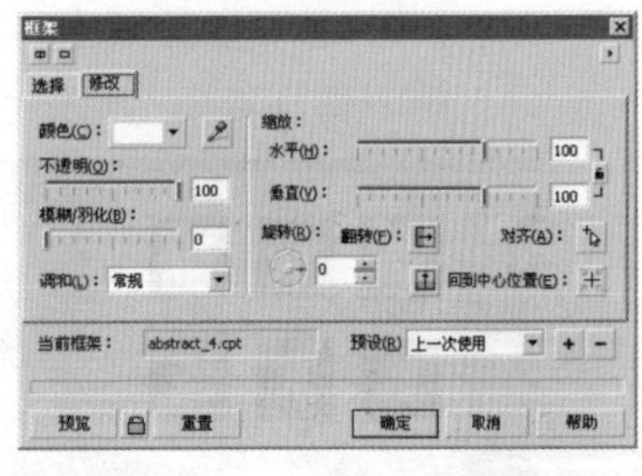

图 10-53

“缩放”选项组：在该选项组中，“水平”和“垂直”两个选项用来缩放图像的宽度和长度，单击锁定图标，就可以在更改“水平”或者“垂直”选项参数时，保证其缩放的宽度和长度相等。

“旋转”选项：在“旋转”选项右侧的文本框中输入数值，或者直接调整角度盘中的指针可设置图框的旋转角度。

“翻转”选项：单击选项左侧的两个翻转图标、，可以使图框进行上下、左右方向的翻转。

“对齐”选项：单击图标，就可以在图像上确定图框的中心点。

“回到中心位置”选项：单击右侧的图标，使更改的图框位置恢复到图框的中心默认位置。

“当前框架”选项：这个选项是不可用的，它显示的是当前所选择的图框名称。

“预设”下拉列表框：在其下拉列表中选择一种预置的效果，单击按钮，可以保存当前的设置，在弹出的对话框中输入预设的名称，以备下次使用；单击按钮，可以删除所选择的预设。

01 新建一个文件，在属性栏上单击“导入”按钮，从光盘中导入“10-10”位图文件，如图 10-54 所示。

02 选中导入的图片，然后执行“位图 / 创造性 / 框架”命令，在弹出的“框架”对话框中单击“图框样式”预览框右侧的三角下拉按钮，在弹出的下拉框中有很多图框样式，如图 10-55 所示。

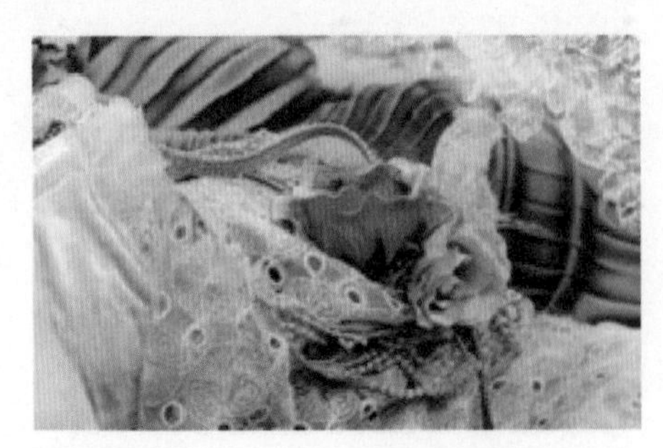

图 10-54

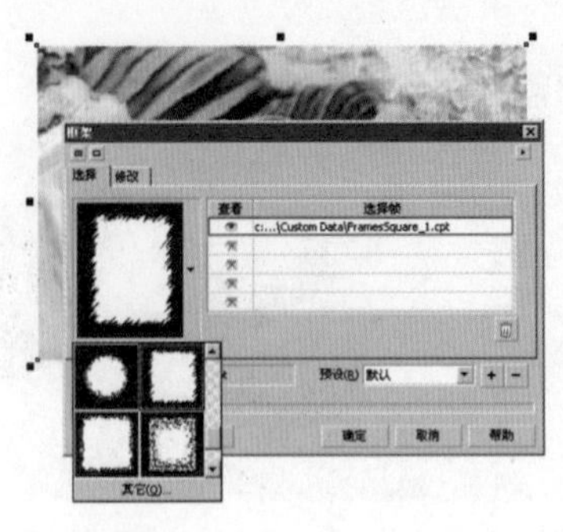

图 10-55

03 单击下拉列表框中的 其它(O)... 按钮，将会弹出一个"装入帧文件"对话框，可以在该对话框选择一种图框样式，如图 10-56 所示，也可以在下拉列表框中直接选择一种图框样式。

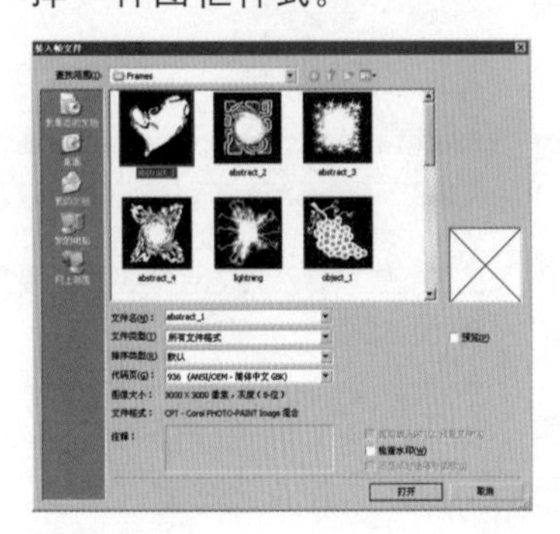

图 10-56

04 选中一个图框样式后，单击"修改"选项卡，在该选项卡下可以进行相应的设置，这里保持默认设置，直接单击"确定"按钮，就会给图像添加图框效果，如图 10-57 所示。

图 10-57

玻璃砖效果

玻璃砖效果是一种透过玻璃看图像的效果，在其对话框中，通过对"块宽度"和"块高度"的设置，可以调整玻璃砖的宽度和高度。

儿童游戏效果

"儿童游戏"对话框如图 10-58 所示，对话框中的具体参数详解如下。

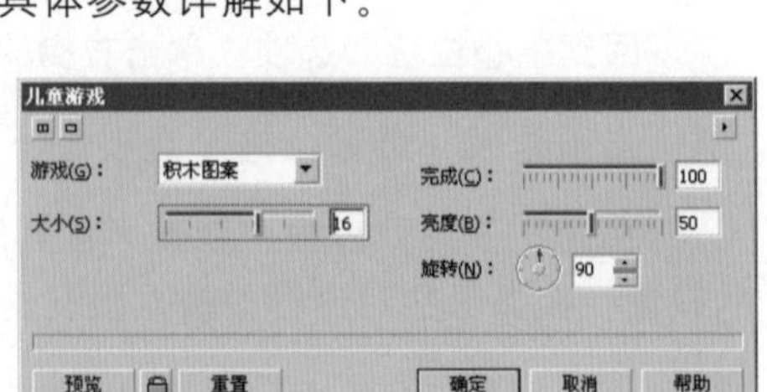

图 10-58

"游戏"下拉列表框：在该下拉列表框中有很多游戏样式，选择不同的样式，图像将产生不同的效果。

"大小"选项：移动这个选项的数值滑块，就可以产生出不同的游戏形状大小，数值越大，形状就越大，数值越小，形状也会越小。

"完成"选项：其参数的设置将影响游戏样式对图像所产生的效果，数值越大，对图像的影响也就越大。

"亮度"选项：移动这个选项的滑块就可改变图像亮度的强弱。

"旋转"选项：调整这个选项的参数可以设置游戏样式的旋转角度。

马赛克效果

在“马赛克”对话框中设置“虚光”选项可以在突出位图某个位置的同时，混合位图及图像的背景色，为马赛克添加一个虚光图框。

01 新建一个文件，在属性栏上单击“导入”按钮，从光盘中导入“10-10”位图文件，如图10-59所示。

02 选中导入的图片，然后执行“位图/创造性/马赛克”命令，在弹出的“马赛克”对话框中设置“背景色”为蓝色，单击“确定”按钮，图像转换为背景色为蓝色的马赛克效果图像，如图10-60所示。

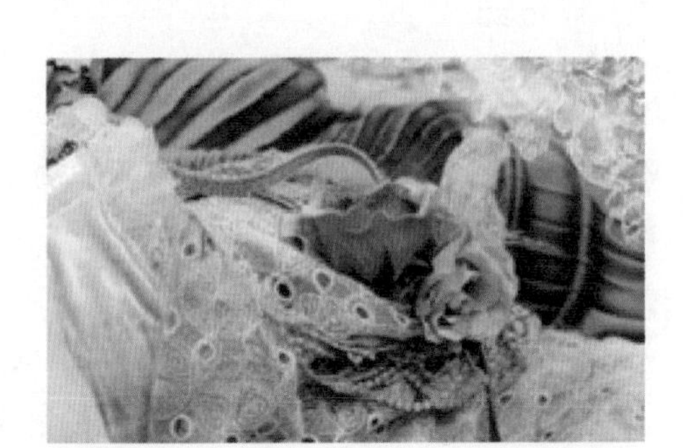

图10-59

图10-60

粒子效果

“粒子”对话框如图10-61所示，对话框中的具体参数详解如下。

“样式”选项组：在“样式”选项组中可以选择“星星”或者“气泡”形状效果来作为粒子的类型。

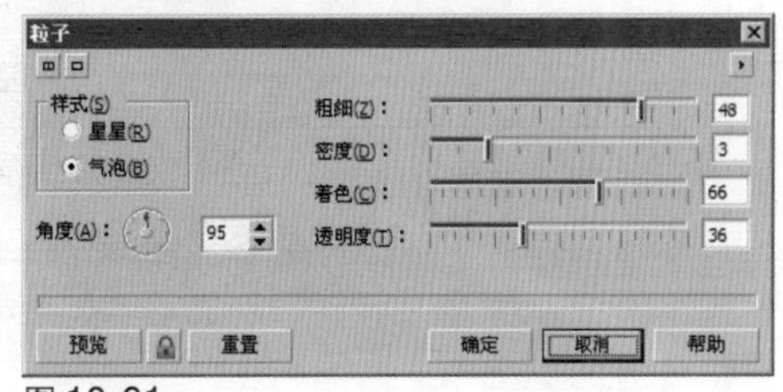

图10-61

“角度”选项：调整这个选项的参数可以设置质点光线的角度。

“粗细”选项：调整这个选项的移动滑块可以改变所选择样式的大小，数值越大，选择的样式也就越大。

“密度”选项：“密度”选项决定所选样式在图像中分布的多少，密度越大，样式在图像中分布得也就越紧密。

“着色”选项：调整此选项的滑块就可以改变所选样式的颜色。

“透明度”选项：“透明度”选项用于设置所选样式的透明度，数值越大，样式图形也就越透明。

下面我们来简单介绍一下粒子效果的制作方法。

01 新建一个文件，在属性栏上单击“导入”按钮，从光盘中导入“10-10”位图文件，如图10-62所示。

02 选中导入的图片，然后执行“位图/创造性/粒子”命令，在弹出的“粒子”对话框中设置“样式”为“气泡”，单击“确定”按钮，图像中就添加了气泡形状的效果，如图10-63所示。

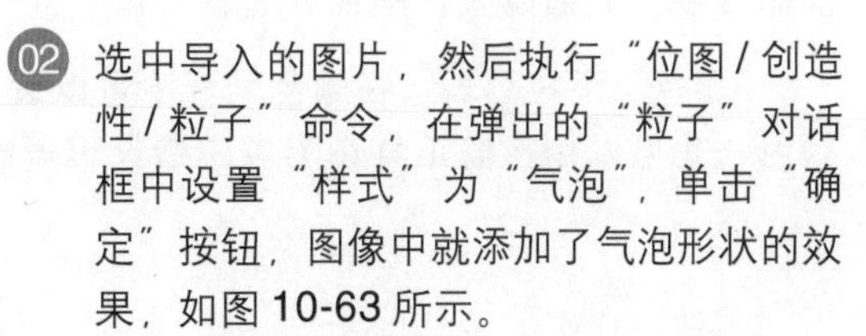

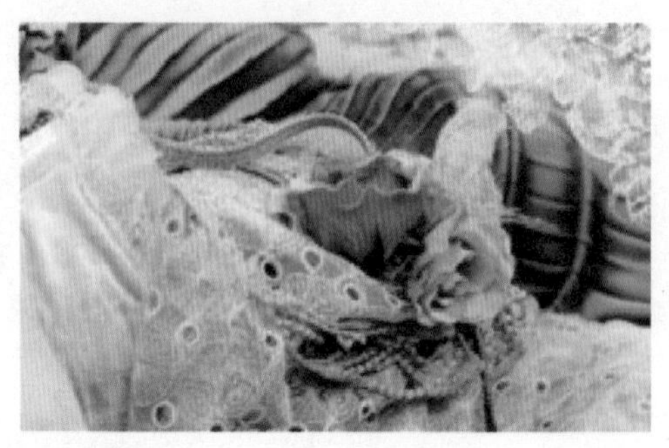

图 10-62

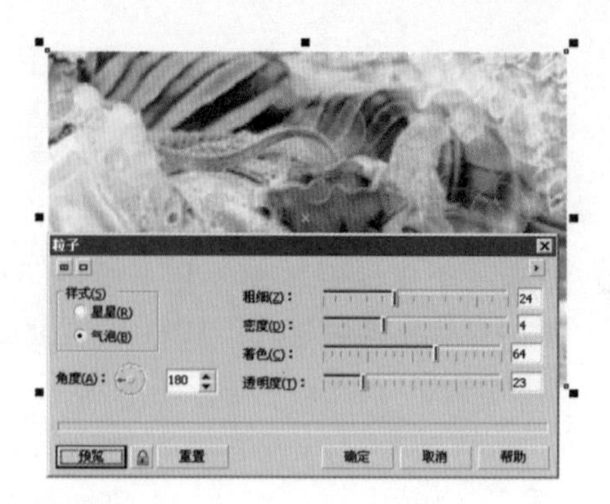

图 10-63

散开效果

在“散开”对话框中对“水平”和“垂直”选项的参数进行设置，可决定水平方向和垂直方向散开的效果，数值越大，图像散开得也就越大。

01 新建一个文件，在属性栏上单击“导入”按钮，从光盘中导入“10-10”位图文件，如图 10-64 所示。

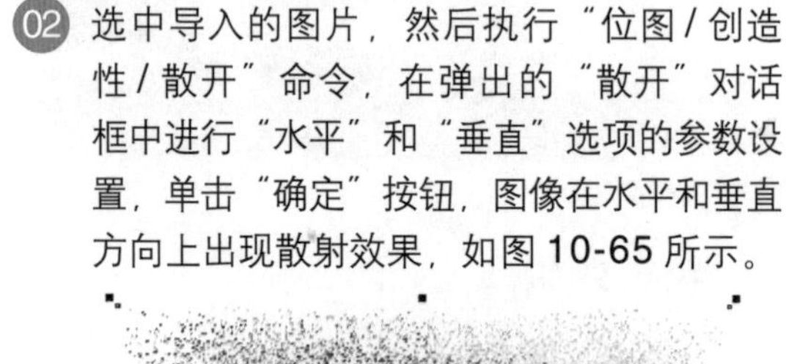

02 选中导入的图片，然后执行“位图 / 创造性 / 散开”命令，在弹出的“散开”对话框中进行“水平”和“垂直”选项的参数设置，单击“确定”按钮，图像在水平和垂直方向上出现散射效果，如图 10-65 所示。

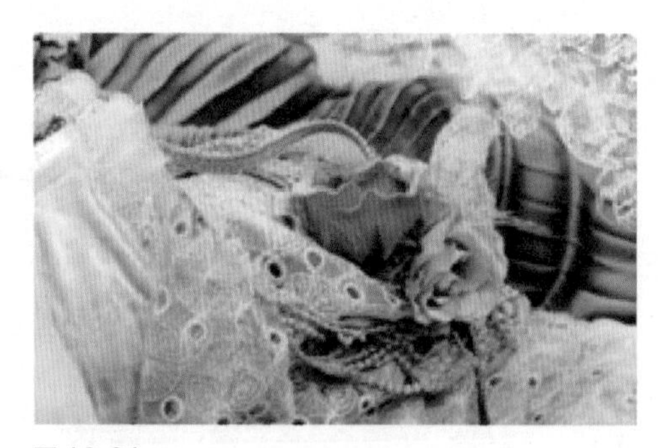

图 10-64

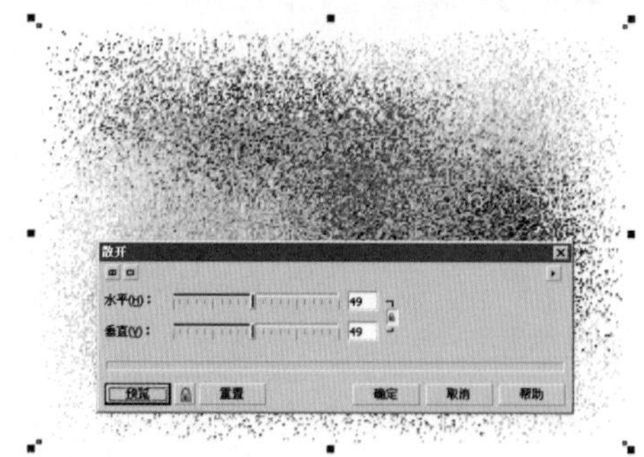

图 10-65

茶色玻璃效果

“茶色玻璃”对话框如图 10-66 所示，对话框中的具体参数详解如下。

“淡色”选项：调整此选项的数值滑块可以设置样式颜色的不透明度。

“模糊”选项：移动此选项的滑块可以设置图像的模糊程度，数值越大，图像就越模糊。

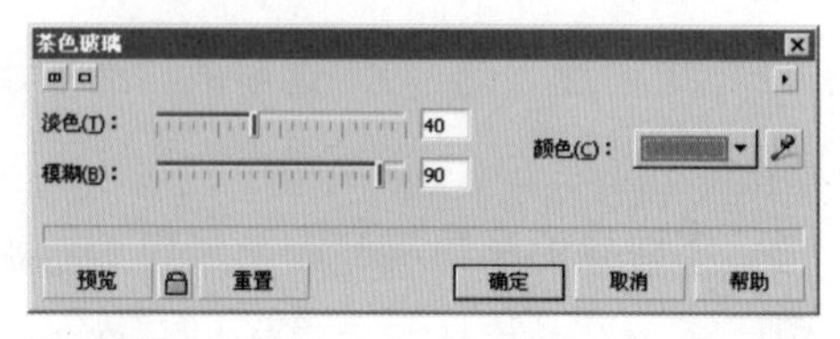

图 10-66

“颜色”下拉列表：在颜色列表中可以设置玻璃的颜色，也可以用拾取工具在图像中选择玻璃的颜色。

01 新建一个文件，在属性栏上单击“导入”按钮，从光盘中导入“10-10”位图文件，如图10-67所示。

02 选中导入的图片，然后执行“位图/创造性/茶色玻璃”命令，在弹出的“茶色玻璃”对话框中设置“颜色”为紫色，单击“确定”按钮后，将会看到在原图像上添加了一层紫色，好像透过紫色玻璃观看图像的感觉，如图10-68所示。

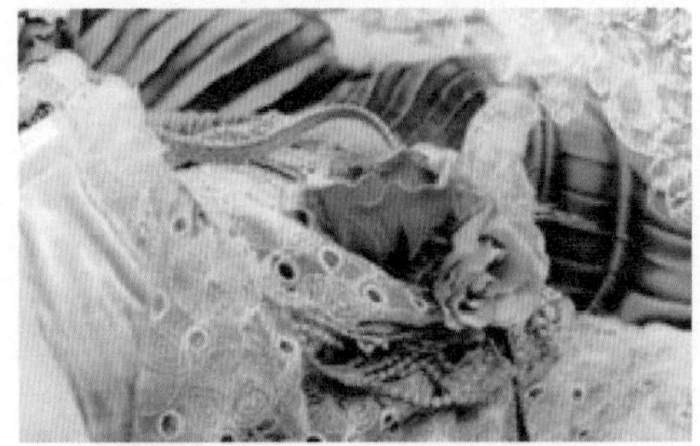

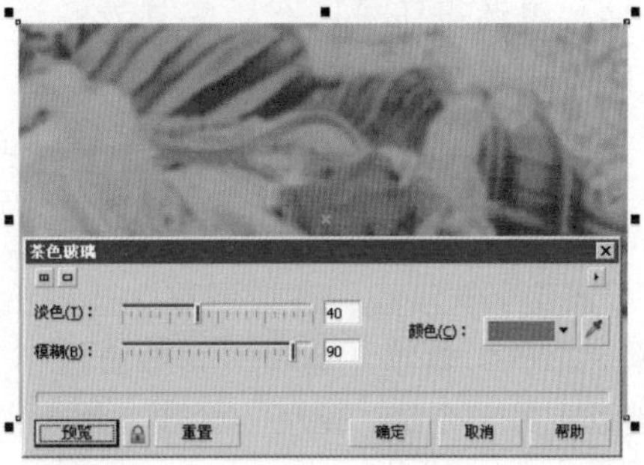

图10-67

图10-68

彩色玻璃效果

“彩色玻璃”对话框如图10-69所示，对话框中的具体参数详解如下。

“大小”选项：调整此选项的滑块就可以决定玻璃块的大小，数值越大，玻璃块也就越大。

“光源强度”选项：要调整图像的亮度，就可以在这个选项中设置需要的参数值。

图10-69

“焊接宽度”微调框：“焊接宽度”是指玻璃块与玻璃块之间接边的宽度，数值越大，其边界也就越宽。

“焊接颜色”下拉列表框：“焊接颜色”就是玻璃块与玻璃块之间接边的颜色。

“三维照明”复选框：选中该复选框，就可以为图像创建三维灯光的效果。

01 新建一个文件，在属性栏上单击“导入”按钮，从光盘中导入“10-10”位图文件，如图10-70所示。

02 选中导入的图片，然后执行“位图/创造性/彩色玻璃”命令，在弹出的“彩色玻璃”对话框中设置“焊接颜色”为橘红色，单击“确定”按钮后就可以看见添加了彩色玻璃效果的图像，如图10-71所示。

图10-70

图10-71

虚光效果

“虚光”对话框如图 10-72 所示，对话框中的具体参数详解如下。

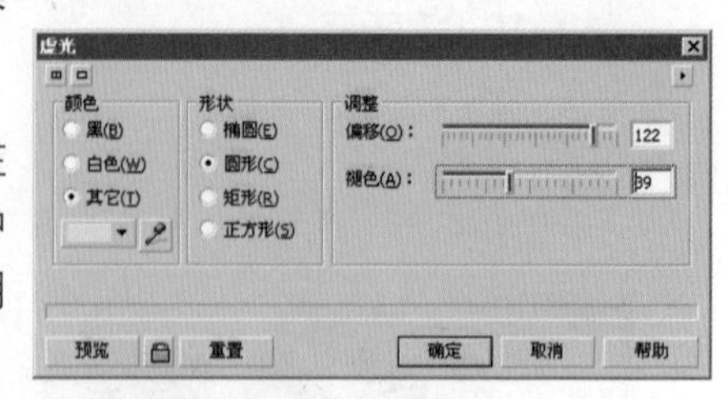
图 10-72

“颜色”选项组：这个选项组用于设置虚光的颜色，在该选项组中包括 3 种可以作为虚光颜色的模式。其中选中“其他”单选按钮可以在颜色列表中选择颜色或者使用“拾取器”选择图像中的颜色。

“形状”选项组：该选项组决定着虚光框架的形状，在这个选项组中有“椭圆”、“圆形”、“矩形”和“正方形”4 种形状可供选择。

“调整”选项组：在“调整”选项组中有两个选项可以调整，一个是决定虚光框架的遮掩范围大小的“偏移”选项，其数值越小，虚光框架遮掩的图像就越多，离框架中心的位置也就越近。另一个是“褪色”选项，用于设置图像与虚光框架之间的过渡效果，其数值越大，过渡效果也就越明显。

下面我们来简单介绍一下制作虚光效果的方法。

01 新建一个文件，在属性栏上单击“导入”按钮，从光盘中导入“10-10”位图文件，如图 10-73 所示。

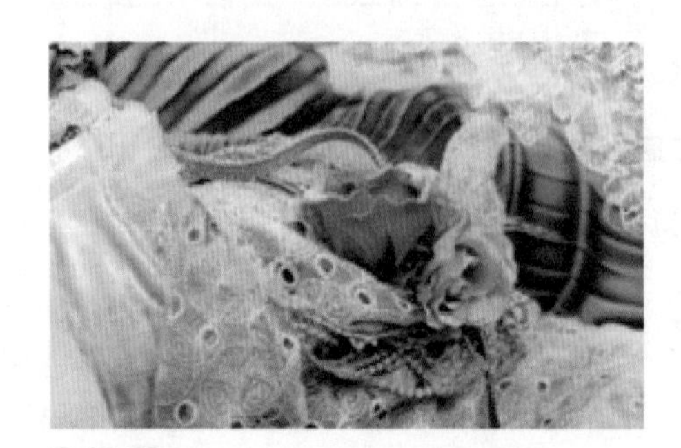
图 10-73

02 选中导入的图片，然后执行“位图 / 创造性 / 虚光”命令，在弹出的“虚光”对话框中选择“颜色”为“其他”，然后在颜色列表中选择黄色，单击“确定”按钮后就可以看见图像的周围产生了一种朦胧的边框效果，如图 10-74 所示。

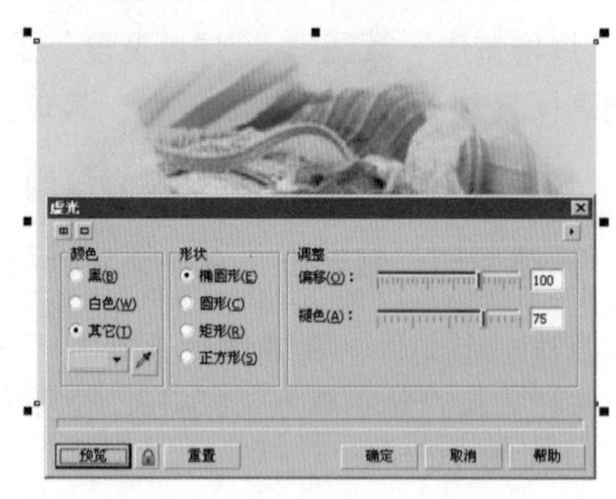
图 10-74

旋涡效果

“旋涡” 对话框如图 10-75 所示，对话框中的具体参数详解如下。

“样式”下拉列表框：“样式”列表中有 4 种可以选择的图像旋涡样式，单击右侧的按钮，可以设置旋涡中心点。

“大小”选项：该选项用于设置画笔的宽度，以便控制旋涡的强弱程度。

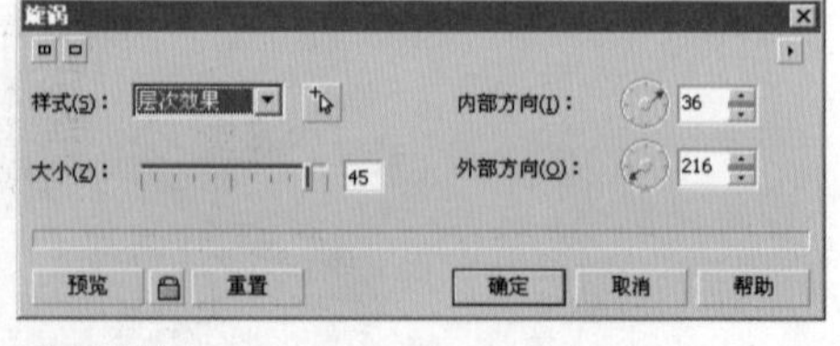
图 10-75

“内部方向”选项：该选项用于设置旋涡中心点的旋涡旋转方向。

“外部方向”选项：选项用于设置旋涡外部的旋涡旋转方向。

01 新建一个文件，在属性栏上单击“导入”按钮，从光盘中导入“10-10”位图文件，如图10-76所示。

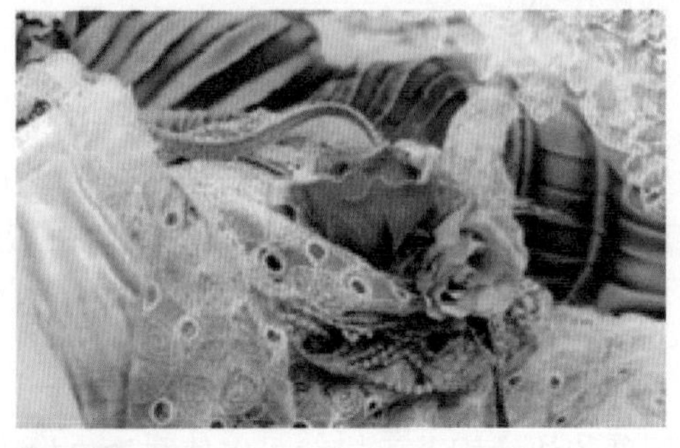

图10-76

02 选中导入的图片，然后执行“位图/创造性/旋涡”命令，在弹出的“旋涡”对话框中选择“样式”为“层次效果”，单击“确定”按钮后就可以看见图像产生了旋涡效果，如图10-77所示。

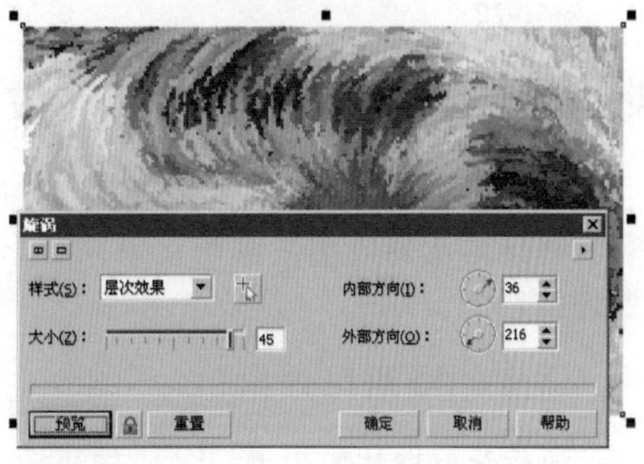

图10-77

天气效果

天气效果就是给图像添加上天气的效果，在“天气”对话框中有“雪”、“雨”、“雾”3种自然效果。

“天气”对话框如图10-78所示，对话框中的具体参数详解如下。

“预报”选项组：在“预报”选项组中，可以根据需要来选择不同的天气情况，有“雪”、“雨”、“雾”3种天气选项。

“浓度”选项：此选项用来选择气候的浓度，调整滑块，数值越大，浓度就越强。

“大小”选项：调整滑块可以改变所选天气的效果大小，数值越大，效果就越明显。

图10-78

“随机化”按钮：单击“随机化”按钮，就可以使所选择的天气随机变化，每单击一次，其右侧的文本框中的数值都会发生变化。

01 新建一个文件，在属性栏上单击“导入”按钮，从光盘中导入“10-10”位图文件，如图10-79所示。

02 选中导入的图片，然后执行“位图/创造性/天气”命令，在弹出的“天气”对话框中选择“预报”为“雪”，单击“确定”按钮后就可以看见图像中所添加的雪的效果，如图10-80所示。

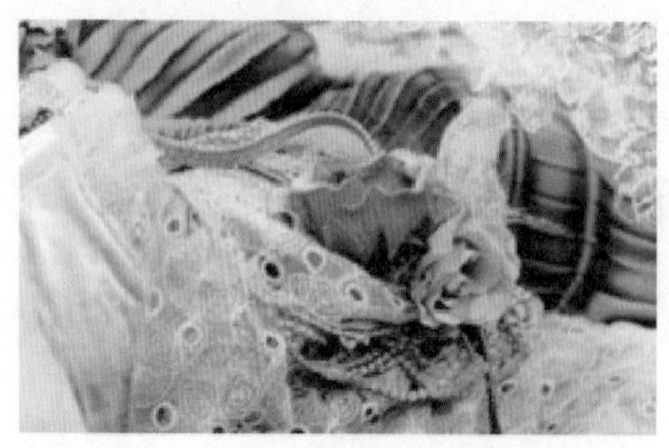

图 10-79

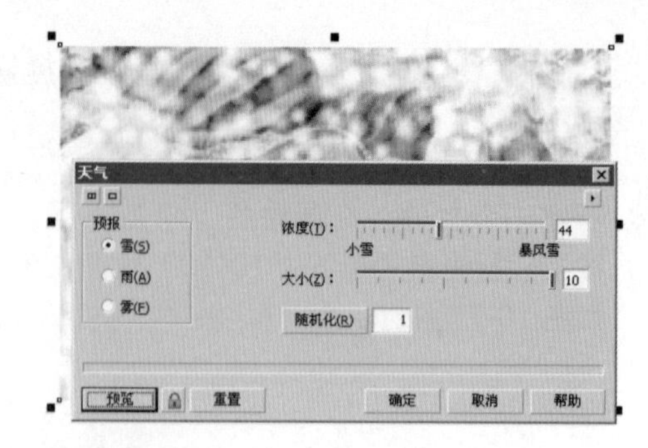

图 10-80

10.2.8 位图鲜明化特殊效果

在 CorelDRAW X4 中提供了 5 种鲜明化效果，分别是适应非鲜明化效果、定向柔化效果、高频滤波器效果、鲜明化效果和非鲜明化遮罩效果，使用这些效果可以使图像的边缘更加鲜明。

适应非鲜明化效果

适应非鲜明化效果通过分析相邻像素的值使图像的边缘细节突出，可以使图像边框的颜色更加鲜明。

定向柔化效果

"定向柔化"命令通过分析图像中边缘部分的像素，确定柔化效果的方向。这种效果能使图像边缘变得鲜明，并且不会产生细纹。

01 执行"文件/打开"命令，在弹出的"打开绘图"对话框中，选择光盘中的"10-11"素材文件，然后单击"打开"按钮，打开的文件如图 10-81 所示。

图 10-81

02 执行"位图/鲜明化/定向柔化"命令，打开"定向柔化"对话框，如图 10-82 所示。

图 10-82

03 在该对话框中，通过调整"百分比"滑块来设置柔化程度。然后单击按钮，打开预览窗口，预览调整后的效果，如图 10-83 所示。

图 10-83

04 将图像调到需要的效果，然后单击“确定”按钮，这样就得到了画面的定向柔化效果，如图10-84所示。

图10-84

高频滤波器效果

高频滤波器效果通过分析图像，突出图像中的高光和明亮的区域，消除图像的细节，也就是将图像中的低分辨率区域和阴影部分清除，产生一种灰色的朦胧效果。

鲜明化效果

鲜明化效果通过分析图像，找到图像的边缘并提高相邻像素与背景之间的对比度，来突出图像的边缘，使图像产生鲜明化的效果，以加强图像定义区域的鲜明程度。

Tip 技巧提示

在“鲜明化”对话框中，通过调整“边缘层次”滑块可设置图像边缘的强度；调整“阈值”滑块，设置一个数值，可控制图像中像素的变化程度。

非鲜明化遮罩效果

非鲜明化遮罩效果使图像中边缘细节得到加强，同时还使模糊的区域变得鲜明。

01 执行“文件/打开”命令，在弹出的“打开绘图”对话框中，选择光盘中的“10-11”素材文件，然后单击“打开”按钮，打开的文件如图10-85所示。

图10-85

02 执行“位图/鲜明化/非鲜明化遮罩”命令，打开“非鲜明化遮罩”对话框，如图10-86所示。

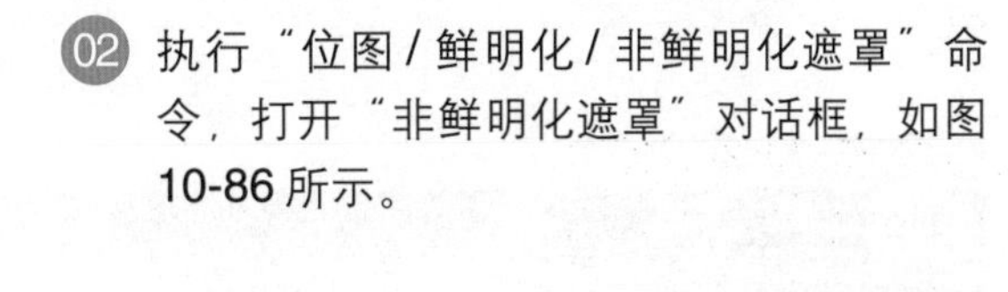

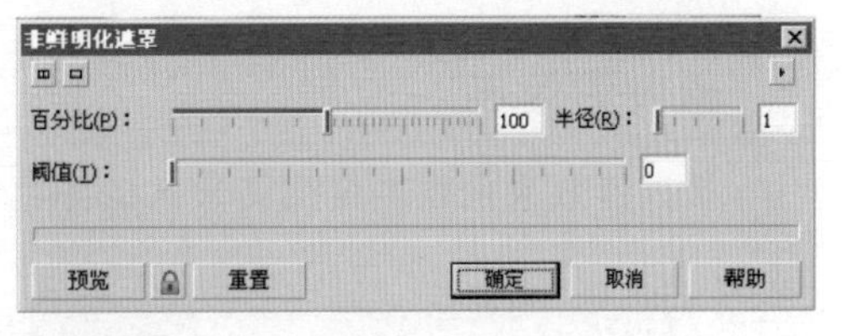

图10-86

03 在“非鲜明化遮罩”对话框中调整参数，然后单击按钮，打开预览窗口，预览调整后的效果，如图10-87所示。

04 通过调整，调到需要的效果，然后单击“确定”按钮，这样就得到了画面的非鲜明化遮罩效果，如图10-88所示。

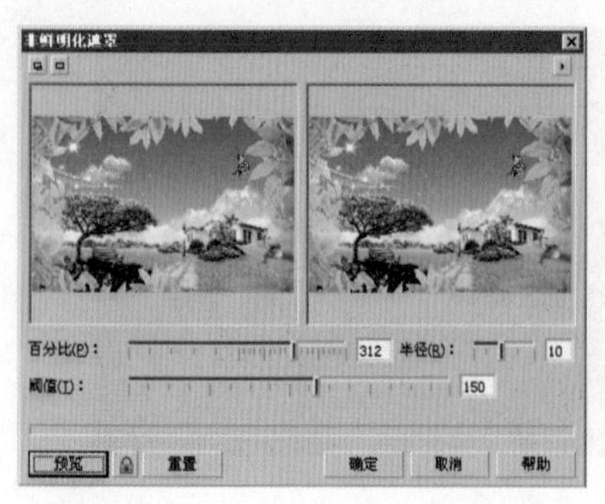

图 10-87

图 10-88

Tip 技巧提示

在“非鲜明化遮罩”对话框中，调整“百分比”滑块可设置图像非鲜明化遮罩的强度；调整“阈值”滑块可设置图像中像素的变化程度；调节“半径”滑块可设置图像非鲜明化遮罩效果的应用范围。

10.2.9 杂点特殊效果

在 CorelDRAW X4 中提供了 6 种杂点效果，分别是添加杂点效果、最大值效果、中值效果、最小值效果、去除龟纹效果和去除杂点效果，可以用于创建、控制和消除杂点。

添加杂点效果

添加杂点效果可以在图像中添加杂点，为平板或者过分混杂的图像制作一种颗粒状的效果。

Tip 技巧提示

在“杂点类型”选项组中，可以选择“高斯式”、“尖突”或者“均匀”类型；调整“层次”滑块可设置杂点效果的强度；调整“密度”滑块可设置杂点效果的密度；在“颜色模式”选项组中，可以选择“强度”、“随机”或者“单一”颜色模式的杂点。

最大值效果

最大值效果是根据位图的最大值颜色附近的像素颜色值来调整像素的颜色，以消除杂点。

Tip 技巧提示

在“最大值”对话框中，可以拖曳“百分比”滑块，设置杂点和空白处像素的大小；拖曳“半径”滑块，设置杂点和空白处像素的宽度大小。

中值效果

中值效果通过平均图像中像素的颜色值来消除杂点和细节。

01 执行“文件/打开”命令，在弹出的“打开”对话框中，选择光盘中的“10-12”素材文件，然后单击“打开”按钮，打开的文件如图10-89所示。

图10-89

02 执行“位图/杂点/中值”命令，打开“中值”对话框，如图10-90所示。

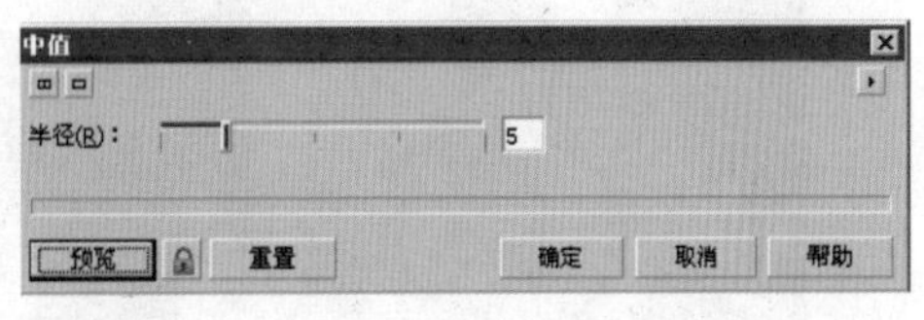

图10-90

03 在“中值”对话框中根据需要调整参数，然后单击按钮，打开预览窗口预览调整后的效果，如图10-91所示。

图10-91

04 调整完成后，单击“确定”按钮，这样就得到了画面的中值效果，如图10-92所示。

图10-92

Tip 技巧提示

在“中值”对话框中，可以拖曳“半径”滑块，设置使用这种效果时像素的数量。

最小效果

最小效果是通过使图像像素变暗的方法来消除杂点。

Tip 技巧提示

在“最小”对话框中，可以拖曳“百分比”滑块，设置图像画面效果的强度；调整“半径”滑块，设置在使用这种效果时选择和评估的像素数量。

去除龟纹效果

去除龟纹效果可去除在扫描的半色调图像中经常出现的图像杂点。

01 执行“文件/打开”命令，在弹出的“打开”对话框中，选择光盘中的“10-12”素材文件，然后单击“打开”按钮，打开的文件如图10-93所示。

图 10-93

02 执行“位图/杂点/去除龟纹”命令，打开“去除龟纹”对话框，如图10-94所示。

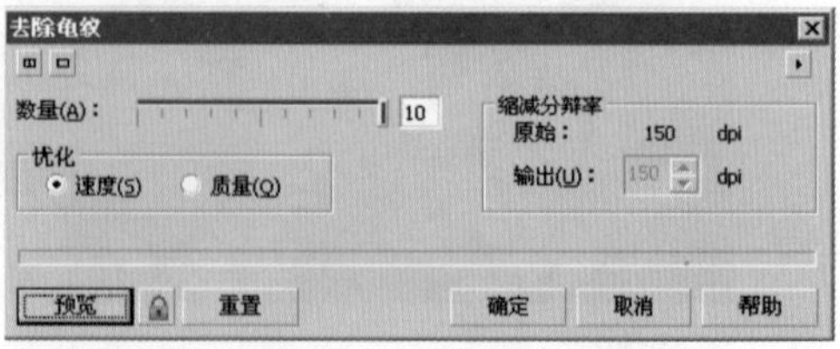

图 10-94

03 在“去除龟纹”对话框中调整参数，然后单击按钮，打开预览窗口，预览调整后的效果。调整完成后，单击“确定”按钮，这样就完成了去除龟纹效果的设置，如图10-95所示。

图 10-95

Tip 技巧提示

在“去除龟纹”对话框中，可以拖曳“数量”滑块，设置去除杂点的数量。在“优化”选项组中，选择“质量”单选按钮可获得高质量效果，但速度较慢；选择“速度”单选按钮则相反。在“输出”微调框中设置输出的分辨率，该值只能比原始图像的分辨率低。

去除杂点效果

去除杂点效果去除扫描图像或者抓取的视频图像中的杂点，使图像变得柔和，它是通过比较相邻的像素并计算出一个平均值来使图像变得平滑。

Tip 技巧提示

在“去除杂点”对话框中，选中“自动”复选框，则自动去除杂点；不选中“自动”复选框，可以通过调整“阈值”滑块，设置去除杂点的范围。

10.2.10 扭曲特殊效果

在CorelDRAW X4中提供了10种扭曲效果，分别是块状效果、置换效果、偏移效果、像素效果、龟纹效果、旋涡效果、平铺效果、湿笔画效果、涡流效果和风吹效果，使用它们可以使图像产生各种不同的扭曲效果。

块状效果

块状效果可以使图像分裂成若干小块。

01 执行“文件/打开”命令，在弹出的“打开绘图”对话框中，选择光盘中的“10-13”素材文件，然后单击“打开”按钮，打开的文件如图10-96所示。

图10-96

02 执行“位图/扭曲/块状”命令，打开“块状”对话框，如图10-97所示。

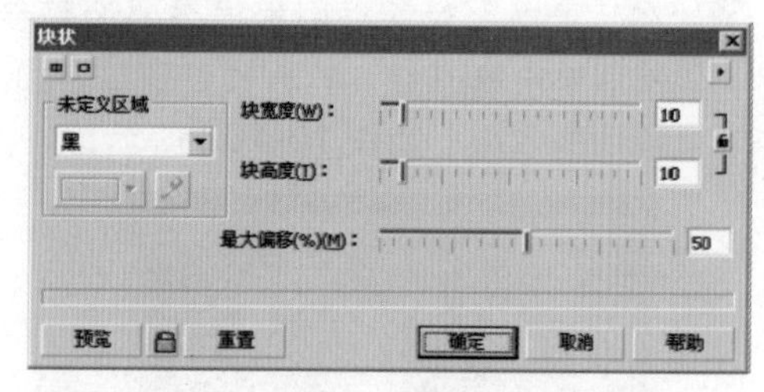

图10-97

03 在“块状”对话框中调整参数，然后单击按钮，打开预览窗口，预览调整后的效果，如图10-98所示。

图10-98

04 调整完成后，单击“确定”按钮，这样就得到了画面的块状效果，如图10-99所示。

图10-99

Tip 技巧提示

在“块状”对话框的“未定义区域”下拉列表中可以设置图块之间空白区域的颜色，可选的颜色包括“原始图像”、“反转图像”、“黑色”、“白色”和“其他”。调整“块宽度”滑块可设置图块的宽度；调整“块高度”滑块可设置图块的高度；调整“最大偏移”滑块可设置图块之间的最大距离。

置换效果

置换效果可以用选择的图形样式变形置换图像，在两个图像之间评估像素颜色的值，并根据置换图的值来改变当前图像的效果。

01 执行“文件/打开”命令，在弹出的“打开绘图”对话框中，选择光盘中的“10-13”素材文件，然后单击“打开”按钮，打开的文件如图10-100所示。

02 执行“位图/扭曲/置换”命令，打开“置换”对话框，如图10-101所示。

图 10-100

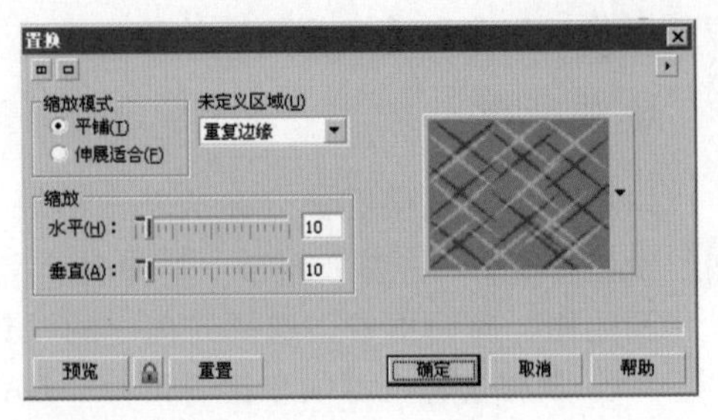

图 10-101

03 在“置换”对话框中根据需要调整参数，然后单击▣按钮，打开预览窗口，预览调整后的效果，如图 10-102 所示。

图 10-102

04 通过调整得到需要的效果后单击“确定”按钮，这样就完成了置换效果的设置，如图 10-103 所示。

图 10-103

Tip 技巧提示

在“置换”对话框中的“缩放模式”选项组中，选择“平铺”单选按钮，可以将置换图在所选的图像区域中平铺；选择“伸展适合”单选按钮，使用单一的置换图经拉伸后覆盖到这个图像上。

在“未定义区域”列表框中，可以选择“重复边缘”和“环绕”两种填充方式。

在“缩放”选项组中，调整“水平”滑块设置水平方向上置换图的位置；调整“垂直”滑块设置垂直方向上置换图的位置。

单击右下角的置换图列表框，选择不同的置换图。

偏移效果

偏移效果按照指定的数值偏移整个图像，并按照指定的方法填充偏移后留下的空白区域，使图像产生偏移的效果。

01 执行“文件/打开”命令，在弹出的“打开绘图”对话框中，选择光盘中的“10-13”素材文件，然后单击“打开”按钮，打开的文件如图 10-104 所示。

02 执行“位图/扭曲/偏移”命令，打开“偏移”对话框，如图 10-105 所示。

图 10-104

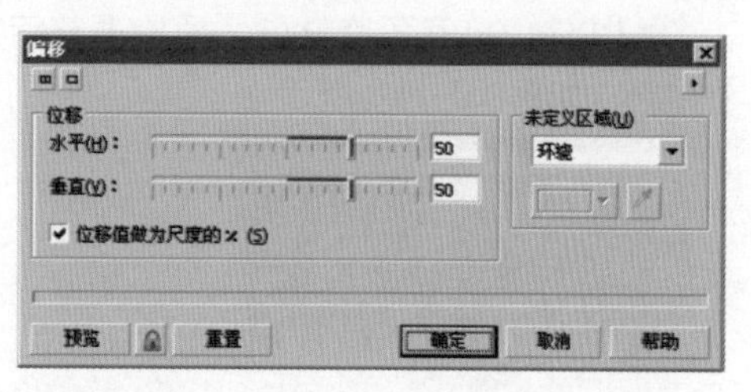

图 10-105

03 在“偏移”对话框中调整参数，然后单击按钮，打开预览窗口，预览调整后的效果，如图 10-106 所示。

图 10-106

04 调整完成后，单击“确定”按钮，这样就完成了偏移效果的设置，如图 10-107 所示。

图 10-107

Tip 技巧提示

在“偏移”对话框中，调整“水平”滑块设置图像在水平方向上的偏移；调整“垂直”滑块设置图像在垂直方向上的偏移。选中“位移值作为尺度的 %”复选框，图像按照图像尺寸的百分比数值移动。在“未定义区域”列表框中，可以选择“重复边缘”、“环绕”和“颜色”3 种填充方式。

像素效果

像素效果使图像产生不同类型的高速旋转像素分解效果。可以将图像分割成正方形、矩形和放射状的单元。

01 执行“文件 / 打开”命令，在弹出的“打开绘图”对话框中，选择光盘中的“10-13”素材文件，然后单击“打开”按钮，打开的文件如图 10-108 所示。

图 10-108

02 执行“位图 / 扭曲 / 像素”命令，打开“像素”对话框，如图 10-109 所示。

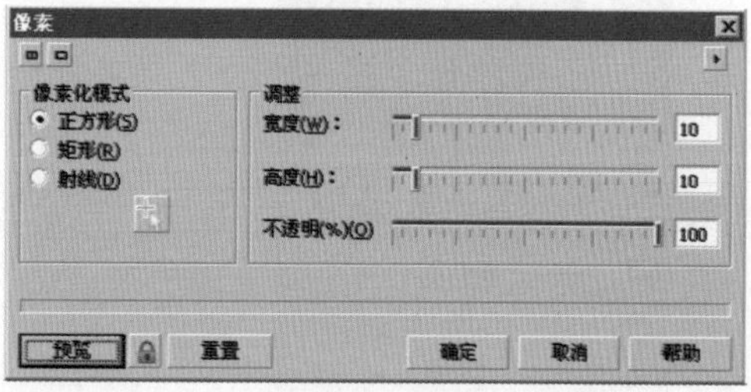

图 10-109

03 在“像素”对话框中调整参数，然后单击按钮，打开预览窗口，预览调整后的效果，如图10-110所示。

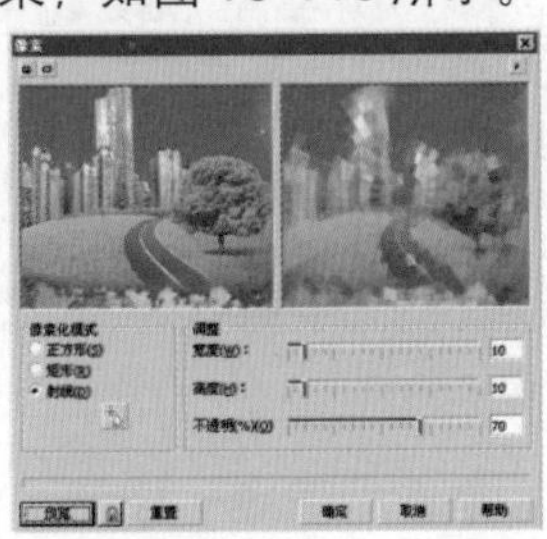

图10-110

04 调整完成后，单击“确定”按钮，这样就得到了画面的像素效果，如图10-111所示。

图10-111

Tip 技巧提示

在“像素”对话框的“像素化模式”选项组中，可以选择“正方形”、“矩形”或者“射线”模式。调整“宽度”和“高度”滑块，可设置像素的大小；调整“不透明”滑块，可设置像素的透明程度。

龟纹效果

龟纹效果为图像添加波纹，产生龟纹变形的效果。

01 执行“文件/打开”命令，在弹出的“打开绘图”对话框中，选择光盘中的“10-13”素材文件，然后单击“打开”按钮，打开的文件如图10-112所示。

图10-112

02 执行“位图/扭曲/龟纹”命令，打开“龟纹”对话框，如图10-113所示。

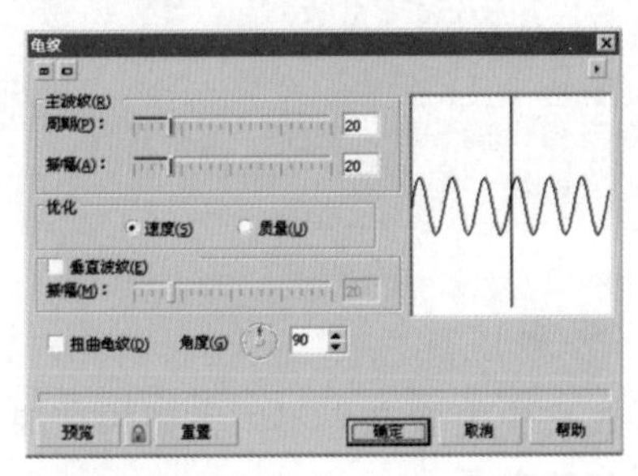

图10-113

03 在“龟纹”对话框中，调整参数，然后单击按钮，打开预览窗口，预览调整后的效果，如图10-114所示。

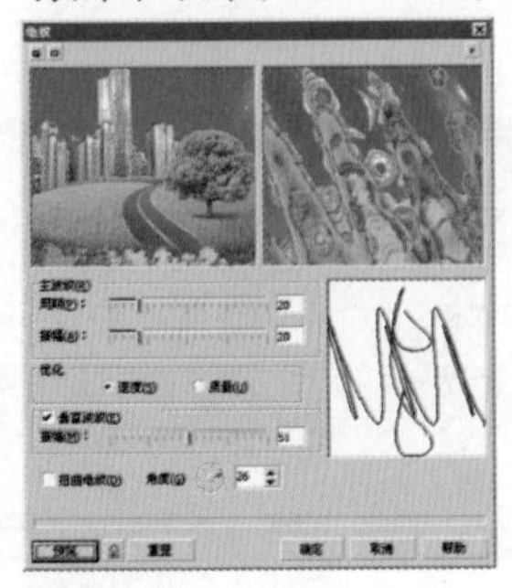

图10-114

04 调整完成后，单击“确定”按钮，这样就为画面添加了龟纹效果，如图10-115所示。

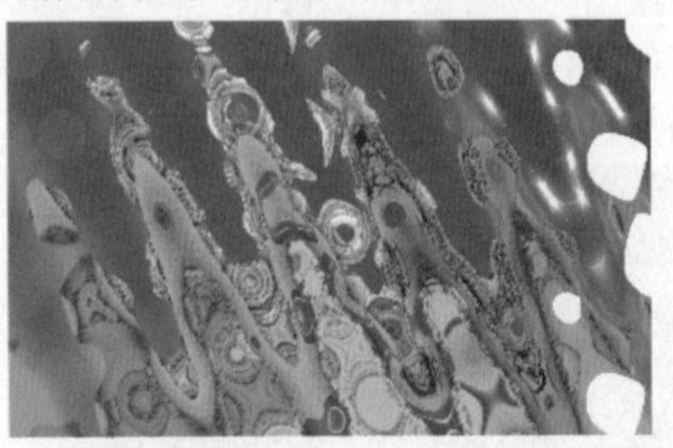

图10-115

Tip 技巧提示

在“龟纹”对话框中，调整“周期”滑块改变水平波纹的周期，调整“振幅”滑块改变波纹的振动幅度。选中“垂直波纹”复选框，可以为图像添加垂直方向的波纹。选中“扭曲龟纹”复选框，为波纹创建锯齿状边缘。在“角度”微调框中，可以设置波纹的角度。

旋涡效果

旋涡效果可以使图像按照指定的方向、角度和旋转中心产生旋涡效果。

01 执行“文件/打开”命令，在弹出的“打开绘图”对话框中，选择光盘中的“10-13”素材文件，然后单击“打开”按钮，打开的文件如图10-116所示。

图10-116

02 执行“位图/扭曲/旋涡”命令，打开“旋涡”对话框，如图10-117所示。

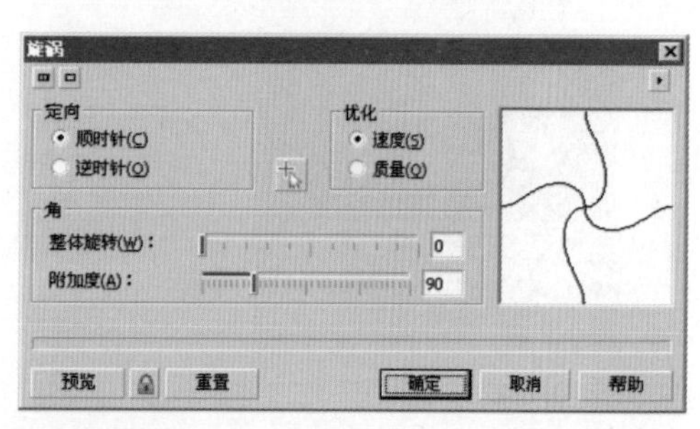

图10-117

03 在“旋涡”对话框中，根据需要调整参数，然后单击按钮，打开预览窗口，预览调整后的效果，如图10-118所示。

图10-118

04 调整完成后，单击“确认”按钮，这样就得到了画面的旋涡效果，如图10-119所示。

图10-119

Tip 技巧提示

在“旋涡”对话框的“定向”选项组中，可以选择“顺时针”或“逆时针”单选按钮。

在“角”选项组中，调整“整体旋转”滑块可设置图像旋转的圈数；调整“附加度”滑块，可设置图像旋转的附加角度。

平铺效果

平铺效果将图像作为平铺块平铺在整个图像的范围内。

01 执行“文件/打开”命令，在弹出的“打开绘图”对话框中，选择光盘中的“10-13”素材文件，然后单击“打开”按钮，打开的文件如图10-120所示。

02 执行“位图/扭曲/平铺”命令，打开“平铺”对话框，如图10-121所示。

图 10-120

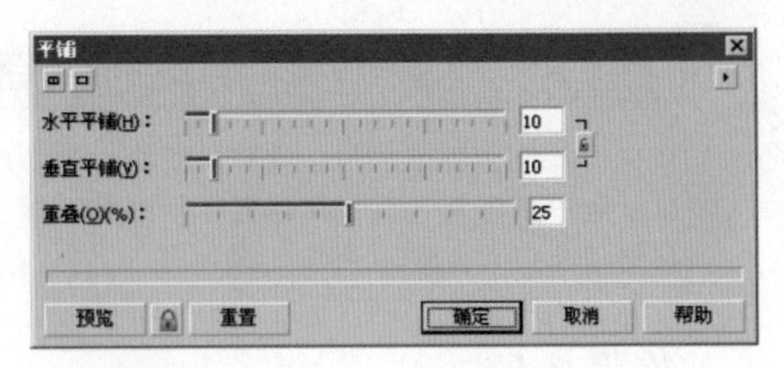

图 10-121

03 在“平铺”对话框中，调整各项参数，然后单击按钮，打开预览窗口，预览调整后的效果，如图 10-122 所示。

图 10-122

04 得到需要的效果后，单击“确定”按钮，这样就为画面添加了平铺效果，如图 10-123 所示。

图 10-123

Tip 技巧提示

在“平铺”对话框中，调整“水平平铺”和“垂直平铺”滑块可设置图像平铺的行数和列数。

湿笔画效果

湿笔画效果将使图像产生油画的感觉。

Tip 技巧提示

在“湿笔画”对话框中，调整“百分比”滑块可设置水滴的大小，值越大，水滴越大；调整“润湿”滑块可设置水滴颜色的深浅，正值产生浅色的水滴，负值产生深色的水滴。

涡流效果

涡流效果为图像添加流动的漩涡图案。

Tip 技巧提示

在“涡流”对话框中，调整“间距”滑块可设置涡流之间的距离；调整“擦拭长度”滑块可设置涡流线的长度；调整“扭曲”滑块可设置旋转方式；调整“条纹细节”滑块可设置涡流线的层次；选中“弯曲”复选框可使图像扭曲。

风吹效果

风吹效果可为图像添加被风吹动的效果。

Tip 技巧提示

在“风吹效果”对话框中，调整“浓度”滑块可设置涡风的强度；调整“不透明”滑块可改变效果的不透明程度；选中“角度”复选框可设置风吹的角度。

Chapter 11
制作表格

在 CorelDRAW X4 中，利用表格工具和相关命令，可以制作各种样式的表格图形对象，还可以对这些表格进行轮廓、填充、对齐格式等选项的设置，制作出美观实用的表格。本章主要介绍如何创建和编辑表格，以及如何对表格添加不同的填充和轮廓效果。

11.1 创建表格

表格工具是CorelDRAW X4新增的功能，利用表格工具和“表格”菜单命令，可以很方便地绘制带有各种样式和效果的表格图形，并对表格进行编辑处理，以得到需要的表格效果。下面我们介绍绘制表格的两种方法。

11.1.1 用表格工具创建表格

01 执行“文件/打开”命令，将光盘中的文件“11-1”打开，如图11-1所示。

图11-1

02 选择工具箱中的“表格工具”，在属性栏中输入行数和列数，如图11-2所示。

图11-2

03 从页面左上角向右下角拖动鼠标，确定好表格的范围，如图11-3所示。

图11-3

04 释放鼠标，并将表格填充为白色，得到绘制的表格的最终效果，如图11-4所示。

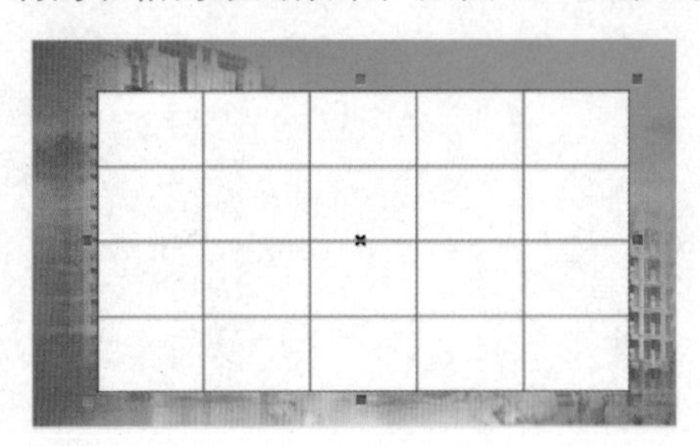

图11-4

11.1.2 用菜单命令创建表格

01 执行“表格/新建表格”命令，在弹出的对话框中，设置好行数、列数和表格的宽度、高度，如图11-5所示。

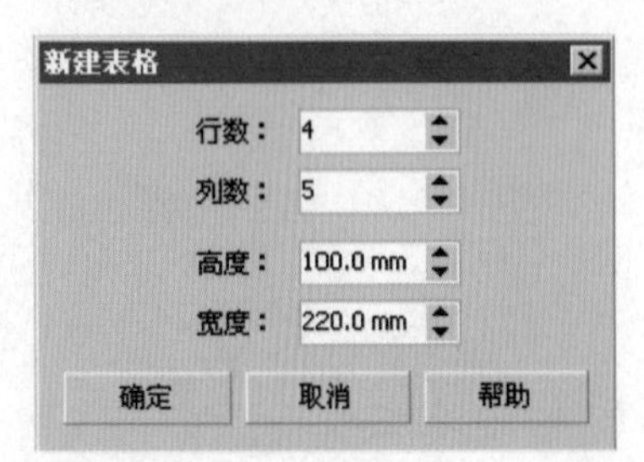

图11-5

02 单击“确定”按钮，并将表格填充为白色，效果如图11-6所示。

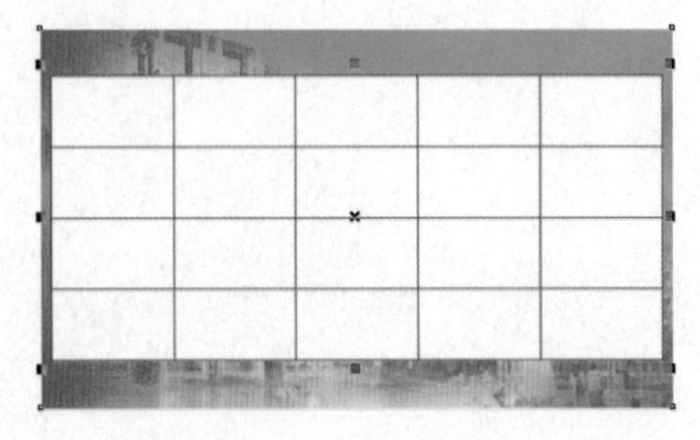

图11-6

11.2 编辑表格

很多情况下，要绘制的表格图形并不是完全规则的，所以在创建表格后，需要对部分表格进行编辑调整，以满足用户的需求。

11.2.1 选定表格

01 在要选择的单元格中单击，设置插入点光标，如图11-7所示。

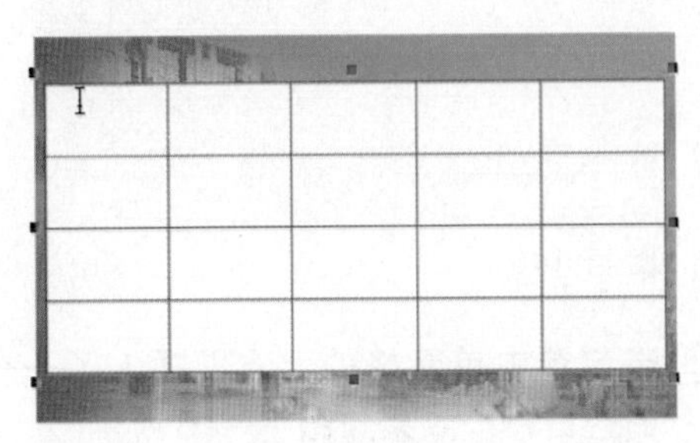

图11-7

02 拖动鼠标，当单元格中出现蓝色的条纹线时释放鼠标，该单元格即被选中，如图11-8所示。

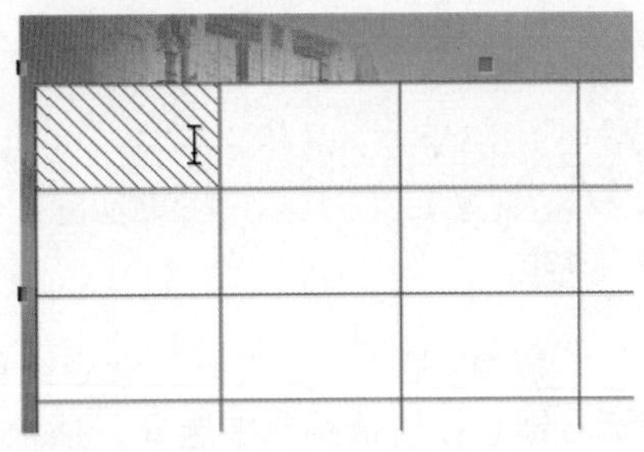

图11-8

03 在要选择的单元格中设置插入点光标后，执行“表格／选定／单元格”命令，也可将光标所在单元格选中，如图11-9所示。

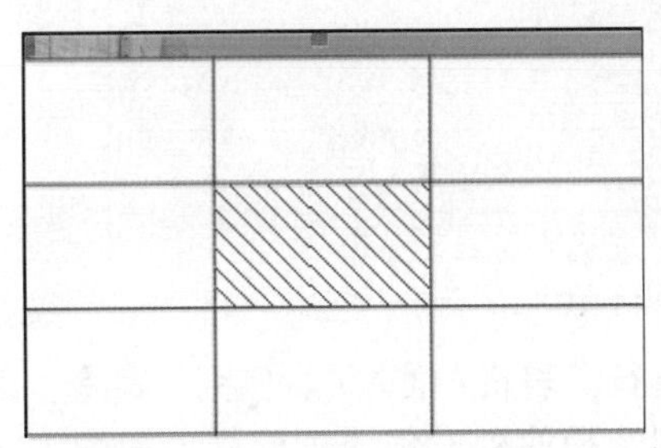

图11-9

04 如果要选中多个相邻单元格，则先设置插入点光标，然后按住鼠标拖动，选中需要的单元格范围，如图11-10所示。

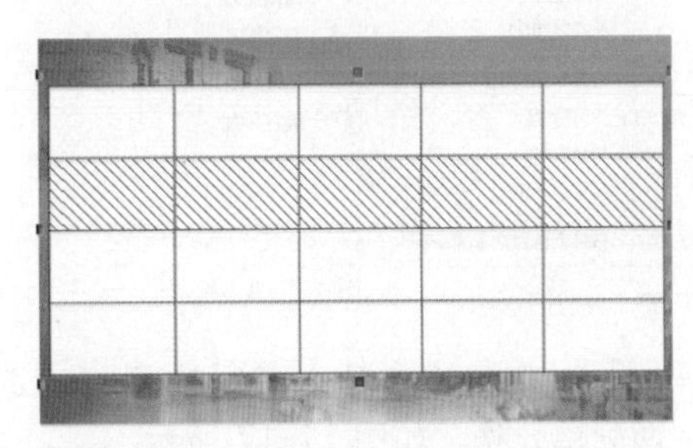

图11-10

05 在要选择的单元格中设置插入点光标后，执行“表格／选定／列”命令，将该单元格所在的一列选中，如图11-11所示。

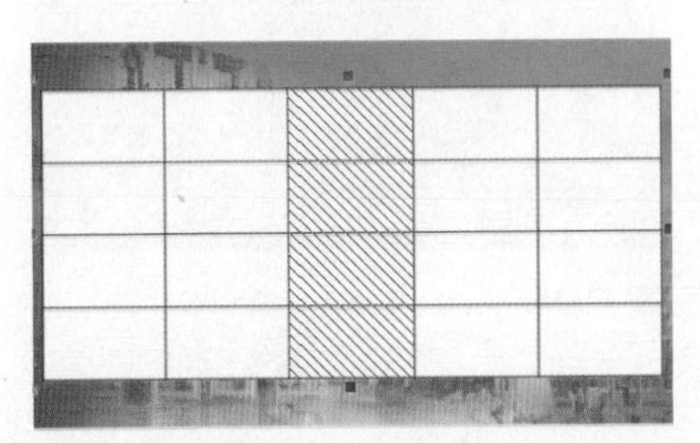

图11-11

06 如果要选中多个不相邻的单元格，可以先选中一个单元格，再按住【Ctrl】键，拖动选中其余不相邻的单元格，如图11-12所示。

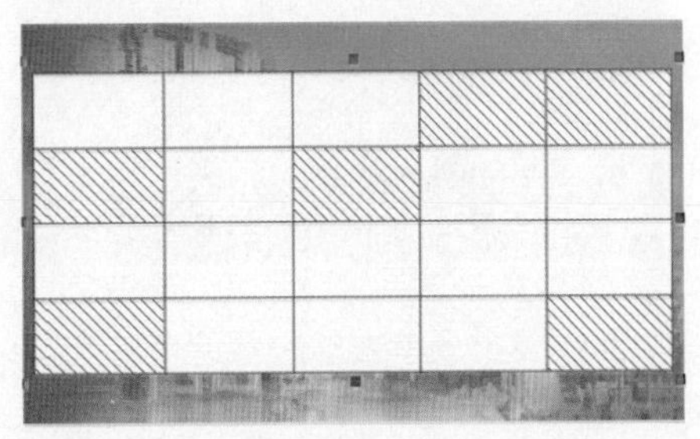

图11-12

11.2.2 在表格中插入行、列

创建表格后，如果表格的行、列数不够，可以通过菜单命令再插入新的行、列。

01 执行“文件/打开”命令，将光盘中的素材文件“11-2”打开，如图11-13所示。

图11-13

02 单击鼠标设置插入点，拖动选中第一行单元格，如图11-14所示。

图11-14

03 执行“表格/插入/上方行”命令或单击鼠标右键，在快捷菜单中选择“插入/上方行”命令，如图11-15所示。

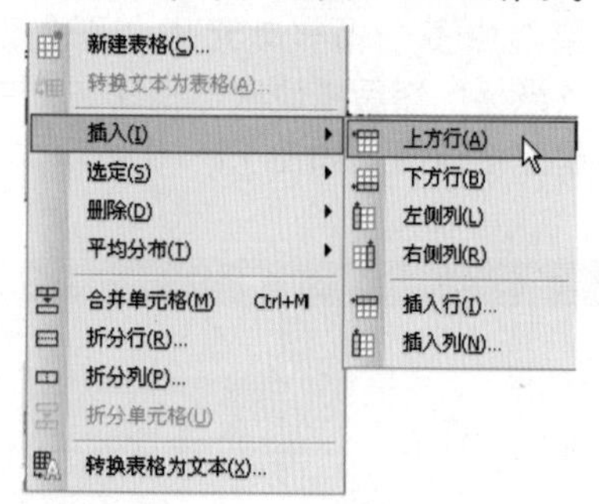

图11-15

04 当前选中单元格的上方即插入了一个新的空白行，效果如图11-16所示。

图11-16

05 也可以在表格中插入多行或多列。选中两列单元格，如图11-17所示。

图11-17

06 执行“表格/插入/右侧列”命令，即在刚选择的列右侧添加两列，如图11-18所示。

图11-18

11.2.3 删除表格中的行、列

创建表格后，如果表格中有多余的行或列，可以通过菜单命令将其删除。

01 执行“文件 / 打开”命令，将光盘中的素材文件“11-2”打开，如图 11-19 所示。

图 11-19

02 单击鼠标，在第一行第三个单元格中插入光标，然后按住鼠标拖动选中需要的单元格范围，如图 11-20 所示。

图 11-20

03 执行“表格 / 删除 / 列”命令或者单击鼠标右键，在快捷菜单中选择“删除 / 列”命令，如图 11-21 所示。

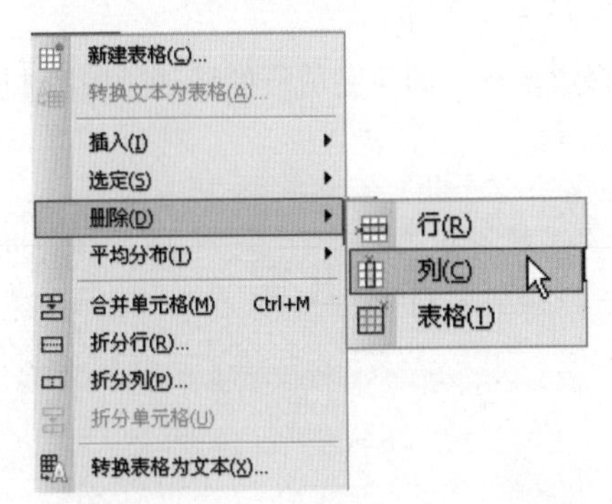

图 11-21

04 当前选中的一列单元格被删除，效果如图 11-22 所示。

图 11-22

05 也可以在表格中删除多行或多列，按住【Ctrl】键，选中两行单元格，如图 11-23 所示，单击鼠标右键，在快捷菜单中选择“删除 / 行”命令。

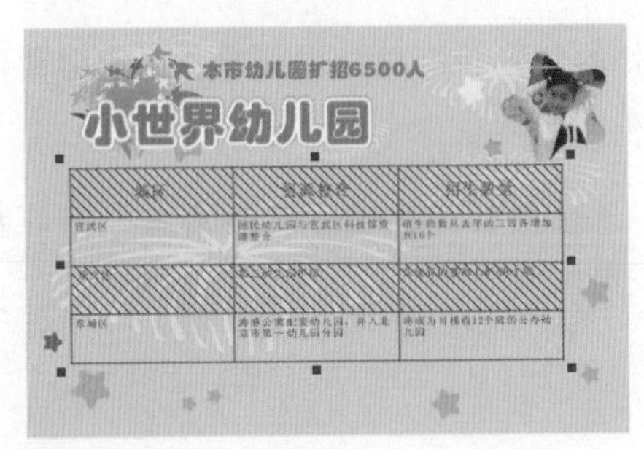

图 11-23

06 当前被选中的两行单元格被删除，效果如图 11-24 所示。

图 11-24

11.2.4 移动表格中的行、列

表格创建好后，如果对表格中行、列的位置不满意，可以随时通过选中和拖动操作，来移动行、列在表格中的位置。在移动时，行、列中的文字内容也会随之一起移动。

用表格工具选中表格中的一行，然后按住鼠标左键，拖动到要移动的位置，释放鼠标后，选中的行即被移动到该位置。当然，也可以同时选中多行，然后进行拖动移动，这样就可以同时移动多行内容。

01 执行“文件/打开”命令，将光盘中的素材文件“11-2”素材打开，如图11-25所示。

图11-25

02 单击鼠标，在第一行单元格中设置插入点光标，然后按住鼠标拖动选中需要的单元格范围，如图11-26所示。

图11-26

03 按住鼠标左键，将第一行单元格拖动到第二行单元格下面，如图11-27所示。

图11-27

04 释放鼠标，即可完成行的移动，如图11-28所示。

图11-28

11.2.5 合并单元格

在很多实用的表格样式中，单元格的大小和所处的位置并不总是规则的，经常会需要将多个单元格合并成一个大的单元格，以满足数据显示的需要。

01 执行“文件/打开”命令，将光盘中的素材文件”11-3”打开，素材上已经建立表格，如图11-29所示。

02 单击鼠标并拖动，将表格第一行前两个单元格选中，如图11-30所示。

图 11-29

图 11-30

03 执行“表格 / 合并单元格”命令，或者单击鼠标右键，在快捷菜单中选择“合并单元格”命令，如图 11-31 所示。

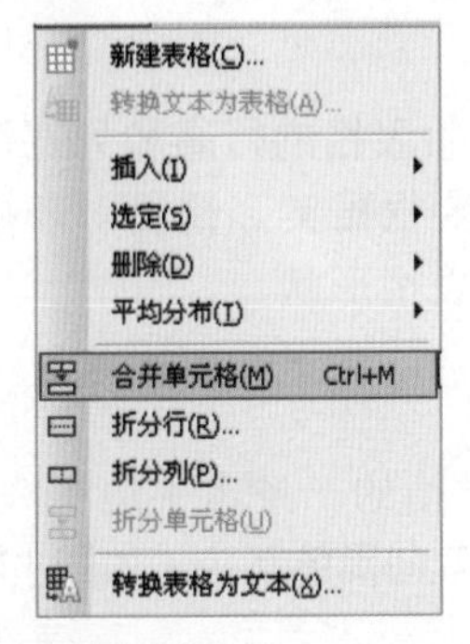

图 11-31

04 释放鼠标，即可完成单元格的合并，按照同样方法将其他要合并的单元格进行合并，如图 11-32 所示。

图 11-32

11.2.6 拆分表格

在绘制一些不规则的表格样式时，除了将多个单元格合并成一个单元格，还可以将一个单元格拆分成多行或多列，来实现不同的表格样式效果。

对于利用“合并单元格”命令产生的单元格，可以选中该合并的单元格后，执行“表格 / 拆分单元格”命令，或单击鼠标右键，在弹出的快捷菜单中选择“拆分单元格”命令，或者单击属性栏中对应的功能图标，即可将该单元格按照当前行列分布自动拆分为适合的单元格状态。

01 利用刚刚完成合并的单元格，我们来练习表格的拆分操作，如图 11-33 所示。

图 11-33

02 将要拆分的单元格选中，执行“表格 / 拆分列”命令，或在鼠标右键快捷菜单中选择该命令，如图 11-34 所示。

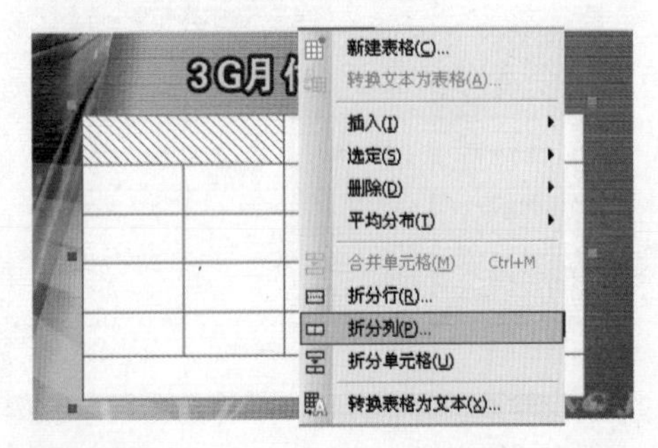

图 11-34

03 执行拆分命令后，在弹出的对话框中输入要拆分单元格的列数，然后单击“确定”按钮，完成表格的拆分，如图11-35所示。

图11-35

04 用同样的方法将其他要拆分的单元格进行拆分，最终效果如图11-36所示。

图11-36

11.2.7 调整表格大小

不论是使用表格工具，还是“表格/新建表格”命令，创建的初始表格的行高和列宽都是相等的，而很多时候，用户需要的表格行高和列宽并不相等，这时要根据实际情况对表格的行高、列宽进行调整，也可以调整表格的整体大小，以得到需要的表格形状。

调整行高

01 执行“文件/打开”命令，将光盘中的素材文件”11-4”打开，如图11-37所示。

图11-37

02 将光标放置在表格的一条水平边框线上，光标变为上下的双向黑色箭头，如图11-38所示。

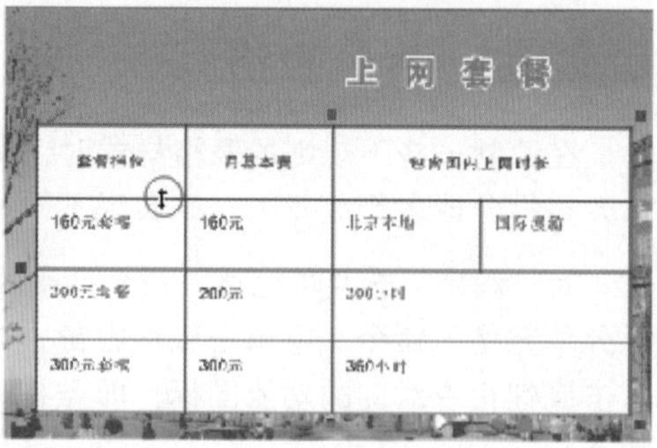

图11-38

03 按住鼠标上下拖动，即可以调整该表格边框线所在行的高度，如图11-39所示。

图11-39

04 用同样的方法将其他要调整的行高调整好，完成后的最终效果如图11-40所示。

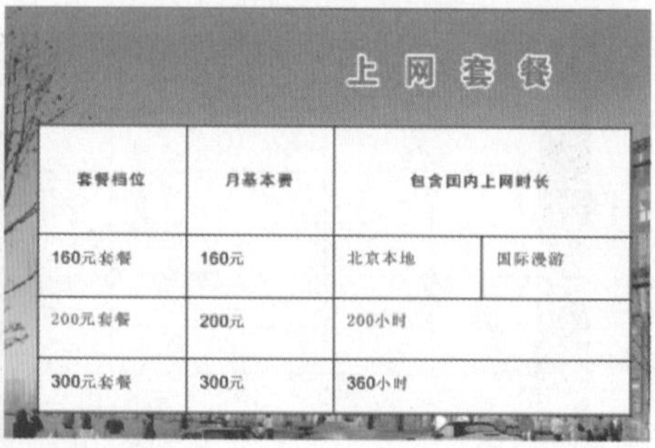

图11-40

调整列宽

01 利用刚刚调整了行高的单元格，我们来练习表格列宽的调整，如图11-41所示。

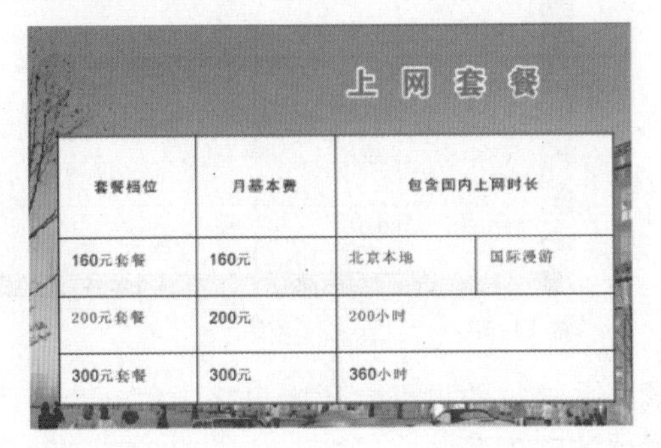

图11-41

02 将光标放置在表格的一条垂直边框线上，光标变为左右的双向黑色箭头，如图11-42所示。

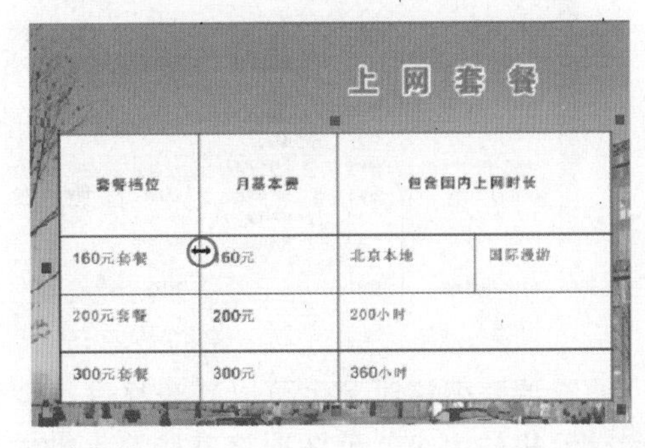

图11-42

03 按住鼠标左右拖动，即可调整该表格边框线所在列的宽度，如图11-43所示。

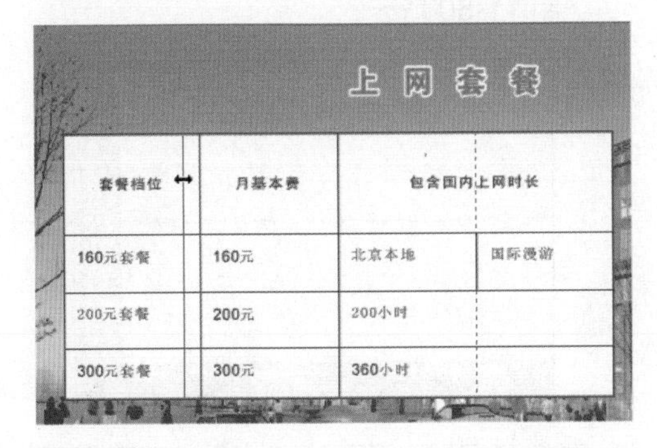

图11-43

04 用同样的方法将其他要调整的列宽调整好，完成后的最终效果如图11-44所示。

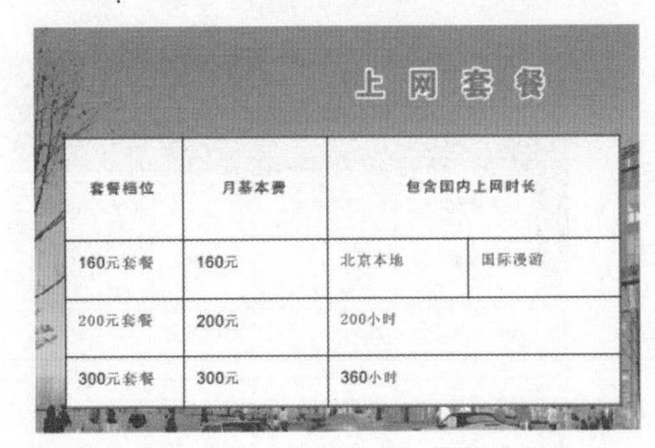

图11-44

在一些表格样式中，需要将几个相邻的行调整为同一高度，或将相邻的列调整为同一宽度，这时如果用眼睛直接观察会不精确，如果使用标尺又比较麻烦。这种情况下，可以选中要调整的多行或多列，然后执行“平均分布行”或“平均分布列”命令。平均分布行、列的具体操作方法如下。

01 利用刚刚调整过行高和列宽的表格，我们来对表格列宽进行平均分布，如图11-45所示。

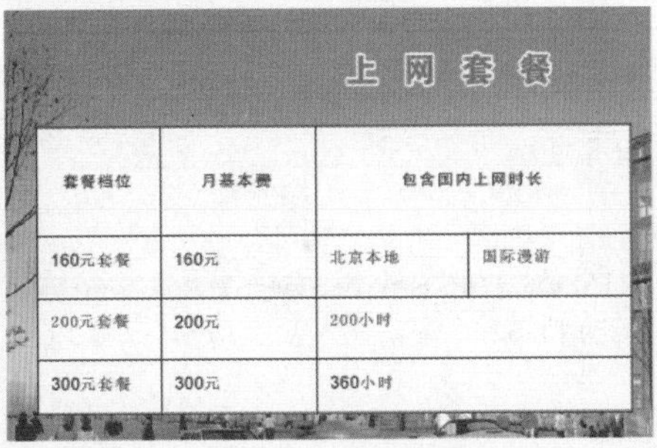

图11-45

02 选择“表格工具”，选中表格中相邻的4行单元格，执行“表格/平均分布/平均分布行”命令或在右键快捷菜单中选择该命令，如图11-46所示。

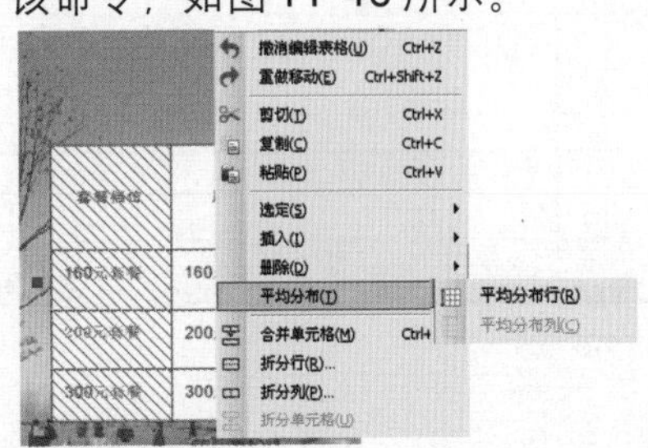

图11-46

03 用同样的方法，将表格中的列宽重新分布，如图 11-47 所示。

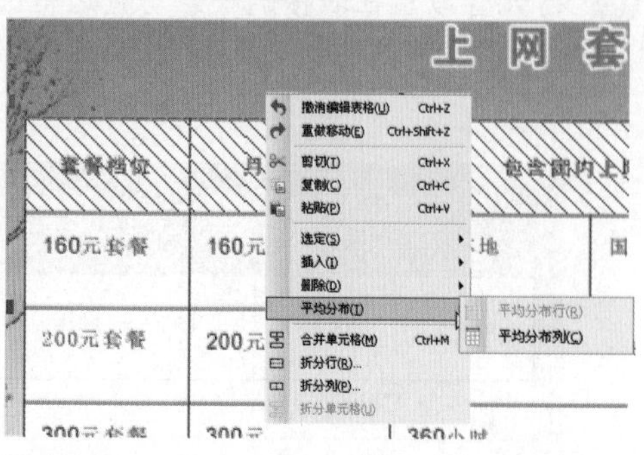

图 11-47

04 通过上面的方法，将表格的行列平均分布好，完成后的最终效果如图 11-48 所示。

图 11-48

在调整表格时，也可以对表格进行整体的调整，这样的调整会影响表格中每一个行、列和单元格的大小。整体调整表格的大小的具体操作方法如下。

01 继续利用刚刚调整好的表格，我们来进行表格整体大小的调整，如图 11-49 所示。

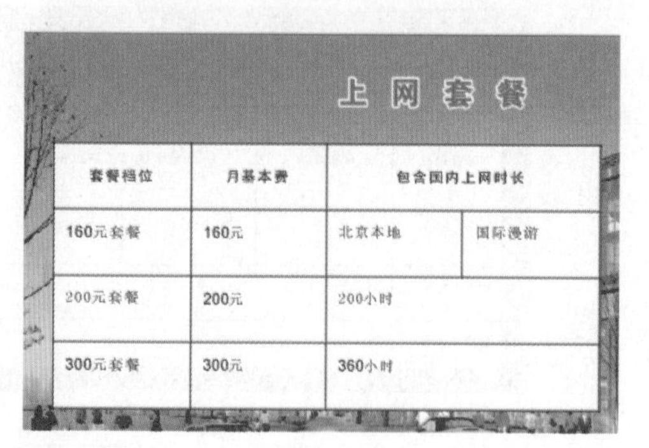

图 11-49

02 选择“表格工具”或“挑选工具”，将光标放置在表格右下角的控制点上，如图 11-50 所示。

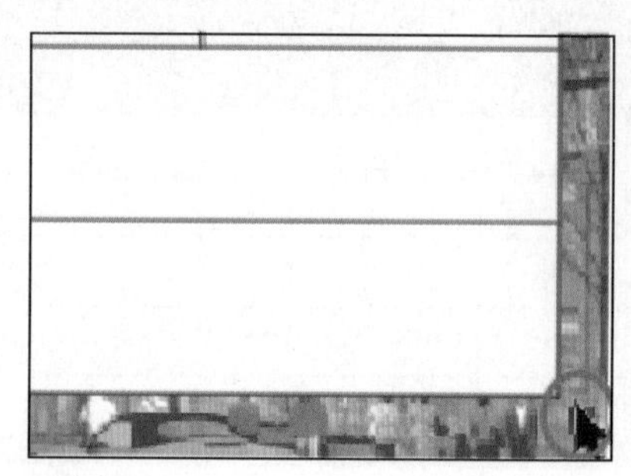

图 11-50

03 当光标变为斜向的双向箭头时，按住鼠标向左上拖动，可以看到预览线条中，表格中所有行、列和单元格都随之放大，如图 11-51 所示。

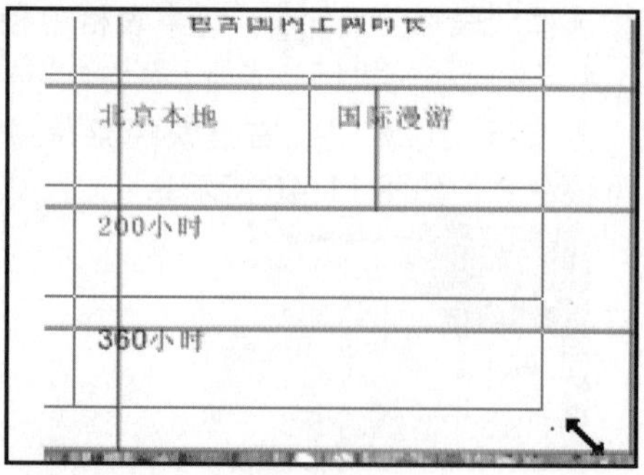

图 11-51

04 释放鼠标后，表格整体等比例放大，效果如图 11-52 所示。

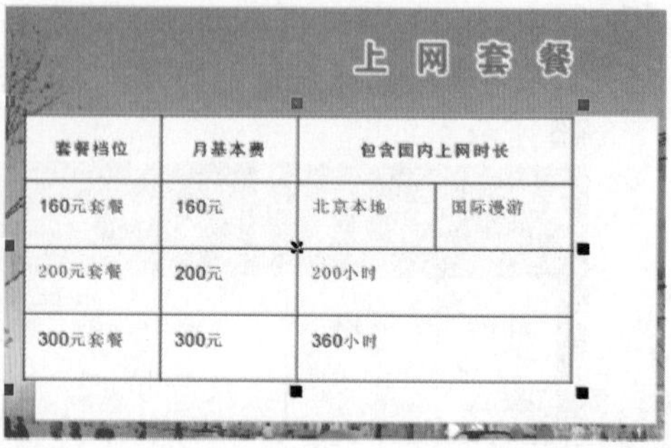

图 11-52

11.3 设置表格样式效果

默认情况下，绘制的表格没有填充颜色，边框轮廓是黑色的细线，这个外观效果比较单一，在很多设计作品中，经常需要对表格的外观进行美化，使其与设计作品的整体协调、统一。在CorelDRAW X4 中，用户可以将表格像普通图形那样，进行填充内容及效果的设置，对表格边框的轮廓颜色、样式等效果也可以进行设置，从而制作出美观大方、符合用户设计要求的表格效果。

11.3.1 设置轮廓样式

设置轮廓样式的具体操作方法如下。

01 执行“文件/打开”命令，将光盘中的素材文件”11-5”打开，如图11-53所示。

图11-53

02 表格边框线的设置方法与普通图形轮廓线的设置方法相同，也可以在属性栏中进行设置，同时，也可以利用轮廓工具组中的工具对话框对其进行设置，如图11-54所示。

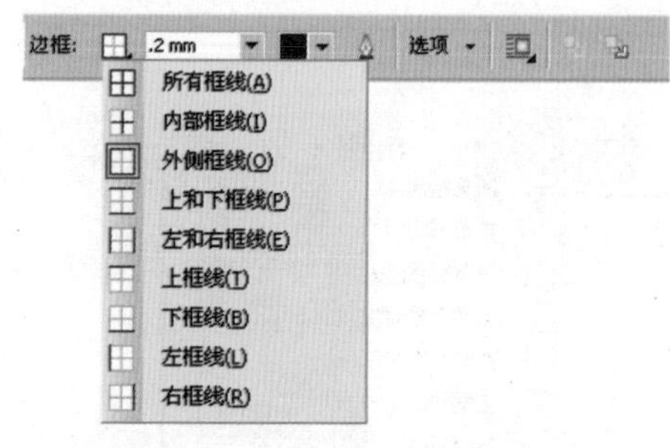

图11-54

03 选择“表格工具”或“挑选工具”，选中整个表格，如图11-55所示。

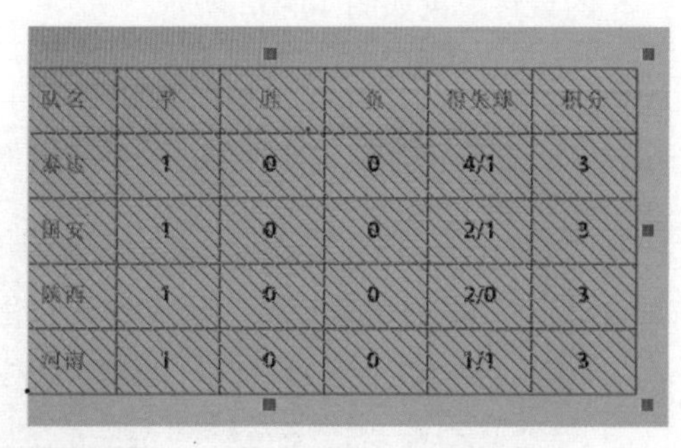

图11-55

04 在属性栏中，设置“边框”选项为“外侧框线”，再设置“轮廓宽度”为0.4mm，可以看到表格边框的效果如图11-56所示。

图11-56

11.3.2 设置轮廓颜色

在设置表格轮廓样式的同时，也可以对表格边框线的颜色进行设置。在选中要设置轮廓颜色的表格、行、列或单元格后，在属性栏中单击轮廓颜色块，在弹出的下拉列表中选择一种预置的颜色即可。当然，也可以单击列表中的“其他”按钮，对轮廓的颜色进行编辑。

01 利用刚刚设置了轮廓样式的单元格，我们来进行表格轮廓颜色的调整，如图11-57所示。

超 积 分
超
战
卡
名次 | 队名 | 平 | 胜 | 负 | 得失球 | 积分
1 | 泰达 | 1 | 0 | 0 | 4/1 | 3
2 | 国安 | 1 | 0 | 0 | 2/1 | 3
3 | 陕西 | 1 | 0 | 0 | 2/0 | 3
4 | 河南 | 1 | 0 | 0 | 1/1 | 3

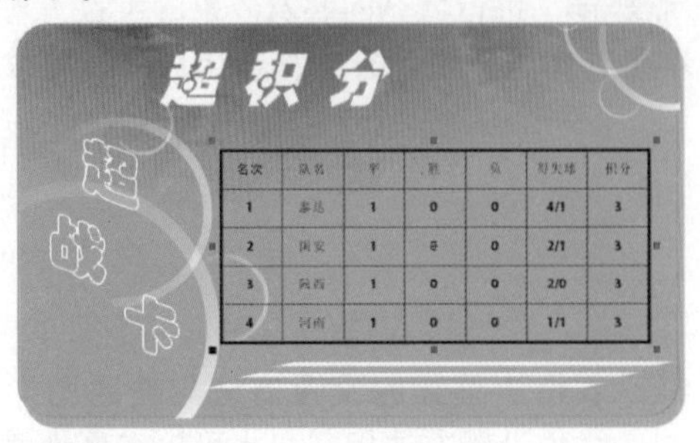

图11-57

02 用“表格工具”选中表格最后一列，如图11-58所示。

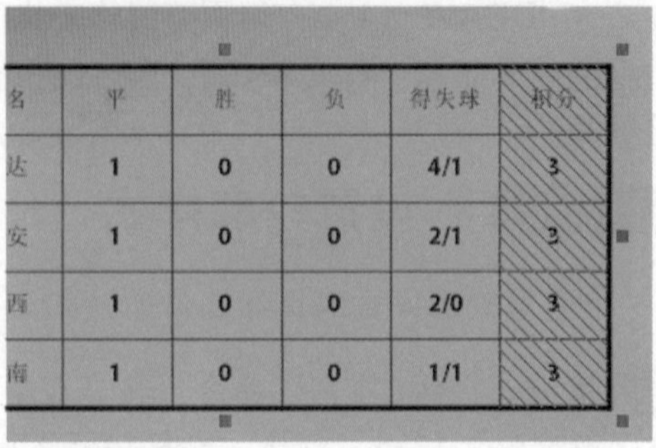

名 | 平 | 胜 | 负 | 得失球 | 积分
达 | 1 | 0 | 0 | 4/1 | 3
安 | 1 | 0 | 0 | 2/1 | 3
西 | 1 | 0 | 0 | 2/0 | 3
南 | 1 | 0 | 0 | 1/1 | 3

图11-58

03 设置“边框”选项为“左框线”，再设置“轮廓颜色”为“红色”，如图11-59所示。

边框:
.2 mm
选项
所有框线(A)
内部框线(I)
外侧框线(O)
上和下框线
左和右框线
上框线(T)
下框线(B)
左框线(L)
右框线(R)
其它(O)...

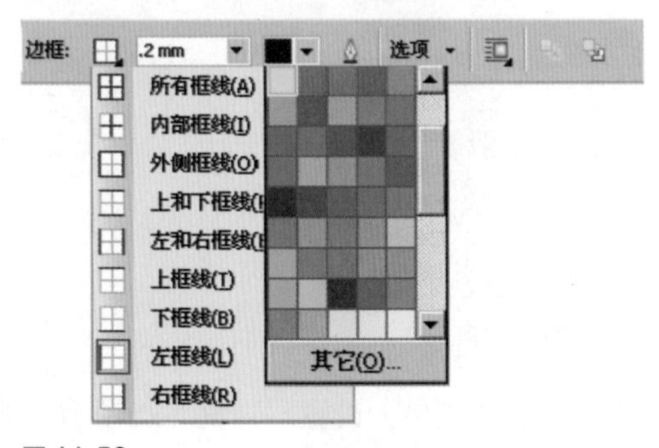

图11-59

04 需要注意的是，如果一次选择了多个行、列或单元格，则会根据所选择的范围，对表格边框线的样式和颜色进行设置，如图11-60所示。

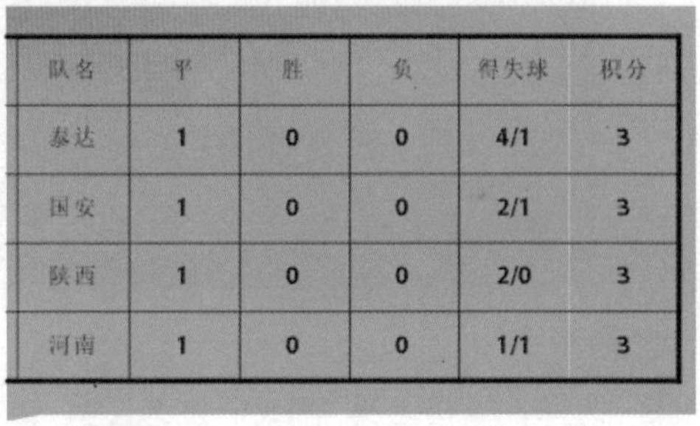

队名 | 平 | 胜 | 负 | 得失球 | 积分
泰达 | 1 | 0 | 0 | 4/1 | 3
国安 | 1 | 0 | 0 | 2/1 | 3
陕西 | 1 | 0 | 0 | 2/0 | 3
河南 | 1 | 0 | 0 | 1/1 | 3

图11-60

05 选择多个单元格，设置“边框”选项为“外侧框线”，然后再设置“轮廓颜色”为“黄色”，如图11-61所示。

边框:
.2 mm
选项
所有框线(A)
内部框线(I)
外侧框线(O)
上和下框线
左和右框线
上框线(T)
下框线(B)
左框线(L)
右框线(R)
其它(O)...

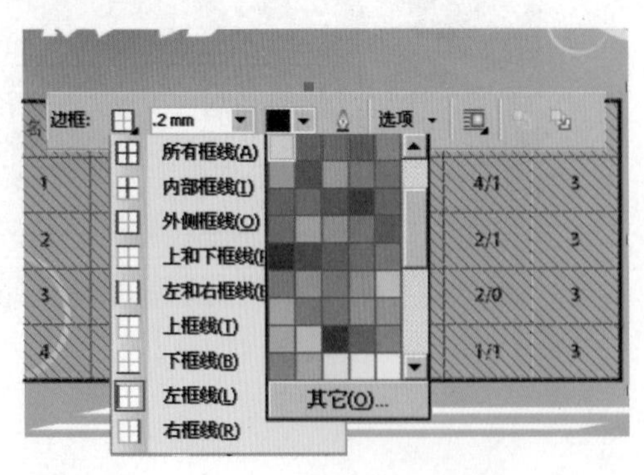

图11-61

06 用同样的方法将表格外框设置好，得到的最终效果如图11-62所示。

超 积 分
超
战
卡

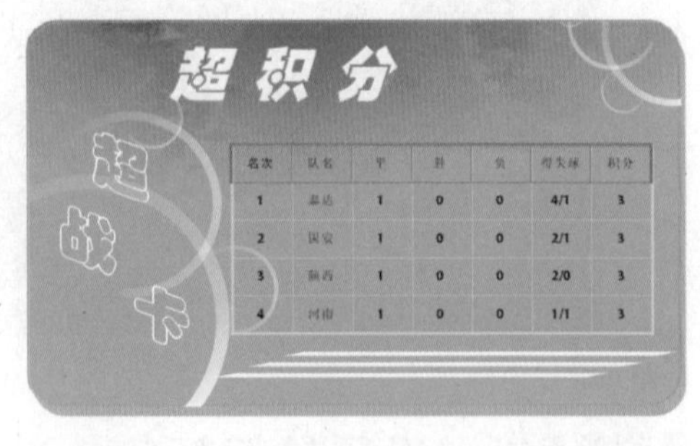

图11-62

11.3.3 设置表格填充效果

为表格设置填充效果的方法与普通图形的设置方法基本相同，在选中整个表格、行、列或单元格后，在属性栏中进行设置即可，同时，也可以利用填充工具组中的工具对话框对其进行设置。

填充均匀颜色

在选中要设置填充效果的表格、行、列或单元格后，在属性栏中可以看到表格的默认填充颜色是“无”，单击“填充”图标，在弹出的下拉列表中，可以选择一种预置的颜色，选中的表格对象就会被填充选择的该颜色。当然，也可以单击列表中的“其他”按钮，或单击属性栏上的“均匀填充”图标，打开“均匀填充”对话框，进行自定义设置。

01 打开前面调整过的素材，如图 11-63 所示，接下来我们对其进行颜色填充。

图 11-63

02 选择“表格工具”，选中表格中隔行的内容，如图 11-64 所示。

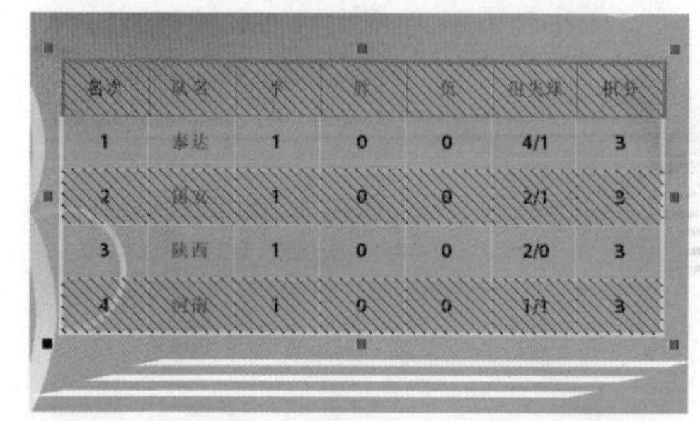

名次	队名	平	胜	负	得失球	积分
1	泰达	1	0	0	4/1	3
2	国安	1	0	0	2/1	3
3	陕西	1	0	0	2/0	3
4	河南	1	0	0	1/1	3

图 11-64

03 在属性栏中，设置“填充”选项为浅灰色，如图 11-65 所示，也可以利用填充工具组中的工具对话框对其进行设置。

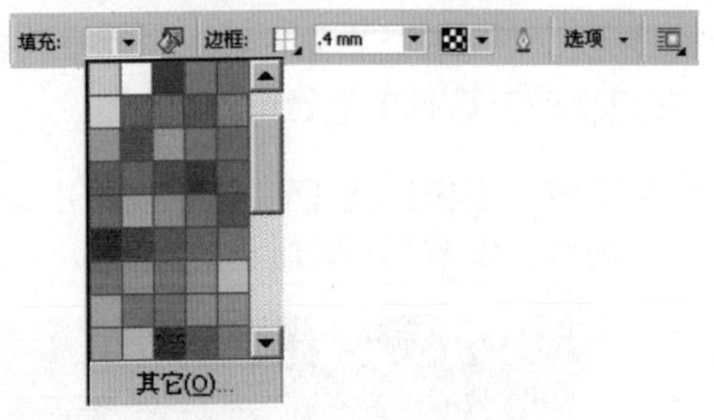

图 11-65

04 用同样的方法为其他两行填充颜色，最终效果如图 11-66 所示。

名次	队名	平	胜	负	得失球	积分
1	泰达	1	0	0	4/1	3
2	国安	1	0	0	2/1	3
3	陕西	1	0	0	2/0	3
4	河南	1	0	0	1/1	3

图 11-66

如果要在表格中填充渐变色，可以在选中要设置填充效果的表格、行、列或单元格后，单击工具栏中的“渐变填充”按钮，打开“渐变填充”对话框进行设置，设置好后，单击“确定”按钮，即将渐变色填充到选中的表格对象中。

01 打开前面调整过的素材，如图 11-67 所示，接下来我们对其进行渐变色的填充。

02 选择“表格工具”，选中表格中第一列的内容，如图 11-68 所示。

图 11-67

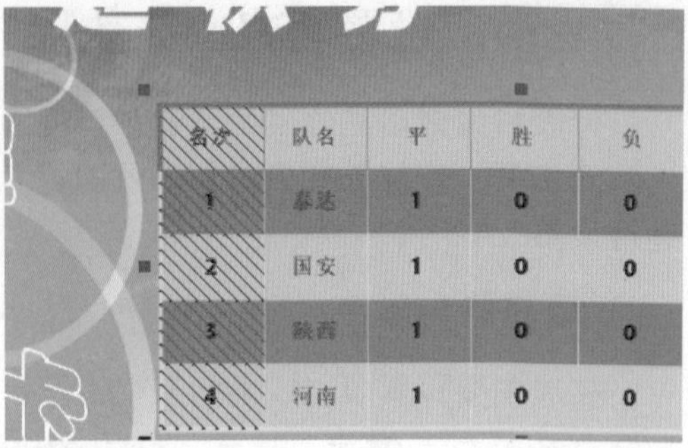

图 11-68

03 单击工具栏中的“渐变填充”按钮，在打开的“渐变填充”对话框中进行设置，如图 11-69 所示。

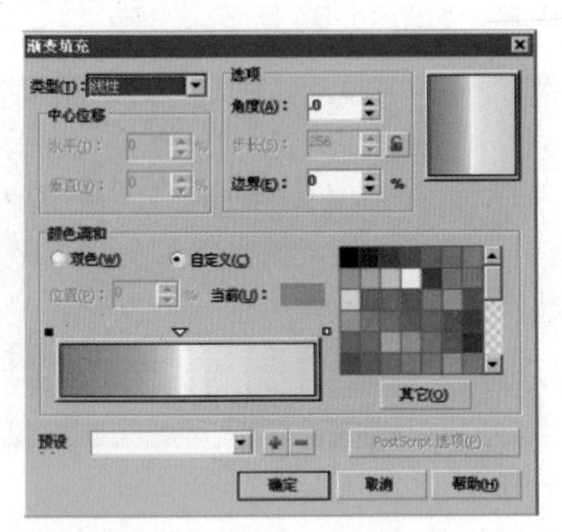

图 11-69

04 设置完成后单击“确定”按钮，最终效果如图 11-70 所示。

图 11-70

填充图样、底纹和 PostScript 底纹

如果要在表格中填充图样、底纹和 PostScript 底纹，可以在选中要设置填充效果的表格、行、列或单元格后，选择工具栏中的对应工具，在打开的对话框中进行设置。

01 打开前面调整过的素材，如图 11-71 所示，接下来我们对其进行图样填充。

图 11-71

02 选择“表格工具”，选中表格中第一行内容，如图 11-72 所示。

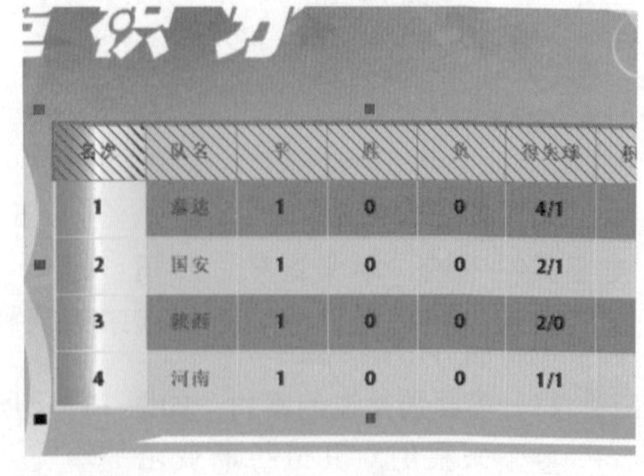

图 11-72

03 单击工具栏中的“图样填充”按钮，在打开的“图样填充”对话框中进行设置，如图 11-73 所示。

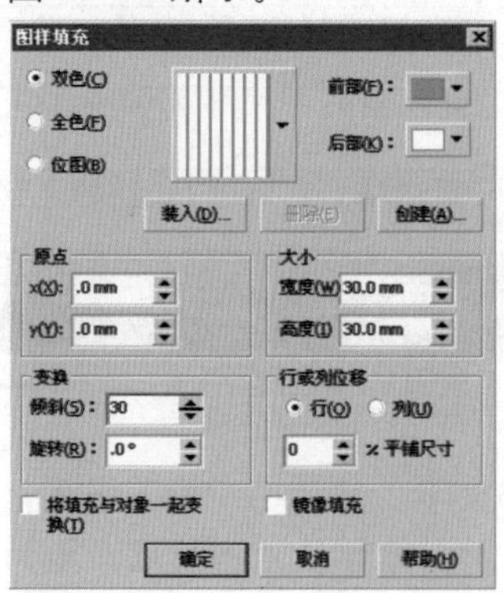

图 11-73

04 同样的，可以分别为不同的表格区域应用底纹和 PostScript 底纹填充，填充后的表格效果如图 11-74 所示。

图 11-74

11.4 设置表格中的文字格式及对齐方式

表格中的文字格式设置与普通的文字格式设置基本相同，用表格工具在要输入文字的单元格中单击，显示出插入点光标，即可输入文字内容。在输入文字之前和之后，都可以对文字进行字体、大小、字体样式、文字方向等格式的设置。这里与表格相关的特有的格式设置选项有“更改文本的垂直对齐”选项和“文本边距”选项，分别用于控制文字在单元格中的垂直方向的位置，及与表格边框线之间的距离。

11.4.1 表格文字对齐方式设置

01 执行“文件/打开”命令，将光盘中的素材文件“11-6”打开，如图 11-75 所示。

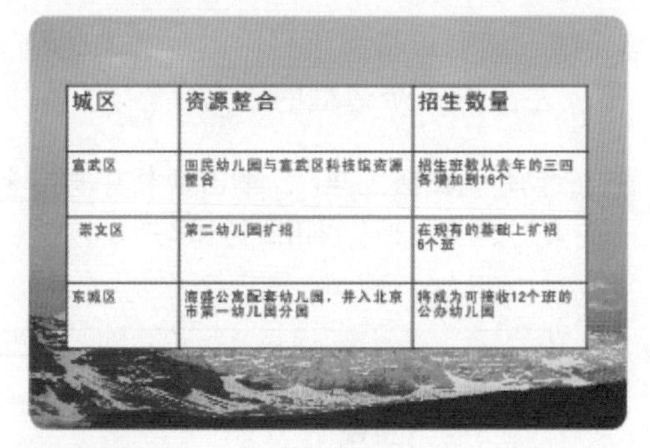

城区	资源整合	招生数量
宣武区	国民幼儿园与宣武区科技馆资源整合	招生班数从去年的三四各增加到16个
崇文区	第二幼儿园扩招	在现有的基础上扩招6个班
东城区	海盛公寓配套幼儿园，并入北京市第一幼儿园分园	将成为可接收12个班的公办幼儿园

图 11-75

02 单击表格左上角第一个单元格，光标的位置如图 11-76 所示。

图 11-76

03 单击属性栏中的“更改文本的垂直对齐”按钮，在弹出的下拉列表中可以选择一种垂直对齐方式，如图 11-77 所示。

04 设置好后，光标所在单元格中的文字会自动进行相应的对齐处理，如图 11-78 所示。

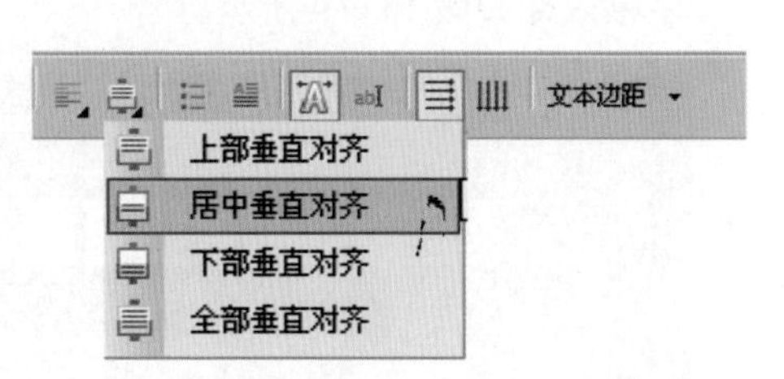

图 11-77

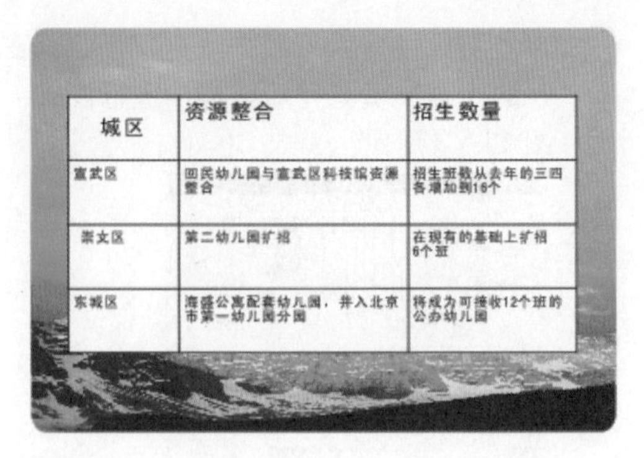

城区	资源整合	招生数量
宣武区	回民幼儿园与宣武区科技馆资源整合	招生班数从去年的三四各增加到16个
崇文区	第二幼儿园扩招	在现有的基础上扩招6个班
东城区	海盛公寓配套幼儿园，并入北京市第一幼儿园分园	将成为可接收12个班的公办幼儿园

图 11-78

05 也可以在选中行、列、单元格或表格后，利用“段落格式化”泊坞窗进行设置，如图 11-79 所示。

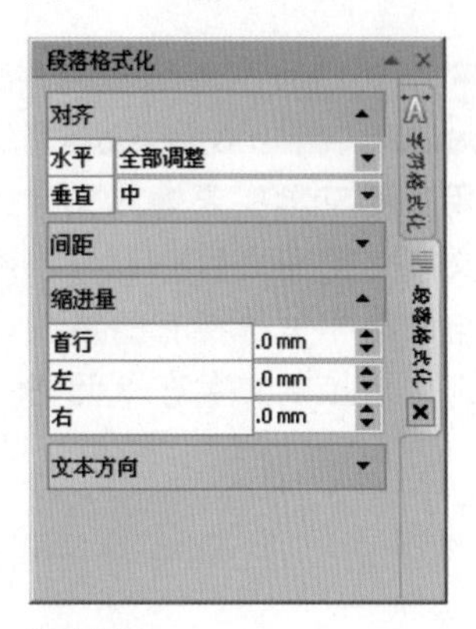

图 11-79

06 选中全部文字，然后在“段落格式化”泊坞窗中，将“水平”对齐选项设置为“全部强调”，“垂直”对齐选项设置为“中”，效果如图 11-80 所示。

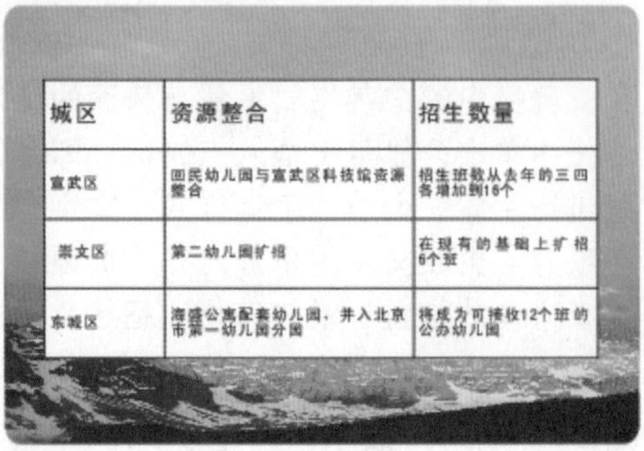

城区	资源整合	招生数量
宣武区	回民幼儿园与宣武区科技馆资源整合	招生班数从去年的三四各增加到16个
崇文区	第二幼儿园扩招	在现有的基础上扩招6个班
东城区	海盛公寓配套幼儿园，并入北京市第一幼儿园分园	将成为可接收12个班的公办幼儿园

图 11-80

11.4.2 文字与表格边框的间距设置

选择“表格工具”，单击要设置文字边距的单元格，然后单击属性栏中的“文本边距”按钮，在弹出的选项面板中，可以设置文字与上、下、左、右 4 个边框的距离。

01 执行“文件/打开”命令，将光盘中的素材文件“11-6”打开，如图 11-81 所示。

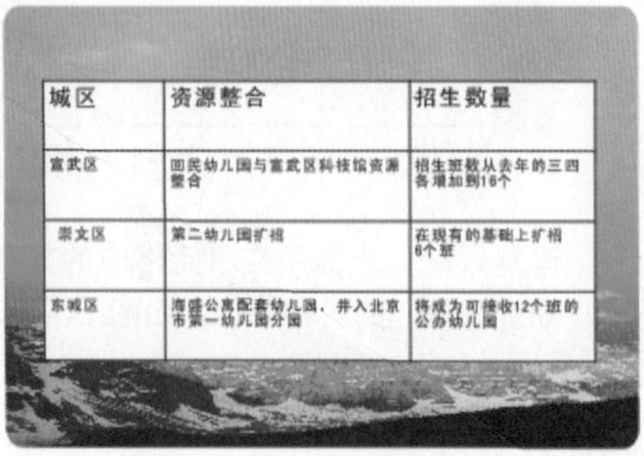

城区	资源整合	招生数量
宣武区	回民幼儿园与宣武区科技馆资源整合	招生班数从去年的三四各增加到16个
崇文区	第二幼儿园扩招	在现有的基础上扩招6个班
东城区	海盛公寓配套幼儿园，并入北京市第一幼儿园分园	将成为可接收12个班的公办幼儿园

图 11-81

02 选择“表格工具”，单击表格中第 3 行第 2 列的单元格，如图 11-82 所示。

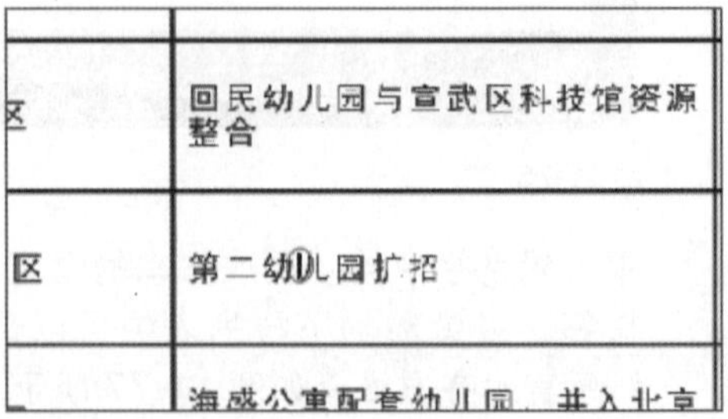

区	回民幼儿园与宣武区科技馆资源整合
区	第二幼儿园扩招

图 11-82

03 单击属性栏中的“文本边距”按钮，在弹出的选项面板中，设置“边距”为4.0mm，如图11-83所示。

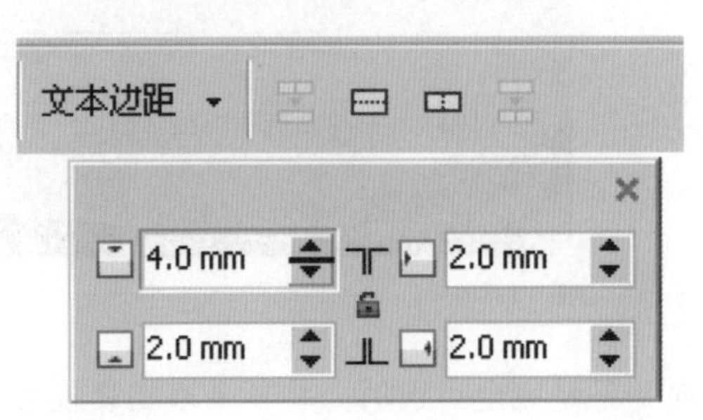

图11-83

04 文字在单元格中的位置已经发生改变，选择“文本工具”，在该单元格中单击，则会显示出文本的范围框，如图11-84所示。

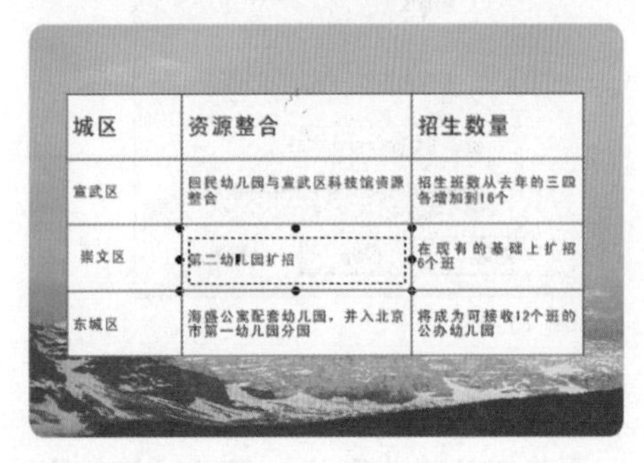

图11-84

11.5 表格与文本的相互转换

表格与文本之间可以进行相互转换，这样既可以方便地处理表格中的文字内容，又可以利用已有的文字内容轻松快捷地制作出简单的表格效果。

11.5.1 将表格转换为文本

将表格转换为文本的具体操作方法如下。

01 打开前面处理过的素材文件，选中表格对象，执行“表格/转换表格为文本”命令，打开“转换表格为文本”对话框，如图11-85所示。

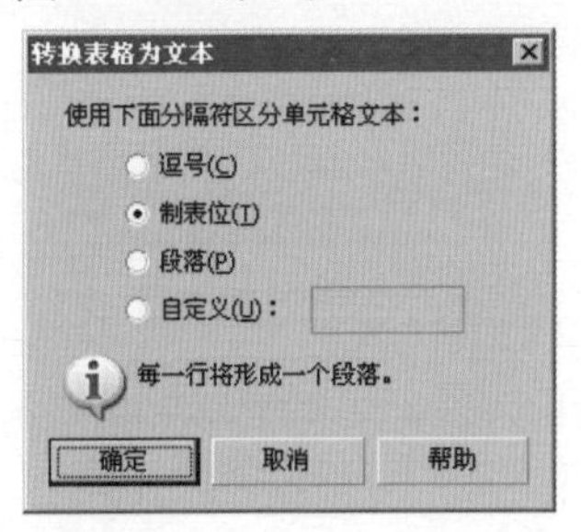

图11-85

02 在该对话框中，可以选择一种表格分隔符选项，然后单击“确定”按钮，即可将表格转换为文本，效果如图11-86所示。

图11-86

11.5.2 将文本转换为表格

将文本转换为表格的具体操作方法如下。

01 打开前面处理过的素材文件，用挑选工具选中段落文本框，执行“表格/转换文本为表格”命令，打开“转换文本为表格”对话框，如图11-87所示。

02 在该对话框中选择一种表格分隔符选项后，单击“确定”按钮，即可将文本转换为表格，如图11-88所示。

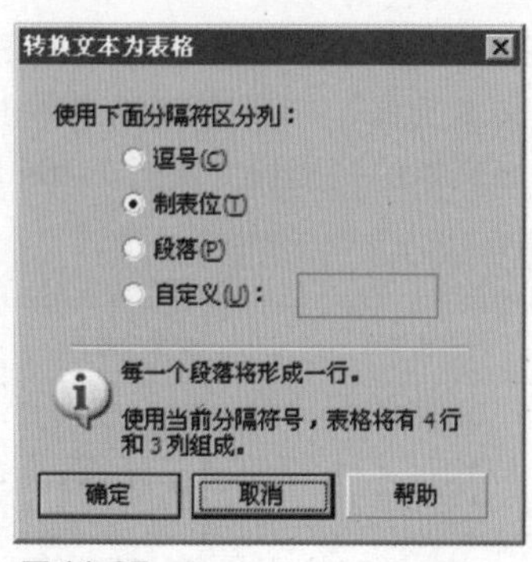

图 11-87

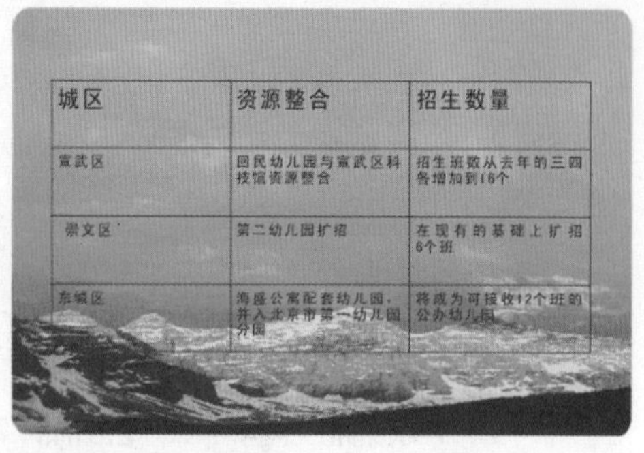

城区	资源整合	招生数量
宣武区	回民幼儿园与宣武区科技馆资源整合	招生班数从去年的三四各增加到16个
崇文区	第二幼儿园扩招	在现有的基础上扩招6个班
东城区	海盛公寓配套幼儿园，并入北京市第一幼儿园分园	将成为可接收12个班的公办幼儿园

图 11-88

这里需要注意的是，表格与文本之间的转换并不是完全可逆的，将一个表格转换为文本后，再将其转换为表格，其表格的效果是按默认设置进行处理的，所以两者可能会有很大的差别。

Chapter 12

DM 单设计

本章重点讲解用 CorelDRAW X4 进行 DM 单设计的过程，在此过程中让读者全面了解和掌握软件的具体操作。

12.1 上网套餐DM

最终效果图

实例目标

本实例是一个上网套餐计划的DM单设计，该DM单运用图形和文字结合的方式传达信息，并适当用醒目的文字处理方式来突出主题。

技术分析

本例主要使用了绘图工具中的"文本工具"和"艺术笔工具"等制作画面中的一些图形元素，还使用了"网格填充工具"和"交互式立体化工具"等修饰图形。

制作步骤

01 执行"文件/新建"命令，新建一个页面，效果如图12-1所示。

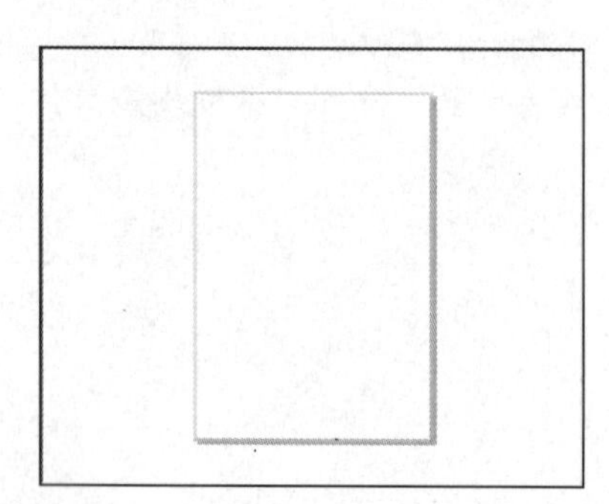

图12-1

02 选择工具箱中的"矩形工具"，在画面中绘制矩形，在属性栏中设置参数如图12-2所示。

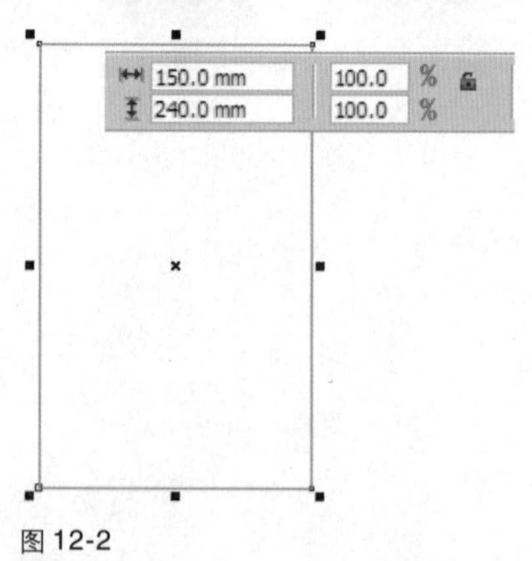

图12-2

03 单击工具箱中的"填充"按钮，在弹出的菜单中选择"均匀填充"选项，在打开的对话框中设置相应的颜色参数，设置完后单击"确定"按钮，效果如图12-3所示。

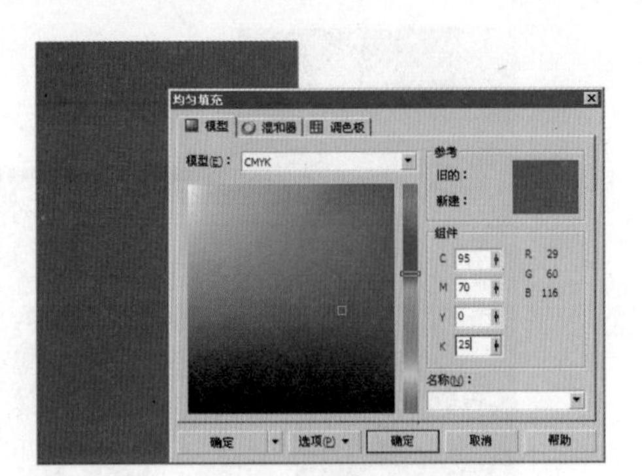

图 12-3

04 选择工具箱中的“交互式网状填充工具”，单击刚才建立的矩形，这时在矩形上默认建立了如图 12-4 所示的网格。

图 12-4

05 选择其中两个节点进行调整，调整好后，选中这两个节点填充比背景浅的颜色，颜色参数如图 12-5 所示。

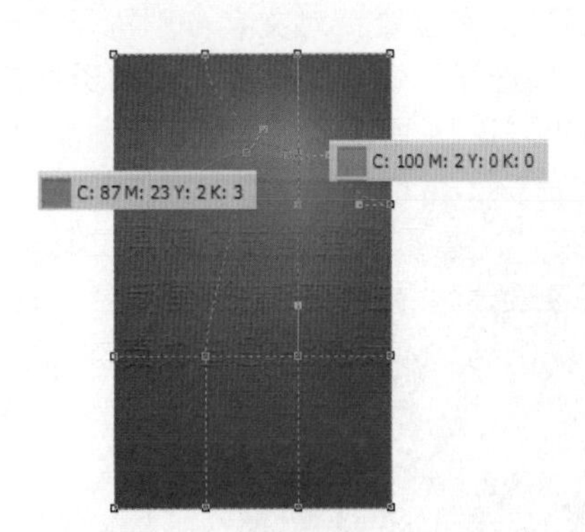

图 12-5

06 选择工具箱中的“星形工具”，在文件背景上绘制星形并在属性栏中设置好参数，将其填充为白色，效果如图 12-6 所示。

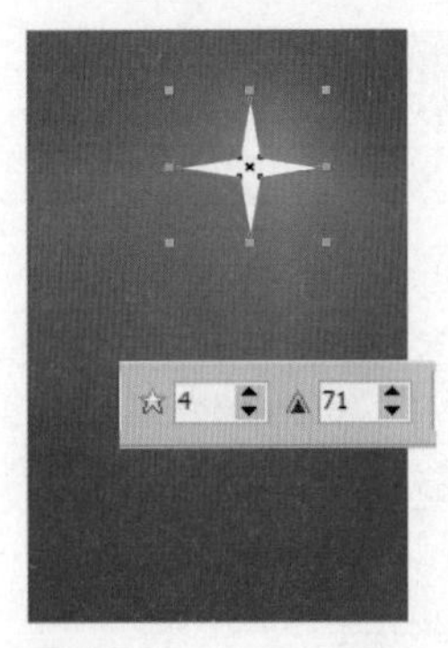

图 12-6

07 将星形复制一个并旋转一定的角度，得到的效果如图 12-7 所示。

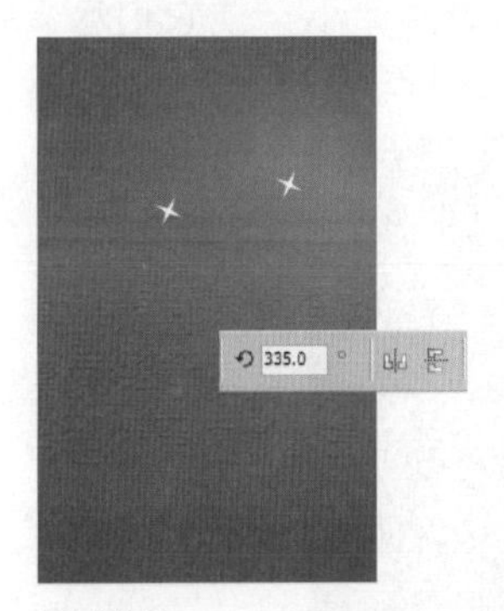

图 12-7

08 选中其中一个星形，用“交互式阴影工具”为其添加阴影，在属性栏中将“透明度操作”改为“正常”，“阴影颜色”设为白色，如图 12-8 所示。

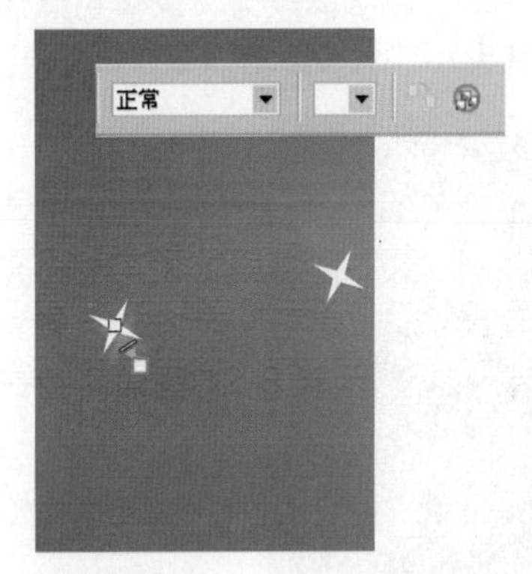

图 12-8

09 选择有阴影的星形，执行“排列 / 拆分阴影群组于图层”命令，拆分完后将星形删除，保留阴影，得到的效果如图 12-9 所示。

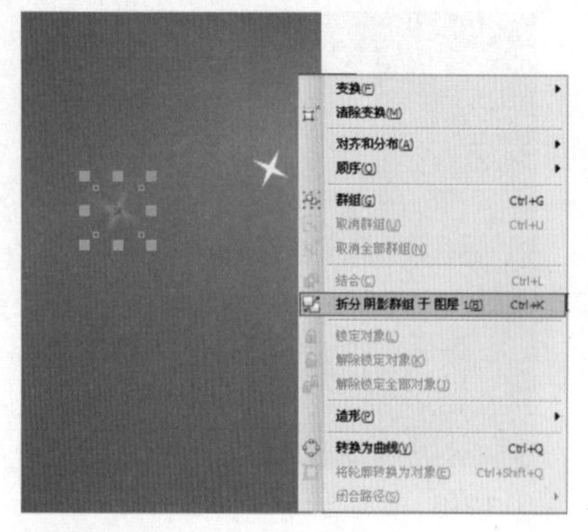

图 12-9

⑩ 选择制作的两个星形进行复制，旋转它们的角度并调整大小，使它们尽量随机化，效果如图 12-10 所示。

图 12-10

⑪ 选择“文本工具”字，在背景上输入大写字母“X”，将字体改为“汉仪粗黑体”并调整其大小，效果如图 12-11 所示。

图 12-11

⑫ 为文字填充渐变色，渐变参数及效果如图 12-12 所示。

图 12-12

⑬ 选择工具箱中的“文本工具”字，输入“计划”二字，单击鼠标左键选中“X”，右键拖动“X”到“计划”上松开鼠标，在弹出的菜单中选择“复制填充”命令，效果如图 12-13 所示。

图 12-13

⑭ 调整文字位置，对文字分别执行“效果/添加透视”命令，调整它们的透视效果，如图 12-14 所示。

图 12-14

15 选择文字"X"，选择工具箱中的"立体化工具"，在文字上拖动为其添加立体化效果，如图 12-15 所示。

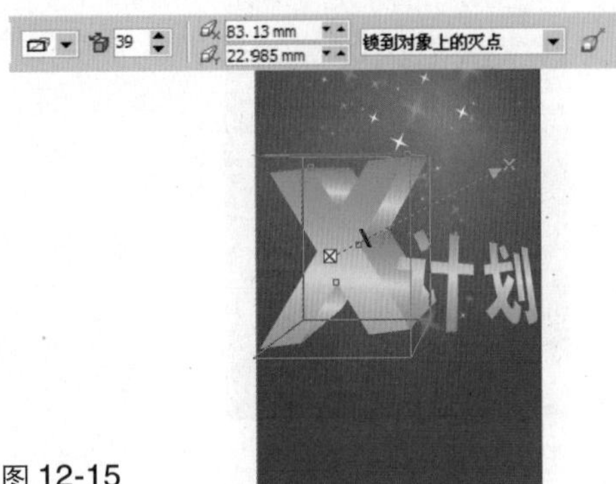

图 12-15

16 在属性栏中单击"颜色"按钮，在弹出的颜色面板中单击"使用递减的颜色"按钮，分别设置立体化颜色，效果如图 12-16 所示。

图 12-16

17 单击"计划"二字，执行"效果 / 复制效果 / 立体化自"命令，这时会出现一个黑色箭头，用它单击"X"，得到的效果如图 12-17 所示。

图 12-17

18 用立体化工具对"计划"的立体化方向和深度进行调整，效果如图 12-18 所示。

图 12-18

19 选择工具箱中的"椭圆工具"，绘制两个正圆形，分别为它们填充深浅不一的绿色，效果如图 12-19 所示。

图 12-19

20 选择工具箱中的"矩形工具"，绘制一个矩形并为其添加圆角、填充颜色，效果如图 12-20 所示。

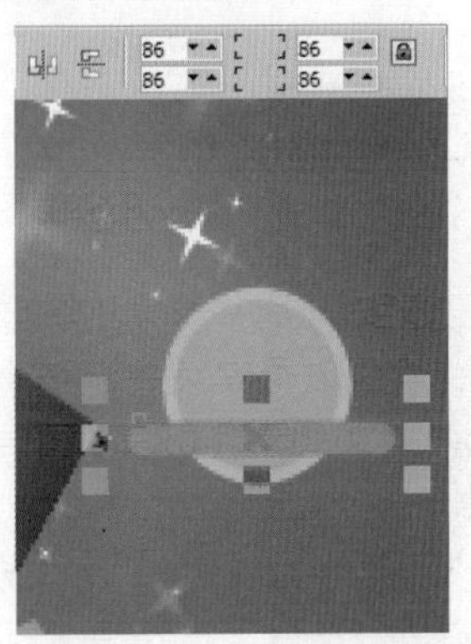

图 12-20

21 将刚才制作的“X 计划”文字复制后，对其大小进行调整，然后在圆角矩形上输入其他文字并进行旋转，将得到的图形进行群组，如图 12-21 所示。

图 12-21

22 选择“X”后的两颗星星，单击鼠标右键，在弹出的菜单中选择“顺序/到图层前面”命令，得到的效果如图 12-22 所示。

图 12-22

23 选择“文本工具”输入文字，为其添加轮廓，并在属性栏中设置文字属性，效果如图 12-23 所示。

图 12-23

24 选择工具箱中的“形状工具”分别对文字的大小、位置和角度进行调整，得到的效果如图 12-24 所示。

图 12-24

25 在工具箱中选择“艺术笔工具”，在属性栏中单击“笔刷”按钮，在笔触列表中选择笔触绘制图形，如图 12-25 所示。

图 12-25

26 选择“形状工具”，对刚绘制的图形进行调整，将其填充为白色并放置到文字后面，效果如图 12-26 所示。

图 12-26

27 用“矩形工具”绘制矩形，将其填充为灰色并和文件背景对齐，得到的效果如图12-27所示。

图12-27

28 选择工具箱中的“交互式透明工具”，在灰色矩形框上进行拖动，为矩形添加渐变透明效果，如图12-28所示。

图12-28

29 选择“X计划”文字，按住【Ctrl】键向下拖动，拖动到合适位置单击鼠标右键，效果如图12-29所示。

图12-29

30 对复制的”X计划”的位置进行调整，得到的效果如图12-30所示。

图12-30

31 选择工具箱中的“交互式透明工具”，对“X”和“计划”进行渐变透明处理，得到的最终效果如图12-31所示。

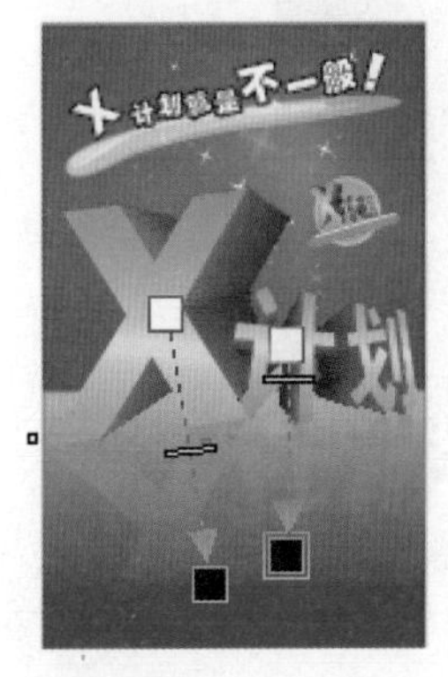

图12-31

32 选择工具箱中的“贝塞尔工具”，绘制形状，并将图形填充为白色，得到的最终效果如图12-32所示。

图12-32

33 单击刚刚绘制的图形，向下拖动到合适位置，复制图形并将其填充为黄色，得到的效果如图 12-33 所示。

图 12-33

34 复制需要的图形并进行组合，将其调整到合适位置，效果如图 12-34 所示。

图 12-34

35 执行“文件/导入”命令，将光盘中的“素材1”表格导入到文件中，效果如图 12-35 所示。

图 12-35

36 将导入的表格轮廓设为红色，里面的部分文字也填充为红色，得到的效果如图 12-36 所示。

图 12-36

37 调整表格位置，添加其他文字和图形，得到的最终效果如图 12-37 所示。

图 12-37

38 最后添加下面的文字，对文件进行进一步调整并将文件群组，得到的最终效果如图 12-38 所示。

图 12-38

12.2 化妆品 DM

最终效果图

实例目标

本实例是一个化妆品的 DM 单设计。针对年轻女性消费者的心理特点和审美偏好，设计中采用了不同的颜色和活泼的元素，使画面绚烂而和谐。

技术分析

本例主要使用了绘图工具中的“星形工具”和“椭圆工具”等制作画面中的一些图形元素，还使用了“交互式调和工具”和“交互式渐变工具”等修饰图形。

制作步骤

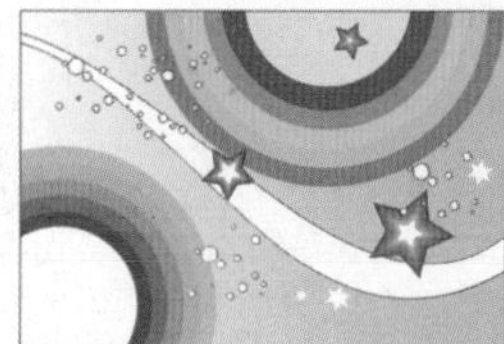

01 执行“文件 / 新建”命令，在属性栏中单击“横向”按钮，将页面更改为横向，如图 12-39 所示。

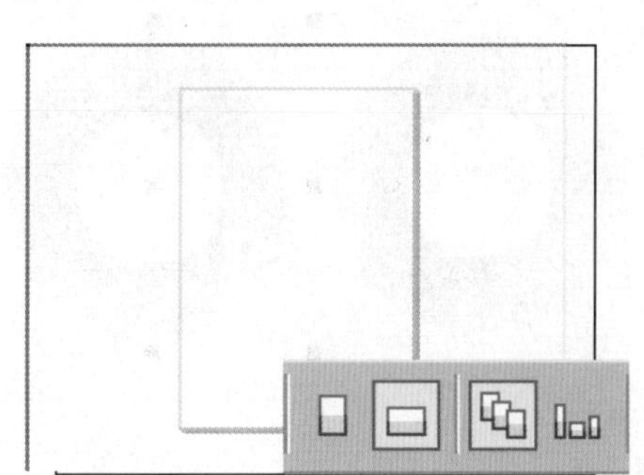

图 12-39

02 选择工具箱中的“矩形工具”，在画面中绘制矩形，在属性栏中设置参数如图 12-40 所示。

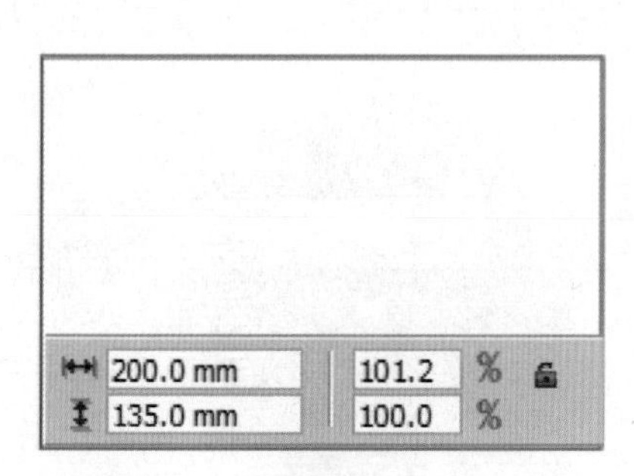

图 12-40

03 在工具箱中单击“填充”按钮，在弹出的菜单中选择”渐变填充“命令，打开“渐变填充”对话框设置其颜色参数，设置完后单击“确定”按钮，如图 12-41 所示。

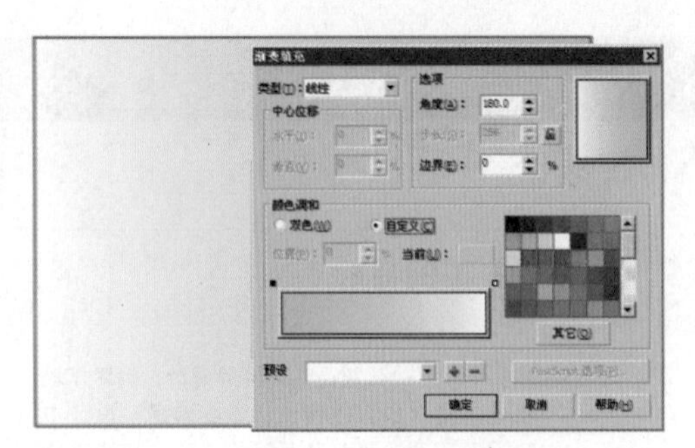

图 12-41

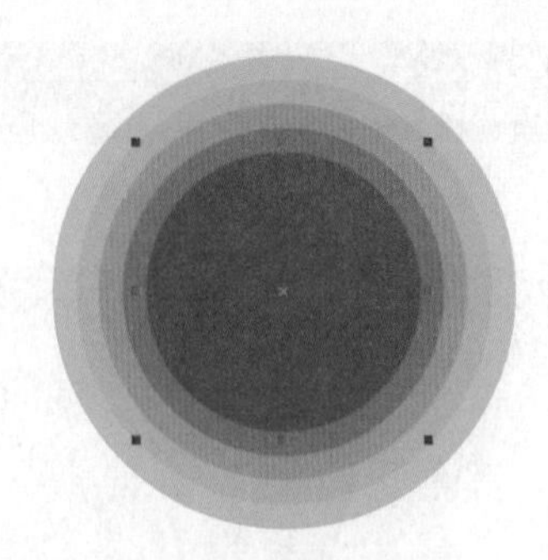

图 12-44

04 选择工具箱中的“椭圆工具”，按住【Ctrl】键在画面以外的空白区域画正圆，选中刚绘制的图形，按住【Shift】键将圆形缩放到合适大小，复制一个同心圆，并填充如图 12-42 所示的颜色。

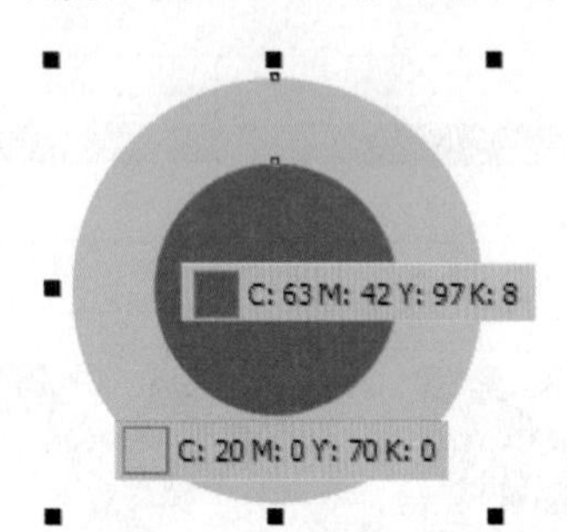

图 12-42

05 选择工具箱中的“交互式调和工具”，在两个图形中进行拖动，设置步长为 3，效果如图 12-43 所示。

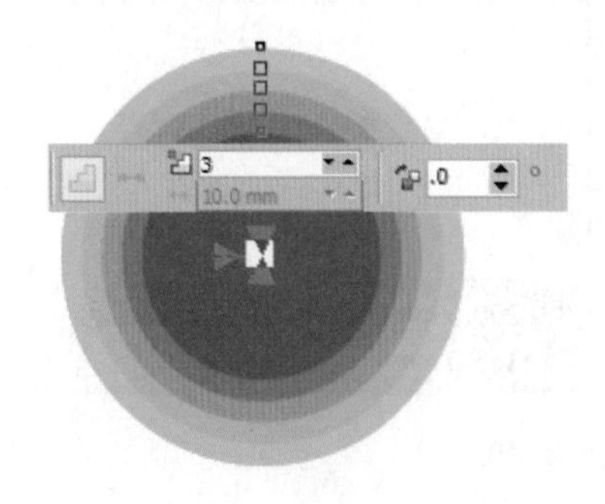

图 12-43

06 单击鼠标，选中调和后图形中最小的圆形，如图 12-44 所示。

07 按住【Shift】键的同时用鼠标左键拖动圆形将其缩小，缩放到合适大小后单击鼠标右键复制一个圆，将其填充为白色，得到的效果如图 12-45 所示。

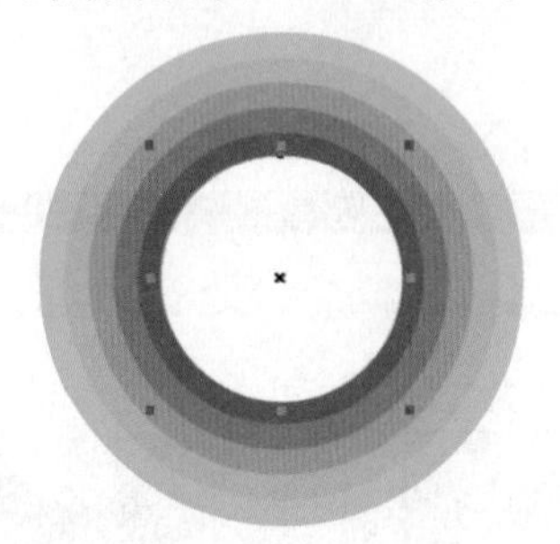

图 12-45

08 选中刚绘制的图形，将图形拖动到文件空白处单击鼠标右键，将刚刚绘制的图形复制一个，效果如图 12-46 所示。

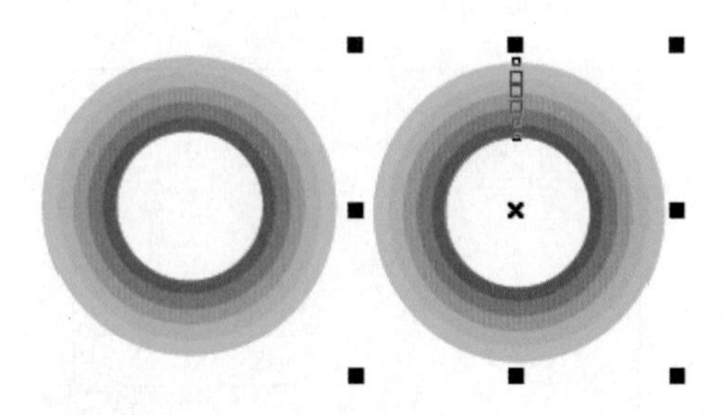

图 12-46

09 单击调和图形（白色圆形不要选）将图形选中，然后单击鼠标右键，在弹出的菜单中选择“拆分调和群组于图层”命令，效果如图 12-47 所示。

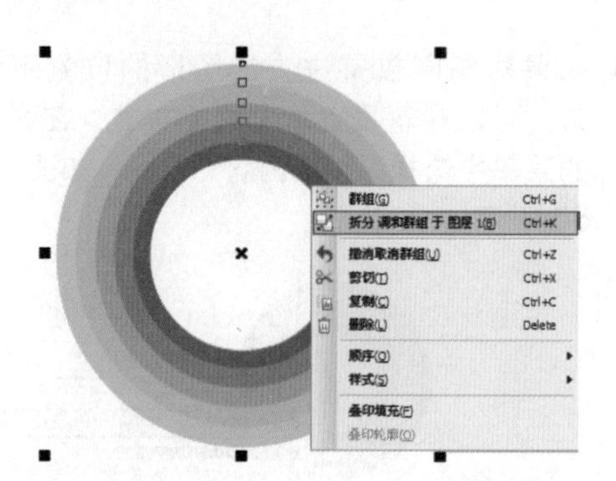

图 12-47

⑩ 拆分后的图形成为两个部分，将图形里面的圆选中，单击鼠标右键，在弹出的菜单中选择“取消群组”命令，效果如图 12-48 所示。

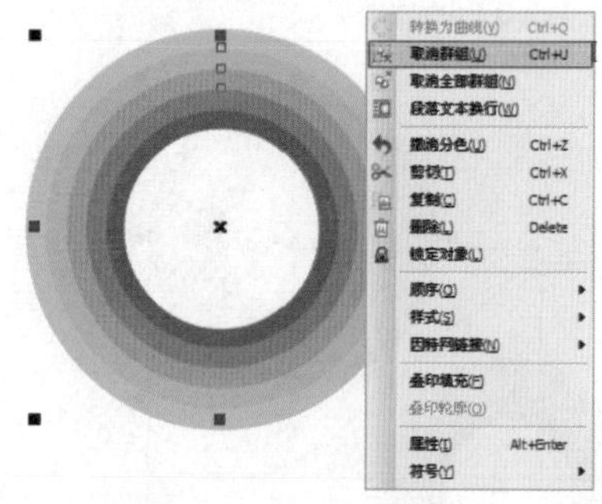

图 12-48

⑪ 选择工具箱中的“填充工具”，将取消群组后的圆形分别填充不同的颜色，效果如图 12-49 所示。

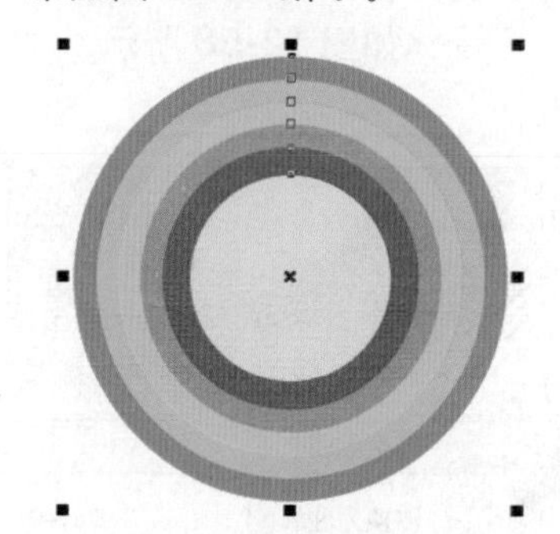

图 12-49

⑫ 将刚制作的两个图形放到文件背景中，将其调整到相应位置并对大小进行调整，效果如图 12-50 所示。

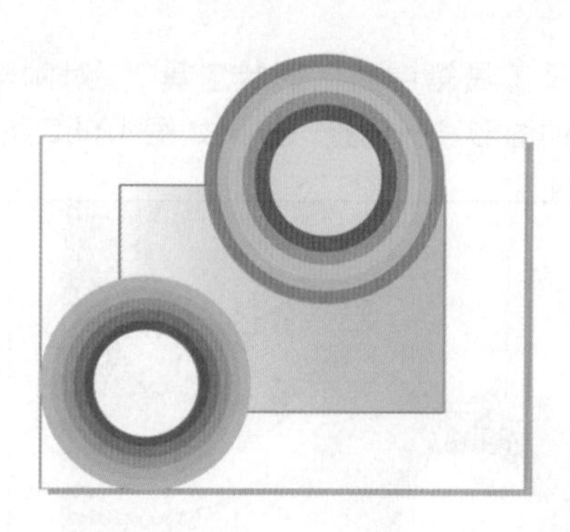

图 12-50

⑬ 选择工具箱中的“贝塞尔工具”，绘制线段，在属性栏中将线段轮廓宽度设置为 7mm，效果如图 12-51 所示。

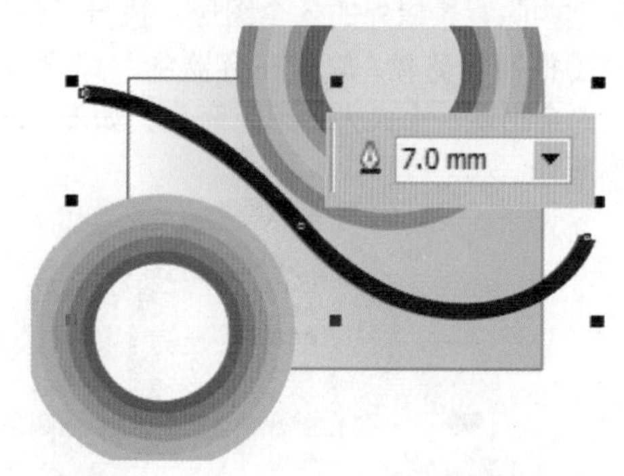

图 12-51

⑭ 执行“排列/将轮廓转换为对象”命令，刚才的对象已经变成图形，将图形填充为白色，轮廓改为黑色，效果如图 12-52 所示。

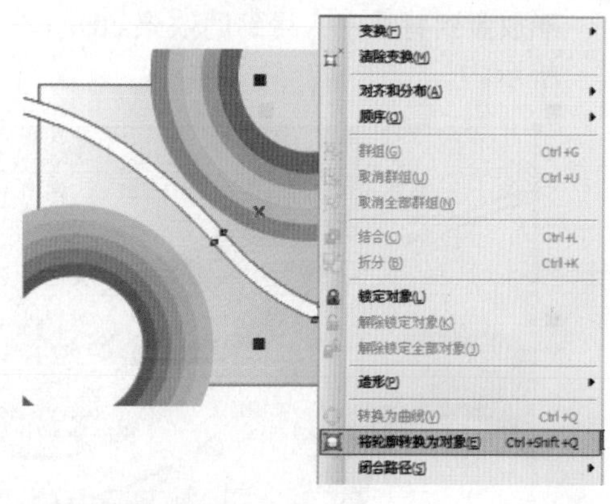

图 12-52

⑮ 选择工具箱中的“形状工具”，对刚刚制作的图形进行调整，效果如图 12-53 所示。

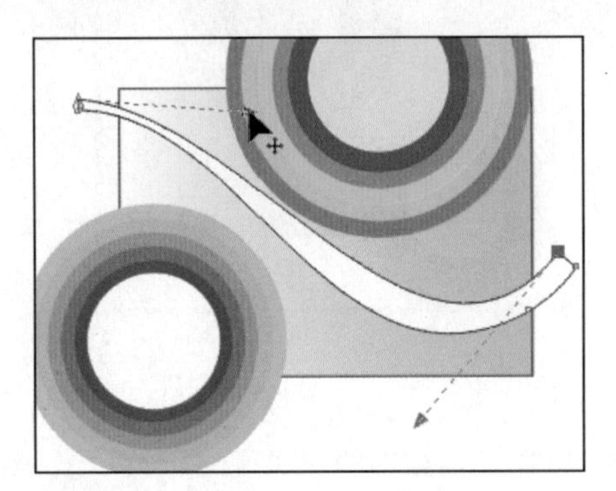

图 12-53

⑯ 选中除背景以外的 3 个图形，执行“效果/图框精确剪裁/放置在容器中”命令，这时会出现一个大大的黑色箭头，如图 12-54 所示。

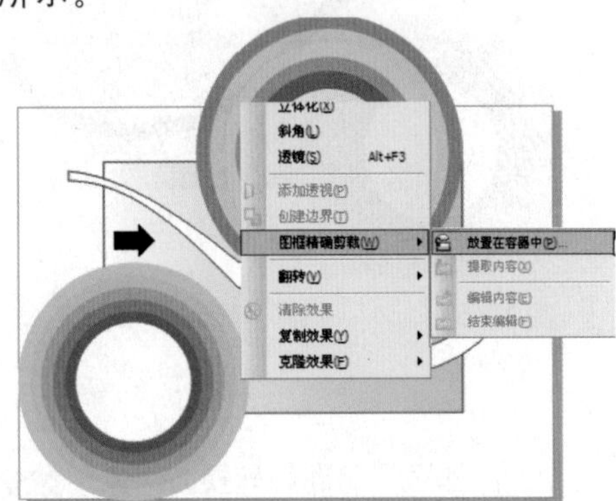

图 12-54

⑰ 用黑色箭头单击文件背景，将选中的图形放置到背景中，得到的效果如图 12-55 所示。

图 12-55

⑱ 如果对刚刚放置进去的图形的位置不满意，可以在背景上单击鼠标右键，在弹出的菜单中选择“编辑内容”命令，如图 12-56 所示。

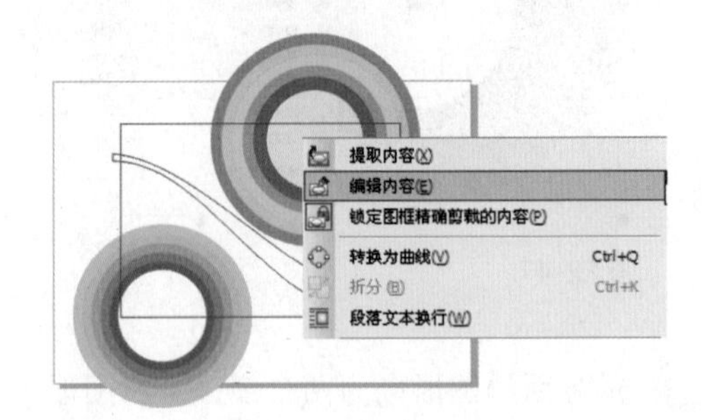

图 12-56

⑲ 在编辑状态下调整图形的位置和大小，如图 12-57 所示。

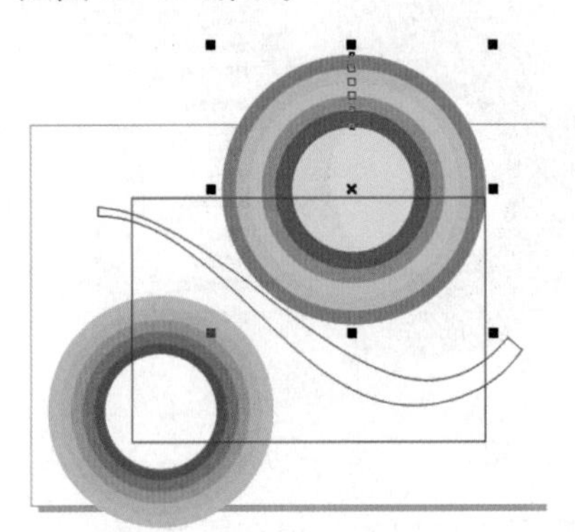

图 12-57

⑳ 单击鼠标右键，在弹出的菜单中选择“结束编辑”命令，如图 12-58 所示。

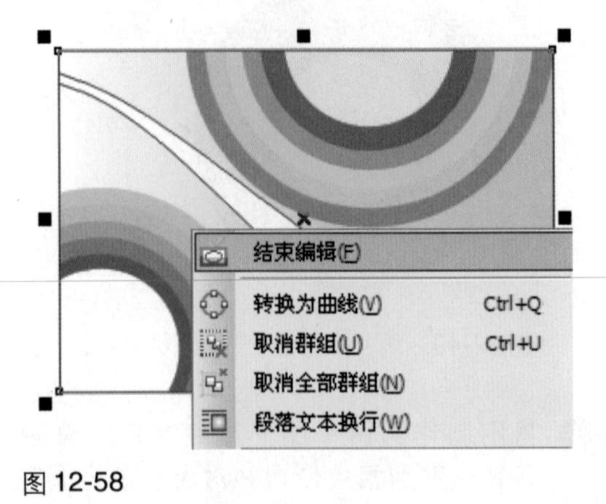

图 12-58

21 选择工具箱中的“椭圆工具”，按住【Ctrl】键画正圆，在属性栏中设置轮廓宽度，将椭圆填充为白色，轮廓设为黑色，如图12-59所示。

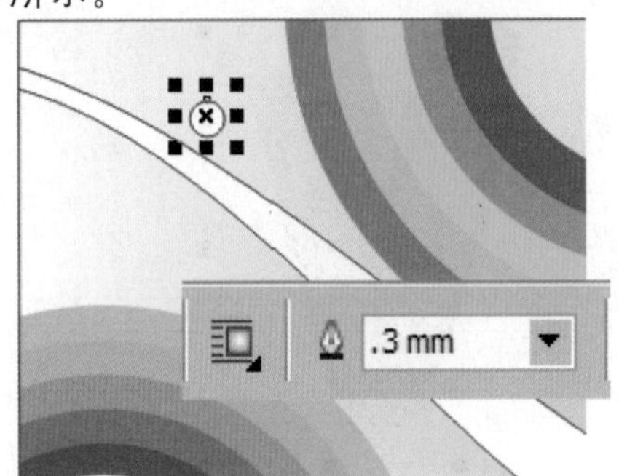

图12-59

22 复制多个圆形，并调整它们的位置和大小，让它们看起来尽量随意，得到的效果如图12-60所示。

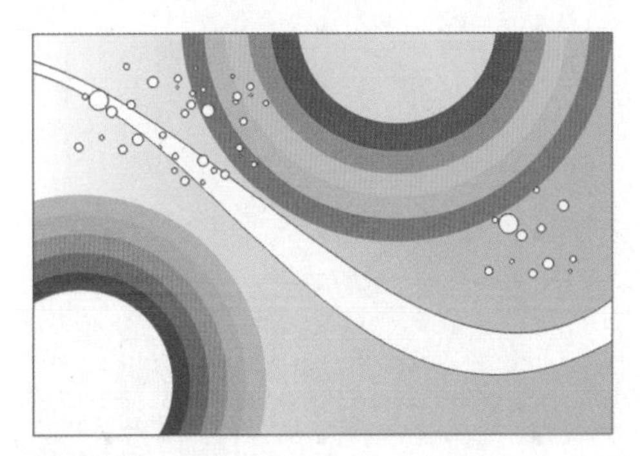

图12-60

23 复制一部分圆形放到背景左下边，将轮廓颜色改为洋红色，效果如图12-61所示。

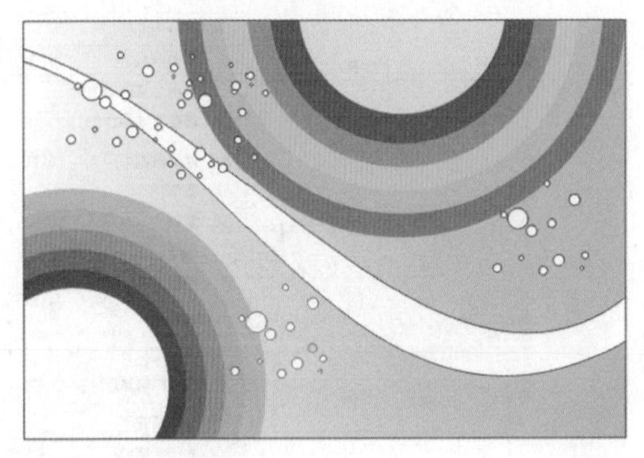

图12-61

24 选择工具箱中的“星形工具”，在文件背景上绘制星形，再在属性栏中设置星形的属性，得到的效果如图12-62所示。

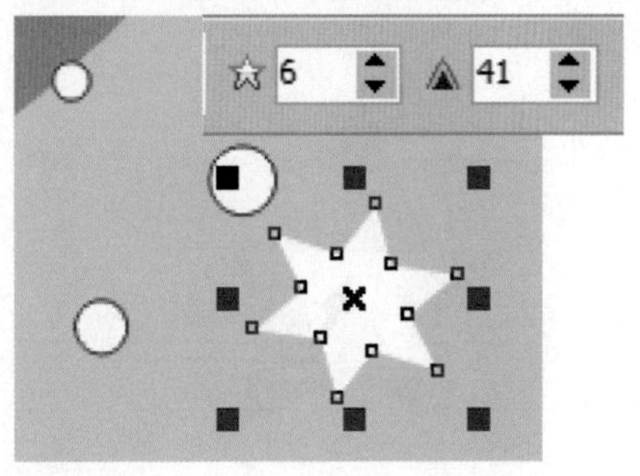

图12-62

25 将绘制的星形调整角度后，分散复制一些放到文件背景中，调整后的效果如图12-63所示。

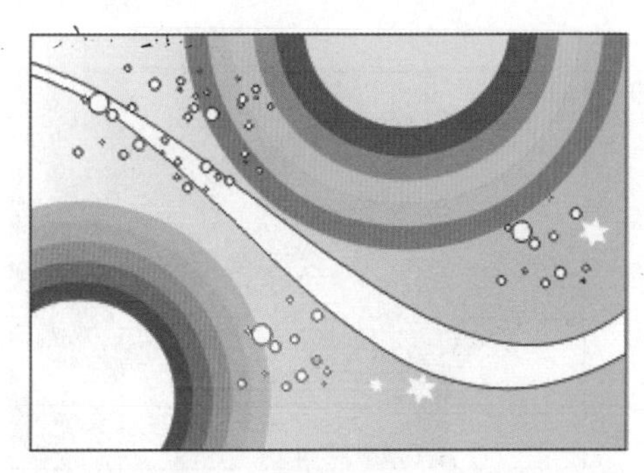

图12-63

26 继续用星形工具在文件空白处绘制五角星形，填充为洋红色，然后按住【Shift】键的同时拖动鼠标左键，将星形缩小到合适大小，并将复制的星形填充为白色，效果如图12-64所示。

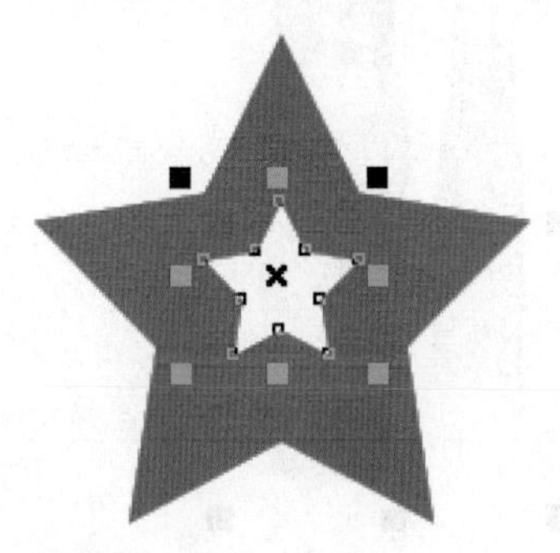

图12-64

27 选择工具箱中的“交互式调和工具”，在两个图形中进行拖动，设置步长为 3，得到的效果如图 12-65 所示。

图 12-65

28 将绘制的星形调整角度后，分散复制一些放到文件背景中，如图 12-66 所示。

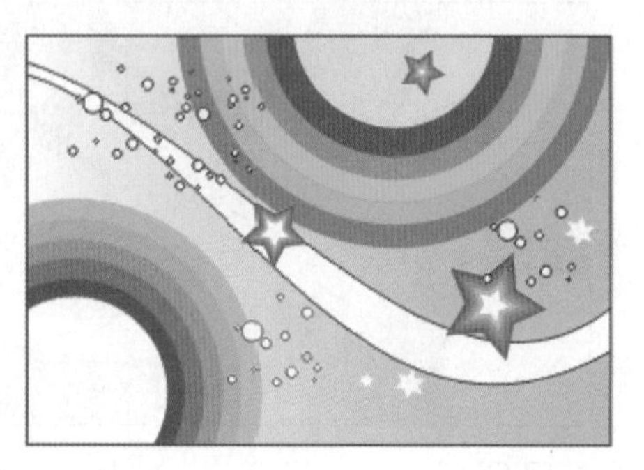

图 12-66

29 执行“文件 / 导入”命令，将光盘中的素材文件“素材 1”导入到文件空白处，效果如图 12-67 所示。

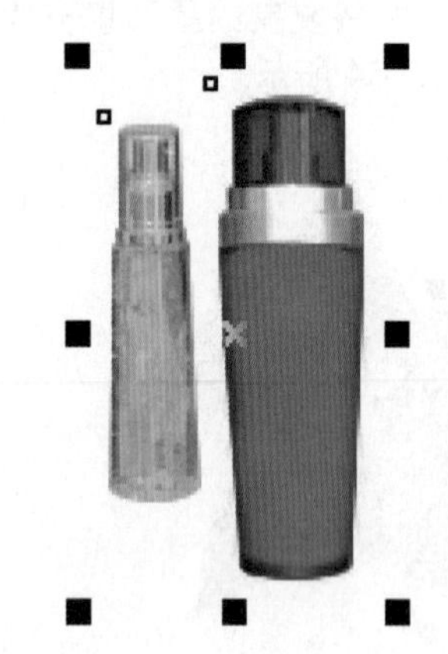

图 12-67

30 选中导入的素材，单击鼠标右键，在弹出的菜单中选择“取消群组”命令，再对其进行旋转，调整为图 12-68 所示的效果。

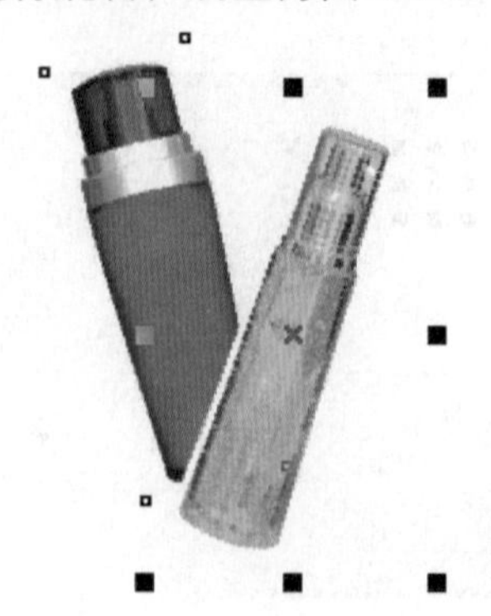

图 12-68

31 再次执行“文件 / 导入”命令，将光盘中的“素材 2”文件导入到文件空白处，效果如图 12-69 所示。

图 12-69

32 选中刚导入的素材，单击鼠标右键，在弹出的菜单中选择“取消群组”命令，如图 12-70 所示。

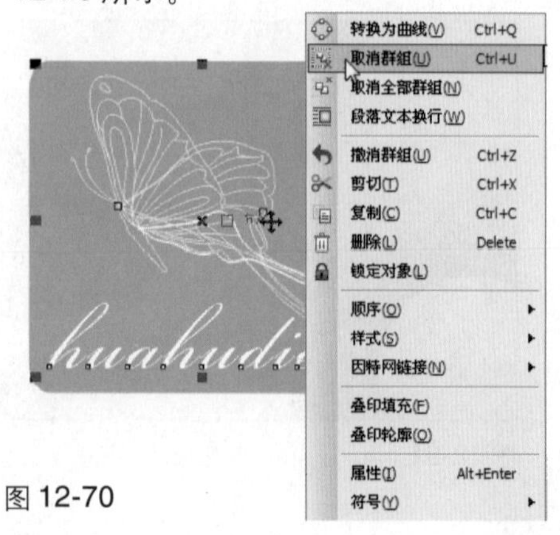

图 12-70

33 用鼠标左键选中蝴蝶和文字部分，将其拖动到化妆瓶上右击鼠标复制一个，得到的效果如图 12-71 所示。

图 12-71

34 用同样的方法复制图案，再单击图案，在其旋转状态下，将其旋转到合适角度后松开鼠标，如图 12-72 所示。

图 12-72

35 再用上面讲过的复制方法将蝴蝶复制一份，并将轮廓改为黑色，效果如图 12-73 所示。

图 12-73

36 选中刚复制的蝴蝶，在属性栏中单击“水平镜像”按钮，然后对其大小进行调整，得到的效果如图 12-74 所示。

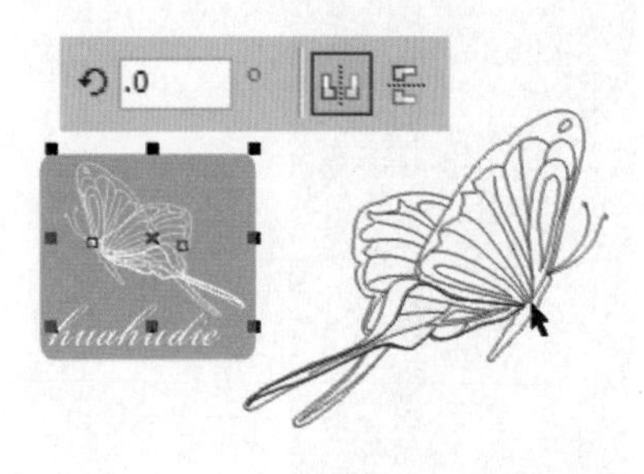

图 12-74

37 将调整好的素材放到文件背景上，对它们的位置进行调整，效果如图 12-75 所示。

图 12-75

38 最后添加文字，对文件进行进一步调整并将文件群组，得到的最终效果如图 12-76 所示。

图 12-76

12.3 比萨套餐展架

最终效果图

实例目标

本实例是一个比萨套餐展架设计，该展架版面以大面积的橙色为背景，设计中围绕比萨、水果等展开设计，加强对产品的诠释和宣传力度。

技术分析

本例主要使用了绘图工具中的"文本工具"和"多边形工具"等制作画面中的一些图形元素，还使用了"交互式透明工具"和"交互式变形工具"等修饰图形。

制作步骤

01 执行"文件/新建"命令，新建一个页面，效果如图 12-77 所示。

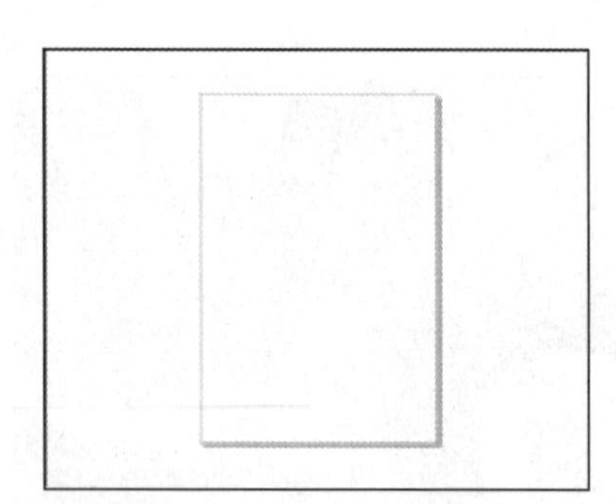
图 12-77

02 选择工具箱中的"矩形工具"，在画面中绘制矩形，在属性栏设置参数如图 12-78 所示。

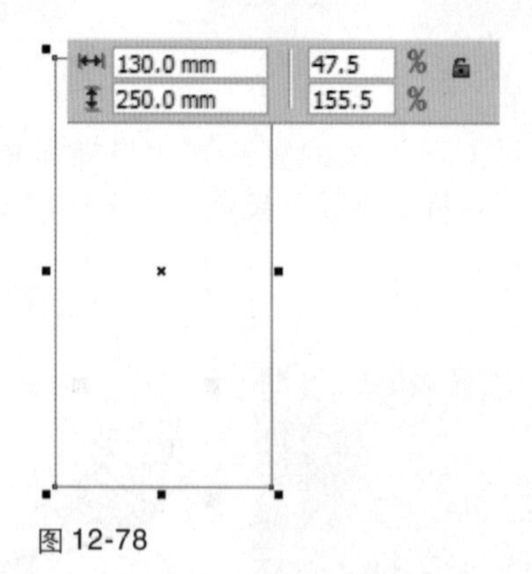

图 12-78

03 单击工具箱中的"填充"按钮，在弹出的菜单中选择"均匀填充"选项，打开"均匀填充"对话框，设置相应的颜色参数，设置完后单击"确定"按钮，将矩形去掉轮廓，效果如图 12-79 所示。

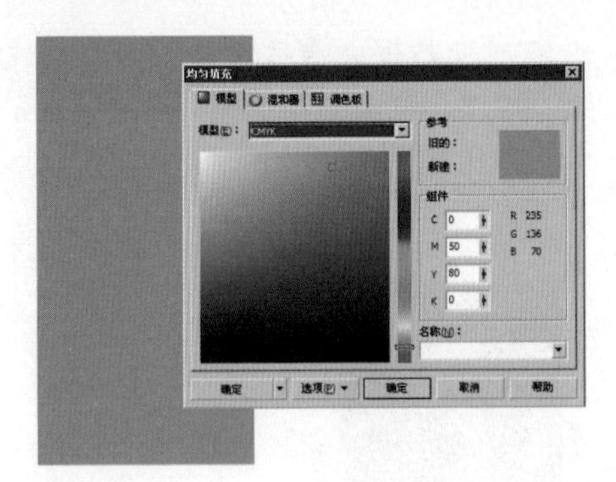

图 12-79

04 选择工具箱中的“多边形工具”，在文件空白处绘制多边形，绘制完成后在属性栏中设置角度和边数参数，如图 12-80 所示。

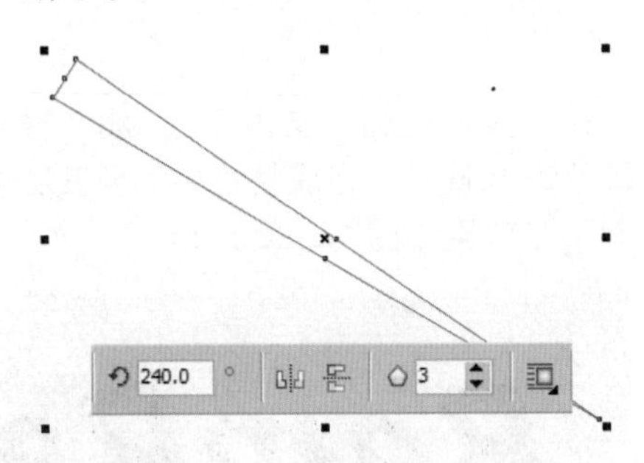

图 12-80

05 单击工具箱中的“填充”按钮，在弹出的菜单中选择“均匀填充”选项，在打开的对话框中设置相应的颜色参数，设置完后单击“确定”按钮，将图形去掉轮廓，颜色参数如图 12-81 所示。

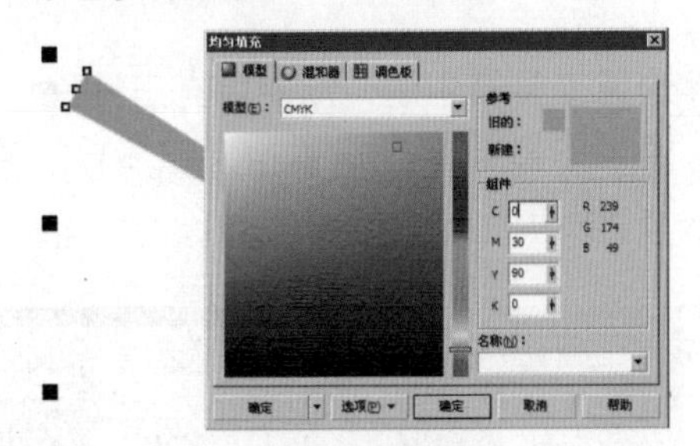

图 12-81

06 在图形选中状态下，单击鼠标左键让其变为旋转状态，将图形中心点移动到如图 12-82 所示的位置。

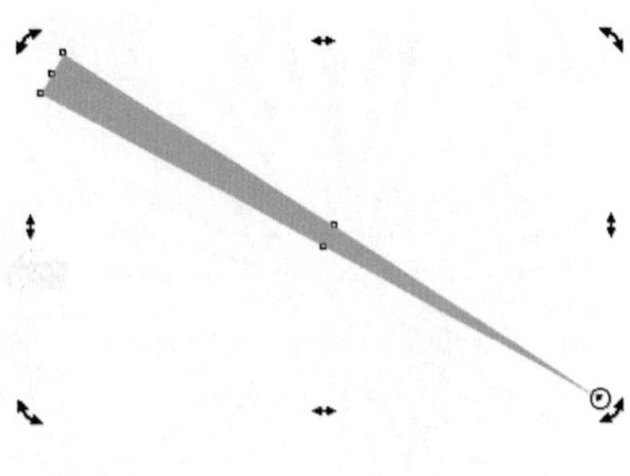

图 12-82

07 拖动鼠标将图形进行旋转，将图形旋转到合适位置后单击鼠标右键，将图形复制一个，得到的效果如图 12-83 所示。

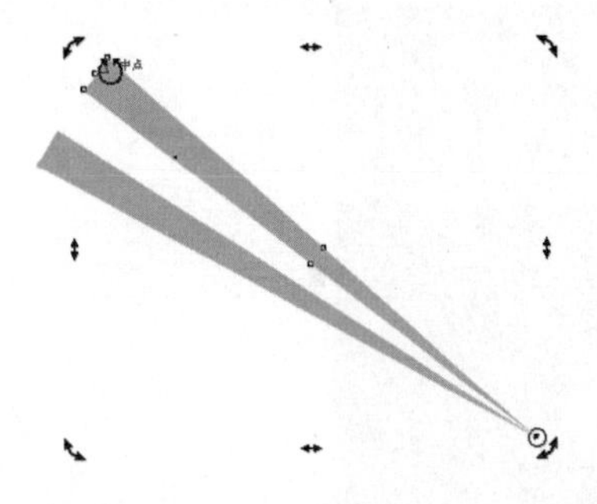

图 12-83

08 不断按【Ctrl+D】组合键执行再制命令，将图形进行旋转复制，得到如图 12-84 所示的图形，然后将图形进行群组。

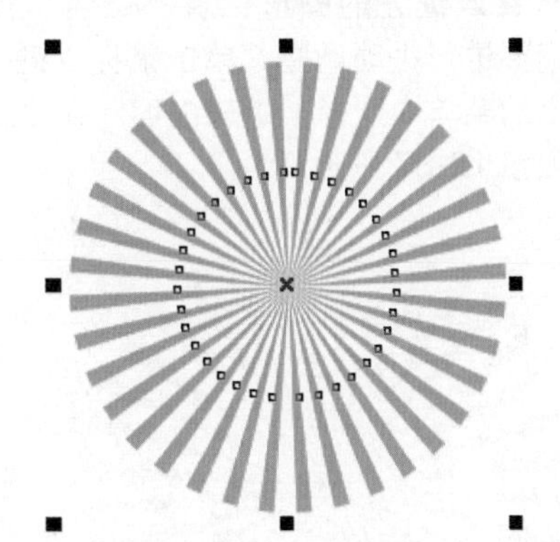

图 12-84

09 执行“效果 / 图框精确剪裁 / 放置在容器中”命令，得到的效果如图 12-85 所示。

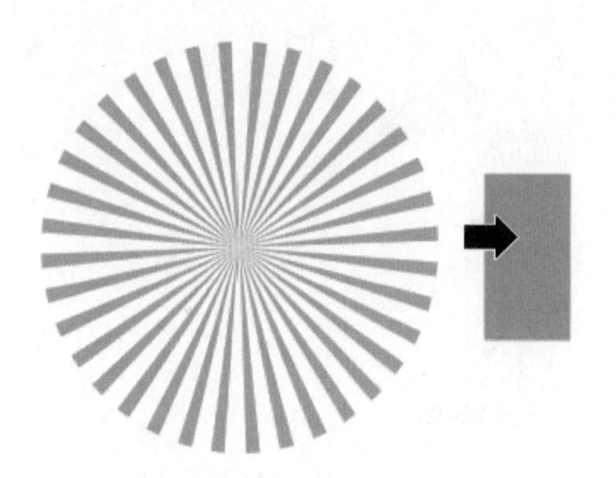

图 12-85

10 用黑色大箭头单击矩形框，将图形置入到矩形框中，效果如图 12-86 所示。

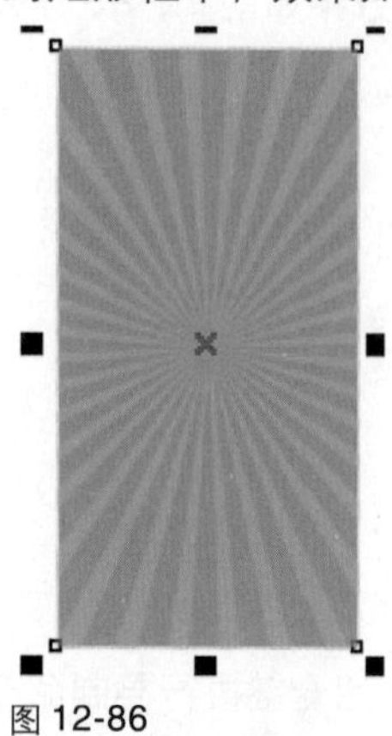

图 12-86

11 由于置入进去的图形位置不适合，所以我们要进行手动调整。单击鼠标右键，在弹出的菜单中选择“编辑内容”命令，效果如图 12-87 所示。

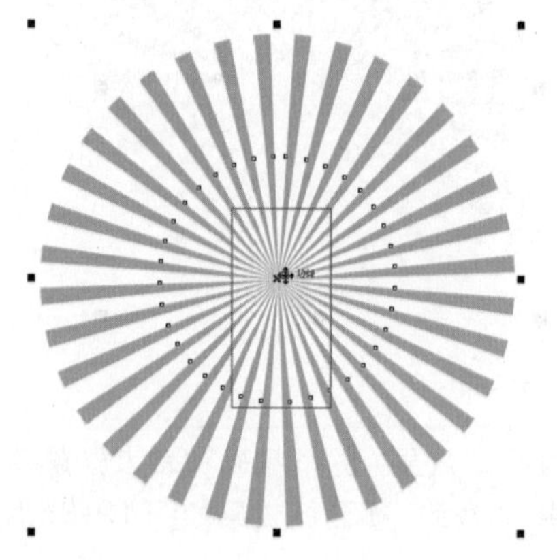

图 12-87

12 将图形调整到合适位置后，单击鼠标右键，在弹出的菜单中选择“结束编辑”命令，效果如图 12-88 所示。

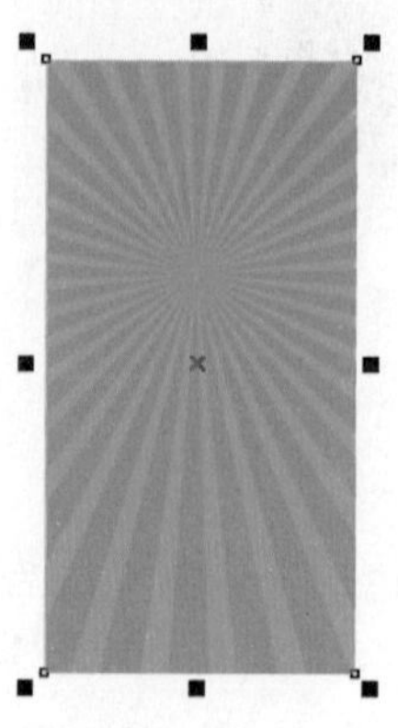

图 12-88

13 选择工具箱中的“文本工具”字，输入字母“BemRa”，在属性栏中调整其字体和大小，效果如图 12-89 所示。

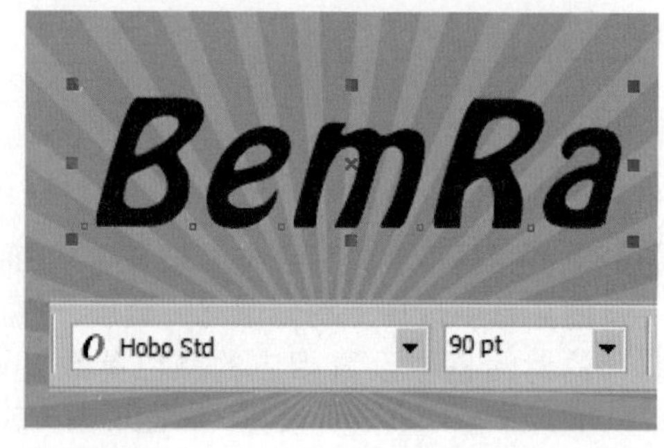

图 12-89

14 选择工具箱中的“渐变填充工具”，在弹出的对话框中设置渐变的颜色，如图 12-90 所示。

图 12-90

⑮ 在工具箱中选择“交互式轮廓工具”，在文字上拖动，在属性栏中设置参数，得到如图 12-91 所示的效果。

图 12-91

⑯ 选中文字，在鼠标右键菜单中选择“拆分轮廓图群组于图层”命令，将文字和轮廓拆分开，并为制作的轮廓填充颜色，效果如图 12-92 所示。

图 12-92

⑰ 选择工具箱中的“交互式变形工具”，在图形上进行拖动，并在属性栏中设置其参数，将前面的渐变文字按小键盘的【+】键原位置复制一个，得到的效果如图 12-93 所示。

图 12-93

⑱ 选择工具箱中的“底纹填充工具”，对刚复制的文字进行底纹填充，设置参数如图 12-94 所示。

图 12-94

⑲ 在对话框中设置好参数后，单击“确定”按钮，填充底纹后的文字效果如图 12-95 所示。

图 12-95

⑳ 选择工具箱中的“交互式透明工具”，对刚填充的文字进行透明渐变，效果如图 12-96 所示。

图 12-96

21 用“矩形工具”绘制矩形，将其改为圆角，再将其填充为红色并去掉轮廓，再将字母“BemRa”复制过去，将“m”改为“n”，调整大小，如图12-97所示。

图12-97

22 选择“交互式阴影工具”，为矩形添加阴影，并将阴影改为白色，得到的效果如图12-98所示。

图12-98

23 用“矩形工具”绘制矩形框，将轮廓改为相应颜色，并在属性栏中更改矩形圆角参数，效果如图12-99所示。

图12-99

24 执行“文件/导入”命令，将光盘中的“素材1”文件导入页面，用“交互式透明工具”对其进行透明处理，得到的效果如图12-100所示。

图12-100

25 选中素材，执行“效果/图框精确剪裁/放置在容器中”命令，将素材放置在矩形框中，如图12-101所示。

图12-101

26 对素材位置进行调整，单击鼠标右键，在弹出的菜单中选择“编辑内容”命令，调整后单击鼠标右键，在弹出的菜单中选择“结束编辑”命令，效果如图12-102所示。

图12-102

27 选择“椭圆工具”，按住【Ctrl】键绘制正圆，将其填充为白色并去掉轮廓，得到的效果如图 12-103 所示。

图 12-103

28 按住【Shift】键，拖动鼠标到合适位置后单击鼠标右键，复制一个正圆，对其轮廓和填充色进行设置，如图 12-104 所示。

图 12-104

29 复制多个圆形图案并改变圆形的颜色，调整它们的位置，效果如图 12-105 所示。

图 12-105

30 执行“文件 / 导入”命令，导入光盘中的“素材 2”文件，并将素材放置到合适的位置，得到的效果如图 12-106 所示。

图 12-106

31 依次导入光盘中的“素材 3”和“素材 4”文件，将它们调整到合适的位置，如图 12-107 所示。

图 12-107

32 选择工具箱中的“文本工具”，添加其他文字，并对整体效果进行调整，得到的最终效果如图 12-108 所示。

图 12-108

12.4 手机广告

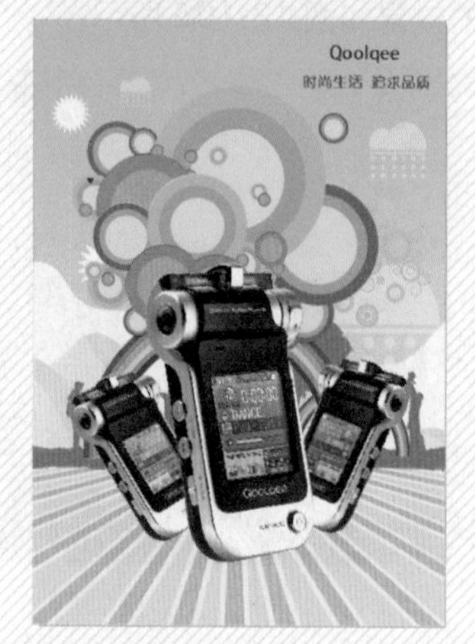

最终效果图

实例目标

本实例是手机广告设计案例，该案例以青春的绿色作为背景，设计中加入许多动感时尚的因素，加强对产品的诠释和宣传力度。

技术分析

本例主要使用了绘图工具中的“椭圆工具”和“手绘工具”等制作画面中的一些图形元素，还使用了“交互式透明工具”和“造形”命令等来修饰图形。

制作步骤

01 执行“文件/新建”命令，新建一个页面，如图12-109所示。

图12-109

02 选择工具箱中的“矩形工具”，双击矩形工具，在页面上建立一个和页面一样大的矩形，如图12-110所示。

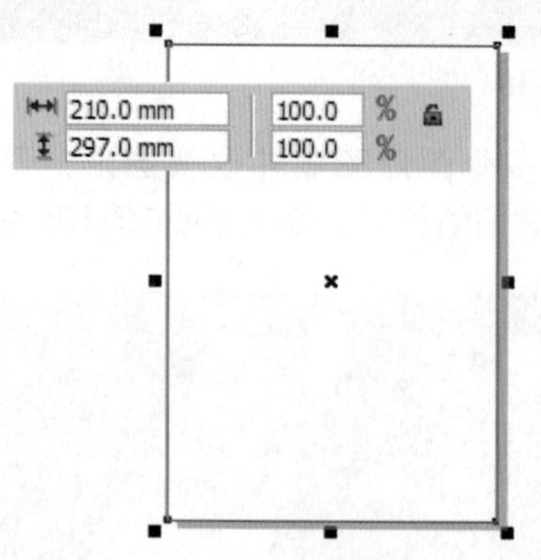

图12-110

03 选择工具箱中的“交互式渐变工具”，在弹出的对话框中设置其颜色参数，设置完后单击“确定”按钮，将矩形去掉轮廓，效果如图12-111所示。

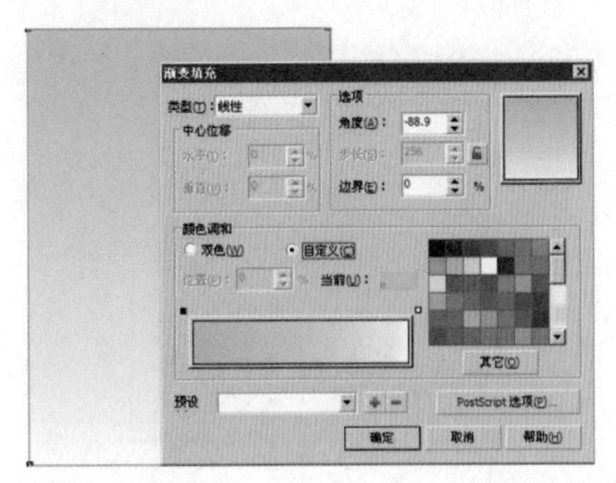

图 12-111

04 选择工具箱中的“星形工具”，在文件背景处绘制星形，在属性栏中设置角度和锐度参数，将星形填充为白色，去掉轮廓色，如图 12-112 所示。

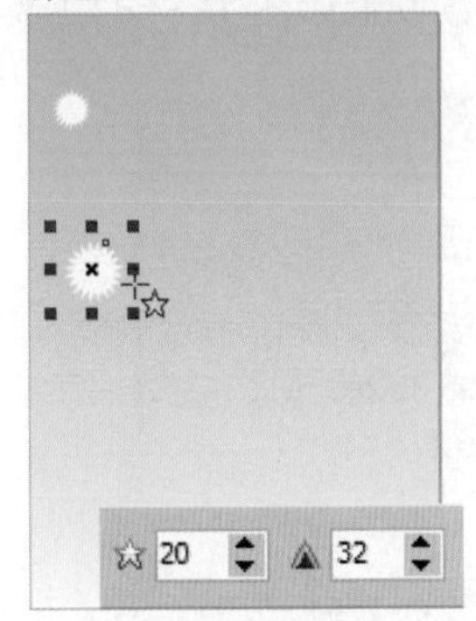

图 12-112

05 选择工具箱中的“椭圆工具”，按住【Ctrl】键，绘制两个正圆，颜色为白色，如图 12-113 所示。

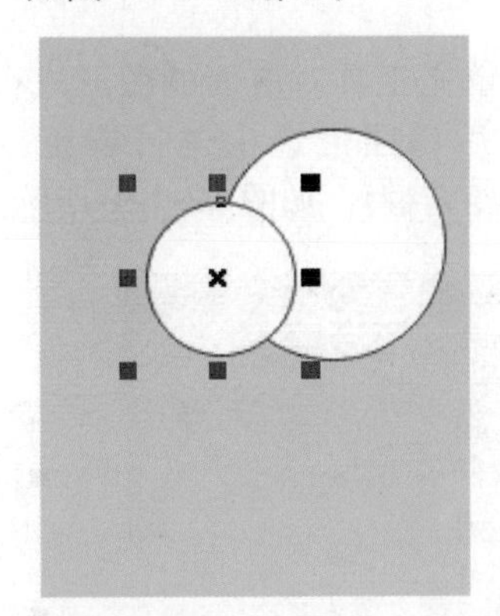

图 12-113

06 将两个图形选中，在属性栏中单击“焊接”按钮，将两个图形焊接为一个整体，得到如图 12-114 所示的图形。

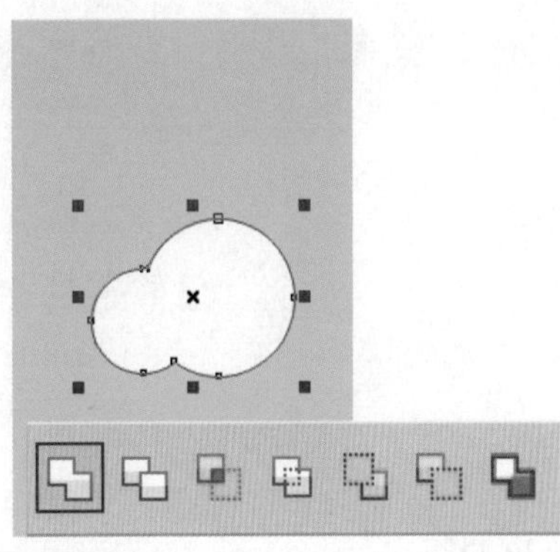

图 12-114

07 用矩形工具绘制一个矩形，将矩形和刚才绘制的图形一起选中，在属性栏中单击“后减前”按钮，得到的效果如图 12-115 所示。

图 12-115

08 选择“椭圆工具”，绘制正圆，将绘制的正圆进行复制，得到如图 12-116 所示的图形，然后将图形进行焊接。

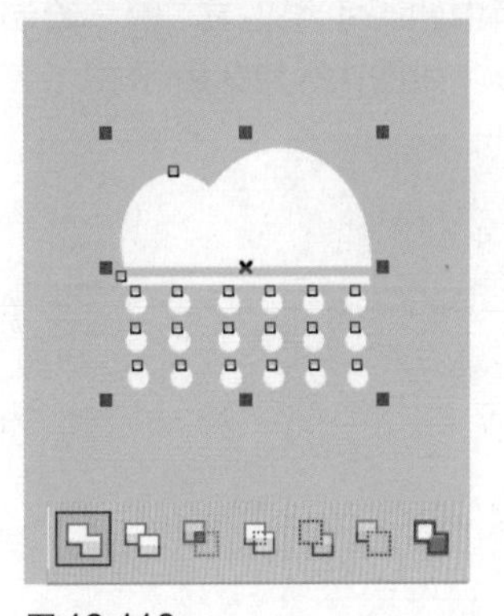

图 12-116

09 将刚制作的图形进行透明处理，复制后放在文件背景中，并调整它们的大小和位置，得到的效果如图 12-117 所示。

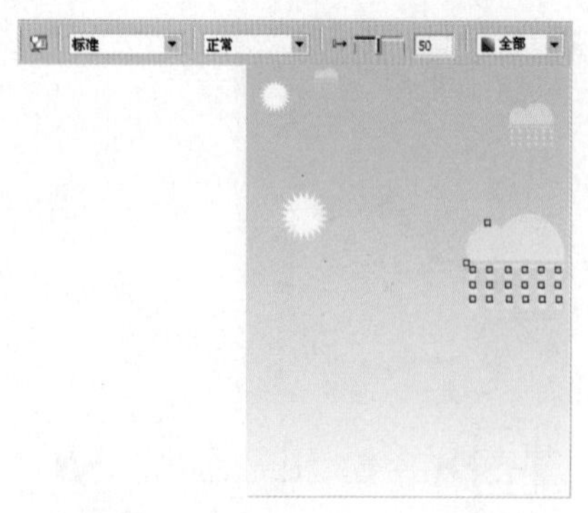

图 12-117

10 选择“贝塞尔工具”，按住【Ctrl】键绘制直线，将轮廓样式改为虚线，效果如图 12-118 所示。

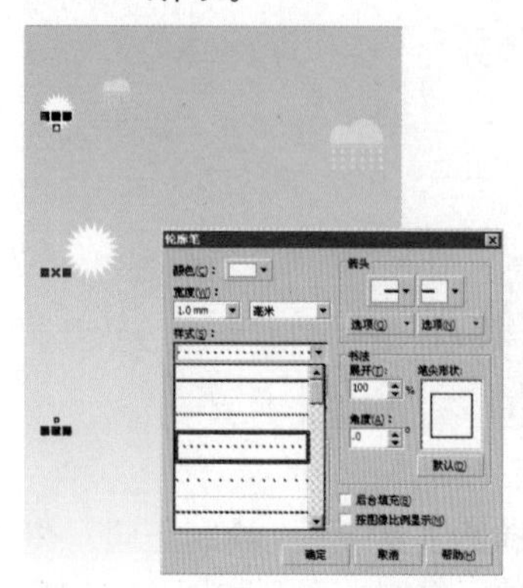

图 12-118

11 选择工具箱中的“手绘工具”，绘制一个闭合图形，如图 12-119 所示。

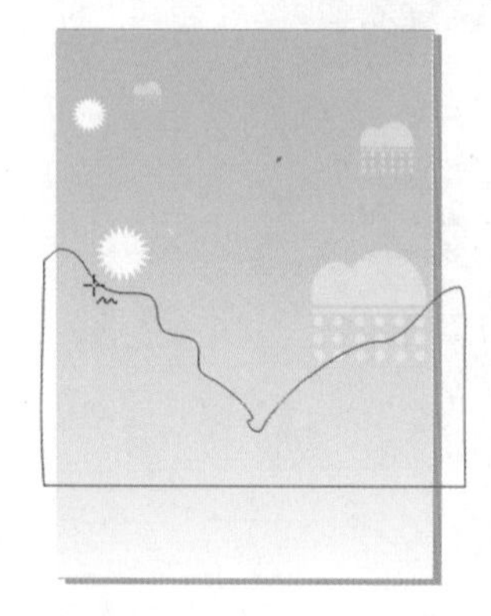

图 12-119

12 选择工具箱中的“手绘工具”，继续绘制其他图形，效果如图 12-120 所示。

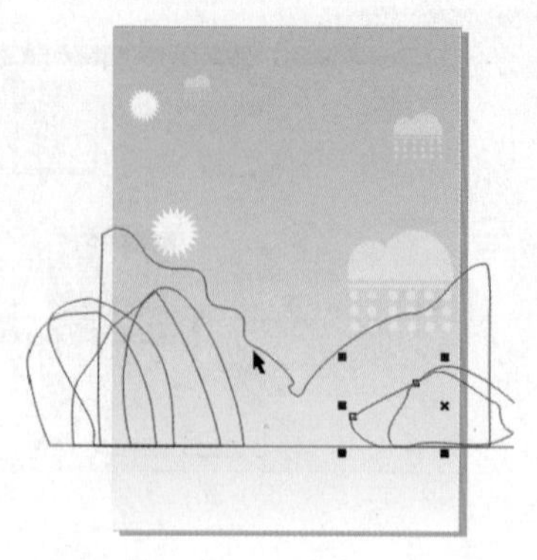

图 12-120

13 选择工具箱中的“填充工具”，为图形填充颜色，参数设置如图 12-121 所示。

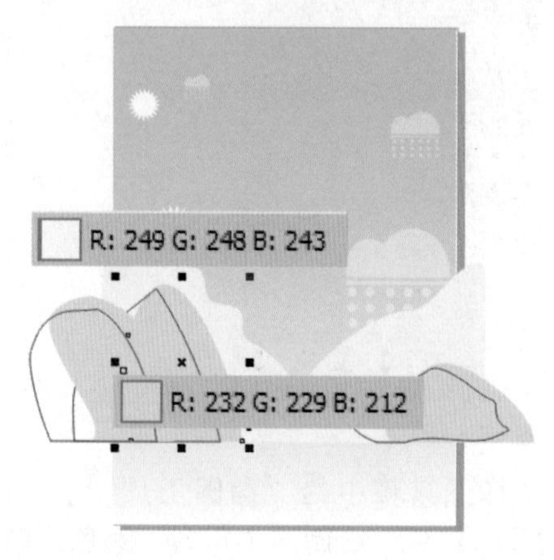

图 12-121

14 同样，用填充工具对前面的图形进行填充，填充后将图形选中进行群组（按【Ctrl+G】组合键），如图 12-122 所示。

图 12-122

⑮ 执行“效果/图框精确剪裁/放置在容器中”命令，单击鼠标右键，在弹出的菜单中选择“编辑内容”命令，对其位置进行调整，得到如图 12-123 所示的效果。

图 12-123

⑯ 选择工具箱中的“矩形工具”，绘制一个 210mm × 85mm 的矩形，并填充如图 12-124 所示的颜色。

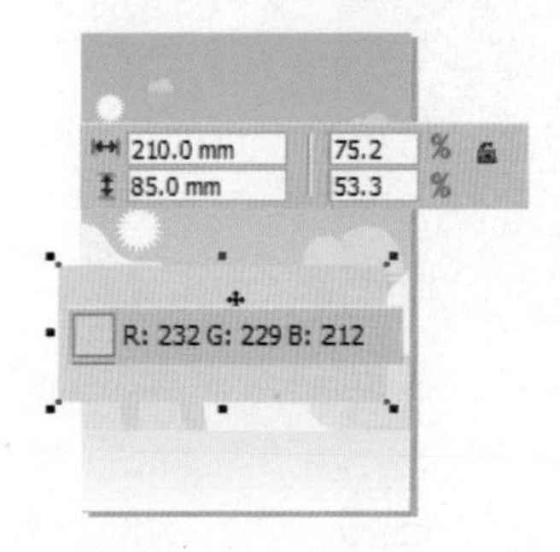

图 12-124

⑰ 将矩形和背景选中，执行“排列/对齐和分布/对齐和分布”命令，在弹出的对话框中设置对齐方式，然后单击“应用”按钮，如图 12-125 所示。

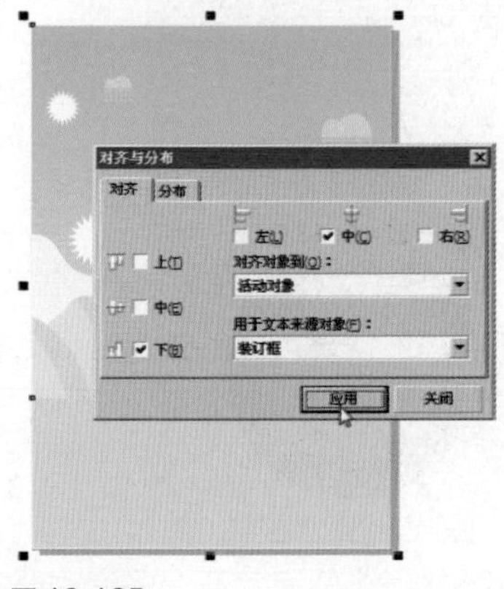

图 12-125

⑱ 选择工具箱中的“多边形工具”，绘制三角形，为绘制的三角形填充颜色，去掉轮廓色，参数设置如图 12-126 所示。

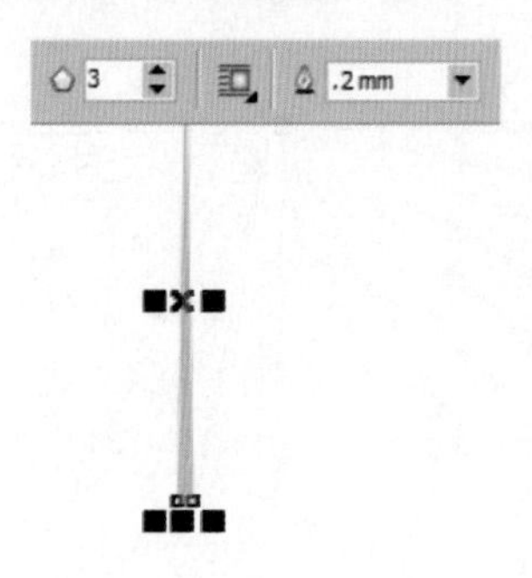

图 12-126

⑲ 选择刚绘制的三角形，再次单击鼠标左键，让其处于旋转状态下，将中心点调整到如图 12-127 所示的位置，拖动鼠标到合适位置，右击鼠标对其进行复制。

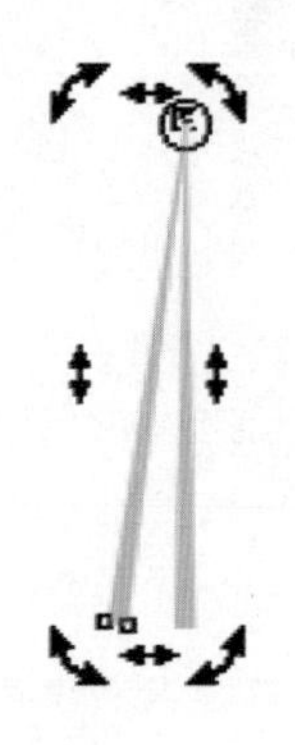

图 12-127

⑳ 按【Ctrl+D】组合键，对图形进行再制，效果如图 12-128 所示。

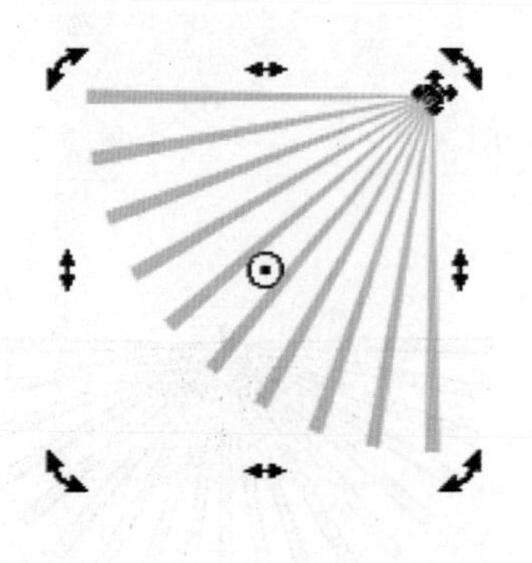

图 12-128

21 将刚绘制的图形选中，按住【Ctrl】键，向右拖动到如图12-129所示的位置，右击鼠标复制图形。

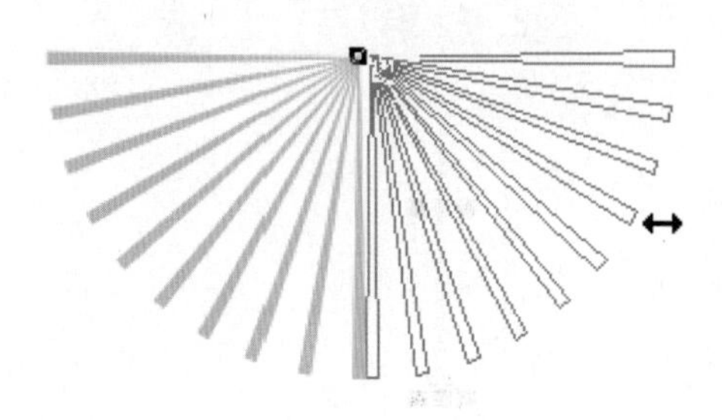

图12-129

22 将制作的图形进行群组，再将其拖动到上面制作的矩形中，得到的效果如图12-130所示。

图12-130

23 选择工具箱中的“交互式轮廓工具”，在图形上进行拖动，在属性栏中设置其参数，如图12-131所示。

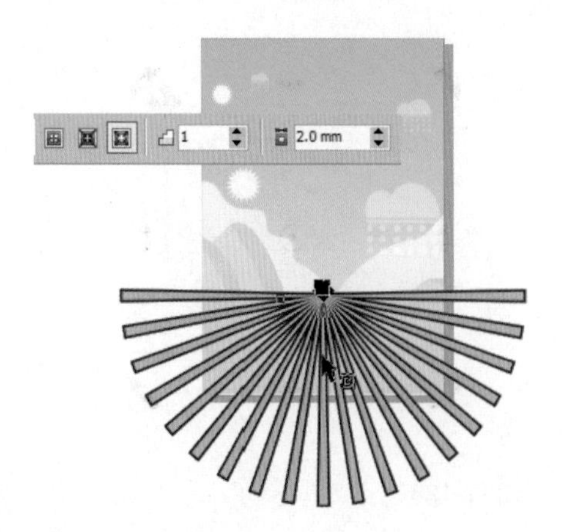

图12-131

24 执行“排列/拆分轮廓图群组于图层”命令，将轮廓图填充为白色，并对其进行透明处理，得到的效果如图12-132所示。

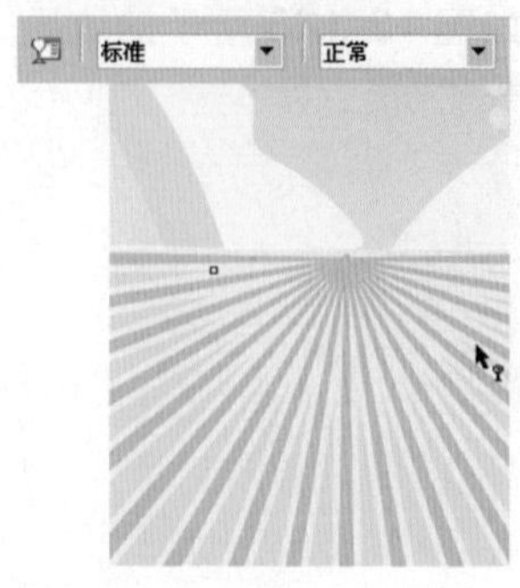

图12-132

25 选中素材，执行“效果/图框精确剪裁/放置在容器中”命令，将素材放置在矩形框中并将其调整到合适位置，如图12-133所示。

图12-133

26 选择工具箱中的“椭圆工具”，绘制两个同心圆，填充如图12-134所示的颜色。

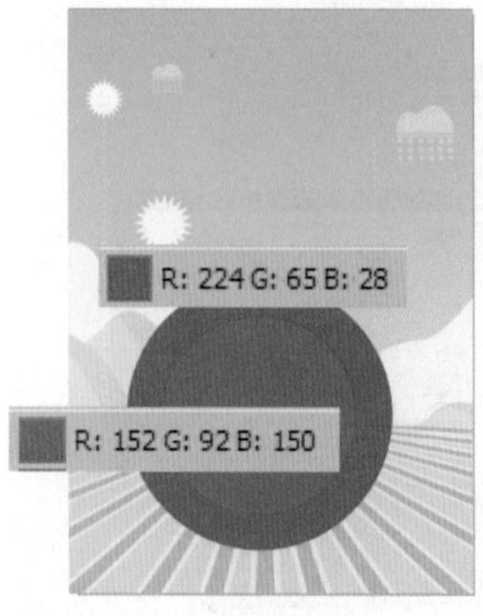

图12-134

27 选择“交互式调和工具”，在两个圆中建立调和，设置步长为3，得到的效果如图12-135所示。

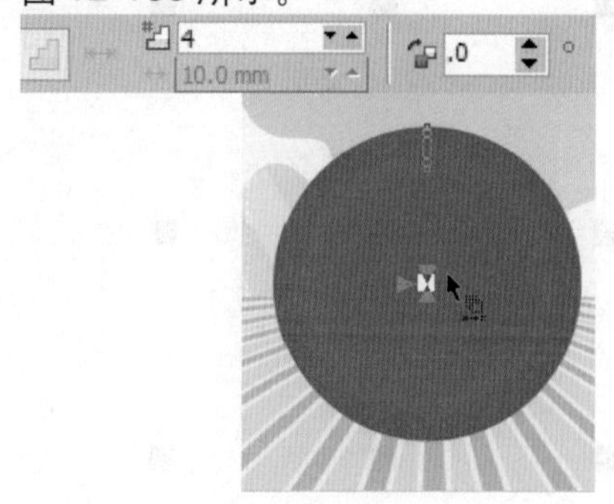

图12-135

28 将调和的图形进行拆分，依次为图形填充颜色，将其群组，效果如图12-136所示。

图12-136

29 按住【Ctrl】键的同时将紫色的圆形选中，按住【Shift】键的同时将鼠标向里拖动，拖动到合适大小后右击鼠标，复制一个同心圆，将其填充为白色，效果如图12-137所示。

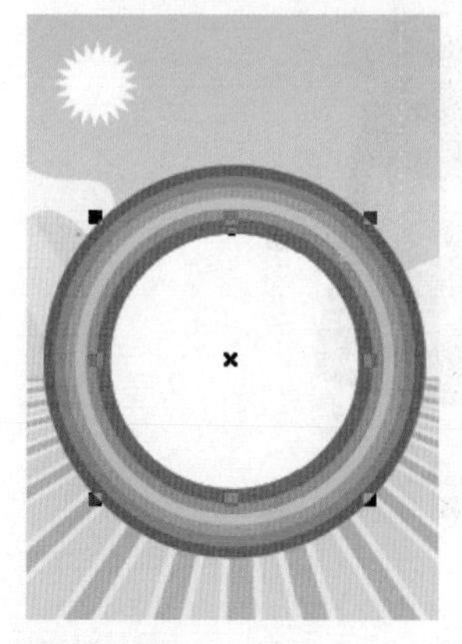

图12-137

30 将白色圆形和外面图形一起选中，在属性栏中单击“后减前”按钮，得到的效果如图12-138所示。

图12-138

31 再用矩形工具将彩色圆圈修剪成彩虹形状，如图12-139所示。

图12-139

32 将光盘中的“素材1”导入文件中，单击鼠标右键，在弹出的菜单中进行设置，将素材置入彩虹后面，并用对齐方式将素材和背景水平居中对齐，得到的效果如图12-140所示。

图12-140

33 选择工具箱中的“椭圆工具”，按住【Ctrl】键画正圆，并复制出同心圆，将颜色填充为如图 12-141 所示。

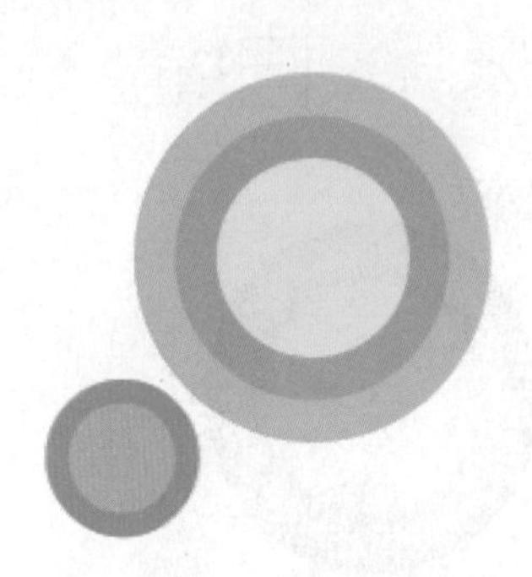

图 12-141

34 将刚刚制作的图形复制后，调整它们的位置、顺序和大小，得到的效果如图 12-142 所示。

图 12-142

35 将刚制作的图形群组，放在背景上调整其位置，效果如图 12-143 所示。

图 12-143

36 将光盘中的“素材 2”文件导入文件空白处，如图 12-144 所示。

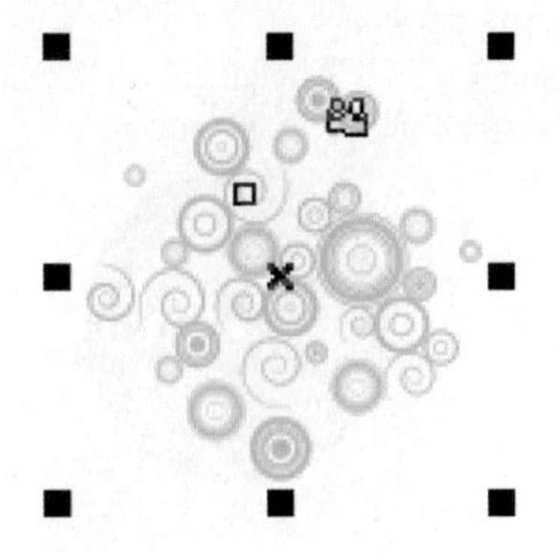

图 12-144

37 选中素材，将素材放置到文件中，并将其调整到如图 12-145 所示的位置。

图 12-145

38 将手机图片“素材 3”导入文件空白处，如图 12-146 所示。

图 12-146

39 将导入的手机素材复制一个，缩小后将其旋转到如图 12-147 所示的效果。

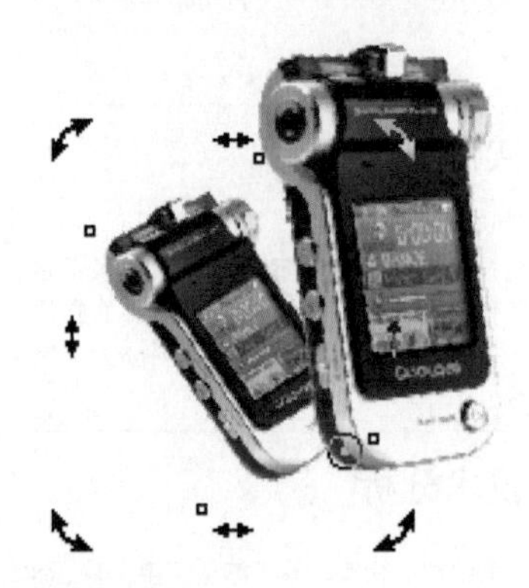

图 12-147

40 用同样的操作方法，将手机图片再复制一个，缩小后旋转为如图 12-148 所示的效果。

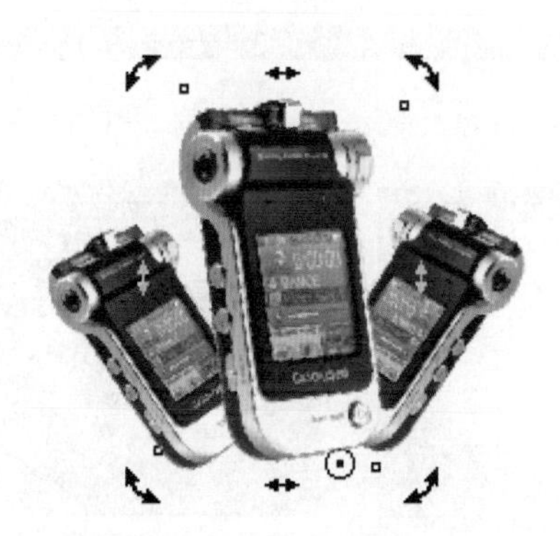

图 12-148

41 执行“效果/调整/色度/饱和度/亮度”命令，在打开的对话框中调整其参数，效果如图 12-149 所示。

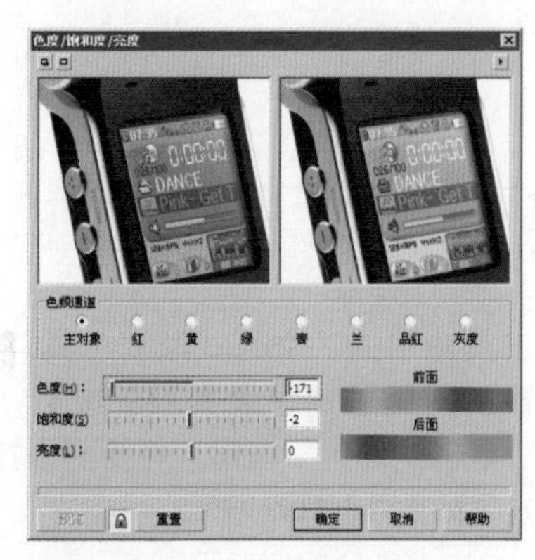

图 12-149

42 调整完后，单击“确定”按钮，手机被调整成如图 12-150 所示的效果。

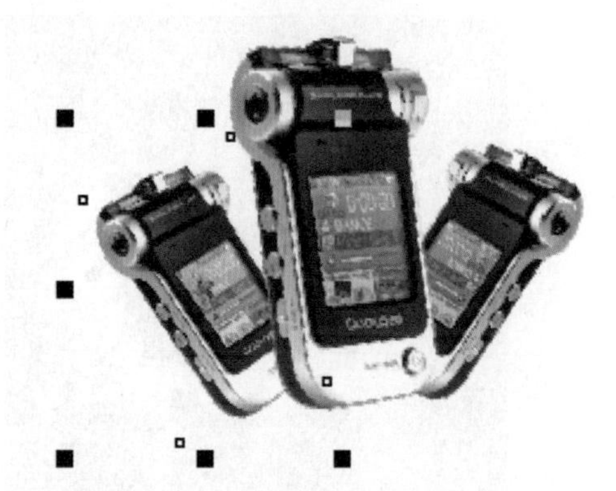

图 12-150

43 再次执行“效果/调整/色度/饱和度/亮度”命令，在对话框中调整相应参数，效果如图 12-151 所示。

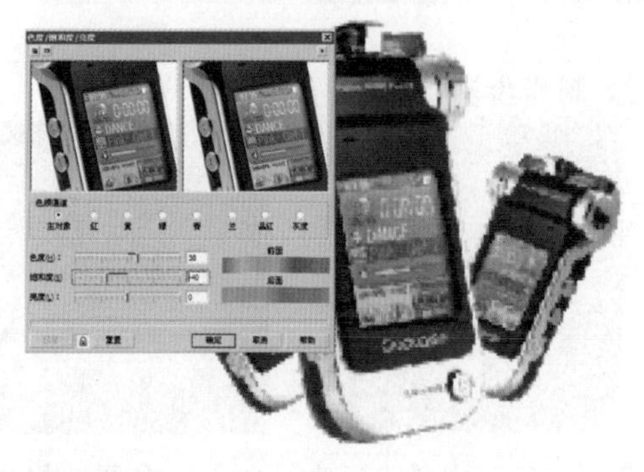

图 12-151

44 选择工具箱中的“文本工具”字，添加其他文字，并对整体效果进行调整，得到的最终效果如图 12-152 所示。

图 12-152

12.5 青春贺卡

最终效果图

实例目标

本实例是青春贺卡设计案例，该案例以青春的蓝色作为背景，在设计中加入动感的立体字母，并对其进行排列，加强视觉冲击力，比较醒目。

技术分析

本例主要使用了绘图工具中的"文本工具"和"贝塞尔工具"等制作画面中的一些图形元素，还使用了"交互式渐变工具"和"造形"命令等修饰图形。

制作步骤

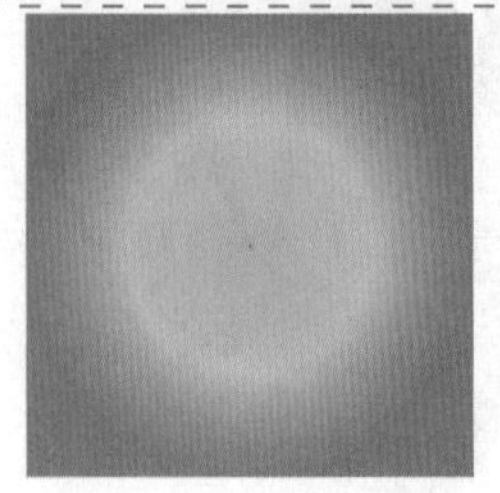

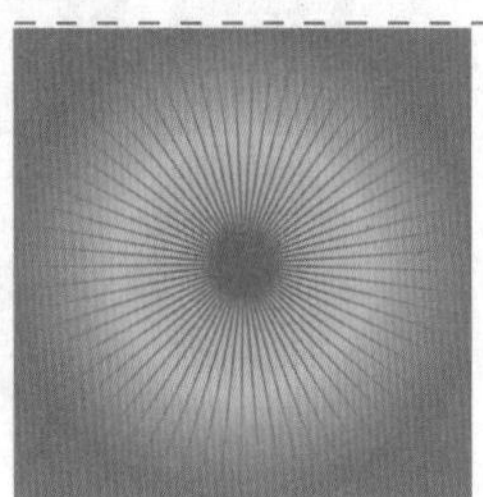

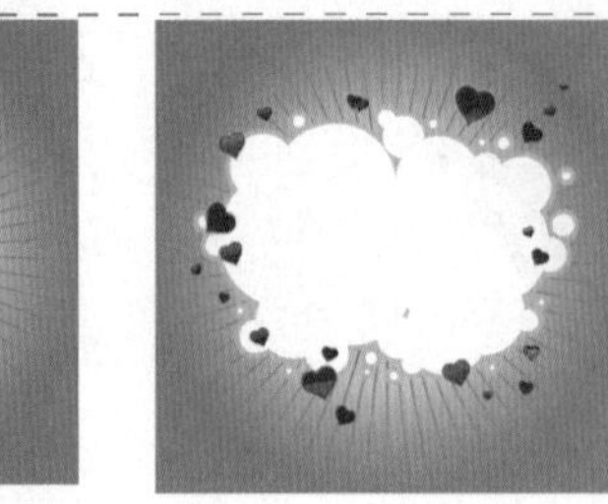

01 执行"文件/新建"命令，在属性栏中单击"横向"按钮，将页面更改为横向，如图12-153所示。

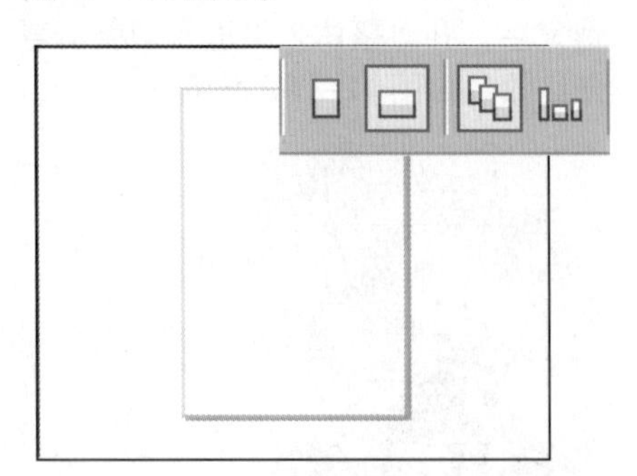
图12-153

02 选择工具箱中的"矩形工具"，在页面上绘制一个矩形，并在属性栏中设置矩形的大小，如图12-154所示。

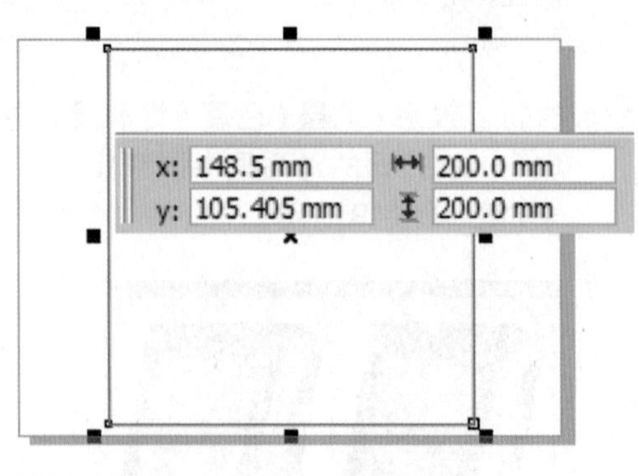

图12-154

03 选择工具箱中的"交互式渐变工具"，在弹出的对话框中设置其颜色参数，设置完后单击"确定"按钮，将矩形去掉轮廓，效果如图12-155所示。

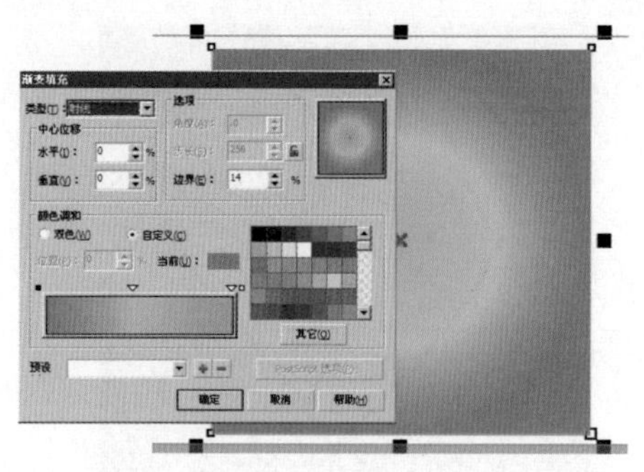

图 12-155

04 选择工具箱中的"星形工具"，在文件空白处绘制星形，在属性栏中设置其角度和锐度参数，如图12-156所示。

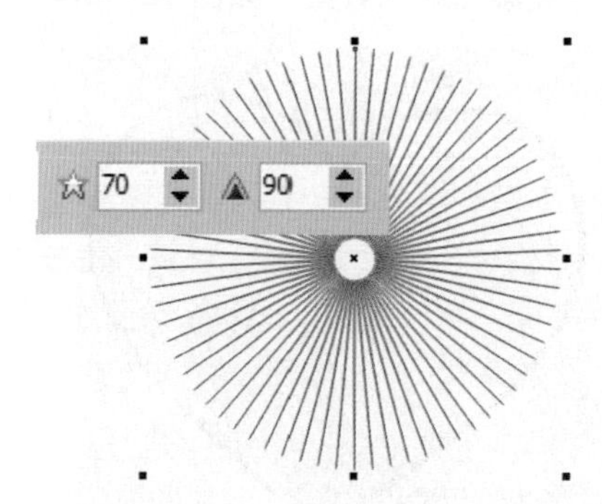

图 12-156

05 选择工具箱中的"交互式填充工具"，在绘制的星形上进行拖动，设置其渐变颜色，并将星形去掉轮廓，如图12-157所示。

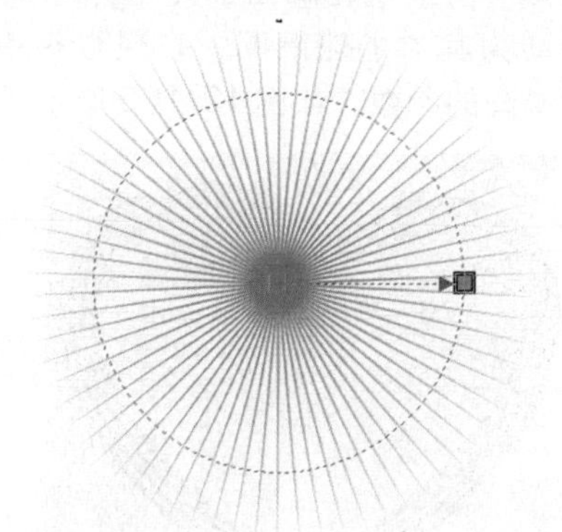

图 12-157

06 将星形选中，执行"效果/图框精确剪裁/放置在容器中"命令，这时会出现一个大大的黑色箭头，如图12-158所示。

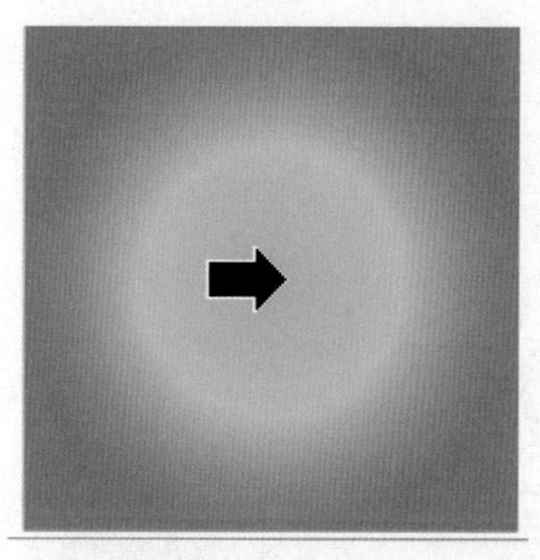

图 12-158

07 用黑色的大箭头单击背景文件，将星形放置到背景文件中，如图12-159所示。

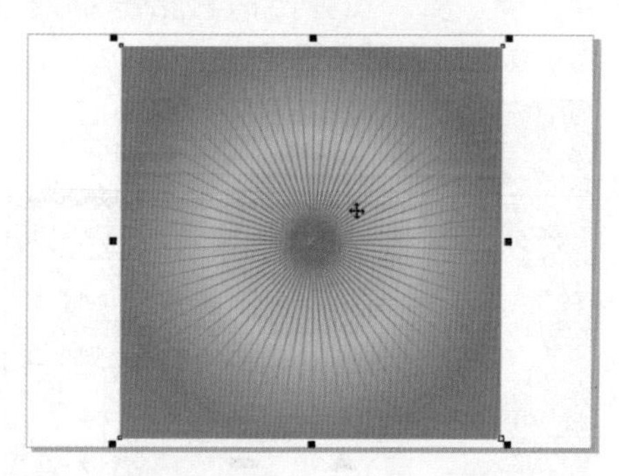

图 12-159

08 选择"椭圆工具"，在背景文件上绘制多个正圆，如图12-160所示。

图 12-160

09 将绘制的多个圆形选中，在属性栏中单击"焊接"按钮，将焊接后的图形填充为白色，去掉其轮廓，效果如图12-161所示。

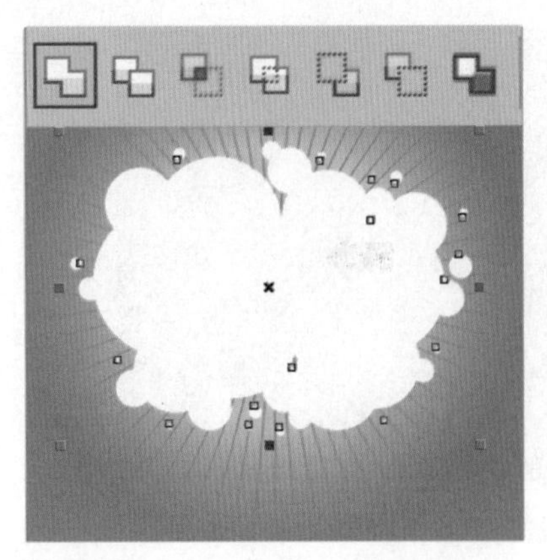

图 12-161

10 选择制作的图形，在工具箱中选择“轮廓笔工具”，在弹出的对话框中设置参数，如图 12-162 所示。

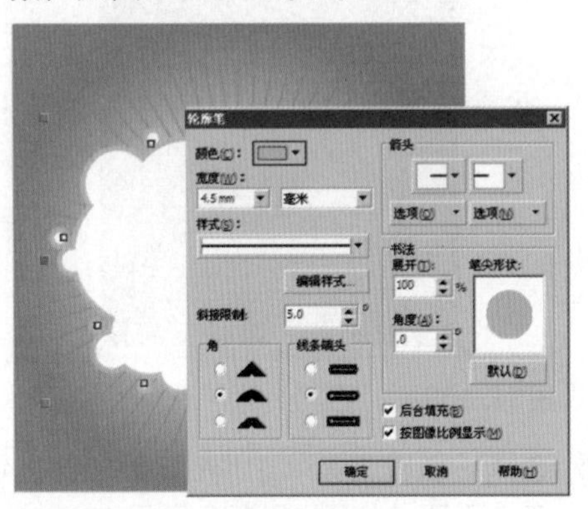

图 12-162

11 选择工具箱中的“基本形状工具”，在属性栏中选择心形图形，在背景中绘制心形，如图 12-163 所示。

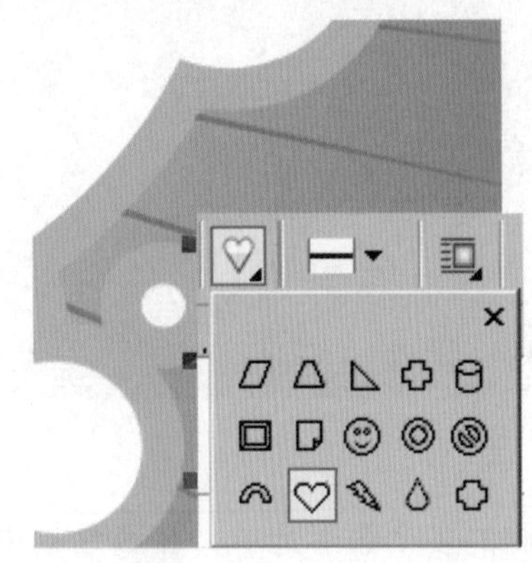

图 12-163

12 将心形图形转换为曲线，用“形状工具”调整心形的形状，效果如图 12-164 所示。

图 12-164

13 选择工具箱中的“交互式渐变工具”，为心形添加渐变效果，如图 12-165 所示。

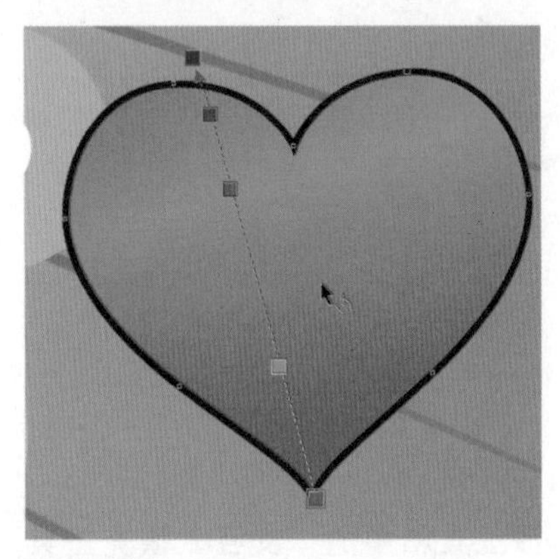

图 12-165

14 选择“交互式轮廓图工具”，在心形上拖动为其添加轮廓图，在属性栏中设置轮廓图的参数，如图 12-166 所示。

图 12-166

⑮ 选择添加了轮廓的心形，单击鼠标右键，在弹出的菜单中将添加的轮廓拆分，如图 12-167 所示。

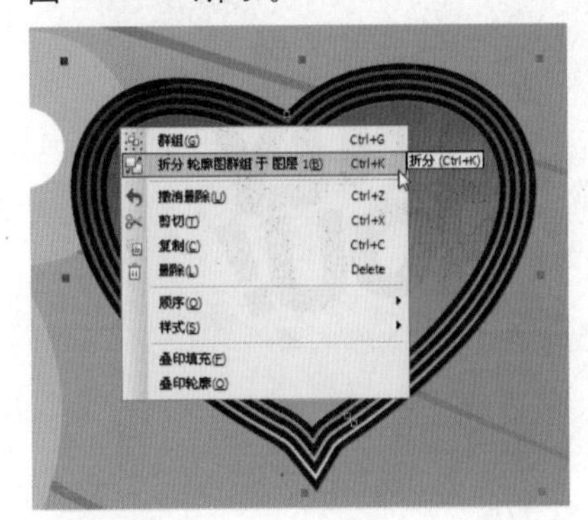

图 12-167

⑯ 将拆分后的轮廓图选中，单击鼠标右键，在弹出的菜单中选择相应命令取消群组，如图 12-168 所示。

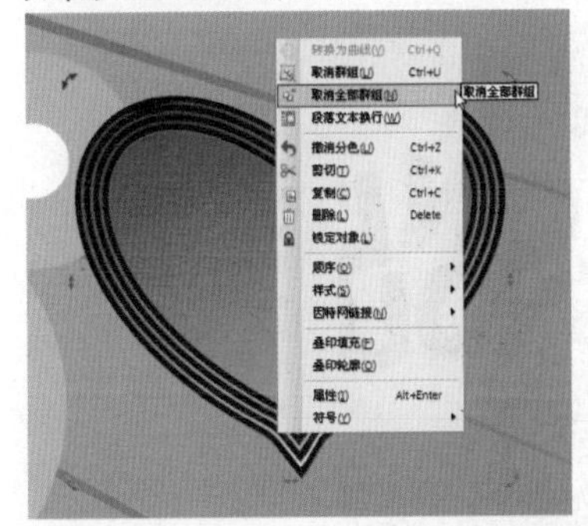

图 12-168

⑰ 将取消群组后的图形填充为不同的颜色，调整图形的大小，将最前面的心形原地复制一个，效果如图 12-169 所示。

图 12-169

⑱ 选择工具箱中的“贝塞尔工具”，在心形上绘制封闭轮廓，将绘制的图形和复制的心形选中，在属性栏中单击相应按钮，对其进行修剪，如图 12-170 所示。

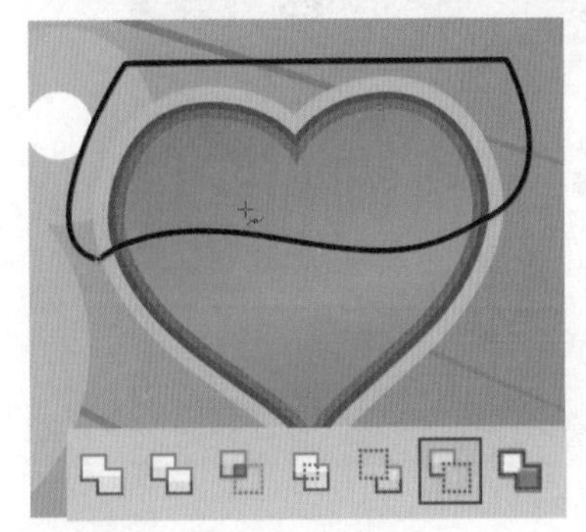

图 12-170

⑲ 选择“交互式渐变工具”，为修剪后的图形添加渐变，填充类型为“射线”，效果如图 12-171 所示。

图 12-171

⑳ 将制作的心形图案复制多个，调整它们的大小和位置，效果如图 12-172 所示。

图 12-172

21 继续复制刚制作的心形，对它们进行调整并摆放在适当位置，效果如图 12-173 所示。

图 12-173

22 用“文本工具”字在文件空白处输入文字，在属性栏中设置其字体和大小，如图 12-174 所示。

图 12-174

23 将输入的文字选中，执行“排列/拆分美术字”命令，将文字拆分开，效果如图 12-175 所示。

图 12-175

24 将拆分后的文字放置到文件背景中，调整它们的位置和角度，效果如图 12-176 所示。

图 12-176

25 将调整后的文字选中，单击鼠标右键，在弹出的菜单中选择相应命令，将文字转换为曲线，如图 12-177 所示。

图 12-177

26 选择工具箱中的“形状工具”，对文字的外形进行调整，效果如图 12-178 所示。

图 12-178

27 将第一个文字图形选中，用“交互式渐变工具”为其添加渐变，效果如图 12-179 所示。

图 12-179

28 用同样的方法，为第二个文字图形添加渐变，效果如图 12-180 所示。

图 12-180

29 用“交互式渐变工具”继续为其他文字图形添加渐变，设置它们的渐变颜色，效果如图 12-181 所示。

图 12-181

30 用“贝塞尔工具”在第一个文字图形上绘制如图 12-182 所示的封闭形状。

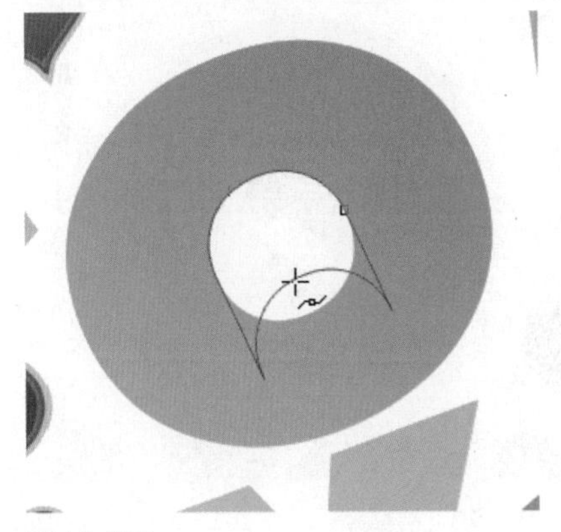

图 12-182

31 用“交互式渐变工具”在绘制的形状上拖动，设置它们的渐变颜色，效果如图 12-183 所示。

图 12-183

32 将图形轮廓去掉，单击鼠标右键，在弹出的菜单中选择相应命令，将图形放置到第一个文字图形后方，如图 12-184 所示。

图 12-184

33 用“贝塞尔工具”绘制文字图形的立体效果，如图 12-185 所示。

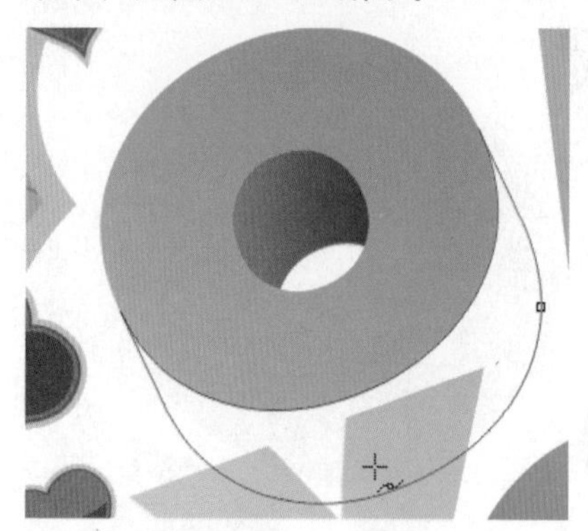

图 12-185

34 用“交互式渐变工具”在绘制的形状上拖动，设置它们的渐变颜色，效果如图 12-186 所示。

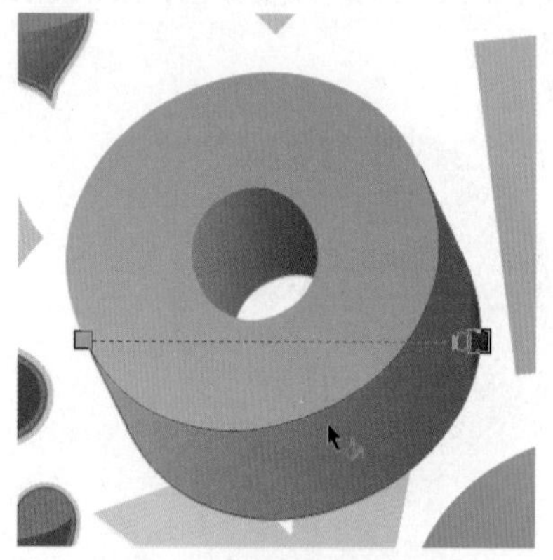

图 12-186

35 将图形轮廓去掉，将其放置在如图 12-187 所示的位置。

图 12-187

36 将制作的第一个文字图形的立体图形复制一个，放置到第二个字母“O”的位置，如图 12-188 所示。

图 12-188

37 用“交互式渐变工具”将它们的颜色进行调整，效果如图 12-189 所示。

图 12-189

38 用“贝塞尔工具”绘制字母“Y”的立体部分，效果如图 12-190 所示。

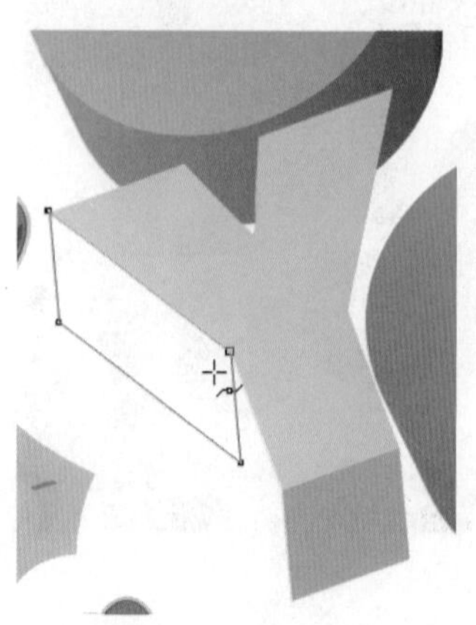

图 12-190

39 将绘制的图形去掉轮廓，填充颜色，颜色参数如图 12-191 所示。

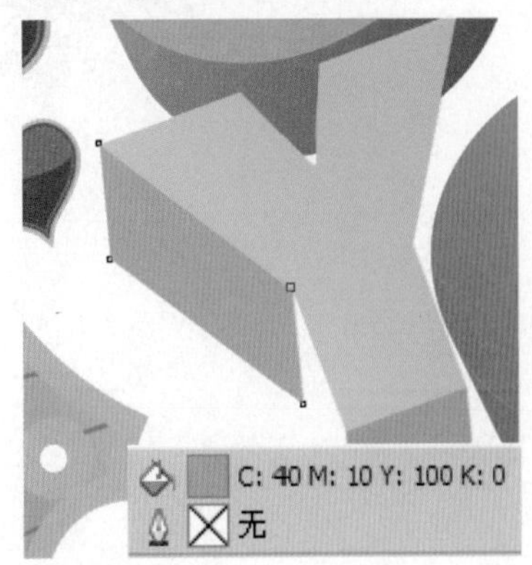

图 12-191

40 用同样的操作方法，绘制字母的另一部分并填充颜色，如图 12-192 所示。

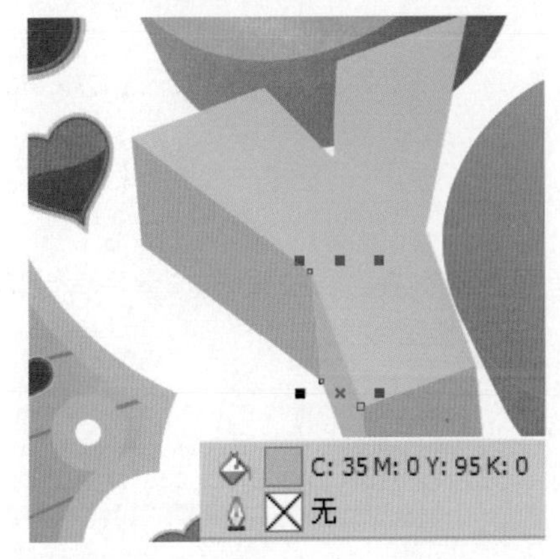

图 12-192

41 绘制字母的右侧立面，并将其顺序调整到字母“O”下方，效果如图 12-192 所示。

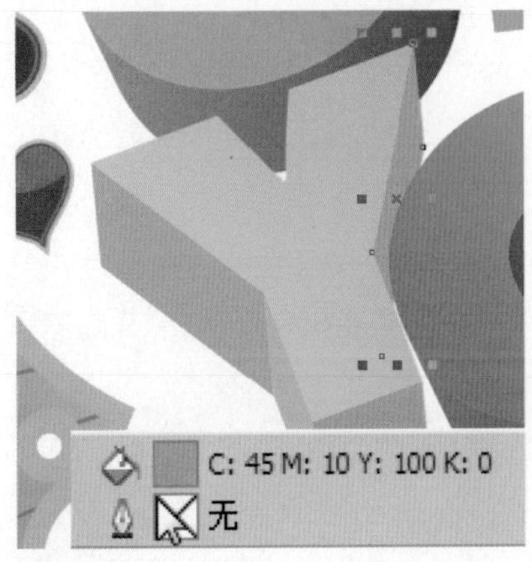

图 12-193

42 用前面讲过的方法，制作另一个字母“Y”的立体效果，如图 12-194 所示。

图 12-194

43 用前面的方法分别为其他字母图形制作立体效果，如图 12-195 所示。

图 12-195

44 为制作了立体效果的字母添加阴影效果，并填充为浅灰色，得到的最终效果如图 12-196 所示。

图 12-196

读书笔记

Chapter 13
海报招贴设计

本章重点讲解用 CorelDRAW X4 制作海报招贴的过程，通过 6 个不同的招贴设计，全方位地介绍软件在设计中的使用方法和技巧。

13.1 音乐海报

最终效果图

实例目标

本范例是一个音乐观众助威团海报的设计，为传达出青春、时尚、热情的特点，以统一的大面积绿色调点缀一点红色，并添加其他因素点缀画面，使整个设计更显层次感。

技术分析

本例主要使用了绘图工具中的“贝塞尔工具”、“形状工具”和菜单中的“图框精确剪裁”命令制作画面中的一些图形元素，还使用了“交互式阴影工具”和“交互式透明工具”修饰图形。

制作步骤

01 执行“文件/新建”命令，新建一个绘图页面，如图13-1所示。

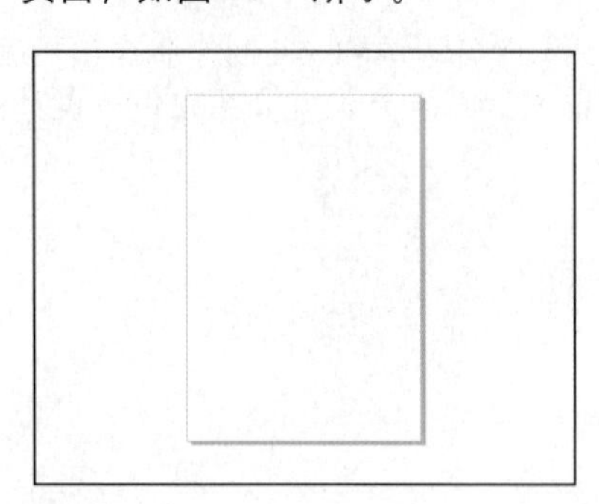

图13-1

02 选择工具箱中的“矩形工具”，在画面中绘制矩形，在属性栏中设置参数如图13-2所示。

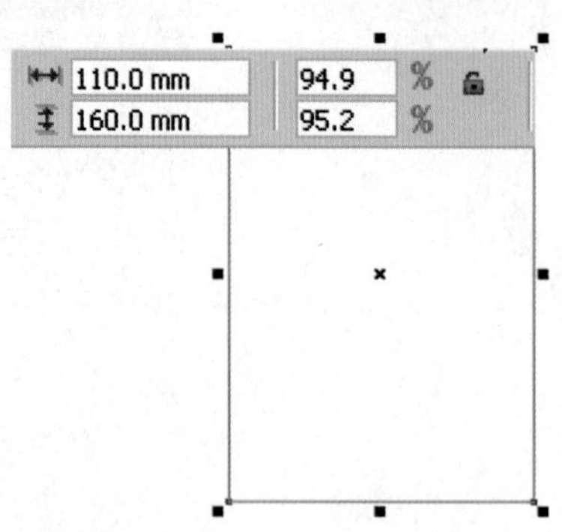

图13-2

03 选择工具箱中的“渐变填充工具”，在打开的对话框中设置渐变颜色效果，设置完后单击“确定”按钮，效果如图13-3所示。

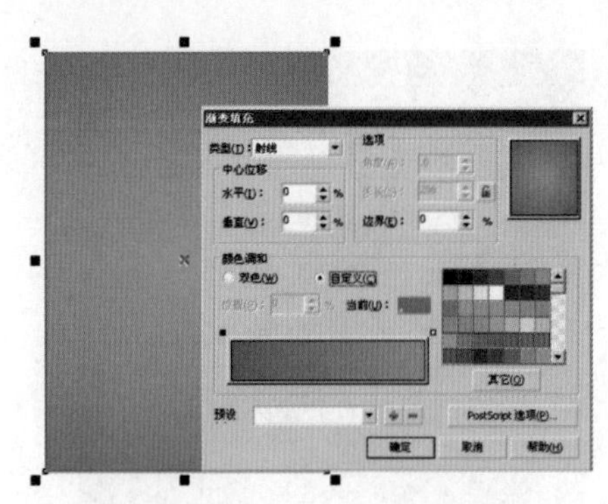
图 13-3

04 选择工具箱中的“手绘工具”，绘制两条曲线并设置轮廓宽度和颜色如图 13-4 所示。

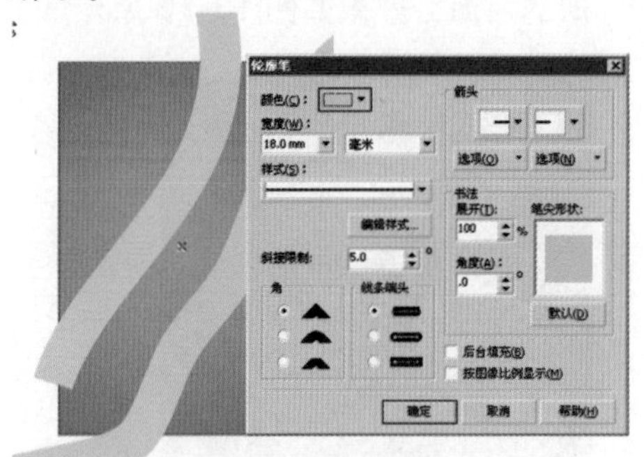
图 13-4

05 选择绘制的两条曲线，选择工具箱中的“交互式透明工具”，在属性栏中选择“标准”类型，如图 13-5 所示。

图 13-5

06 执行“图框精确剪裁/放置在容器中”命令，效果如图 13-6 所示。

图 13-6

07 单击鼠标右键，在弹出的菜单中选择“编辑内容”命令，如图 13-7 所示，将轮廓放置到合适位置然后结束编辑。

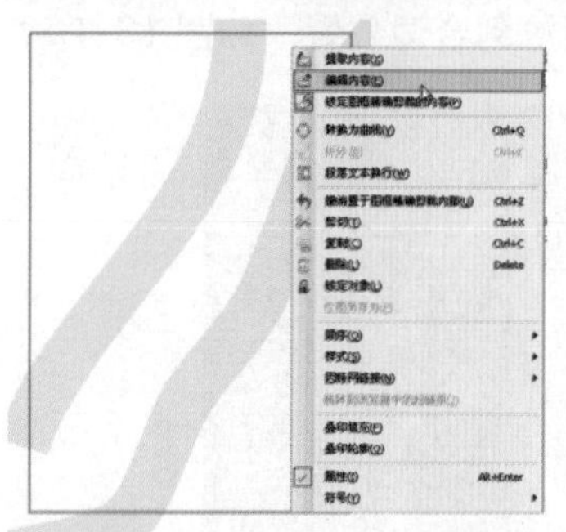
图 13-7

08 选择工具箱中的“贝塞尔工具”，绘制如图 13-8 所示的形状，并调整上面图形的透明度。

图 13-8

09 选择工具箱中的“星形工具”，绘制星形，为其设置渐变，将其轮廓宽度设置为“3mm”，颜色改为白色并复制两个进行调整，效果如图 13-9 所示。

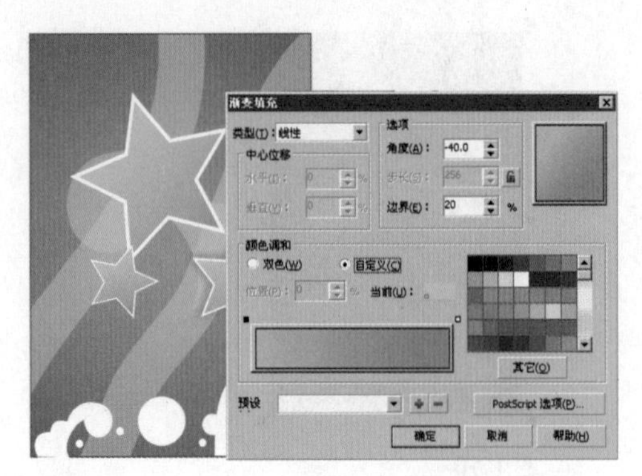

图 13-9

10 执行"文件/导入"命令，将光盘中的"素材 1"文件导入到文件中，将素材调整大小然后放到合适位置，如图 13-10 所示。

图 13-10

11 导入"素材 2"文件，执行"顺序/置于此对象后"命令，将其放到"素材 1"的后面，效果如图 13-11 所示。

图 13-11

12 依次导入"素材 3"和"素材 4"并调整好它们的位置，效果如图 13-12 所示。

图 13-12

13 再将"素材 5"导入文件，将其放置到星形的后面，效果如图 13-13 所示。

图 13-13

14 用同样的方法，分别将"素材 6"和"素材 7"导入文件并放置到合适位置，效果如图 13-14 所示。

图 13-14

15 将“素材8”导入到文件中并放置到文件空白处，如图13-15所示。

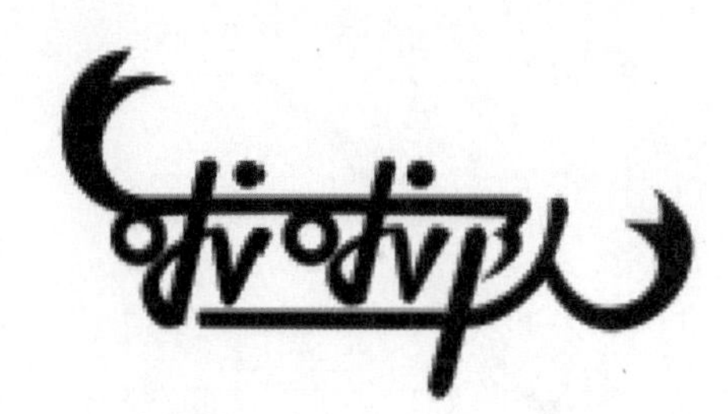

图13-15

16 选择工具箱中的“贝塞尔工具”，沿着刚导入的“素材8”绘制如图13-16所示的形状。

图13-16

17 选择工具箱中的“形状工具”，框选刚刚绘制的图形，并在属性栏中单击“转换直线为曲线”按钮，如图13-17所示。

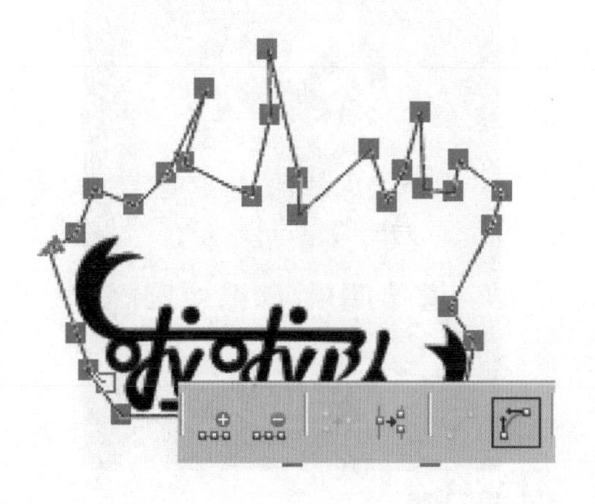

图13-17

18 用“形状工具”调整图形，并为调整后的图形填充渐变，如图13-18所示。

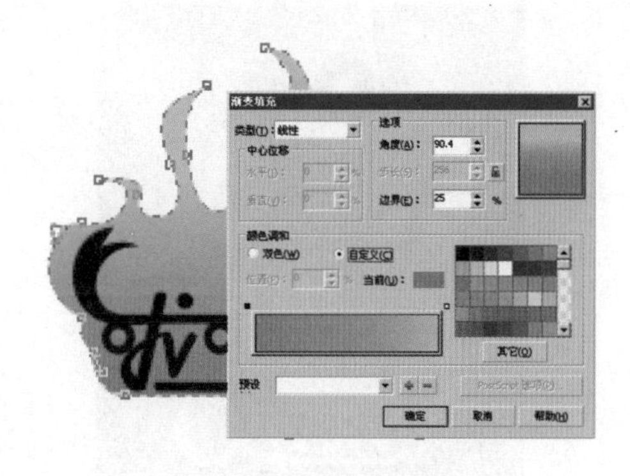

图13-18

19 将刚制作好的图形放到制作的文件上并为其添加投影，将“素材8”改为白色并复制一个填充为深色，效果如图13-19所示。

图13-19

20 选择“文本工具”字输入文字，将字体改为“汉仪圆叠体简”，效果如图13-20所示。

图13-20

21 将文字颜色改为绿色，给文字添加轮廓，颜色设为白色，效果如图 13-21 所示。

图 13-21

22 选择“交互式阴影工具”为文字添加阴影效果，将阴影颜色改为黄色，效果如图 13-22 所示。

图 13-22

23 用“贝塞尔工具”在空白处绘制光束形状，填充为渐变颜色，效果如图 13-23 所示。

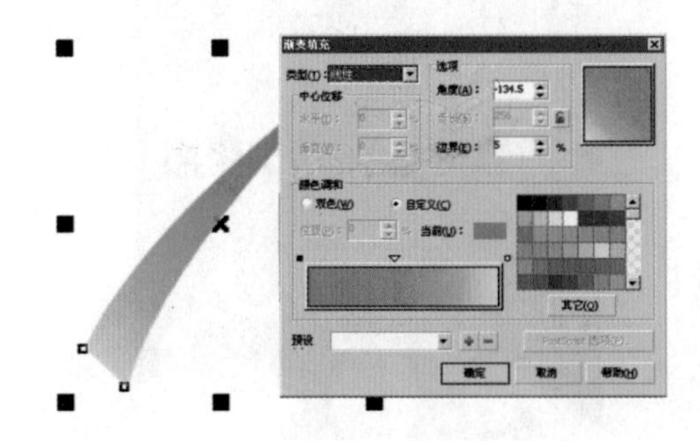

图 13-23

24 选择“交互式透明工具”在光束上拖动，进行线性透明设置，效果如图 13-24 所示。

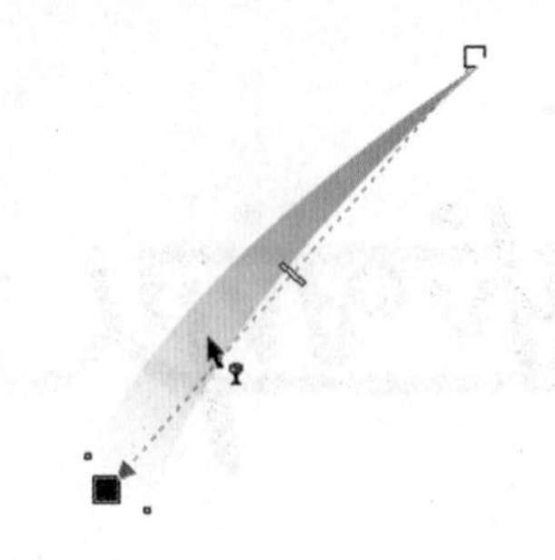

图 13-24

25 将得到的光束形状进行旋转复制并调整它们到合适大小，如图 13-25 所示。

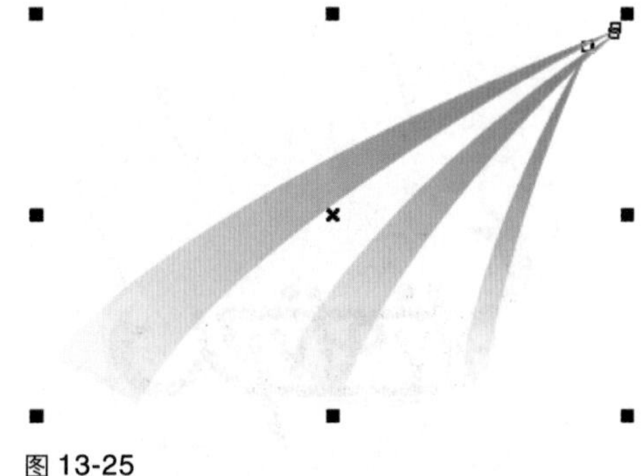

图 13-25

26 将光束放到文件背景上的合适位置，并调整光束图形的顺序，效果如图 13-26 所示。

图 13-26

27 选中其中一束光束图形进行复制，将其放置到文件左边，单击属性栏中的“水平镜像”按钮，如图 13-27 所示。

图 13-27

28 选择“文本工具”字，输入文字并对其进行倾斜，效果如图 13-28 所示。

图 13-28

29 选中文字，复制一个并将其填充为深色，制作阴影效果，如图 13-29 所示。

图 13-29

30 再复制一个星形，将其调整到合适大小，为其添加阴影效果，如图 13-30 所示。

图 13-30

31 选择“文本工具”字，输入其他文字，并调整字体和位置，得到的效果如图 13-31 所示。

图 13-31

32 调整海报的整体效果，最终效果如图 13-32 所示。

图 13-32

13.2 商场海报

最终效果图

实例目标

本实例是一个商场海报的设计，该设计通过鲜艳的背景和元素，突出春装的特色，另外加入了许多动感元素，使设计更显时尚。

技术分析

本例主要使用了绘图工具中的“文本工具”、“形状工具”和“贝塞尔工具”制作画面中的一些图形元素，还使用了“交互式阴影工具”、“交互式渐变工具”和“交互式透明工具”修饰图形。

制作步骤

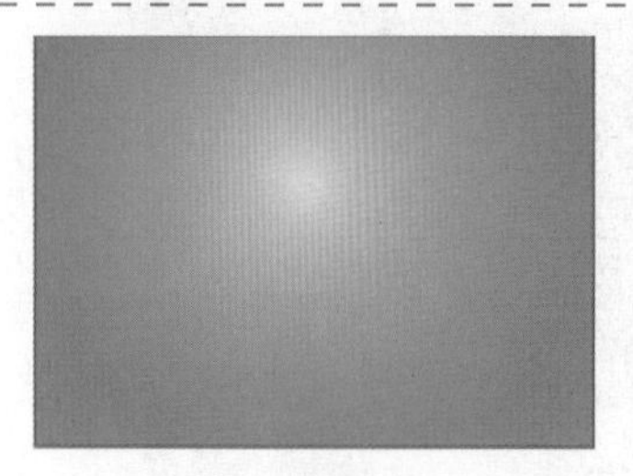

01 执行“文件/新建”命令，新建一个绘图页面，如图13-33所示。

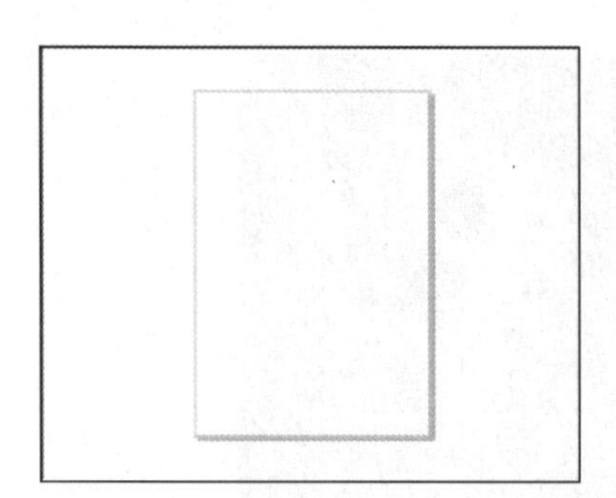

图13-33

02 在属性栏中单击“横向”按钮，将页面设置为横向，如图13-34所示。

图13-34

03 选择工具箱中的“渐变填充工具”，在打开的对话框中设置渐变颜色效果，设置完后单击“确定”按钮，如图13-35所示。

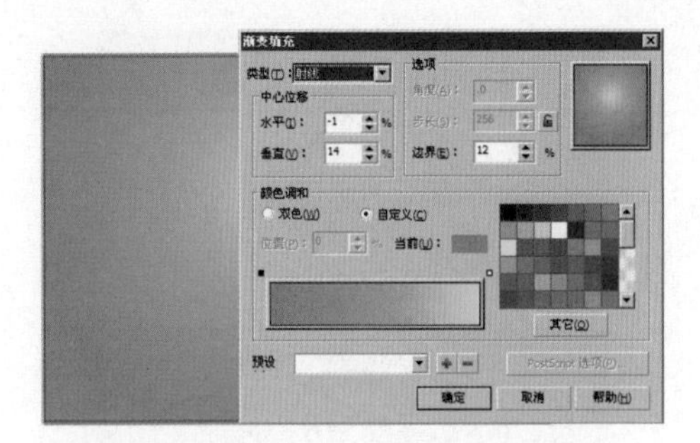

图 13-35

04 用工具箱中的“矩形工具”绘制矩形，执行“排列 / 变换 / 大小”命令，在弹出的“变换”对话框中设置矩形的大小，如图 13-36 所示。

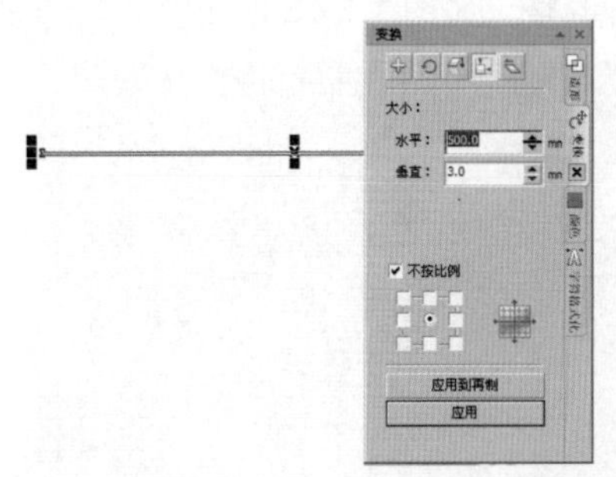

图 13-36

05 在该对话框中单击“位置”按钮，设置位置参数，然后单击“应用到再制”按钮复制矩形，效果如图 13-37 所示。

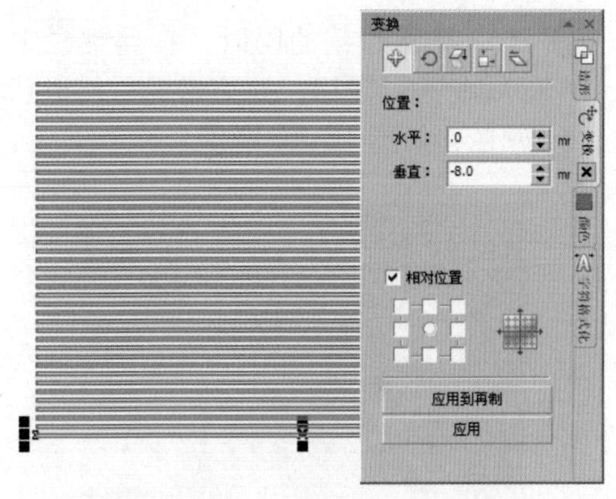

图 13-37

06 将复制的矩形选中后，在属性栏中单击“焊接”按钮，并旋转如图 13-38 所示的角度。

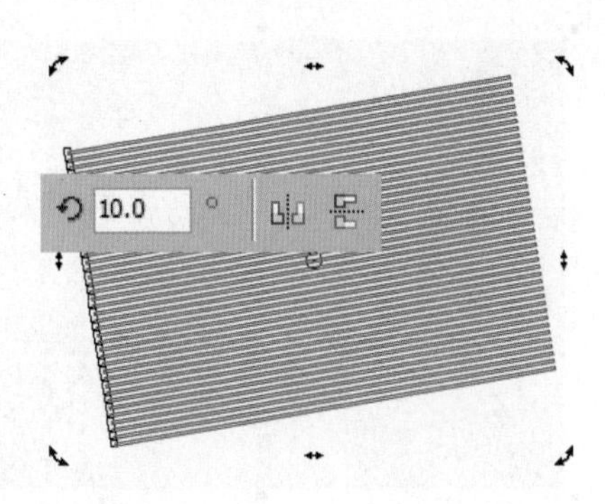

图 13-38

07 将旋转后的图形填充颜色，鼠标右击右边图形拖动到刚绘制的图形上松开鼠标，在弹出的菜单中选择“复制填充”命令，如图 13-39 所示。

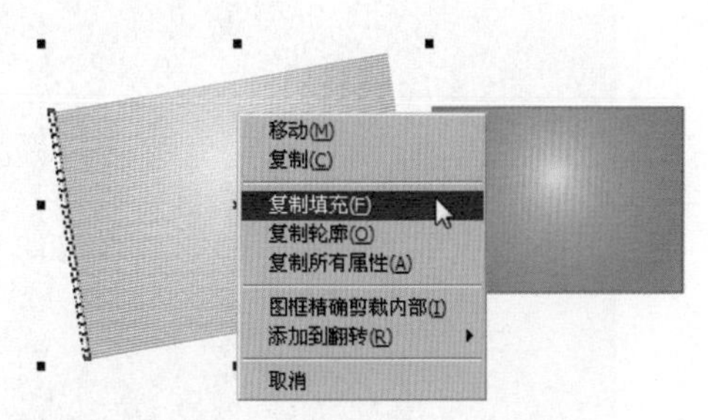

图 13-39

08 选择“交互式透明工具”，对旋转过的图形进行透明处理，参数设置如图 13-40 所示。

图 13-40

09 执行“图框精确剪裁 / 放置在容器中”命令，将调整好的图形放置在文件背景中，并调整好它的位置，效果如图 13-41 所示。

图 13-41

10 用“椭圆工具”绘制同心圆，并填充颜色，如图 13-42 所示。

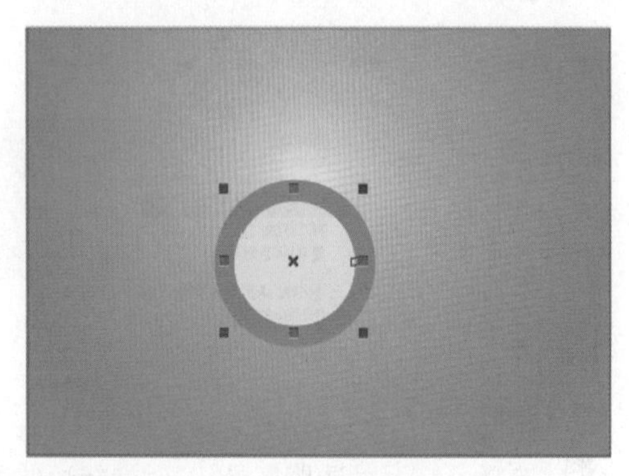

图 13-42

11 用“贝塞尔工具”绘制一个闭合的鲜花形状，如图 13-43 所示。

图 13-43

12 用工具箱中的“形状工具”对刚刚绘制的鲜花图案进行调整，效果如图 13-44 所示。

图 13-44

13 再用“贝塞尔工具”绘制花蕊的闭合形状，绘制完后用“形状工具”对其进行调整，如图 13-45 所示。

图 13-45

14 选中花蕊和花的同时，在属性栏中单击“后减前”按钮，并为修剪后的形状填充颜色，如图 13-46 所示。

图 13-46

15 将绘制的花旋转复制，再用“贝塞尔工具”绘制其他形状，效果如图13-47所示。

图13-47

16 继续用“贝塞尔工具”绘制叶子图形，绘制后用“形状工具”进行调整并填充颜色，得到的效果如图13-48所示。

图13-48

17 对刚刚绘制的叶子进行旋转复制，调整它们的位置，并对颜色进行调整，效果如图13-49所示。

图13-49

18 选择工具箱中的“椭圆工具”，绘制一系列同心圆，分别为它们填充深浅不一的颜色，效果如图13-50所示。

图13-50

19 继续绘制圆形图案，对颜色进行调整，效果如图13-51所示。

图13-51

20 用工具箱中的“贝塞尔工具”绘制如图13-52所示的闭合图形。

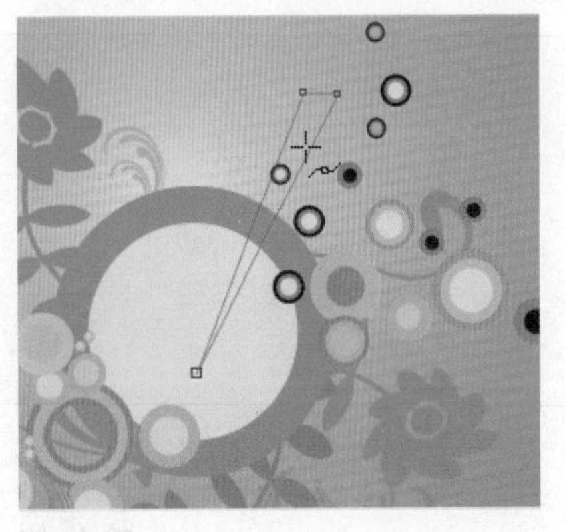

图13-52

21 调整刚绘制的图形的中心点，再次单击鼠标左键对其进行旋转，旋转到合适位置单击鼠标右键复制图形，再按【Ctrl+D】组合键将图形再制，效果如图 13-53 所示。

图 13-53

22 选中刚得到的图形，在属性栏中单击“焊接”按钮，并为其添加渐变效果，如图 13-54 所示。

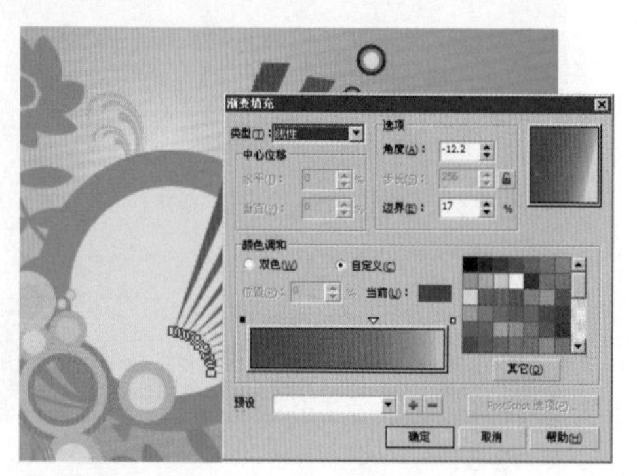

图 13-54

23 用工具箱中的“交互式透明工具”对其进行透明处理，属性栏参数设置如图 13-55 所示。

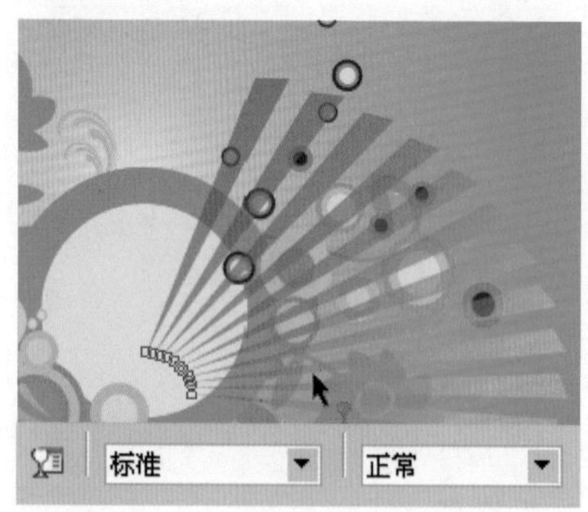

图 13-55

24 选择工具箱中的“文本工具”字输入文字，在属性栏中设置其字体和大小，如图 13-56 所示。

图 13-56

25 将文字选中，执行“排列/拆分美术字”命令，将文字拆分成单独个体，并对“酷”字进行旋转，如图 13-57 所示。

图 13-57

26 选中拆分后的文字，单击鼠标右键，在弹出的菜单中选择“转换为曲线”命令，再用“形状工具”对文字进行变形处理，效果如图 13-58 所示。

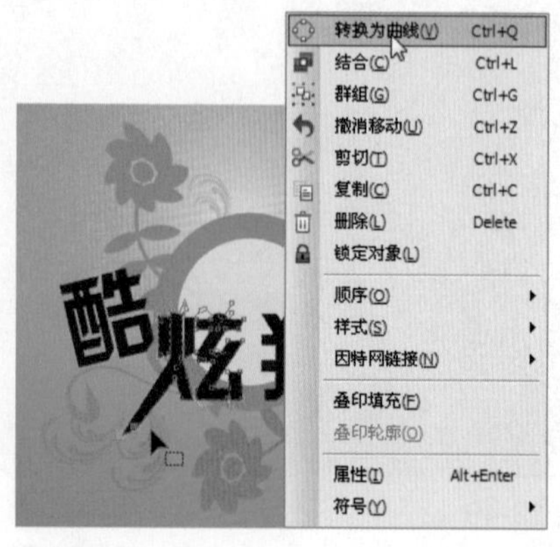

图 13-58

27 用工具箱中的“形状工具”选中“独”字上要变形的节点进行拖动，并调整到如图13-59所示的效果。

图13-59

28 用同样的方法对文字进行调整变形，处理后的效果如图13-60所示。

图13-60

29 文字调整好后，再用“贝塞尔工具”为文字添加修饰效果，添加后将它们一起选中进行焊接，效果如图13-61所示。

图13-61

30 选择“渐变填充工具”，在弹出的对话框中设置渐变颜色，为文字添加渐变，如图13-62所示。

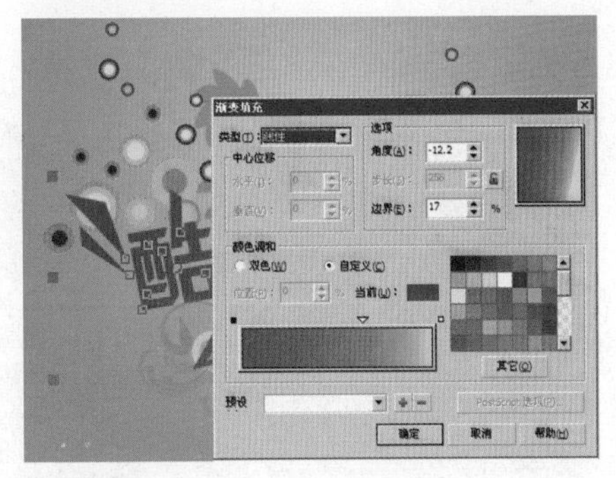

图13-62

31 在选中文字图形的情况下，按小键盘上的【+】键将文字复制一个，为后面的图形填充轮廓，参数设置如图13-63所示。

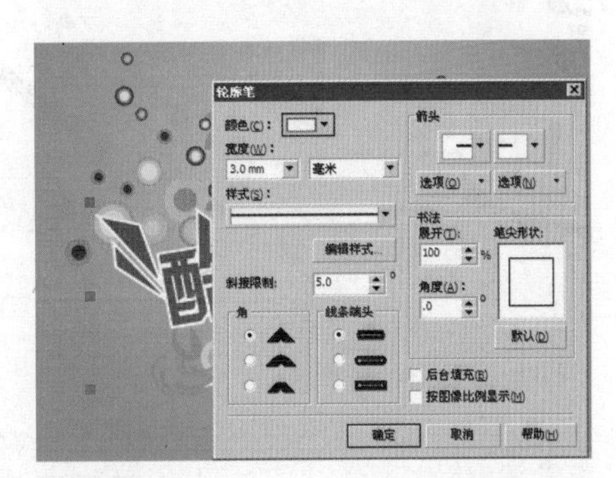

图13-63

32 再复制一个文字图形，单击鼠标右键，在弹出的菜单中选择“顺序/置于此对象后”命令，将其放到添加过轮廓的文字后面，填充为黑色并进行移动，效果如图13-64所示。

图13-64

33 选择“文本工具”字，在文件中输入文字，并将其填充为白色，效果如图13-65所示。

图13-65

34 选中文字，执行“效果/添加透视”命令，将文字调整为如图13-66所示的效果。

图13-66

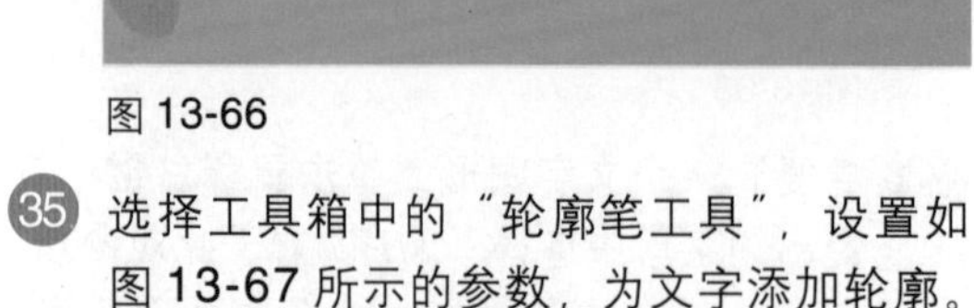

35 选择工具箱中的“轮廓笔工具”，设置如图13-67所示的参数，为文字添加轮廓。

图13-67

36 再选中工具箱中的“交互式阴影工具”，为文字添加阴影效果，如图13-68所示。

图13-68

37 将“素材1”导入到文件空白处，如图13-69所示。

图13-69

38 将导入的素材进行大小和位置的调整，添加其他文字信息，得到的最终效果如图13-70所示。

图13-70

13.3 饮料礼品效果图

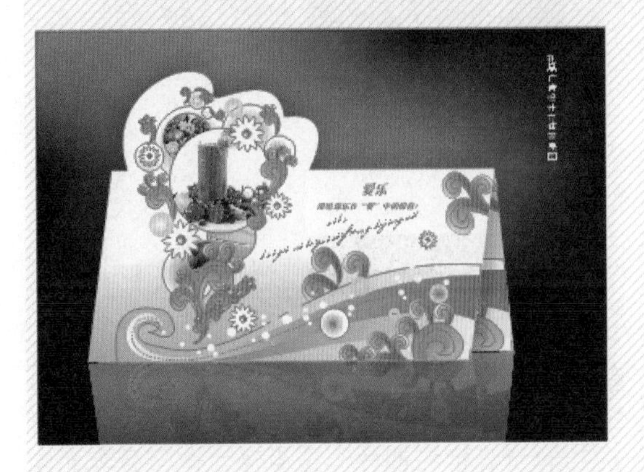

最终效果图

实例目标

本实例是一个饮料礼品效果图设计，该饮料有美容作用，针对年轻女性消费者的心理特点和审美偏好，色彩上运用得比较浪漫，符合产品要表达的意向。

技术分析

本例主要使用了绘图工具中的“贝塞尔工具”和“椭圆工具”等制作画面中的一些图形元素，还使用了“交互式透明工具”和“交互式渐变工具”等修饰图形，重点使用了“交互式网状填充工具”。

制作步骤

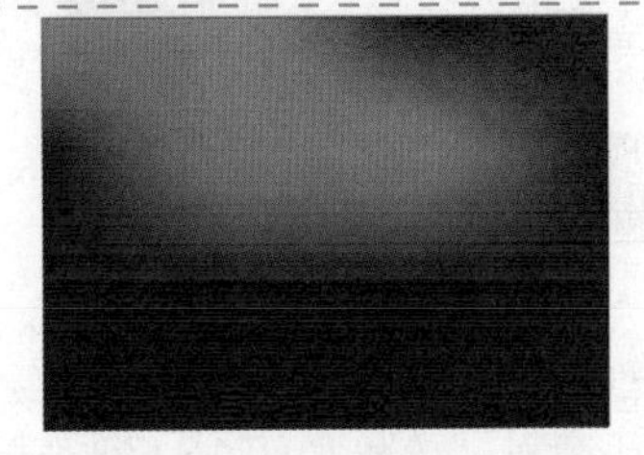

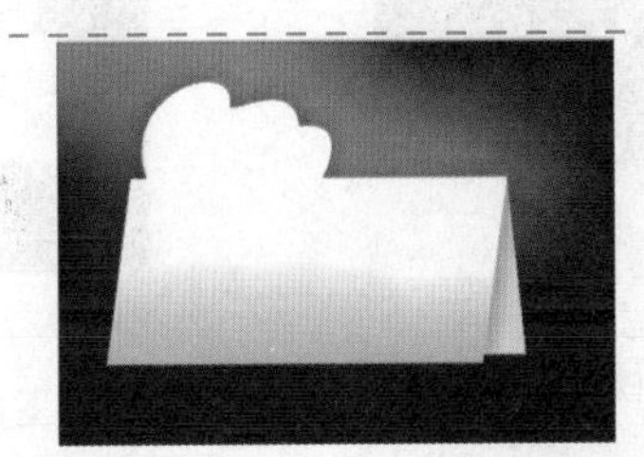

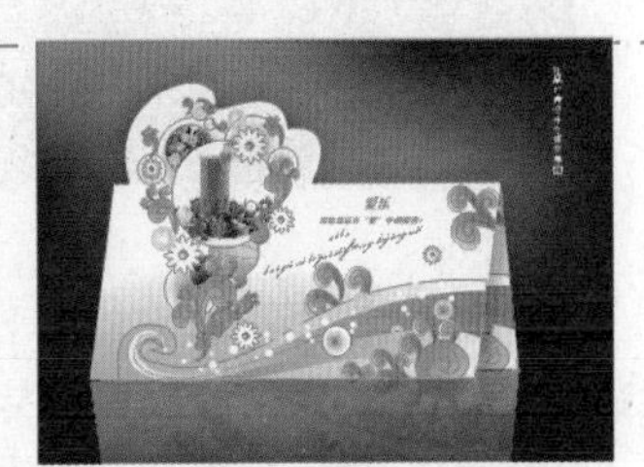

01 执行“文件/新建”命令，在属性栏上单击“横向”按钮，将页面更改为横向，如图13-71所示。

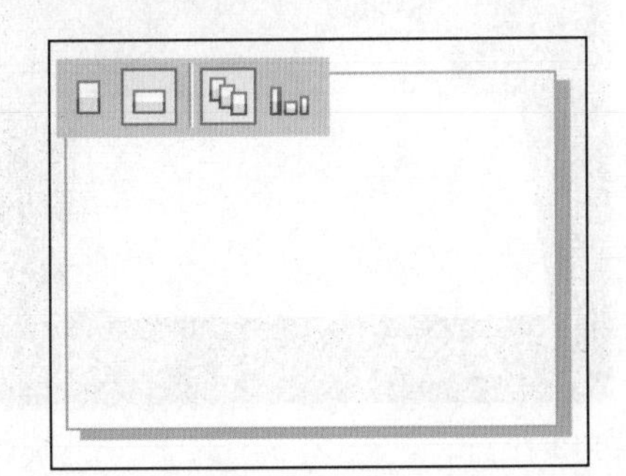

图13-71

02 双击工具箱中的“矩形工具”，建立一个和页面同样大小的矩形，并将其填充为黑色，效果如图13-72所示。

图13-72

03 选择工具箱中的“交互式网状填充工具”，在矩形上单击鼠标，即可建立网格，用“形状工具”选择节点进行填充，效果如图13-73所示。

图 13-73

04 用同样的方法选择节点并填充颜色，效果如图 13-74 所示。

图 13-74

05 用“矩形工具”绘制一个矩形，填充为白色，在属性栏中设置矩形尺寸，如图 13-75 所示。

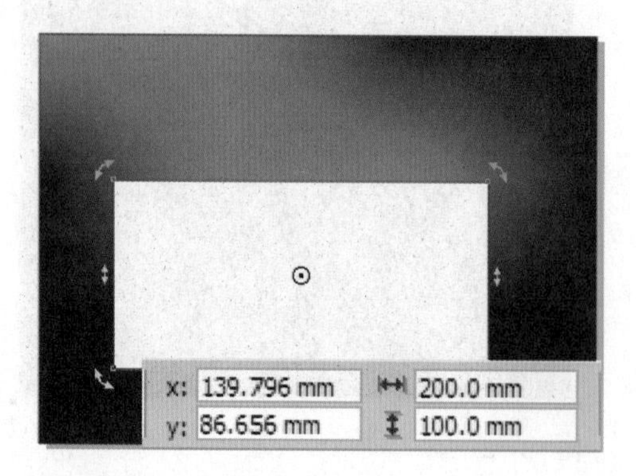

图 13-75

06 执行“排列 / 变换 / 倾斜”命令，在弹出的对话框中输入倾斜参数，然后单击“应用”按钮，如图 13-76 所示。

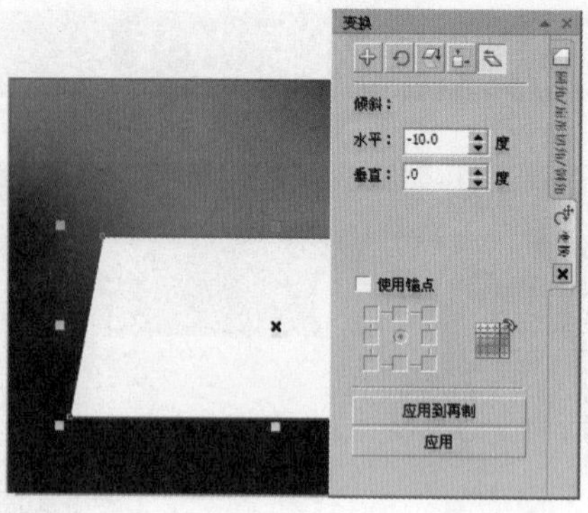

图 13-76

07 用同样的方法，设置合适的倾斜角度，再单击“应用到再制”按钮，复制一个矩形并对其进行调整，填充浅灰色，效果如图 13-77 所示。

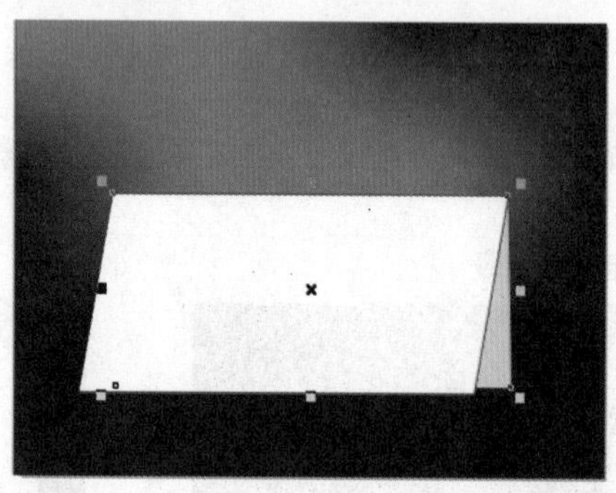

图 13-77

08 选择工具箱中的“贝塞尔工具”，绘制封闭的直线图形，效果如图 13-78 所示。

图 13-78

09 用“形状工具”框选刚绘制的图形，在属性栏中单击“转换曲线为直线”按钮，并对其形状进行调整，效果如图 13-79 所示。

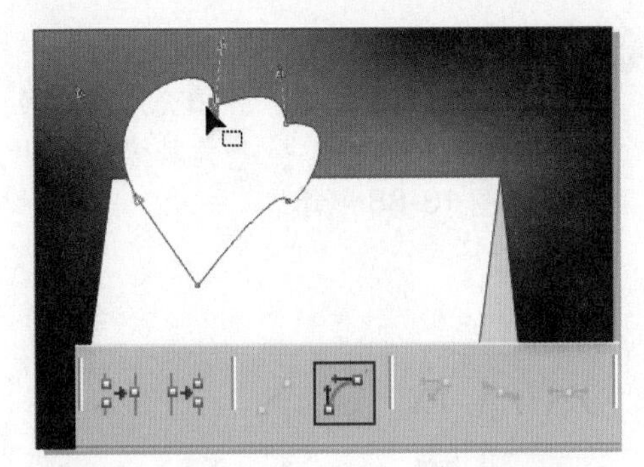

图 13-79

⑩ 将调整后的图形和前面矩形一起选中，将它们焊接到一起，并去掉轮廓，如图 13-80 所示。

图 13-80

⑪ 用“交互式阴影工具”在焊接后的图形上进行拖动，为其添加阴影效果，如图 13-81 所示。

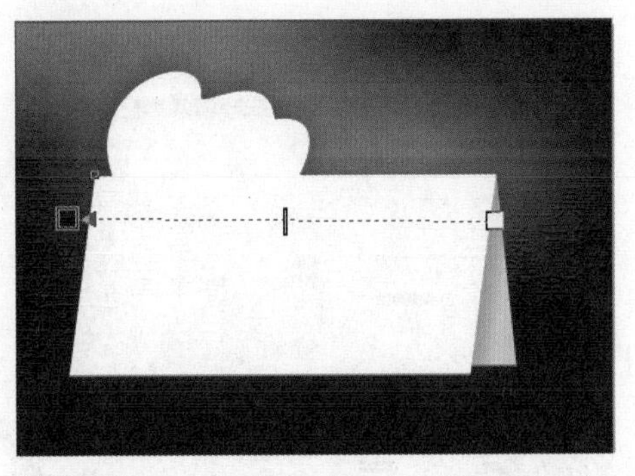

图 13-81

⑫ 用工具箱中的“交互式网状填充工具”为部分图形添加颜色，效果如图 13-82 所示。

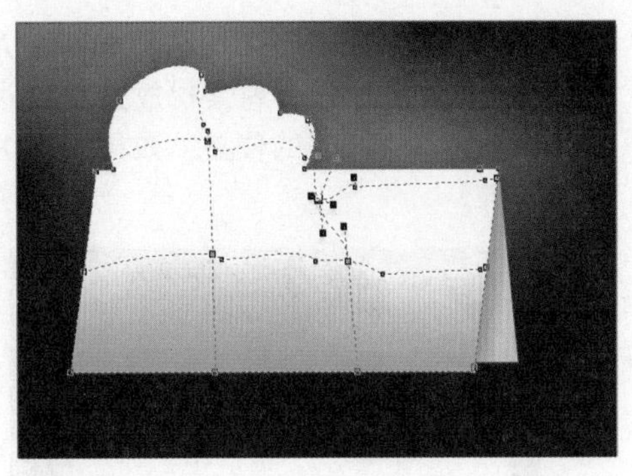

图 13-82

⑬ 选择工具箱中的“椭圆工具”，绘制几个圆形，选择“轮廓笔工具”，对绘制的圆的轮廓进行调整，如图 13-83 所示。

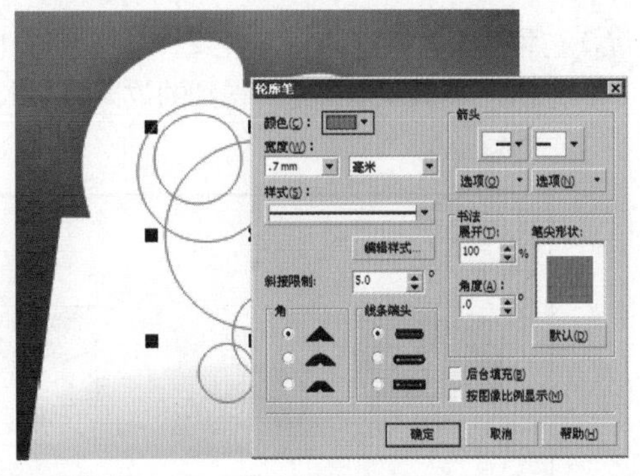

图 13-83

⑭ 执行“文件/导入”命令，将光盘中的“素材1”文件导入到文件空白处，如图 13-84 所示。

图 13-84

15 将素材选中，执行“图框精确剪裁/放置在容器中”命令，将素材放置在文件背景中，并调整好它的位置，效果如图13-85所示。

图 13-85

16 用同样的方法将“素材2”导入到文件空白处，将其取消群组，得到的效果如图13-86所示。

图 13-86

17 用同样的方法将素材选中，执行“图框精确剪裁/放置在容器中”命令，将素材分别放置在文件背景中，并调整好它们的位置，如图13-87所示。

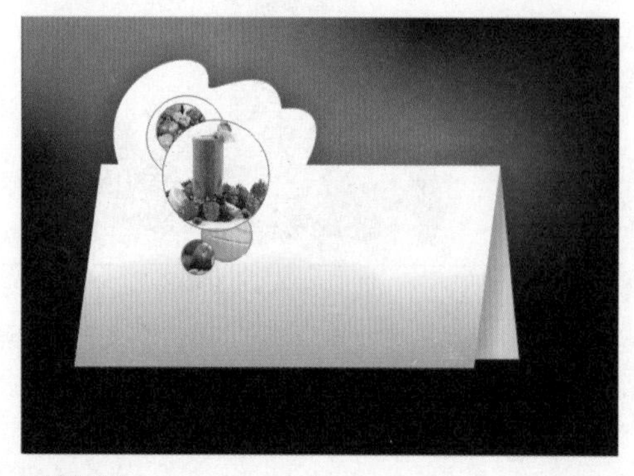

图 13-87

18 选择工具箱中的“椭圆工具”，按住【Ctrl】键绘制正圆，并填充浅洋红色，用“交互式透明工具”为其添加透明，效果如图13-88所示。

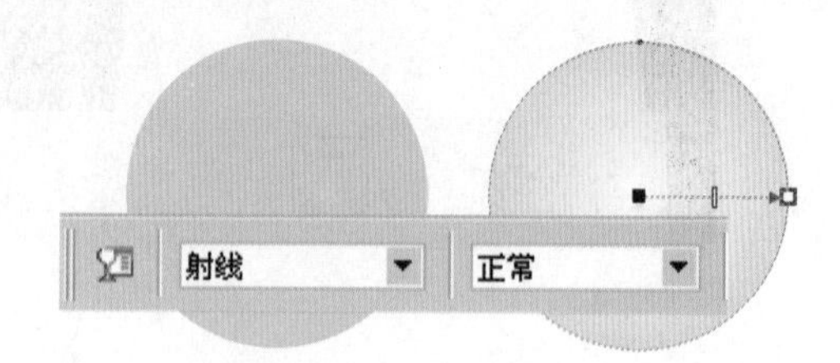

图 13-88

19 选择工具箱中的“艺术笔工具”，在属性栏中设置艺术笔的参数，在圆形上绘制图案，并将它们填充为白色，如图13-89所示。

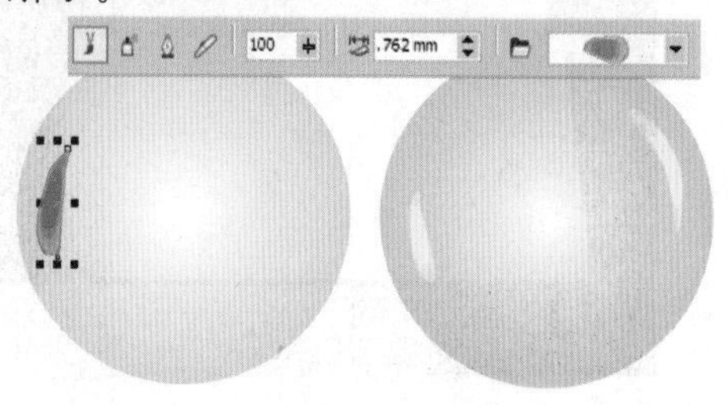

图 13-89

20 用“椭圆工具”在文件空白处再绘制一个正圆，为其填充渐变，调整轮廓属性，如图13-90所示。

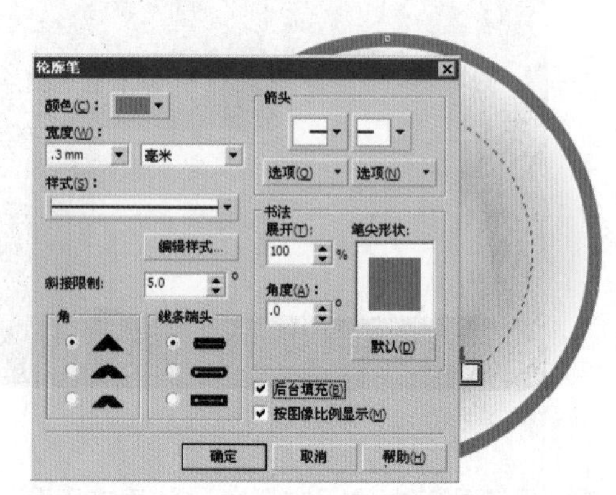

图 13-90

21 将刚绘制的两个图形复制多个放置在画面中，调整它们的位置和大小，效果如图13-91所示。

图13-91

22 用“椭圆工具”绘制椭圆，并对轮廓属性进行修改，在绘制好的椭圆上调整其中心点，将其旋转并进行复制，并按【Ctrl+D】组合键再制图形，效果如图13-92所示。

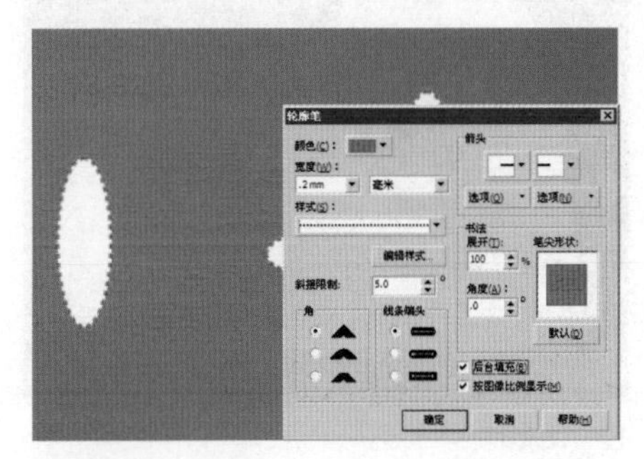

图13-92

23 将复制的图形选中，在属性栏上单击“焊接”按钮，并在图形中心绘制正圆，填充渐变色，将制作好的图形进行群组，如图13-93所示。

图13-93

24 用工具箱中的“贝塞尔工具”绘制形状，并用“交互式渐变工具”为其添加渐变，得到的效果如图13-94所示。

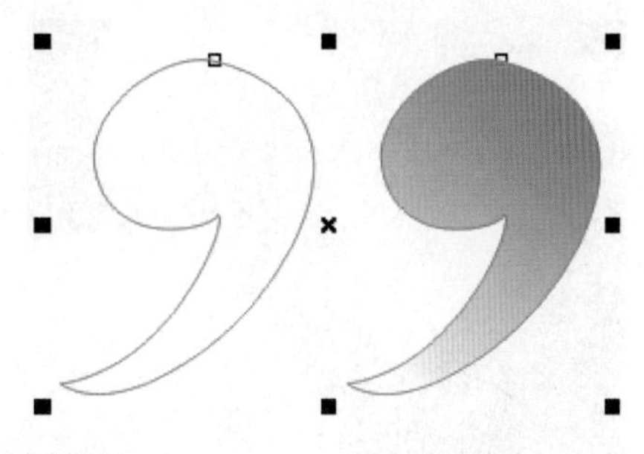

图13-94

25 继续用“贝塞尔工具”在图形中绘制形状，同时在图形外也绘制相应形状并进行渐变填充，如图13-95所示。

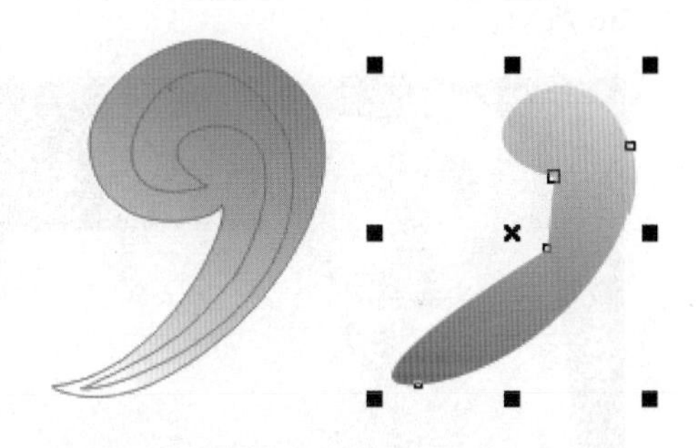

图13-95

26 对图形外的形状执行“图框精确剪裁/放置在容器中”命令，并调整好它的位置，将制作好的图形进行群组，并复制一个进行调整制作，如图13-96所示。

图13-96

27 将前面绘制的图形放到文件背景的相应位置上，并对它们进行复制调整，效果如图 13-97 所示。

图 13-97

28 用同样的方法，用前面制作的元素对背景文件进行修饰，处理后的效果如图 13-98 所示。

图 13-98

29 用“贝塞尔工具” 绘制闭合的直线图形，在“轮廓笔”对话框中设置轮廓的属性，如图 13-99 所示。

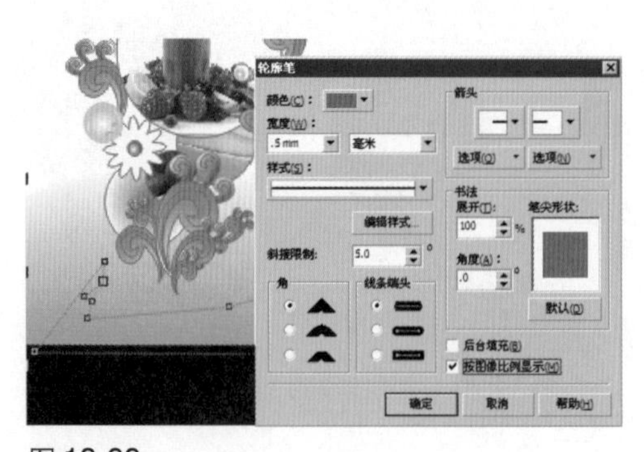

图 13-99

30 选择“交互式渐变工具” ，在绘制的图形上进行拖动，设置渐变颜色，效果如图 13-100 所示。

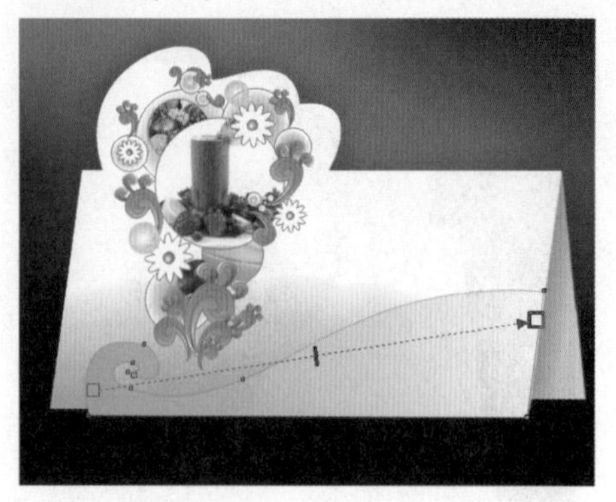

图 13-100

31 用“贝塞尔工具” 继续绘制图形，将其去掉轮廓，填充渐变颜色，效果如图 13-101 所示。

图 13-101

32 将刚绘制的图形复制后调整位置，用“交互式渐变工具” 调整其渐变颜色，效果如图 13-102 所示。

图 13-102

33 用“贝塞尔工具” 绘制开放的曲线，在“轮廓笔”对话框中设置轮廓的属性，如图 13-103 所示。

图 13-103

34 将前面绘制的图形元素进行复制，复制后调整其位置，效果如图 13-104 所示。

图 13-104

35 继续复制前面绘制的图形元素，将其调整到合适的位置，将它们选中进行群组，效果如图 13-105 所示。

图 13-105

36 由于添加过网状填充的图形不能作为容器放置图形在里面，所以我们用“贝塞尔工具” 绘制闭合的图形作为容器，如图 13-106 所示。

图 13-106

37 将群组后的图形选中，执行“图框精确剪裁 / 放置在容器中”命令，得到的效果如图 13-107 所示。

图 13-107

38 单击鼠标右键，在弹出的菜单中选择“编辑内容”命令，将放置进去的图形调整到合适位置，然后结束编辑并将刚才绘制的容器去掉轮廓，得到的效果如图 13-108 所示。

图 13-108

39 将放置到容器中的图形和容器选中，再次单击鼠标左键，在旋转状态下对其进行倾斜，到合适位置时单击鼠标右键将其复制，得到的效果如图13-109所示。

图13-109

40 将复制后的图形放置到后面并对其大小进行调整，效果如图13-110所示。

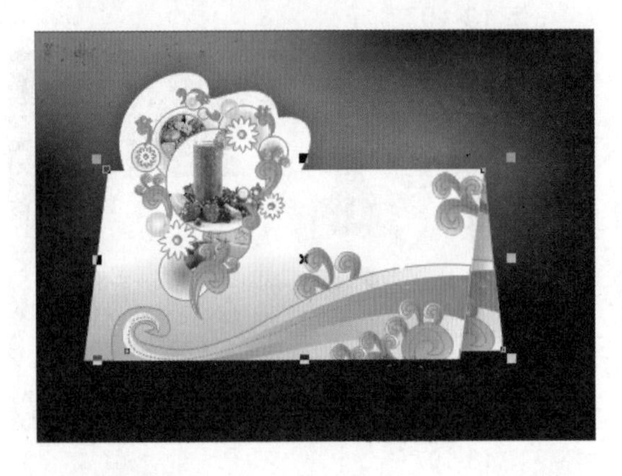

图13-110

41 选择工具箱中的“文本工具”字，为作品添加文字，并对文字进行调整，效果如图13-111所示。

图13-111

42 将制作的作品选中，在小键盘中按【+】键原地复制一个，执行“位图/转换为位图”命令，在弹出的对话框中设置参数并单击“确定”按钮，如图13-112所示。

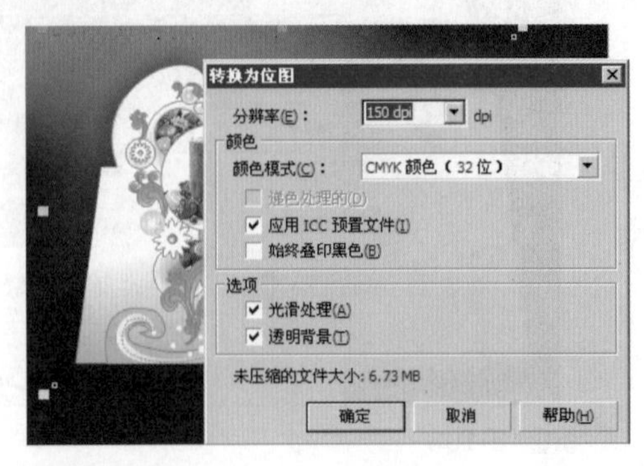

图13-112

43 将转换为位图的图像进行垂直镜像，并进行调整，效果如图13-113所示。

图13-113

44 用“交互式透明工具”对位图进行透明处理，再用“形状工具”对位图进行调整，得到的最终效果如图13-114所示。

图13-114

13.4 商品海报

最终效果图

实例目标

本实例是一个商品海报设计，背景通过放射性图形来突出文字和图案，结合位图和矢量图更好地修饰整体效果，突出主体。

技术分析

本例主要使用了绘图工具中的“艺术笔工具”和“文本工具”等制作画面中的一些图形元素，还使用了“交互式调和工具”、“交互式透明工具”以及“交互式立体化工具”等修饰图形。

制作步骤

01 执行“文件/新建”命令，在属性栏中单击“横向”按钮，将页面更改为横向，如图13-115所示。

图13-115

02 选择工具箱中的“矩形工具”，在画面中绘制矩形，在属性栏中设置参数如图13-116所示。

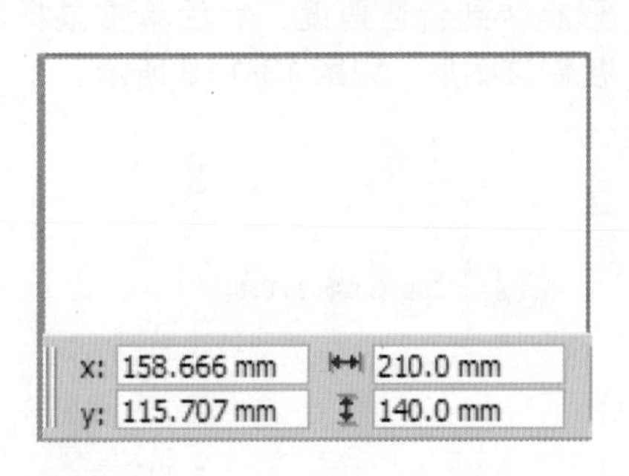

图13-116

03 选择工具箱中的“交互式填充工具”，在矩形框上进行拖动，并在属性栏中设置渐变的颜色，如图13-117所示。

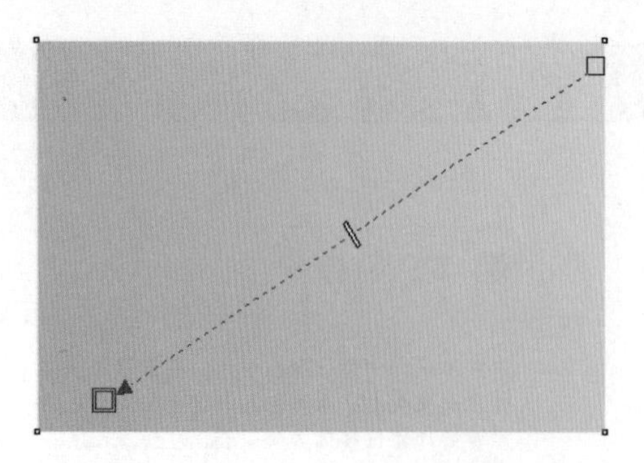

图 13-117

04 在工具箱中选择“多边形工具”，在属性栏中设置边数为“3”，在文件空白处绘制三角形，在三角形上方再绘制一个矩形，选中这两个图形，在属性栏中单击“后减前”按钮，如图 13-118 所示。

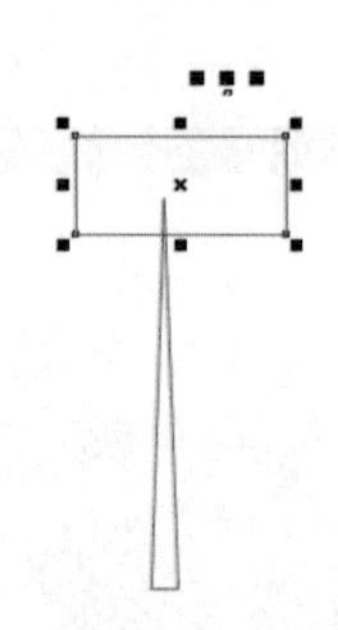

图 13-118

05 将绘制的图形进行填充，填充后单击该图形，在旋转状态下移动其中心点，将图形旋转到合适角度，然后单击鼠标右键复制该图形，如图 13-119 所示。

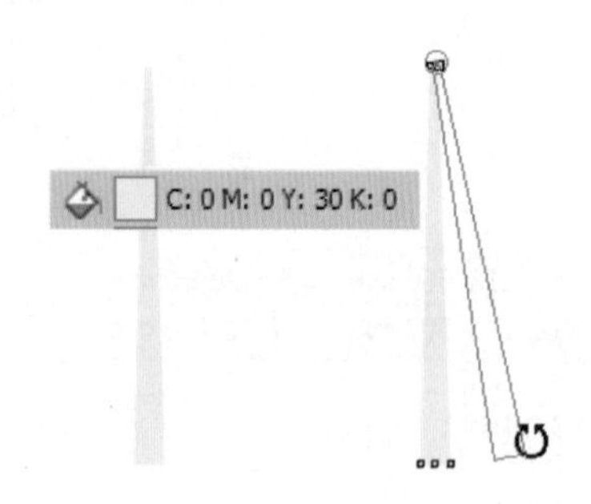

图 13-119

06 用上面的方法不断复制，直到效果如图 13-120 所示，选中绘制的图形将其群组。

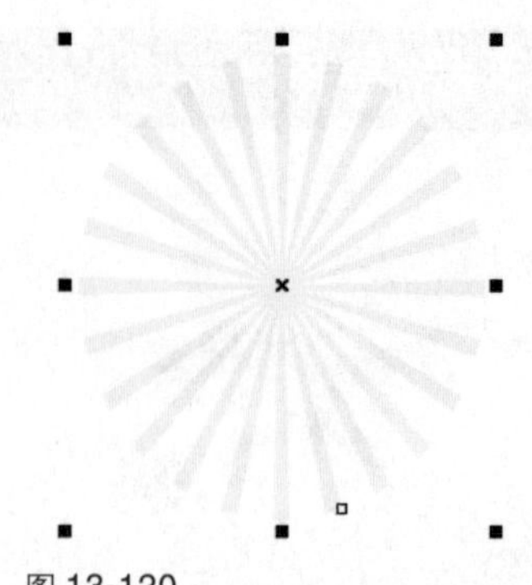

图 13-120

07 选择工具箱中的“交互式透明工具”，对图形进行透明处理，在属性栏中选择透明度类型为“射线”，如图 13-121 所示。

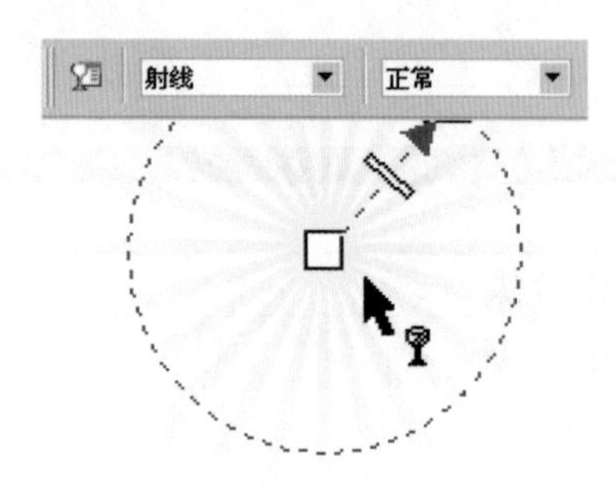

图 13-121

08 执行“图框精确剪裁/放置在容器中”命令，将调整好的图形放置到文件中，效果如图 13-122 所示。

图 13-122

09 用“椭圆工具”绘制两个同心圆，效果如图 13-123 所示。

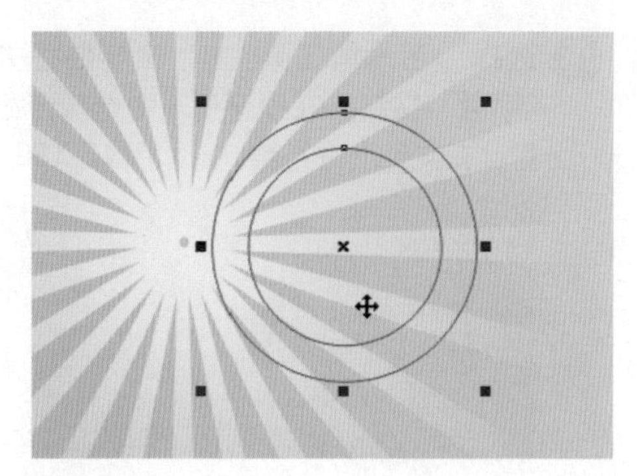

图 13-123

⑩ 分别为绘制的两个圆形填充颜色，效果如图 13-124 所示。

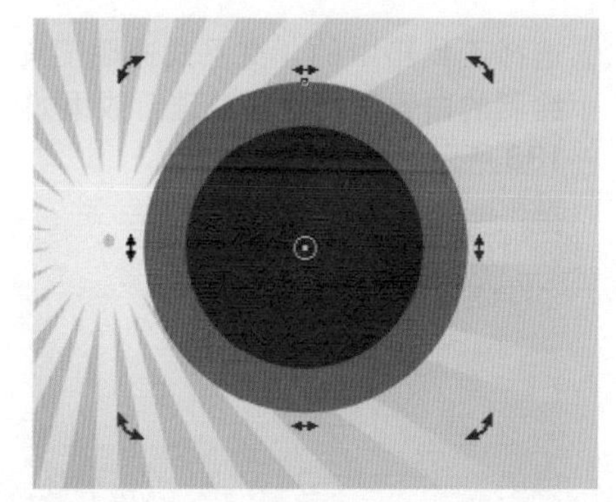

图 13-124

⑪ 用“交互式调和工具” 在两个圆形中进行拖动，建立调和效果，在属性栏中设置步数，如图 13-125 所示。

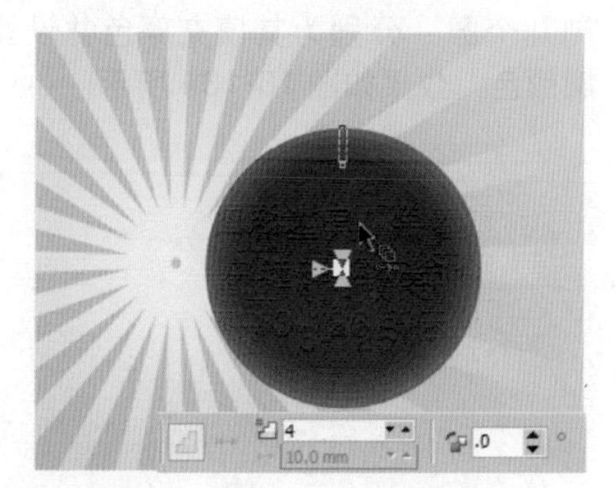

图 13-125

⑫ 将调和后的图形选中，单击鼠标右键，在弹出的菜单中选择相应命令，对图形进行拆分，如图 13-126 所示。

图 13-126

⑬ 将拆分后的图形选中，单击鼠标右键，在弹出的菜单中选择“取消群组”命令，如图 13-127 所示。

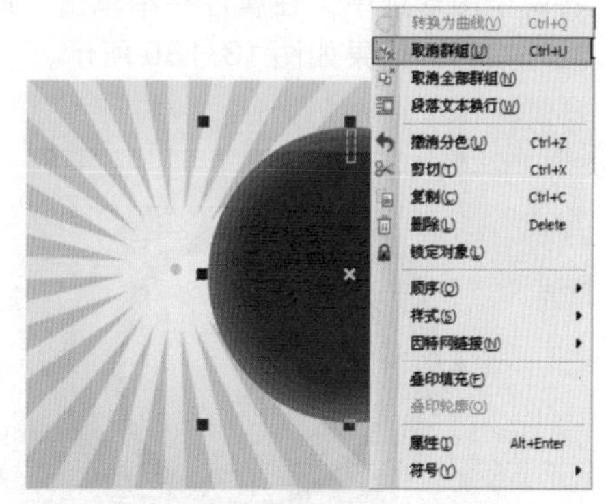

图 13-127

⑭ 将取消群组后的图形分别进行颜色填充，然后将图形进行群组，效果如图 13-128 所示。

图 13-128

⑮ 再在图中绘制一个正圆形，将其填充为白色，和刚才绘制的图形对齐，如图 13-129 所示。

图 13-129

⑯ 将两个图形选中，在属性栏中单击“前减后”按钮，效果如图 13-130 所示。

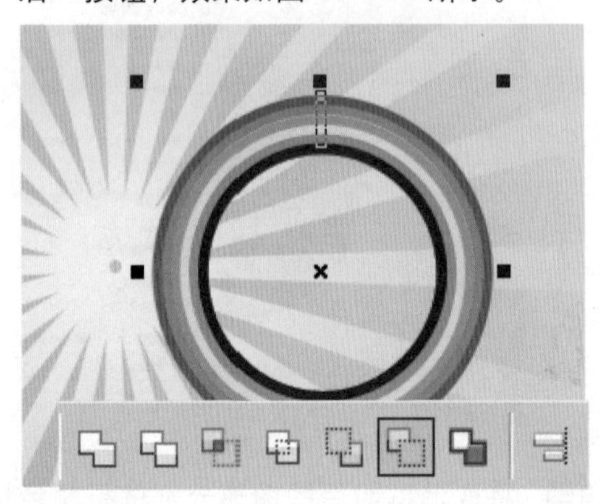

图 13-130

⑰ 选择工具箱中的“交互式透明工具”，对刚绘制的图形进行透明处理，效果如图 13-131 所示。

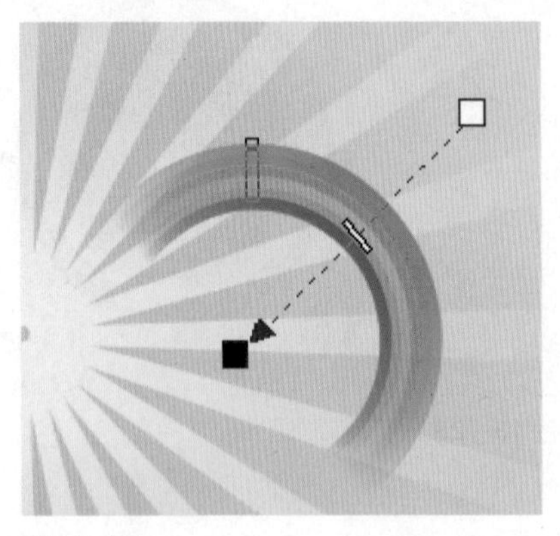

图 13-131

⑱ 选择“艺术笔工具”，在属性栏中单击“喷罐”按钮，在喷涂列表中选择合适的类型，在文件上进行绘制，如图 13-132 所示。

图 13-132

⑲ 选择工具箱中的“交互式透明工具”，对绘制的白云进行透明处理，效果如图 13-133 所示。

图 13-133

⑳ 用工具箱中的“椭圆工具”在文件中绘制几个圆，分别为其填充颜色并设置轮廓颜色，效果如图 13-134 所示。

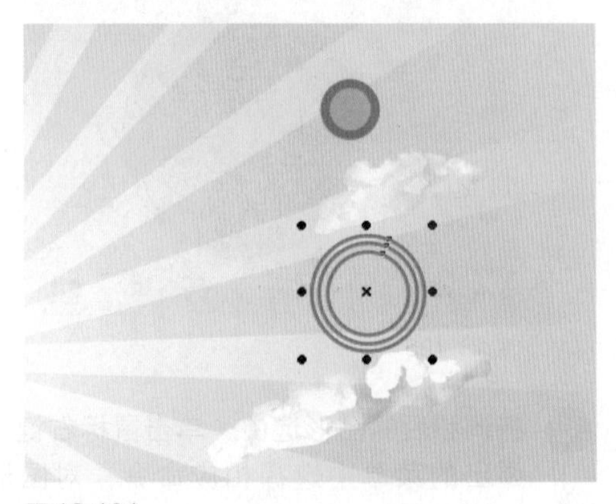

图 13-134

21 将刚绘制的两个图形复制多个放置在画面中，调整它们的位置和大小，效果如图13-135所示。

图13-135

22 执行“文件/导入”命令，将光盘中的“素材1”导入到文件空白处，效果如图13-136所示。

图13-136

23 将导入的素材复制一个，用“形状工具”对其进行调整，如图13-137所示。

图13-137

24 将调整好的素材放置在文件中，调整它们在文件中的位置，效果如图13-138所示。

图13-138

25 将其中的一个素材选中，单击鼠标右键，在弹出的菜单中选择相应命令，将素材放置到白云后面，如图13-139所示。

图13-139

26 选择“文本工具”，在文件中输入文字，在属性栏中更改文字的字体和大小，效果如图13-140所示。

图13-140

27 将文字选中，单击鼠标右键，在弹出的菜单中选择相应命令，将文字拆分掉，如图 13-141 所示。

图 13-141

28 对拆分后的文字进行位置和大小的调整，处理后的效果如图 13-142 所示。

图 13-142

29 为调整后的文字填充颜色，颜色参数如图 13-143 所示。

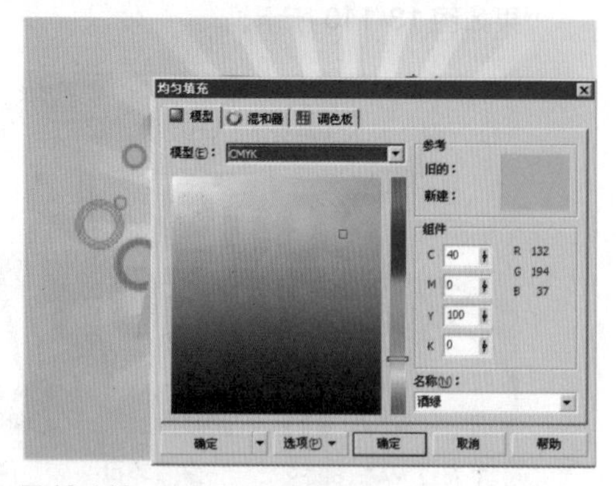

图 13-143

30 将文字复制一个并为其填充轮廓颜色，去掉填充后进行调整，效果如图 13-144 所示。

图 13-144

31 再将绿色文字复制一个，填充为白色，用"交互式透明工具"进行透明处理，得到的效果如图 13-145 所示。

图 13-145

32 将原文字和复制的文字选中，选择"交互式立体化工具"，为选中的文字添加立体化效果，如图 13-146 所示。

图 13-146

33 将立体化后的文字去掉轮廓，在属性栏中为其设置属性，如图13-147所示。

图13-147

34 在属性栏中对立体化后的文字颜色进行设置，如图13-148所示。

图13-148

35 在属性栏中设置立体化文字的颜色后，得到如图13-149所示的效果。

图13-149

36 用“文本工具”在文件背景上输入文字，对其字体和大小进行更改，如图13-150所示。

图13-150

37 用“贝塞尔工具”绘制弧形，执行“文本/使文本适合路径”命令，得到的效果如图13-151所示。

图13-151

38 对整体效果再进行调整，得到的最终效果如图13-152所示。

图13-152

13.5 节目选秀海报

最终效果图

实例目标

本实例是一个节目选秀海报设计案例，针对少男少女群组，设计中采用了不同的颜色和活泼的元素，使画面绚烂而和谐，让参赛者对比赛充满希望。

技术分析

本例主要使用了绘图工具中的"椭圆工具"和"手绘工具"等制作画面中的一些图形元素，还使用了"交互式渐变工具"和"交互式轮廓图工具"等修饰图形。

制作步骤

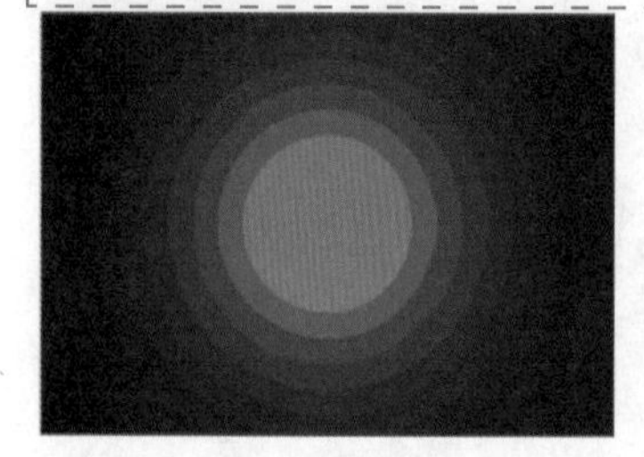

01 执行"文件/新建"命令，在属性栏中单击"横向"按钮，将页面更改为横向，如图 13-153 所示。

图 13-153

02 双击工具箱中的"矩形工具"，即在页面中建立了一个和页面大小一样的矩形，如图 13-154 所示。

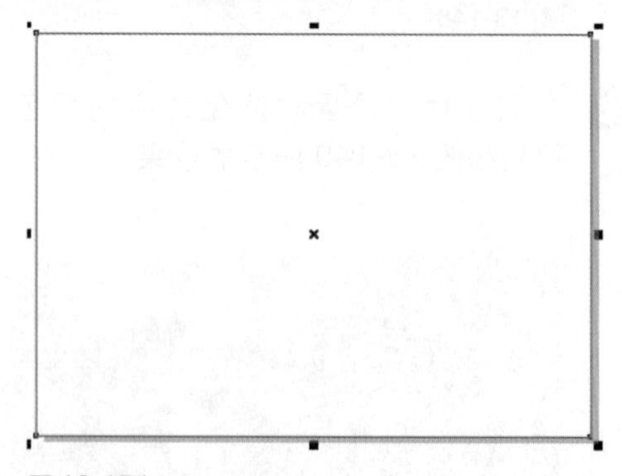

图 13-154

03 选择工具箱中的"椭圆工具"，按住【Ctrl】键在文件空白处绘制一个正圆，按住【Shift】键，用鼠标左键往里拖动到合适位置，然后单击鼠标右键，在文件中绘制同心圆，效果如图 13-155 所示。

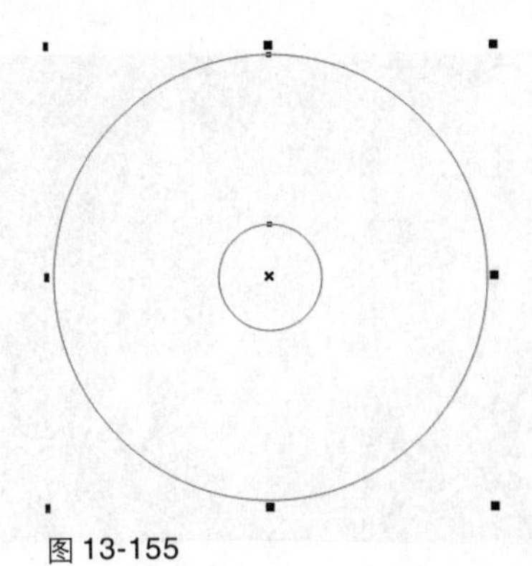

图 13-155

04 为两个圆形分别填充颜色，填充完后去掉轮廓，效果如图 13-156 所示。

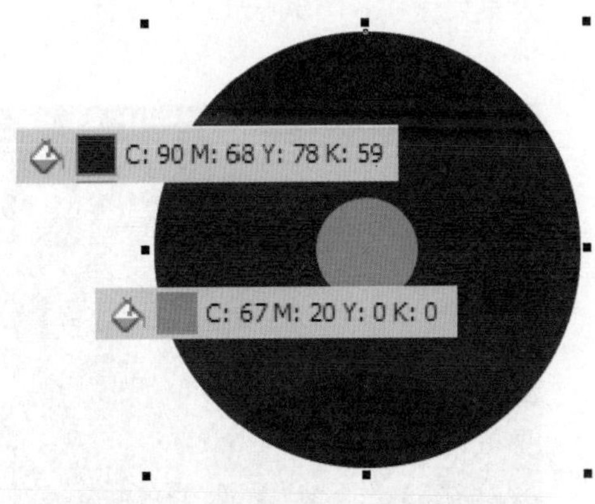

图 13-156

05 选择工具箱中的“交互式调和工具”，为两个圆添加调和效果，在属性栏中设置步数，效果如图 13-157 所示。

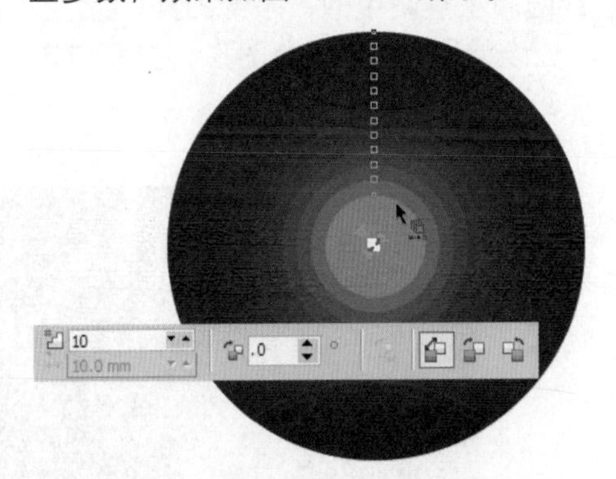

图 13-157

06 将调和好的图形选中，执行“效果 / 图框精确剪裁 / 放置在容器中”命令，效果如图 13-158 所示。

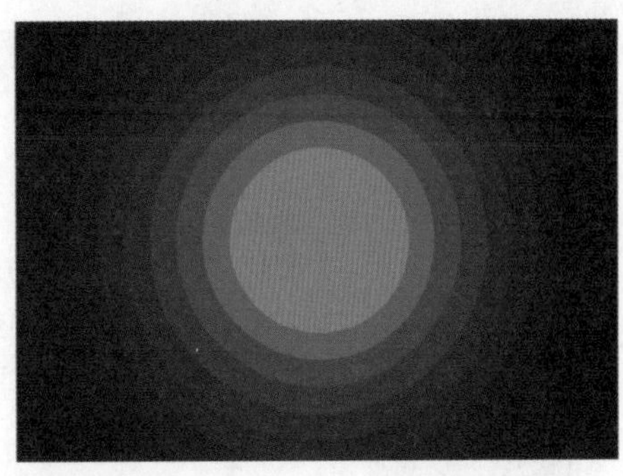

图 13-158

07 用工具箱中的“椭圆工具”绘制两个同心圆，将轮廓填充为蓝色，并更改轮廓宽度，将其进行群组，效果如图 13-159 所示。

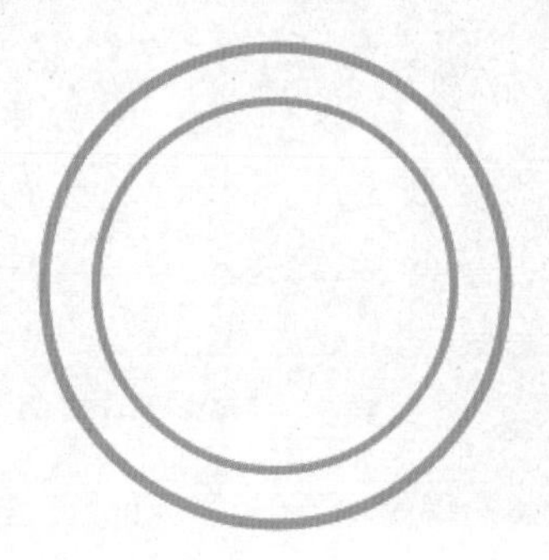

图 13-159

08 将绘制的同心圆和背景文件一起选中，执行“排列 / 对齐和分布 / 对齐和分布”命令，在弹出的对话框中设置其参数，然后单击“应用”按钮，效果如图 13-160 所示。

图 13-160

09 用“矩形工具”绘制一个矩形，单击鼠标右键，在弹出的菜单中选择相应命令将其转为曲线，如图 13-161 所示。

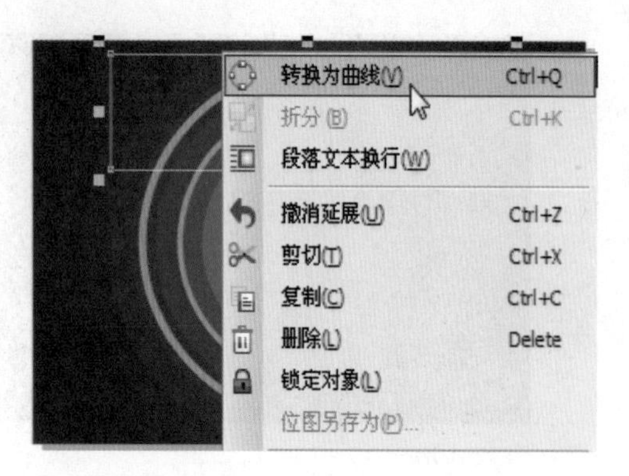

图 13-161

10 选择“形状工具”，在属性栏中单击“添加节点”按钮，如图 13-162 所示。

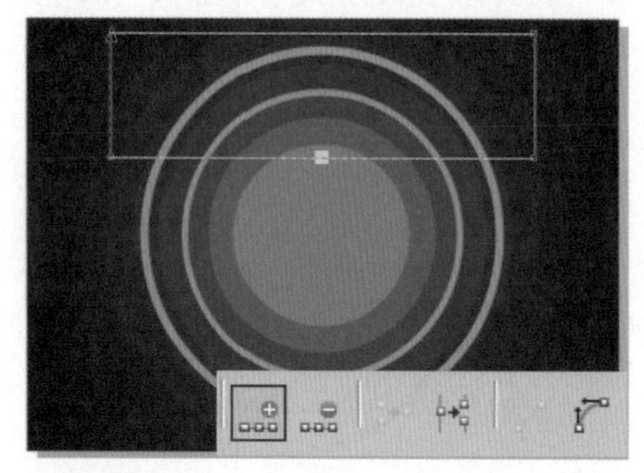

图 13-162

11 用“形状工具”将添加的节点向下移动，将调整过的图形复制一个，垂直镜像，调整其位置并将其群组，效果如图 13-163 所示。

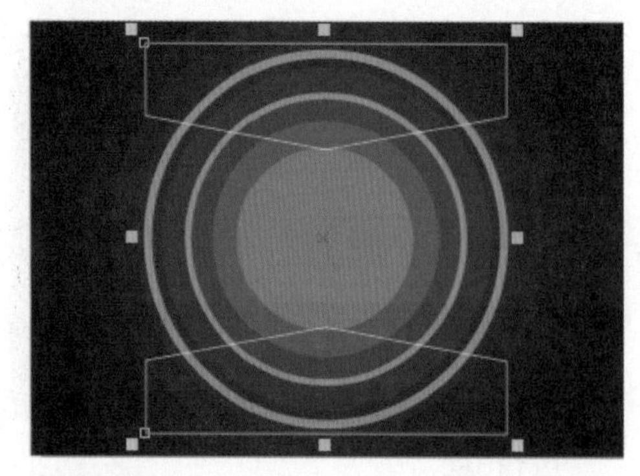

图 13-163

12 将调整过的图形和同心圆一起选中，在属性栏中单击“后减前”按钮对其进行修剪，并为其填充如图 13-164 所示的颜色。

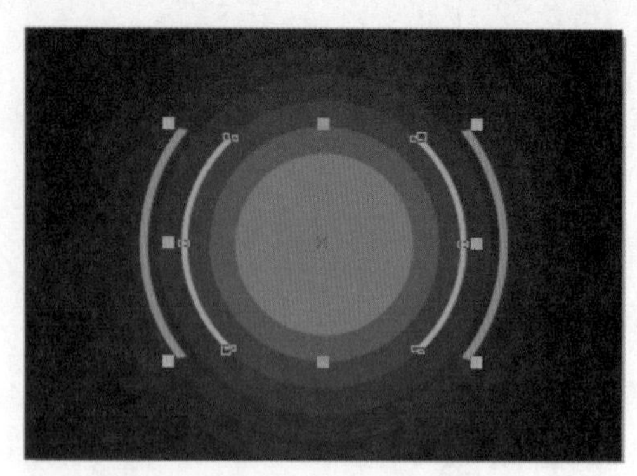

图 13-164

13 用工具箱中的“矩形工具”绘制矩形，并填充相应颜色，将其与文件背景对齐，效果如图 13-165 所示。

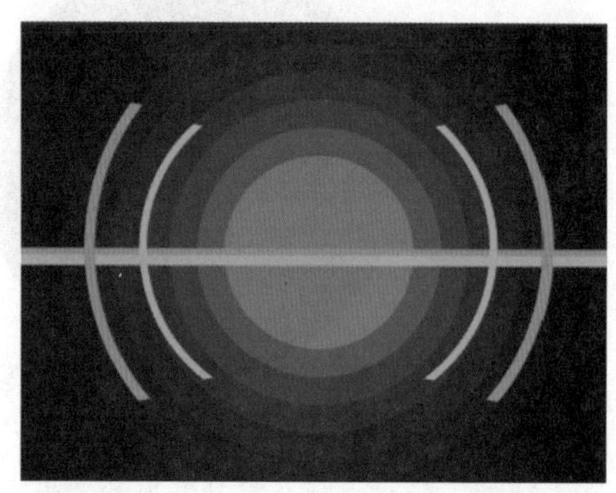

图 13-165

14 选中工具箱中的“手绘工具”，在页面上绘制随意的闭合图形，如图 13-166 所示。

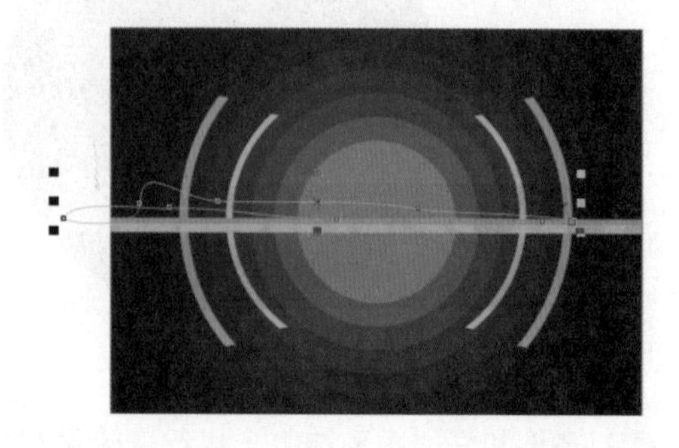

图 13-166

15 继续用“手绘工具”绘制封闭的形状，如图 13-167 所示。

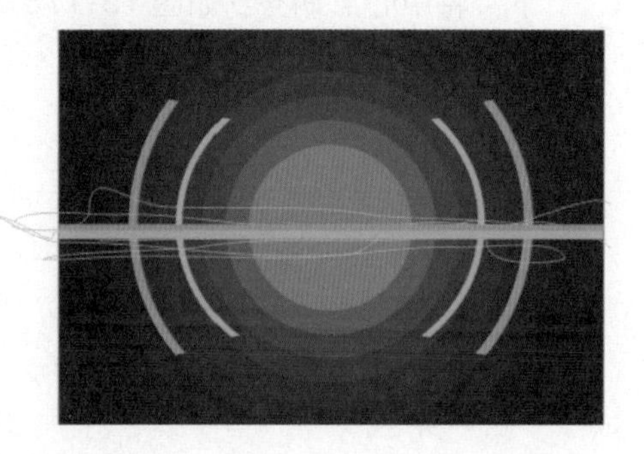

图 13-167

16 将绘制的图形分别填充不同的颜色，并将它们群组，效果如图 13-168 所示。

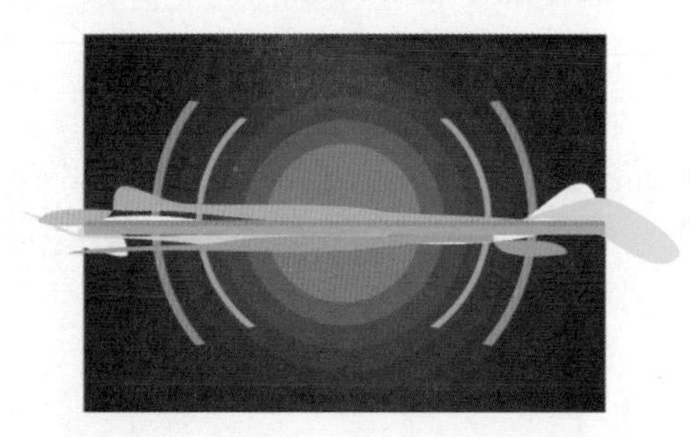

图 13-168

17 选择手绘的图形，执行“效果 / 图框精确剪裁 / 放置在容器中”命令，将图形调整到合适位置，效果如图 13-169 所示。

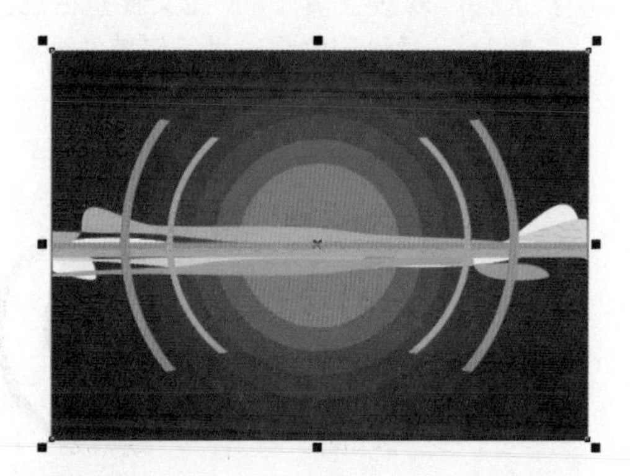

图 13-169

18 用“手绘工具”绘制一些随意封闭的形状，为其填充颜色，放置到相应的位置，效果如图 13-170 所示。

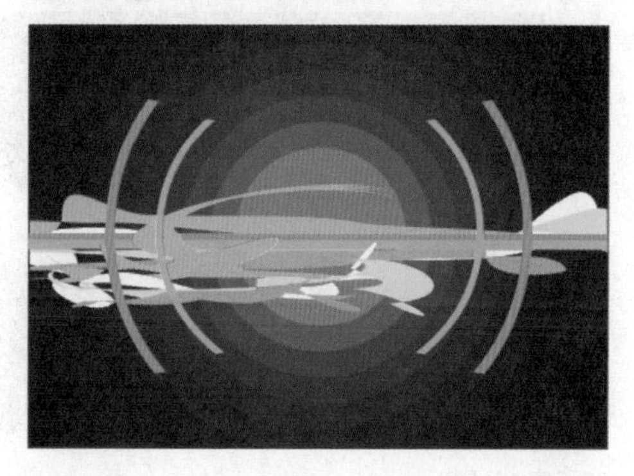

图 13-170

19 选择工具箱中的“椭圆工具”，绘制一些小椭圆，复制它们并随意调整位置和大小，效果如图 13-171 所示。

图 13-171

20 执行“文件 / 导入”命令，将光盘中的“素材 1”文件导入到文件空白处，效果如图 13-172 所示。

图 13-172

21 将导入的素材放置到文件背景中并调整到合适的位置，效果如图 13-173 所示。

图 13-173

22 在文件空白处绘制两个大小不一的圆形，用“交互式调和工具”建立调和，在属性栏中设置步数，如图 13-174 所示。

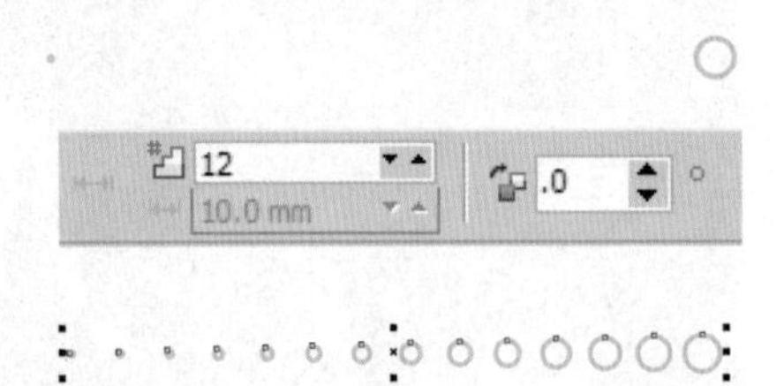

图 13-174

23 用工具箱中的“贝塞尔工具”绘制弧线，选择调和过的图形，在属性栏中单击“路径属性”按钮，在弹出的菜单中选择“新路径”命令，这时会出现一个黑色箭头，用箭头单击路径即可，将适合路径的图形调整到如图 13-175 所示。

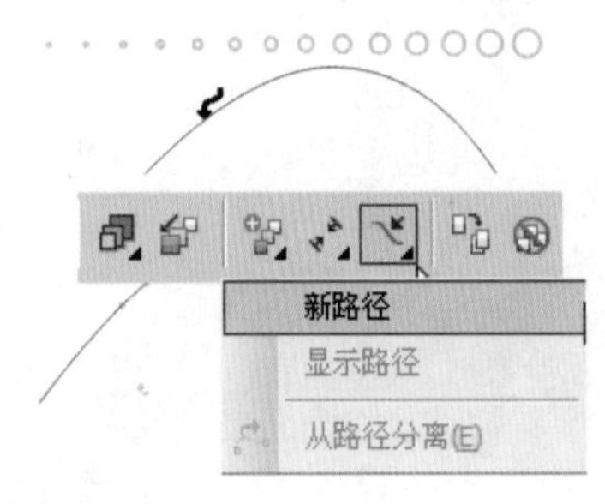

图 13-175

24 选中路径，在调色板上单击鼠标右键将路径轮廓去掉，单击图形，在其旋转状态下，将中心点调整到如图 13-176 所示的位置。

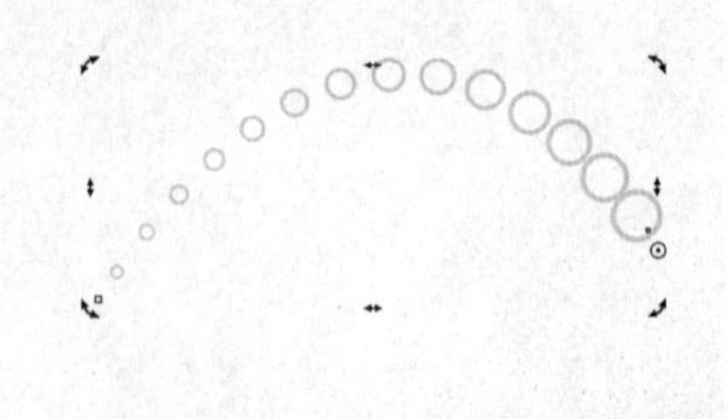

图 13-176

25 按【Ctrl+D】组合键旋转复制图形，直到实现如图 13-177 所示的效果，将绘制的图形选中进行群组。

图 13-177

26 选择“螺纹工具”，在文件空白处绘制螺纹，对绘制的螺纹进行修整并调整其轮廓宽度，效果如图 13-178 所示。

图 13-178

27 将图形选中，执行“排列 / 将轮廓转换为对象”命令，用“形状工具”进行调整，效果如图 13-179 所示。

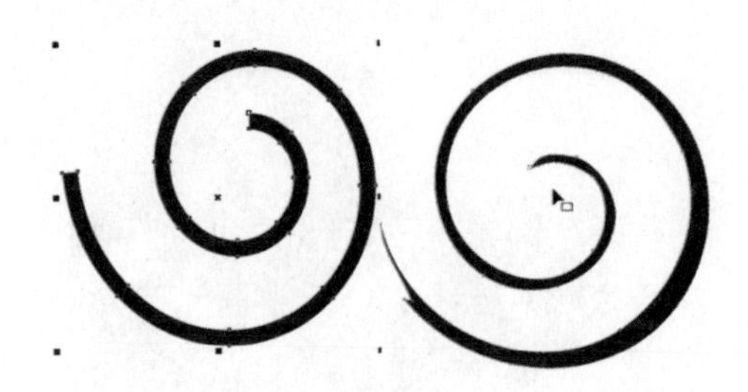

图 13-179

28 用前面讲过的方法将图形制作为如图 13-180 所示的效果，将图形选中并进行群组。

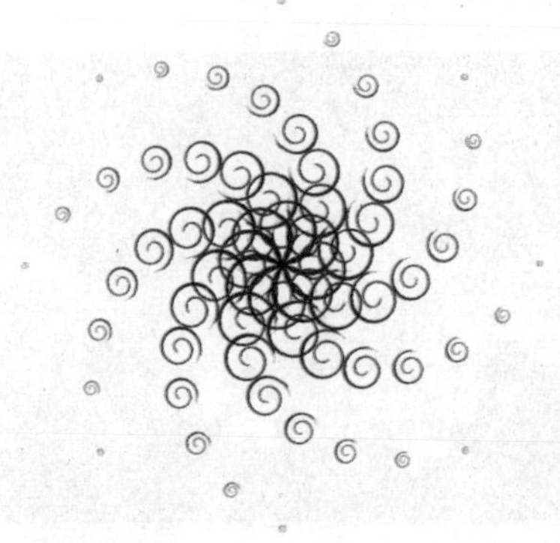

图 13-180

29 将前面绘制的两个图形调整颜色并放置到相应位置，然后调整它们的顺序，效果如图 13-181 所示。

图 13-181

30 用工具箱中的“椭圆工具”绘制两个椭圆，调整到如图 13-182 所示的位置，将它们焊接到一起，再填充颜色、去掉轮廓。

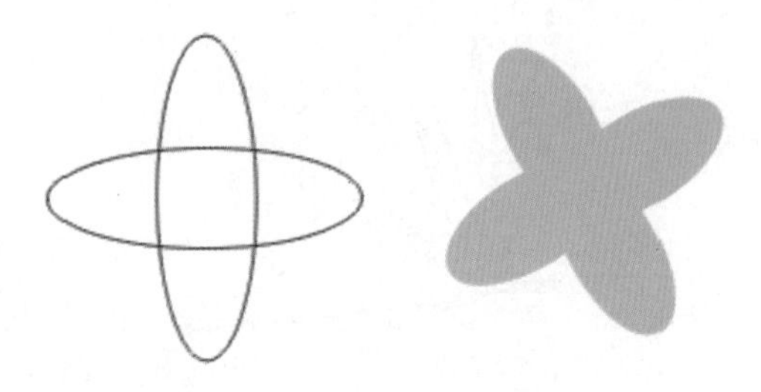

图 13-182

31 用工具箱中的“椭圆工具”绘制 3 个同心圆，如图 13-183 所示。

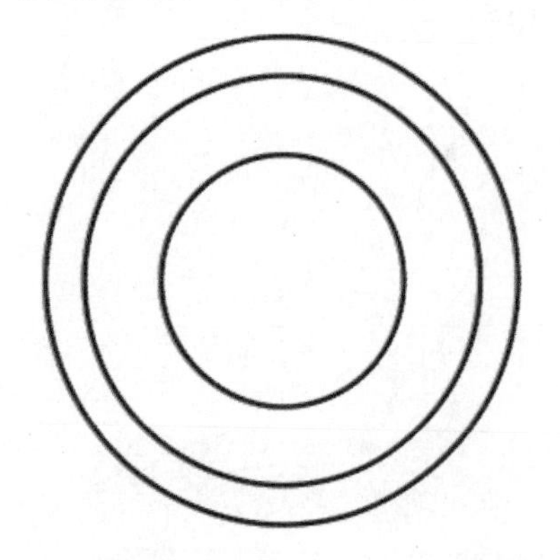

图 13-183

32 为图形填充颜色，将绘制的图形进行复制调整，得到如图 13-184 所示的效果，将图形进行群组。

图 13-184

33 用工具箱中的“贝塞尔工具”绘制花纹图案并将其闭合，效果如图13-185所示。

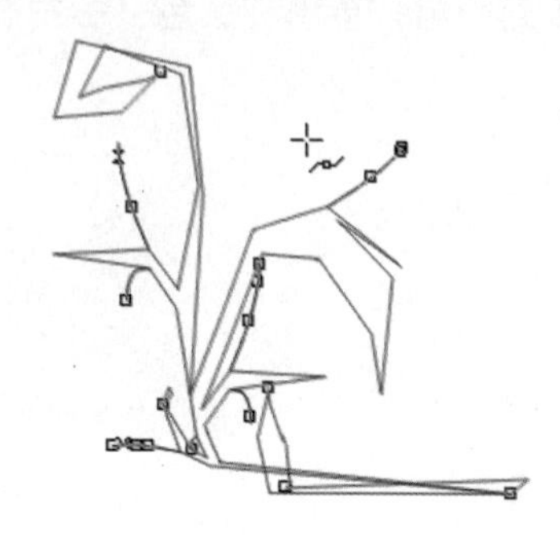

图13-185

34 在工具箱中选择“形状工具”，将绘制的图形框选，在属性栏中单击“转换直线为曲线”按钮并对其进行调整，效果如图13-186所示。

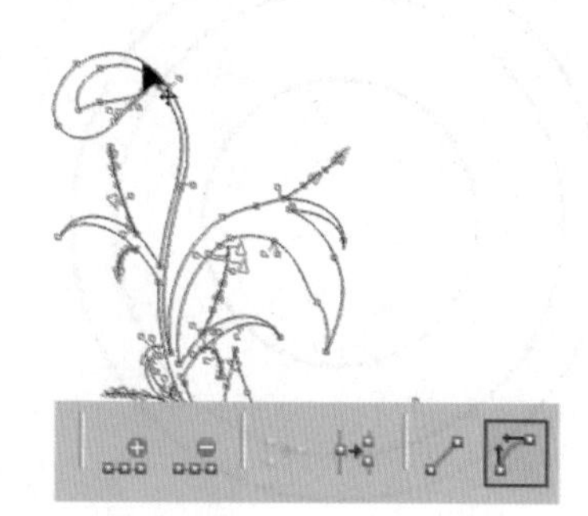

图13-186

35 将前面绘制的图形去掉轮廓，填充不同的颜色，再进行组合排列，得到如图13-187所示的效果，然后将它们群组。

图13-187

36 选择工具箱中的“交互式阴影工具”，为群组后的图形添加阴影效果，如图13-188所示。

图13-188

37 将前面制作的图形放置到文件背景中，将其调整到合适位置，得到的效果如图13-189所示。

图13-189

38 对文件中的元素进行细微的调整和排列，如图13-190所示。

图13-190

39 用工具箱中的“文本工具”字在文件空白处输入文字，将其填充为洋红色，在属性栏中设置文字属性，效果如图13-191所示。

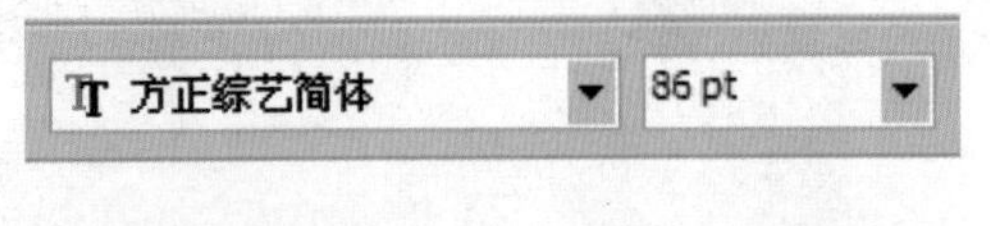

图13-191

40 执行“排列/拆分美术字”命令，将输入的文字拆分成单个文字，如图13-192所示。

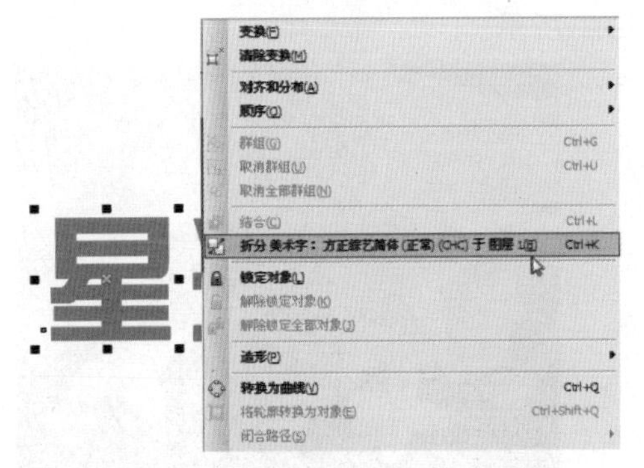

图13-192

41 将拆分后的文字选中，单击鼠标右键，在弹出的菜单中选择“转换为曲线”命令，效果如图13-193所示。

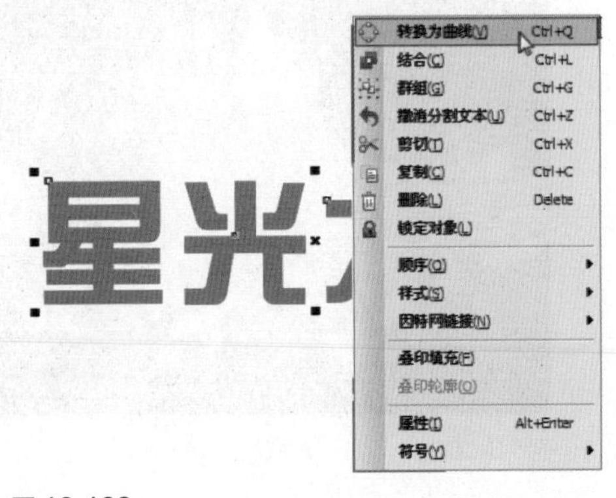

图13-193

42 执行“泊坞窗/圆角/扇形切角/倒角”命令，在弹出的对话框中，为文字添加圆角效果，如图13-194所示。

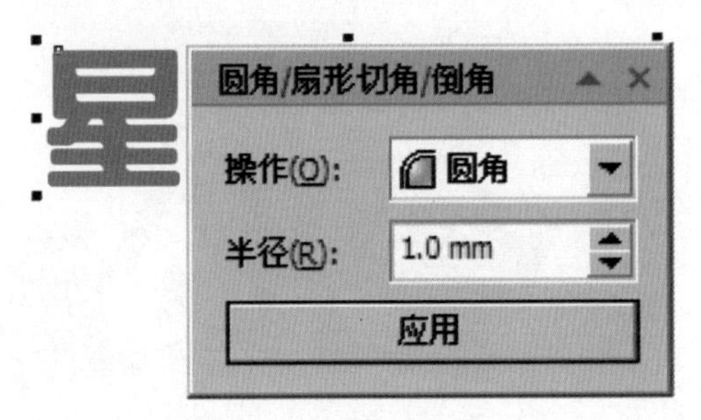

图13-194

43 选个单个文字，将其旋转调整并进行组合，得到的效果如图13-195所示。

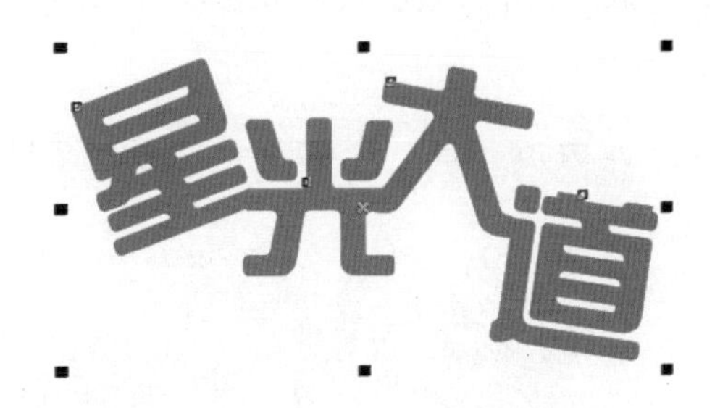

图13-195

44 用工具箱中的“形状工具”对文字的部分节点进行调整，效果如图13-196所示。

图13-196

45 用“星形工具”添加星形图形，将制作的文字和图形选中，在属性栏中单击“焊接”按钮，如图13-197所示。

图13-197

46 在工具箱中选择“交互式轮廓图工具”，在图形上进行拖动为其添加轮廓，在属性栏中设置参数，如图13-198所示。

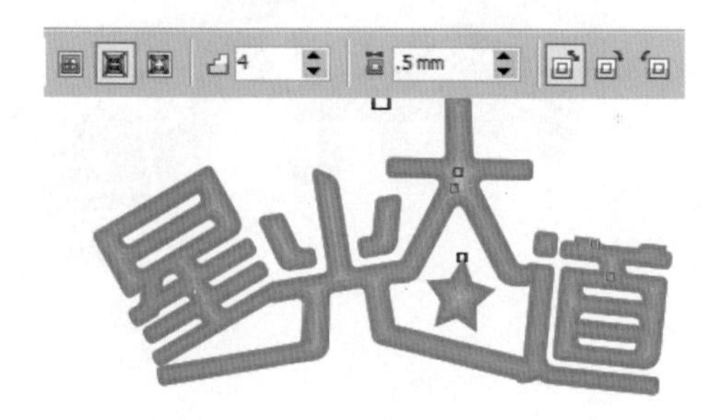

图13-198

47 用“贝塞尔工具”绘制封闭形状，得到如图13-199所示的效果。

图13-199

48 将绘制的图形去掉轮廓并填充为白色，输入小文字，将它们群组然后放置到文件背景中，如图13-200所示。

图13-200

49 用“文本工具”输入地址文字，将其填充为白色，调整好大小，效果如图13-201所示。

图13-201

50 在地址文字上添加修饰的圆点，得到的最终效果如图13-202所示。

图13-202

13.6 水果俱乐部

最终效果图

实例目标

本实例是一个水果俱乐部宣传单，针对群体比较广泛，设计中主要采用亮丽的色彩和新鲜的水果等元素展开设计，以吸引消费者。

技术分析

本例主要使用了绘图工具中的“贝塞尔工具”和“形状工具”等制作画面中的一些图形元素，还使用了“交互式调和工具”和“交互式渐变工具”等修饰图形。

制作步骤

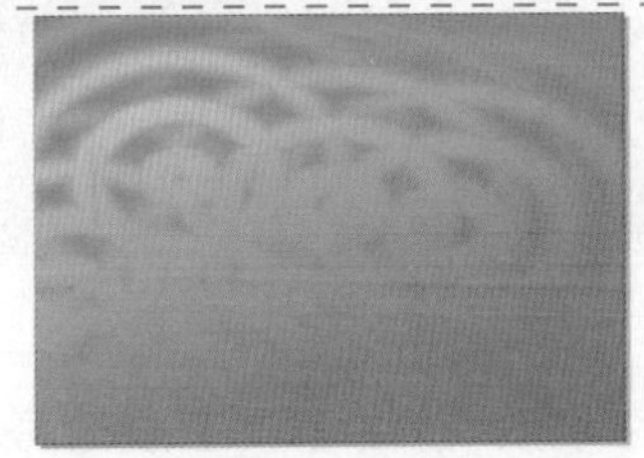

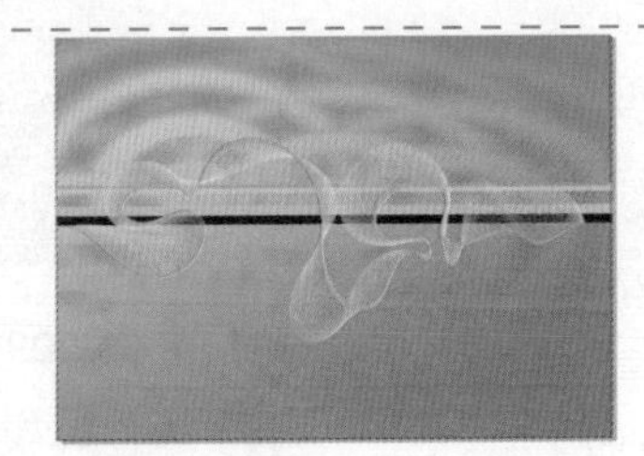

01 执行“文件/新建”命令，在属性栏中单击“横向”按钮，将页面更改为横向，如图13-203所示。

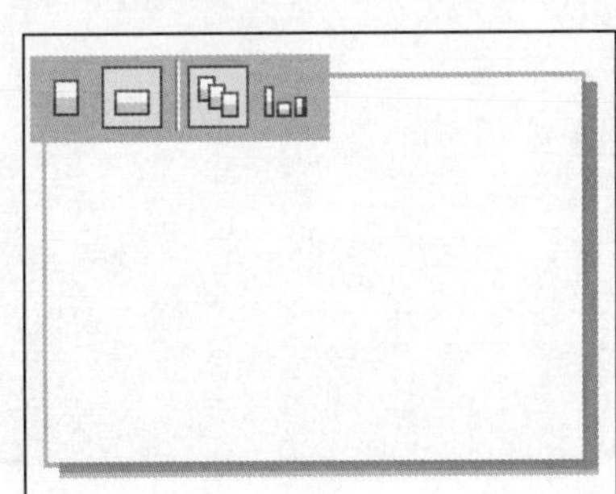

图13-203

02 双击工具箱中的“矩形工具”，即在页面中建立了一个和页面大小一样的矩形，如图13-204所示。

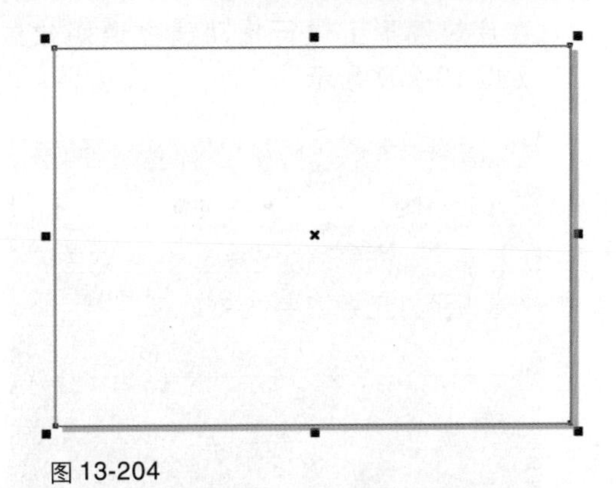

图13-204

03 选择工具箱中的“交互式渐变工具”，在新建的矩形上进行拖动，建立渐变颜色，并在属性栏中对颜色进行设置，效果如图13-205所示。

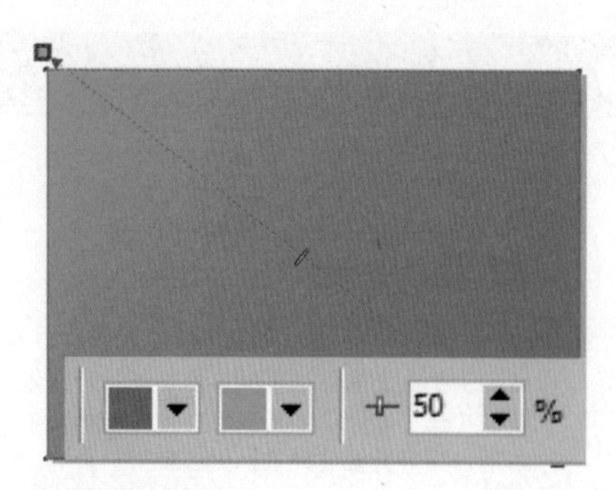

图 13-205

04 在小键盘上按【+】键原地复制一个矩形，选择工具箱中的“底纹填充工具”，在弹出的对话框中设置参数对矩形进行填充，如图 13-206 所示。

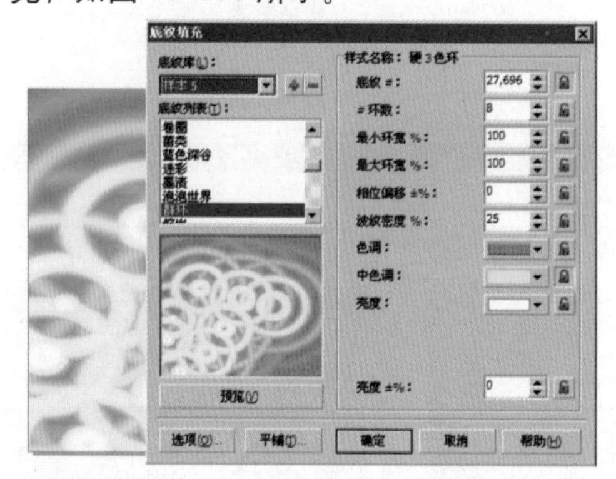

图 13-206

05 选择工具箱中的“交互式透明工具”，在底纹图形上进行拖动建立透明效果，如图 13-207 所示。

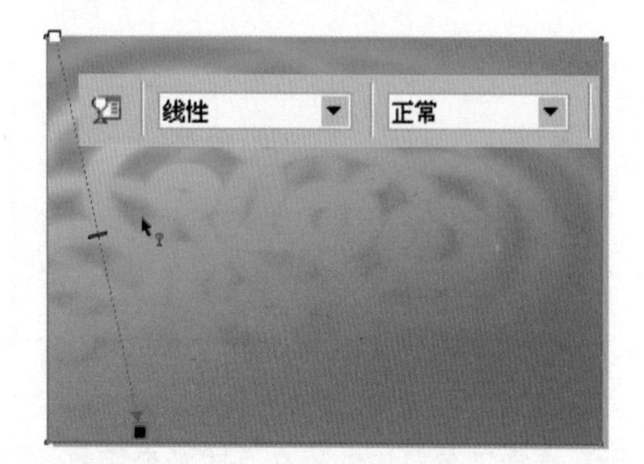

图 13-207

06 用“贝塞尔工具”绘制线段，用“轮廓工具”对轮廓进行设置，效果如图 13-208 所示。

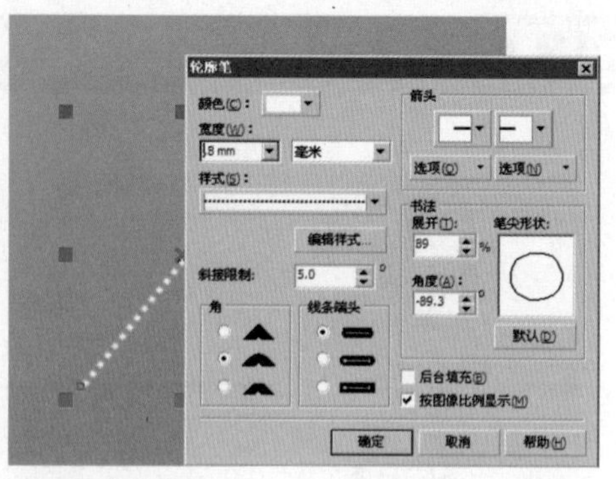

图 13-208

07 将设置好的轮廓复制一个，用“交互式调和工具”在两轮廓间建立调和，在属性栏中设置步数，如图 13-209 所示。

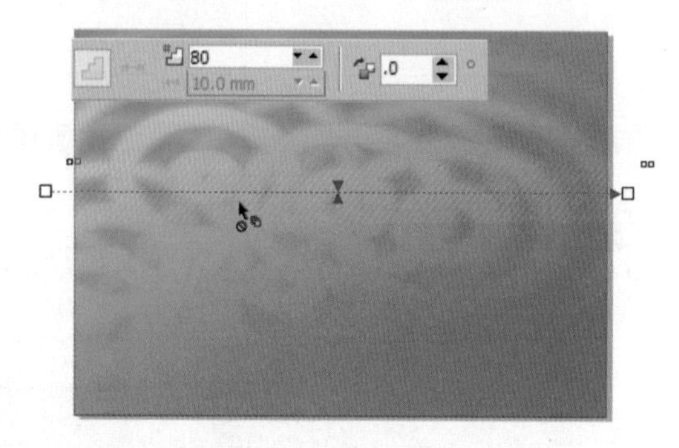

图 13-209

08 选择调和的对象，按住【Ctrl】键的同时，鼠标向下移动到合适位置，单击鼠标右键复制该对象，效果如图 13-210 所示。

图 13-210

09 将复制的对象和调和对象选中，执行“效果/图框精确剪裁/放置在容器中”命令，调整图像在文件背景中的位置，效果如图 13-211 所示。

图 13-211

⑩ 用工具箱中的“矩形工具”绘制矩形，对绘制的矩形进行复制，让矩形和文件背景对齐，如图 13-212 所示。

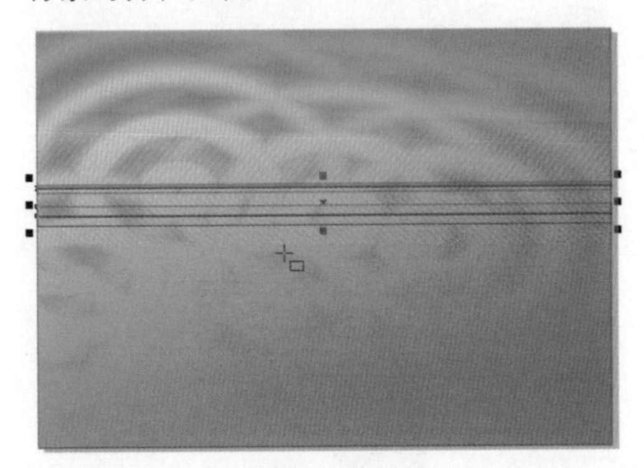

图 13-212

⑪ 将上面制作的矩形分别填充不同的颜色并去掉轮廓，效果如图 13-213 所示。

图 13-213

⑫ 用“贝塞尔工具”在图中绘制线条，用“形状工具”对其进行调整，效果如图 13-214 所示。

图 13-214

⑬ 用同样的方法绘制线条，将绘制的线条填充为蓝色，效果如图 13-215 所示。

图 13-215

⑭ 用工具箱中的“交互式调和工具”在绘制的两条线条上进行拖动，建立调和效果，将调和后的图形放置到合适位置，效果如图 13-216 所示。

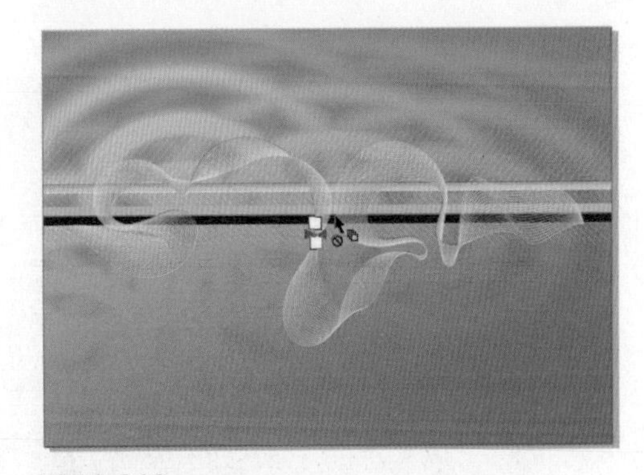

图 13-216

15 将蓝色线条选中，按小键盘上的【+】键复制一个，将其轮廓加粗，效果如图 13-217 所示。

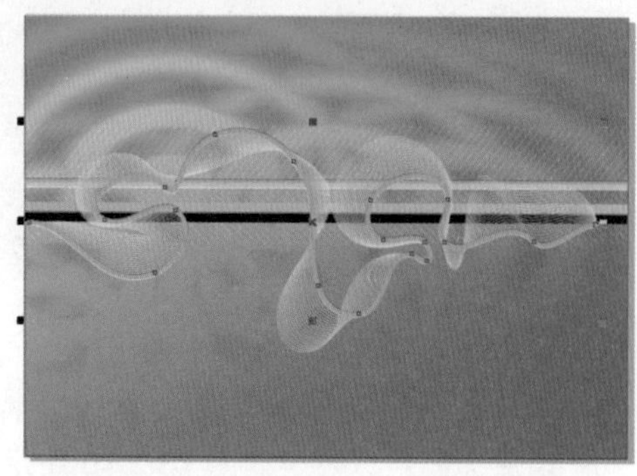
图 13-217

16 执行“排列/将轮廓转换为对象”命令，用“形状工具”对其外形进行调整，如图 13-218 所示。

图 13-218

17 用上面的方法对转换成对象的图形进行调整，得到如图 13-219 所示的效果。

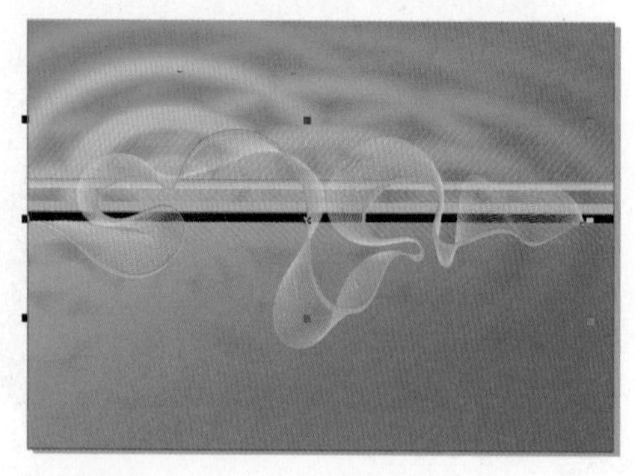
图 13-219

18 用“手绘工具”随意在图中绘制一些元素，对其颜色和位置进行调整，效果如图 13-220 所示。

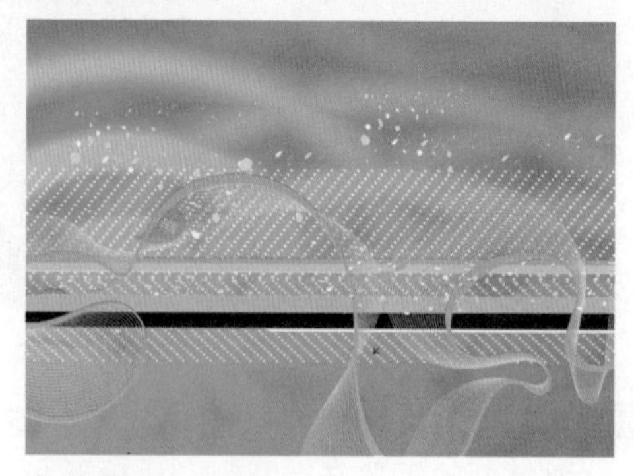
图 13-220

19 执行“文件/导入”命令，将光盘中的“素材1”导入到文件空白处，如图 13-221 所示。

图 13-221

20 将素材放置到文件中，并复制一个调整其位置，效果如图 13-222 所示。

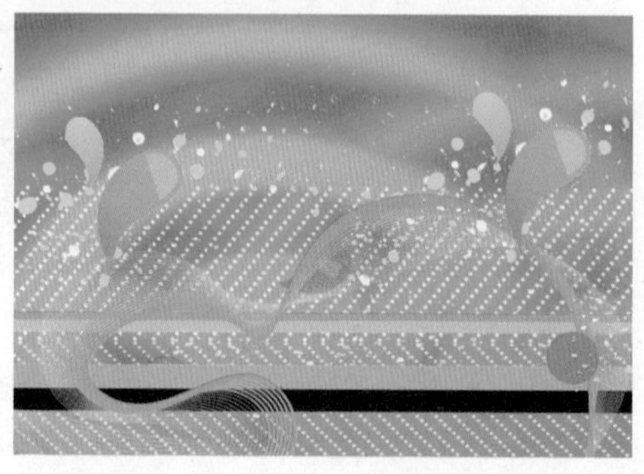
图 13-222

21 用“贝塞尔工具”在文件空白处绘制线段，用“轮廓工具”对轮廓进行设置，如图13-223所示。

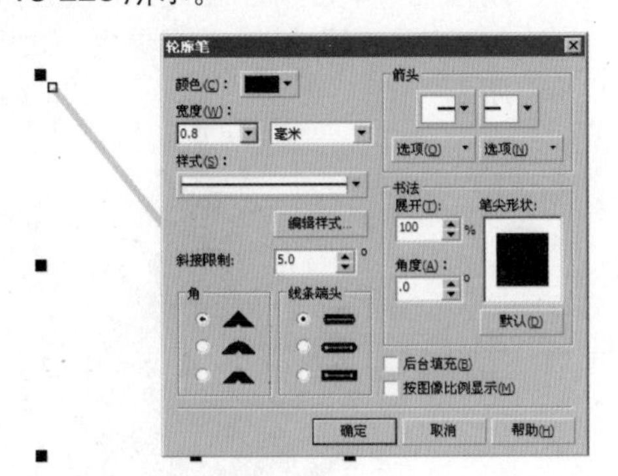

图13-223

22 单击轮廓，在其旋转状态下，将中心点移动到如图13-224所示的位置。

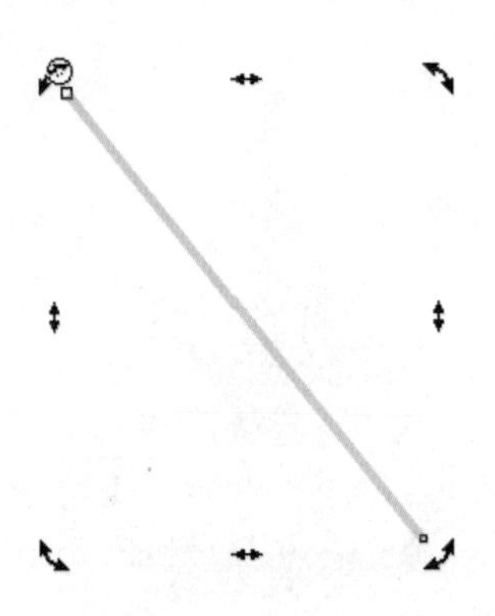

图13-224

25 按【Ctrl+D】组合键对轮廓进行复制，直到效果如图13-225所示。

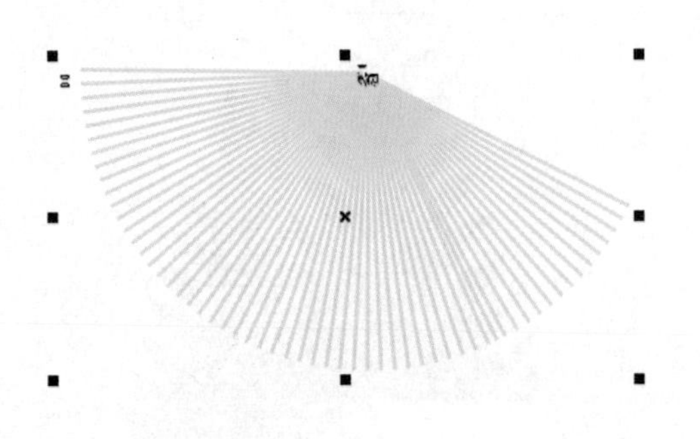

图13-225

24 将绘制好的图形放置到文件背景中，并在背景中添加一些圆形因素，得到的效果如图13-226所示。

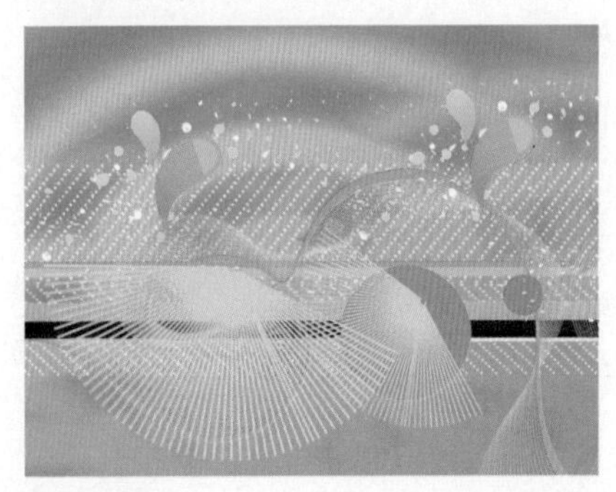

图13-226

25 用“贝塞尔工具”在文件空白处绘制花瓣图形，用“形状工具”对图形进行调整，效果如图13-227所示。

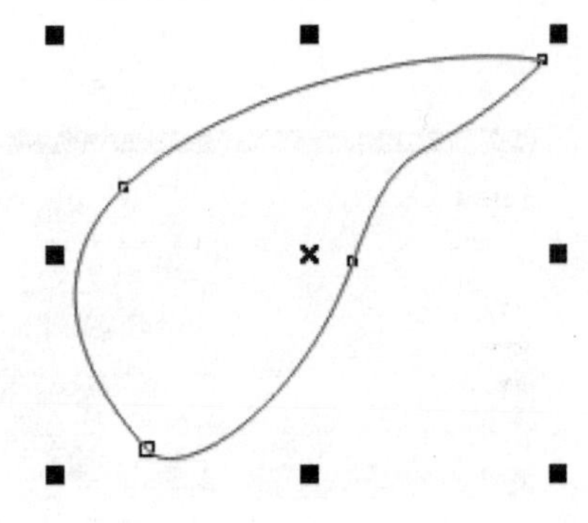

图13-227

26 复制一个花边图形，为它们填充如图13-228所示的颜色并去掉轮廓颜色。

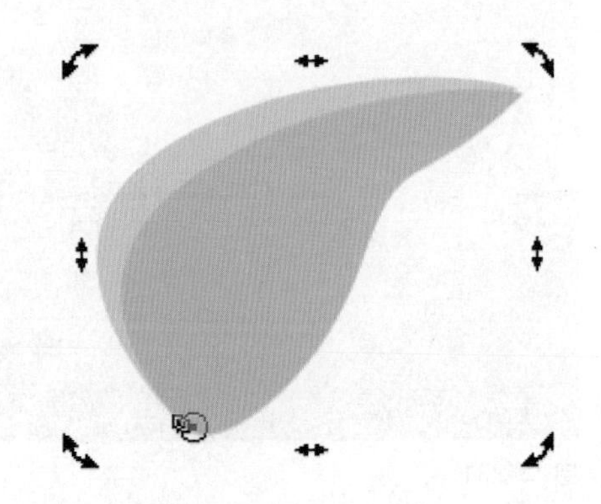

图13-228

27 用前面讲过的方法对刚制作的图形进行旋转复制，添加花蕊部分，将花朵进行群组，效果如图13-229所示。

图13-229

28 复制花朵图形，执行"效果/调整/色度/饱和度/亮度"命令，在弹出的对话框中对花朵颜色进行调整，如图13-230所示。

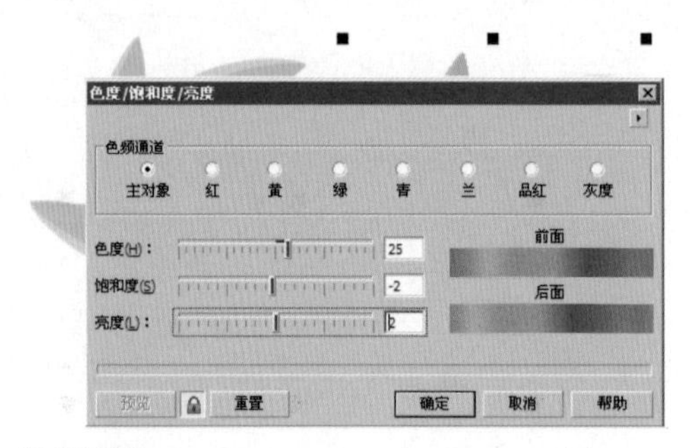

图13-230

29 用上面的方法制作多个不同颜色的花朵图形，调整其大小，将它们放置在文件背景中，效果如图13-231所示。

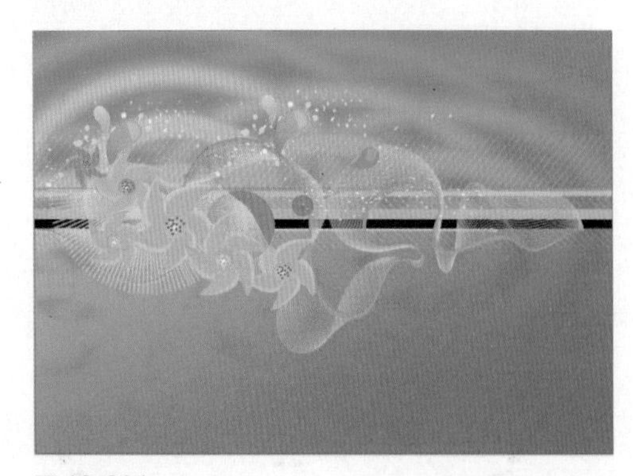

图13-231

30 选择工具箱中的"多边形工具"绘制三角形，选择"交互式变形工具"，在其属性栏中单击"拉链变形"按钮，对其进行拖动，在属性栏中设置参数，如图13-232所示。

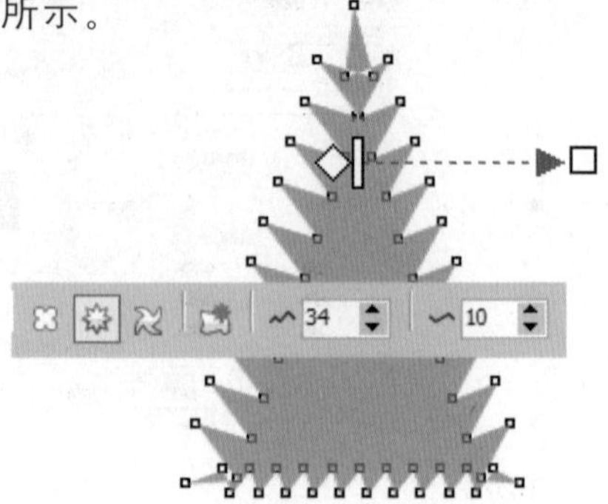

图13-232

31 在属性栏中单击"添加新的变形"按钮，对图形添加"推拉变形"效果，如图13-233所示。

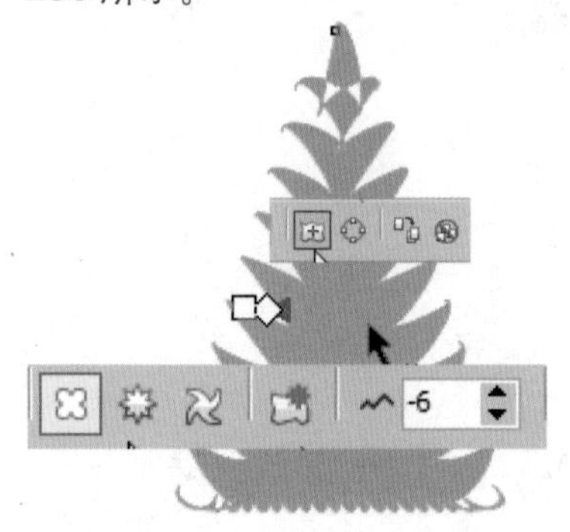

图13-233

32 将制作的图形复制一个，调整其大小，效果如图13-234所示，将两个图形进行群组。

图13-234

33 将制作的松树图形放置到文件背景中，调整它们的顺序，效果如图 13-235 所示。

图 13-235

34 执行“文件/导入”命令，将光盘中的“素材2”导入文件空白处，如图13-236所示。

图 13-236

35 执行“效果/调整/色度/饱和度/亮度”命令，在弹出的对话框中对人物颜色进行调整，如图13-237所示。

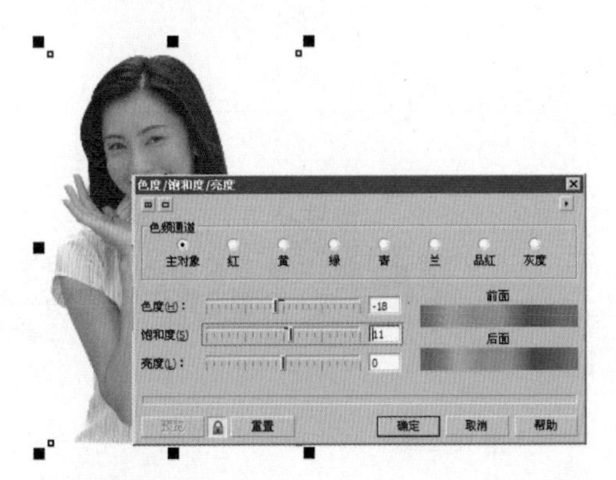

图 13-237

36 将调整后的人物图像放置到文件背景中，调整其在文件中的顺序，效果如图 13-238 所示。

图 13-238

37 执行“文件/导入”命令，将光盘中的“素材3”导入文件空白处，效果如图 13-239 所示。

图 13-239

38 将导入的水果素材放置到文件背景上的合适位置，如图 13-240 所示。

图 13-240

39 用工具箱中的“文本工具”字在文件空白处输入文字，将其填充为酒绿色，在属性栏中设置文字属性，效果如图13-241所示。

图13-241

40 执行“排列/拆分美术字”命令，将输入的文字拆分成单个文字，效果如图13-242所示。

图13-242

41 将拆分的文字选中，对文字进行排列组合后将它们群组，按小键盘上的【+】键原地复制一层图形文字，效果如图13-243所示。

图13-243

42 用“贝塞尔工具”绘制封闭形状，如图13-244所示。

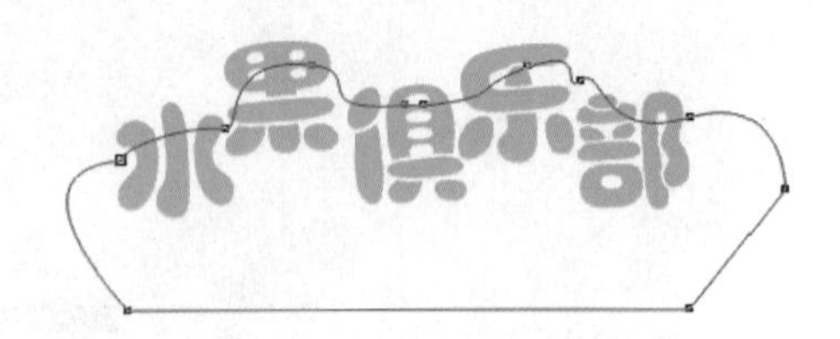

图13-244

43 将绘制的图形和上面的文字图形选中，在属性栏中单击“后减前”按钮，将修剪后的图形填充为白色，效果如图13-245所示。

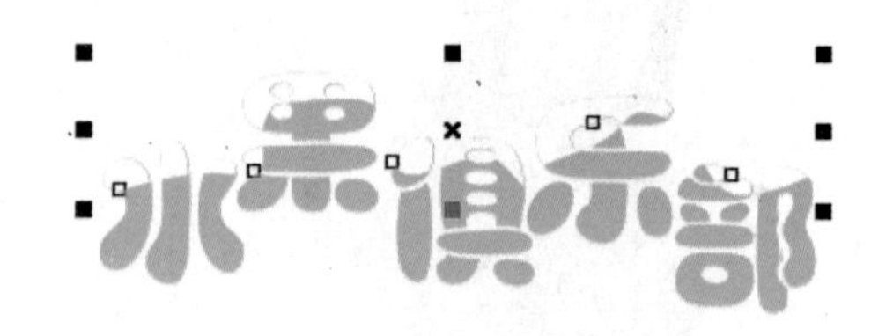

图13-245

44 用工具箱中的“交互式透明工具”在文字图形上进行拖动建立渐变透明效果，如图13-246所示。

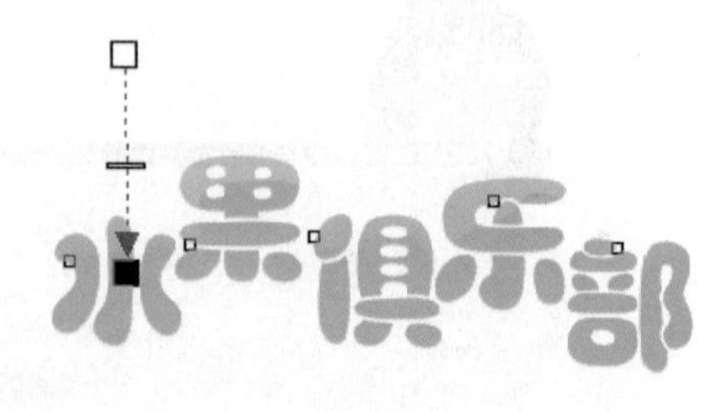

图13-246

45 为制作的文字效果填充白色轮廓并进行群组，将其旋转后放置到文件背景中，效果如图 13-247 所示。

图 13-247

46 在工具箱中选择“文本工具”字，在文件背景中输入文字，在属性栏中设置参数，如图 13-248 所示。

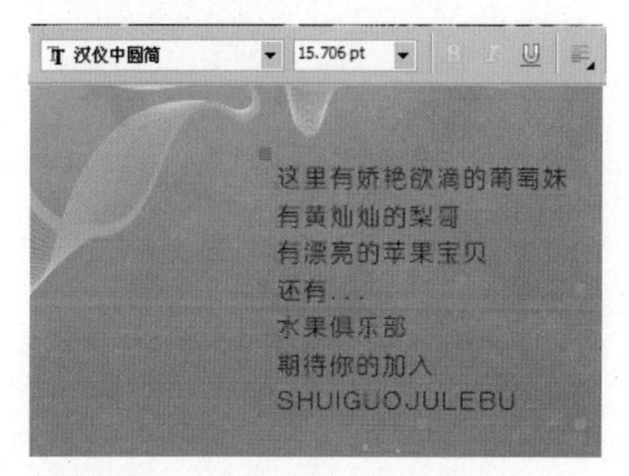

图 13-248

47 将输入的文字选中，在属性栏中选择对齐方式，如图 13-249 所示。

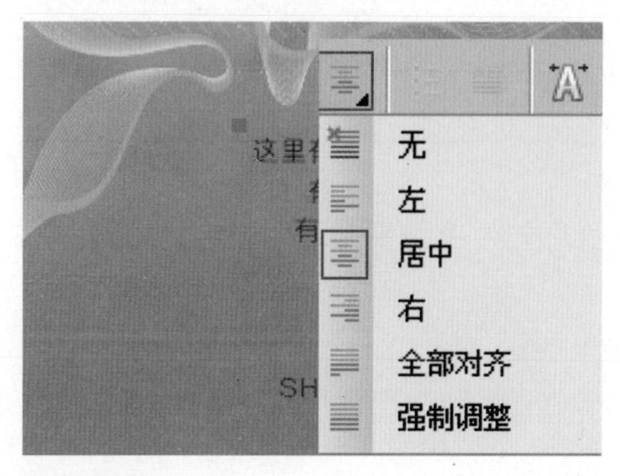

图 13-249

48 用“交互式填充工具”对输入的文字进行渐变填充，在属性栏中设置颜色，如图 13-250 所示。

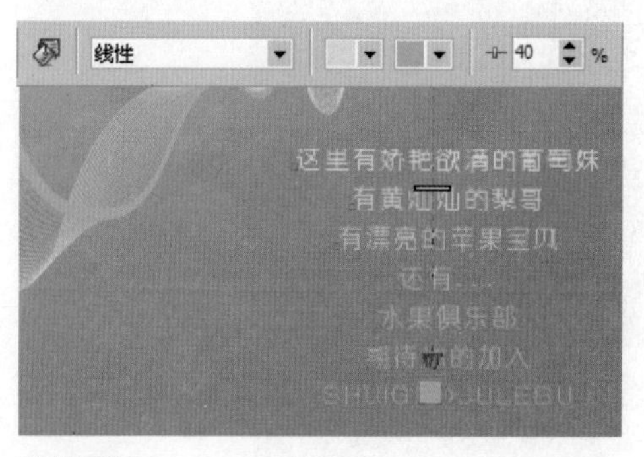

图 13-250

49 用“文本工具”字输入地址文字，将其填充为浅黄色，调整好大小，效果如图 13-251 所示。

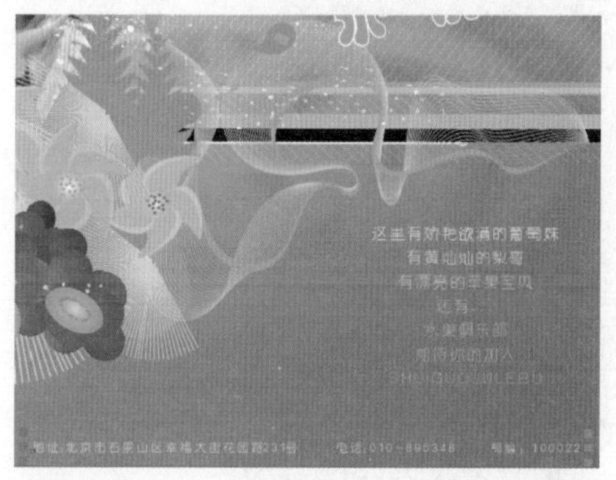

图 13-251

50 在地址文字中添加修饰的斜线，调整整个文件，得到的最终效果如图 13-252 所示。

图 13-252

读书笔记

Chapter 14
产品包装设计

本章重点讲解用 CorelDRAW X4 软件进行产品包装类设计的过程，制作过程中对软件的基本操作和技巧进行详细的讲述。

14.1 书籍封面设计

最终效果图

实例目标

本实例是一个书籍封面及立体效果图的制作，该实例在制作过程中采用大面积的黑色来展开设计，通过文字花边以及其他元素的处理更好地反映主题。

技术分析

本例主要使用了绘图工具中的“贝塞尔工具”和“文本工具”等制作画面中的一些图形元素，还使用了“交互式调和工具”和“交互式透明工具”等修饰图形。

制作步骤

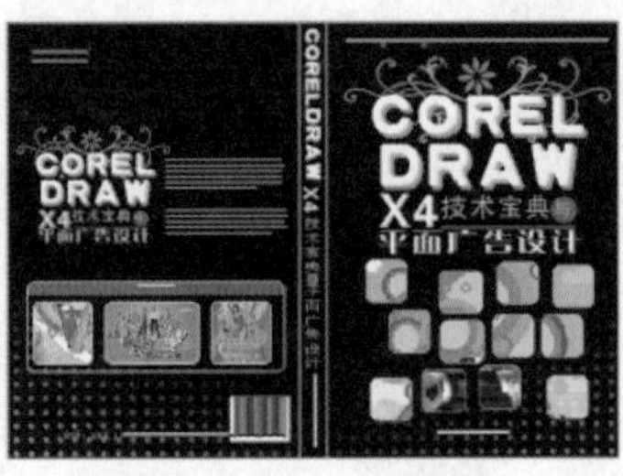

01 执行“文件/新建”命令，新建一个空白文档，单击属性栏中的“横向”按钮，设置页面方向为横向，如图14-1所示。

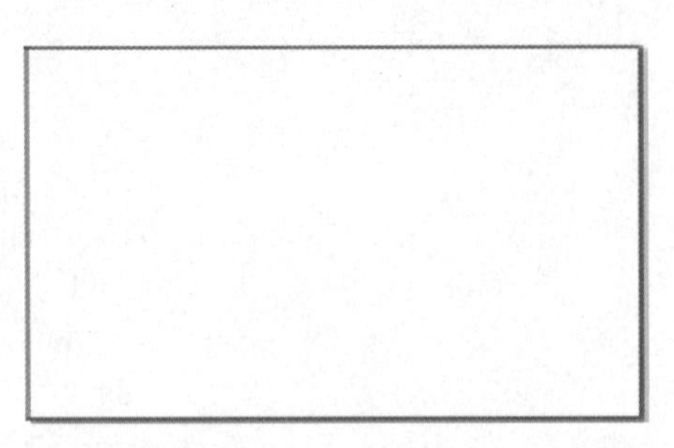

图14-1

02 选择工具箱中的“矩形工具”，随意绘制一个矩形，执行“排列/变换/大小”命令，在弹出的对话框中设置矩形（书的封面）大小，并将矩形轮廓填充为灰色，如图14-2所示。

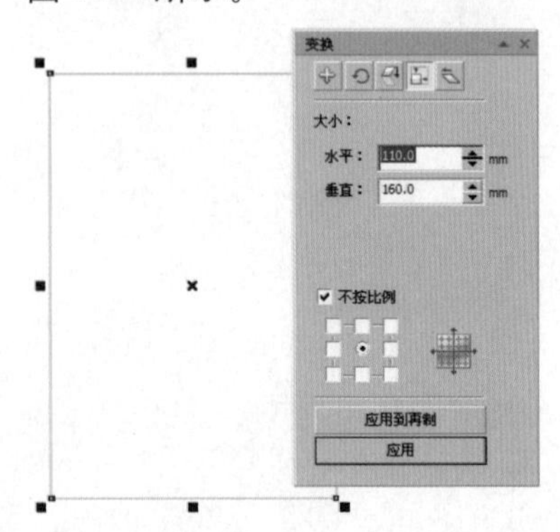

图14-2

03 在对话框中设置如图14-3所示的参数，单击“应用到再制”按钮，复制一个矩形（书脊部分）。

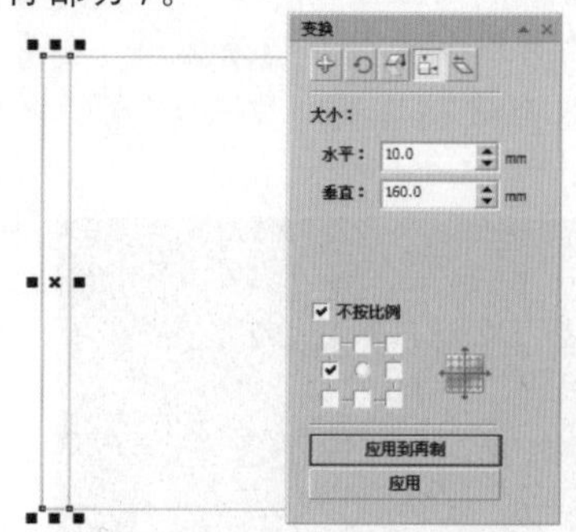

图14-3

04 在对话框中单击“位置”按钮，在“水平”微调框中设置水平移动的位置，将小矩形移动到如图14-4所示的位置。

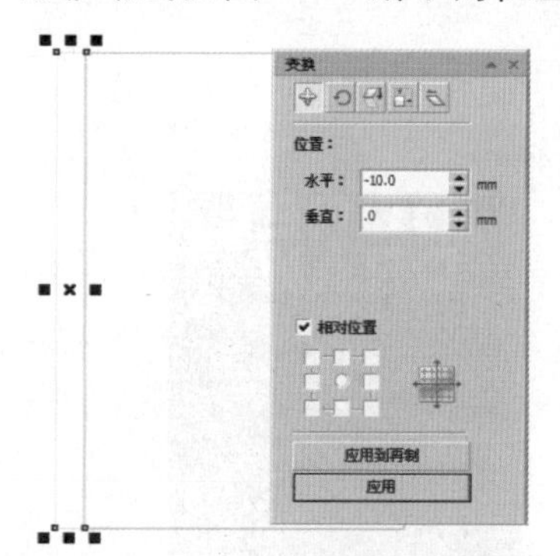

图14-4

05 用同样的方法，在该对话框中设置参数，再绘制一个矩形，制作书籍封面轮廓，效果如图14-5所示。

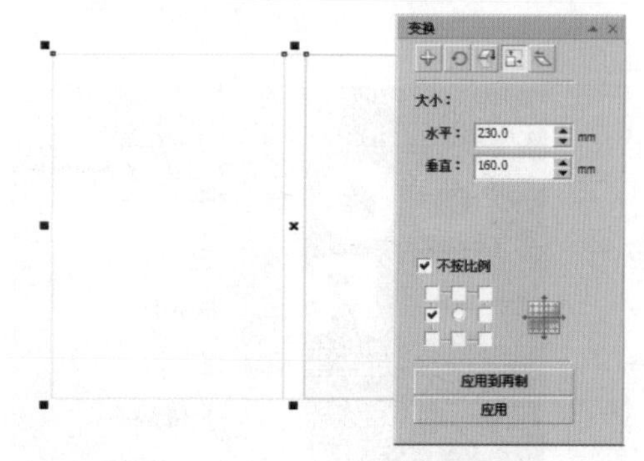

图14-5

06 将书籍封面的3个矩形选中，将其填充为黑色，效果如图14-6所示。

图14-6

07 选择工具箱中的“椭圆工具”绘制一个圆形，填充为白色，去掉轮廓，按住【Ctrl】键水平复制一个圆形，如图14-7所示。

图14-7

08 用工具箱中的“交互式调和工具”在两个圆形之间进行拖动，建立调和效果，如图14-8所示。

图14-8

09 将刚刚制作的图形进行垂直复制，得到如图 14-9 所示的效果，并将其进行群组。

图 14-9

10 选择工具箱中的“交互式透明工具”，将刚群组过的图形进行线性透明处理，效果如图 14-10 所示。

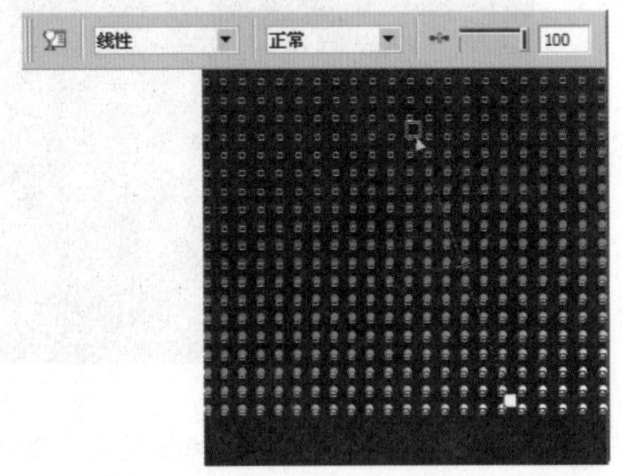

图 14-10

11 将制作好的图形选中，执行“效果 / 图框精确剪裁 / 放置在容器中”命令，得到的效果如图 14-11 所示。

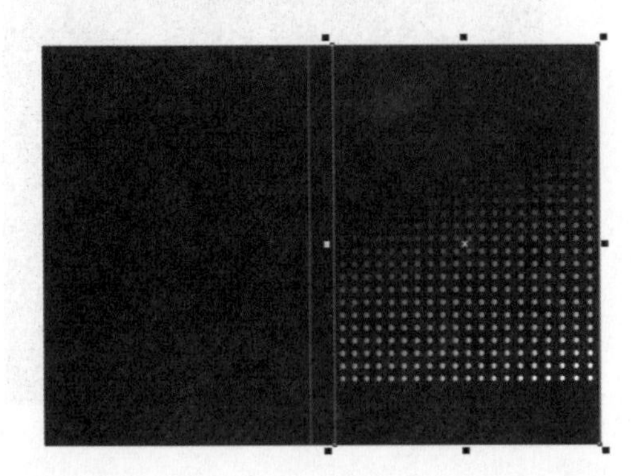

图 14-11

12 单击鼠标右键，在弹出的菜单中选择“编辑内容”命令，然后将放置在矩形中的图案放置到合适位置，再单击鼠标右键，在弹出的菜单中选择“结束编辑”命令，用同样的方法制作另一边的图案，得到的效果如图 14-12 所示。

图 14-12

13 选择工具箱中的“文本工具”，在封面背景中输入字母，并在属性栏中设置其属性，如图 14-13 所示。

图 14-13

14 将文字选中，在属性栏中单击“水平对齐”按钮，在弹出的菜单中选择“强制调整”命令，将文字两边对齐，如图 14-14 所示。

图 14-14

⑮ 单击鼠标右键，在弹出的菜单中选择“转换为曲线”命令，如图14-15所示。

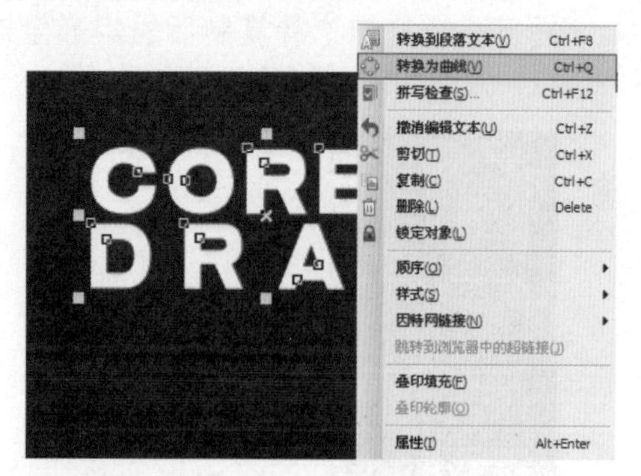

图14-15

⑯ 执行“窗口/泊坞窗/圆角/扇形切角/倒角”命令，为转换为曲线后的文字设置圆角，如图14-16所示。

图14-16

⑰ 将转换为曲线后的文字选中，在小键盘上按【+】键，将下面的图形选中，填充颜色如图14-17所示。

图14-17

⑱ 执行“文件/导入”命令，将光盘中的“素材1”文件导入文件空白处，效果如图14-18所示。

图14-18

⑲ 将素材选中，取消群组，将里面的部分素材复制出来，并选中工具箱中的“交互式填充工具”对素材进行填充，如图14-19所示。

图14-19

⑳ 将制作好的素材放入封面背景中，单击鼠标右键，在弹出的菜单中选择“顺序/置于此对象后”，将素材放到文字后面，效果如图14-20所示。

图14-20

21 选择工具箱中的“文本工具”，输入其他文字，并填充为白色，调整其大小和字体，效果如图14-21所示。

图14-21

22 用前面讲过的方法，为文字“X4”制作背景效果，为文字填充颜色，绘制线条和圆形，并对其进行填充，效果如图14-22所示。

图14-22

23 选择工具箱中的“矩形工具”，按住【Ctrl】键绘制“15mm × 15mm”的正方形，并设置圆角，如图14-23所示。

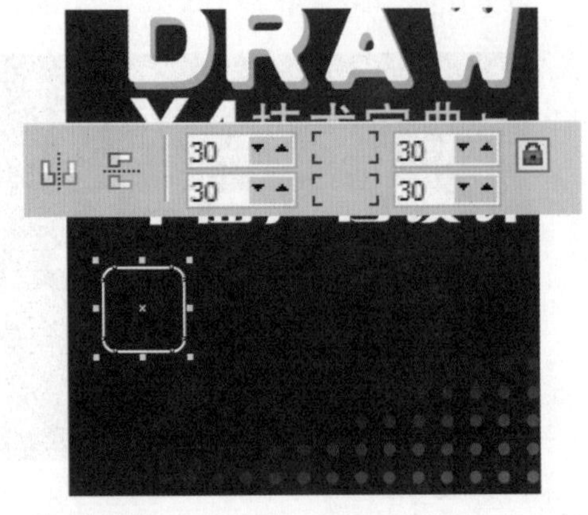

图14-23

24 选中刚刚制作的圆角矩形，在“变换”对话框的“位置”选项卡下进行设置，对其进行移动复制，将复制后的矩形全部群组，效果如图14-24所示。

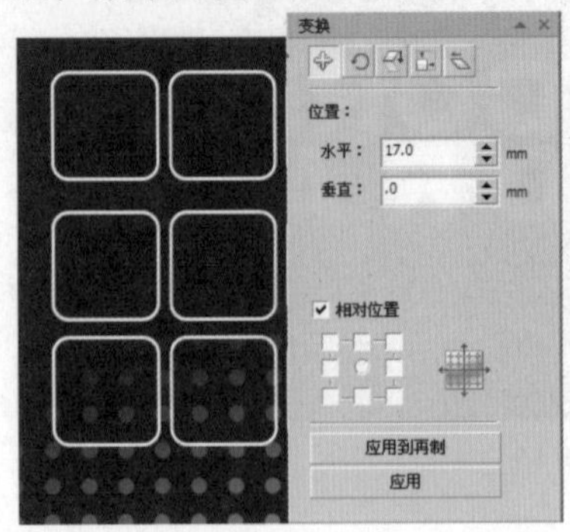

图14-24

25 执行“文件/导入”命令，将光盘中的“素材2”导入文件空白处，效果如图14-25所示。

图14-25

26 将素材选中，执行“效果/图框精确剪裁/放置在容器中”命令，将素材放到我们刚刚制作的矩形中，效果如图14-26所示。

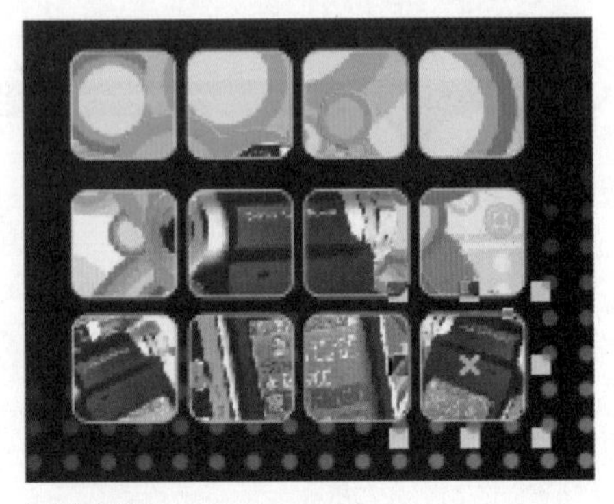

图14-26

27 将群组过的众多矩形选中，单击鼠标右键，在弹出的菜单中选择“解除群组”命令，将矩形位置调整到如图 14-27 所示。

图 14-27

28 将封面中其他元素进行调整，继续输入其他文字并进行调整，效果如图 14-28 所示。

图 14-28

29 制作书脊部分，用前面讲过的方法对文字进行处理，在属性栏中将水平文字变为垂直文字，效果如图 14-29 所示。

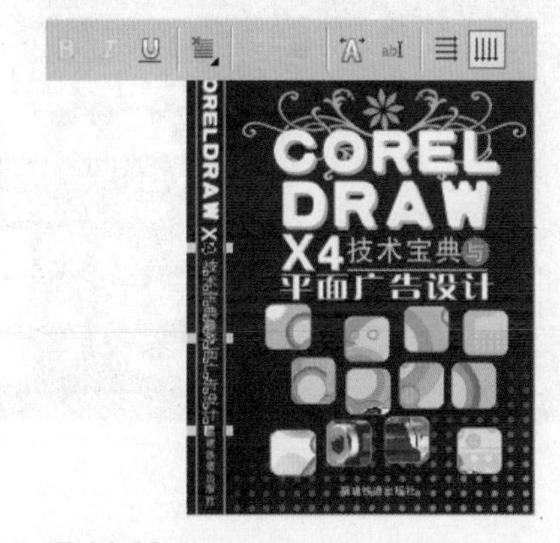

图 14-29

30 复制封面的部分内容到书的封底，并调整它们的位置和大小，效果如图 14-30 所示。

图 14-30

31 用工具箱中的“文本工具”输入封底的其他文字，并将其填充为白色，调整它们的大小和位置，如图 14-31 所示。

图 14-31

32 执行“编辑 / 插入条形码”命令，在弹出的对话框中输入数字，依次单击“下一步”按钮，最后单击“完成”按钮，将输入的条形码调整大小放置到合适位置，如图 14-32 所示。

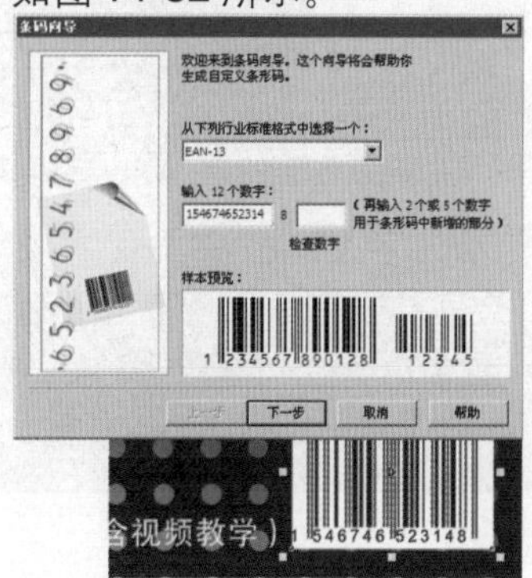

图 14-32

33 用工具箱中的“矩形工具”制作圆角矩形，并对其进行复制，调整到如图14-33所示的效果，将轮廓填充为白色。

图14-33

34 用工具箱中的“矩形工具”绘制矩形，将其填充为红色并去掉轮廓，得到如图14-34所示的效果。

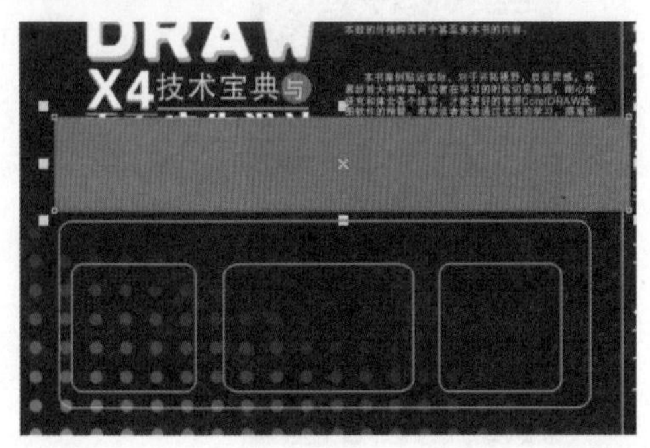

图14-34

35 执行“效果/图框精确剪裁/放置在容器中”命令，将红色矩形放置到图形中并调整其位置，得到的效果如图14-35所示。

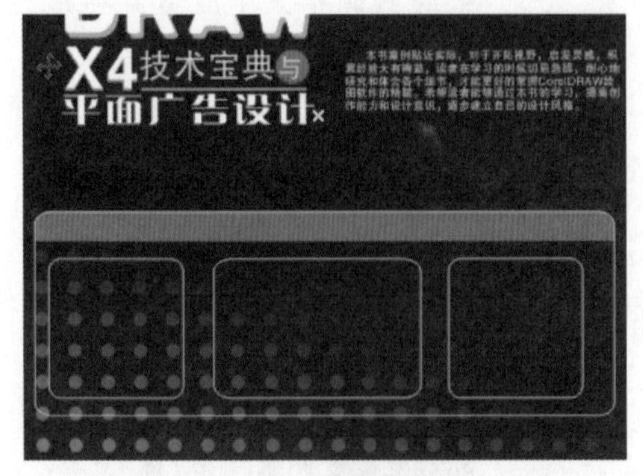

图14-35

36 执行“文件/导入”命令，将光盘中的“素材3”导入文件空白处，效果如图14-36所示。

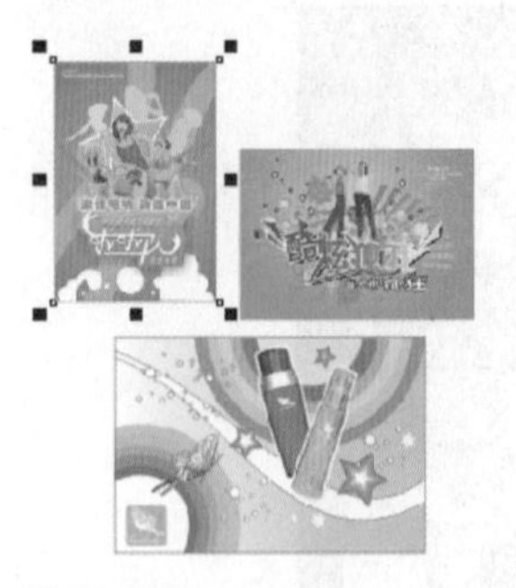

图14-36

37 将其中一个素材选中，执行“效果/图框精确剪裁/放置在容器中”命令，将选中的素材放置到矩形中并调整其位置，得到的效果如图14-37所示。

图14-37

38 用同样的方法将其他素材置入到矩形中，并对封底内容进行调整，添加文字等其他因素，效果如图14-38所示。

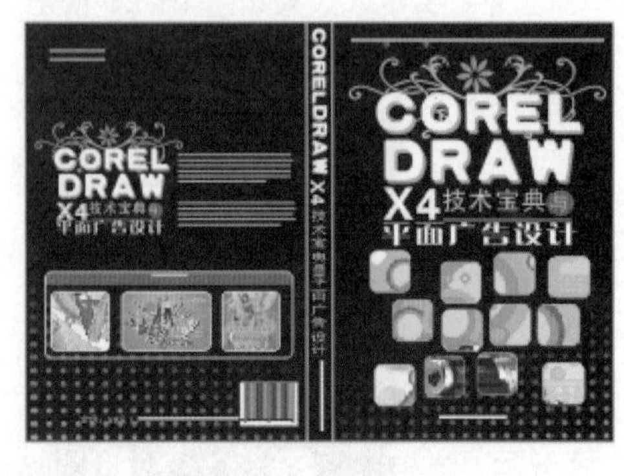

图14-38

39 将封面和书脊分别群组，并复制一份，单击书脊，在其旋转状态下将其进行倾斜，制作书的立体效果，如图 14-39 所示。

图 14-39

40 选择工具箱中的“贝塞尔工具”，绘制曲线并将其闭合，制作书的厚度，效果如图 14-40 所示。

图 14-40

41 将绘制的形状填充为灰色并去掉轮廓，调整其位置，将形状放置到封面的后面，如图 14-41 所示。

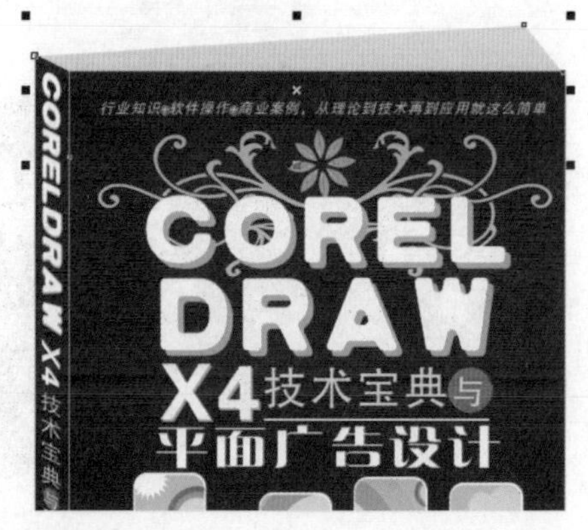

图 14-41

42 用“贝塞尔工具”绘制两条开放式曲线，效果如图 14-42 所示。

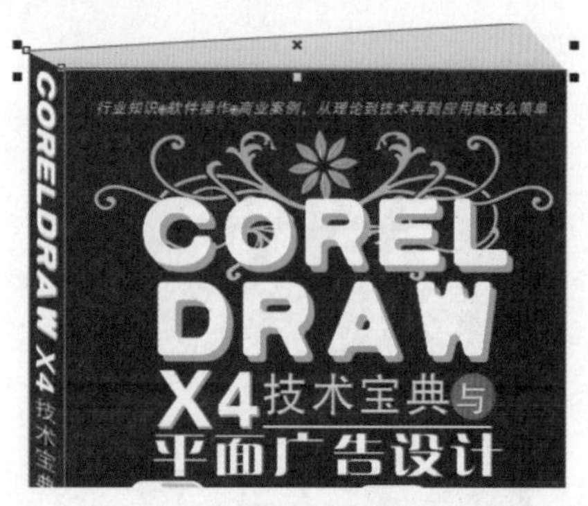

图 14-42

43 选择“交互式调和工具”，在两条线段间进行拖动，在属性栏中设置调和的步数，并将调和后的线段填充为白色，如图 14-43 所示。

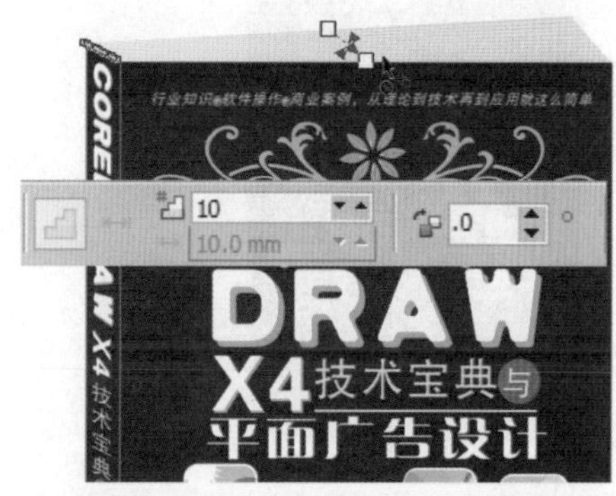

图 14-43

44 用“贝塞尔工具”绘制形状，填充为灰色，去掉轮廓，制作书的光影效果，如图 14-44 所示。

图 14-44

45 用“交互式透明工具”在图上进行拖动，制作渐变透明效果，如图 14-45 所示。

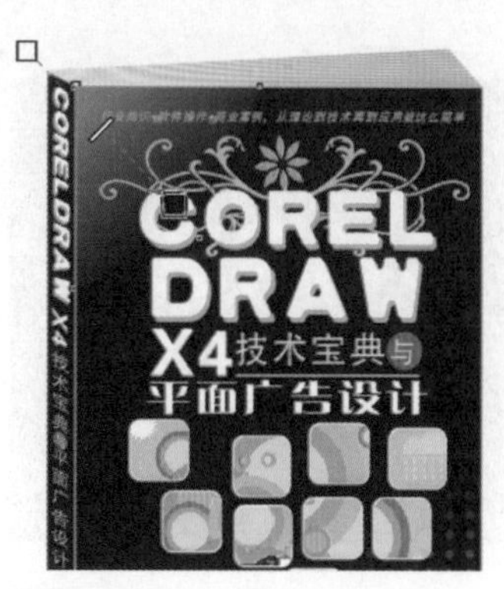

图 14-45

46 将制作的光影效果进行复制，在属性栏中进行镜像操作，调整其位置，效果如图 14-46 所示，将制作好的效果进行群组。

图 14-46

47 用同样的方法制作封底的立体效果，并将其进行群组，效果如图 14-47 所示。

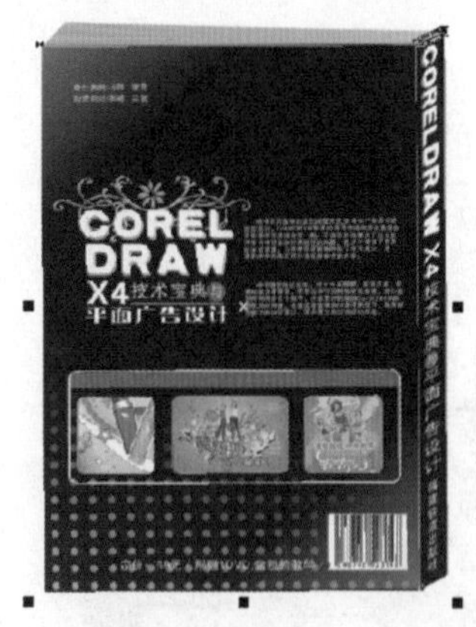

图 14-47

48 将封面和封底的立体效果进行旋转，调整它们的前后顺序，如图 14-48 所示。

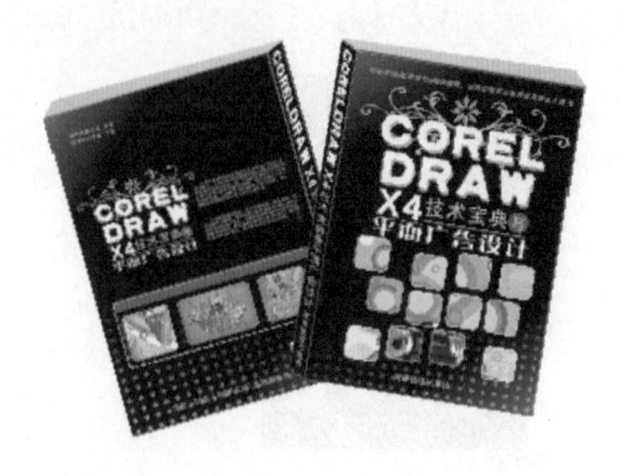

图 14-48

49 执行“文件/导入”命令，将光盘中的“素材1”导入到文件空白处，效果如图 14-49 所示。

图 14-49

50 将导入的素材调整到如图 14-50 所示的位置，并对整体进行细节的调整，得到的最终效果如图 14-50 所示。

图 14-50

14.2 月饼盒包装设计

最终效果图

实例目标

本实例是一个月饼盒包装设计案例，包装以圆月的形状作为基本元素，添加古典花纹使整个造型典雅别致，传达出一种健康食品的信息。

技术分析

本例主要使用了绘图工具中的“贝塞尔工具”和“星形工具”等制作画面中的一些图形元素，还使用了“交互式渐变工具”、“交互式透明工具”等修饰图形。

制作步骤

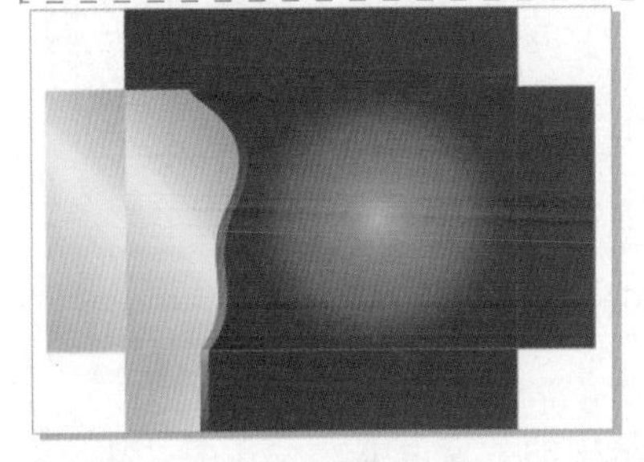

01 执行“文件/新建“命令，新建一个空白文档，单击属性栏中的“横向”按钮，设置页面方向为横向，如图14-51所示。

图14-51

02 选择工具箱中的“矩形工具”，在页面中随意绘制一个矩形，执行“排列/变换/大小”命令，在弹出的对话框中设置矩形大小，如图14-52所示。

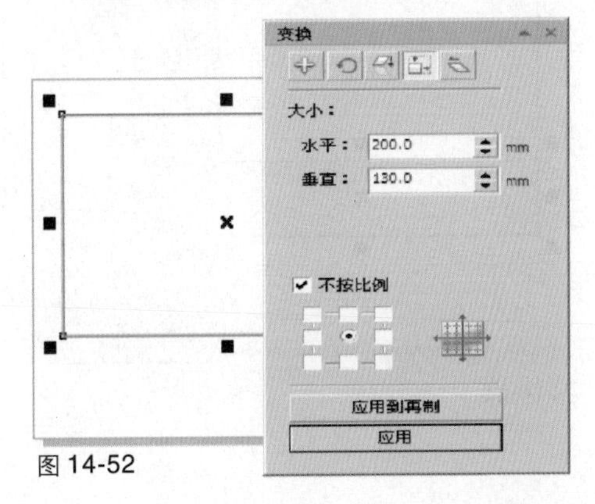

图14-52

03 在对话框中设置参数，然后单击“应用到再制”按钮，复制一个矩形，效果如图 14-53 所示。

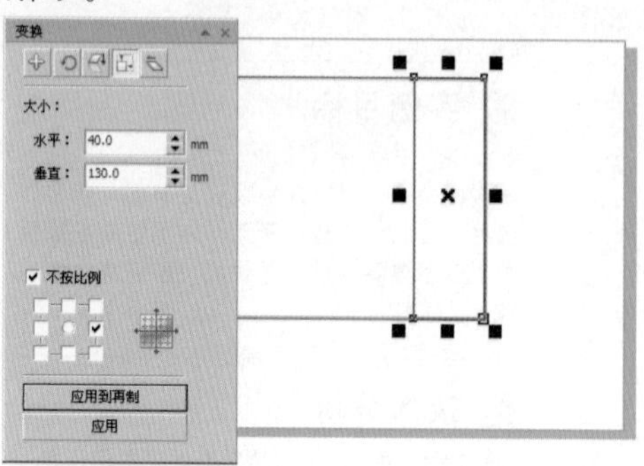

图 14-53

04 在对话框中单击“位置”选项卡，在“水平”微调框中设置水平移动的位置，将小矩形移动到如图 14-54 所示的位置。

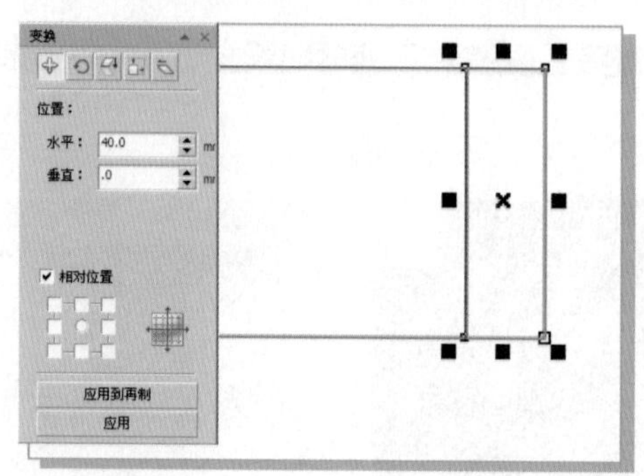

图 14-54

05 用同样的方法，在对话框的“大小”选项卡下设置参数，单击“应用到再制”按钮，效果如图 14-55 所示。

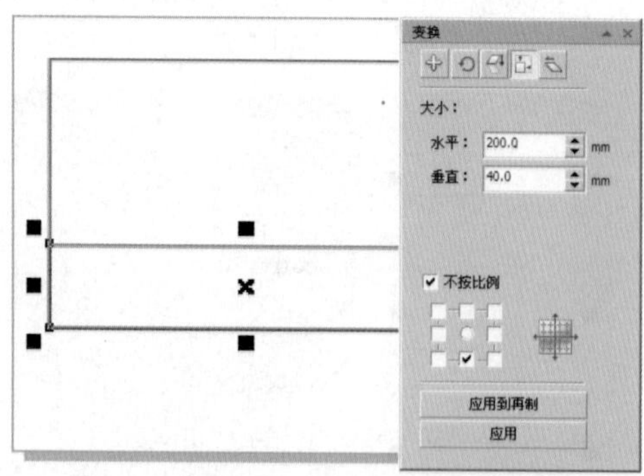

图 14-55

06 在对话框中单击“位置”选项卡，在“垂直”微调框中设置垂直移动的位置，效果如图 14-56 所示。

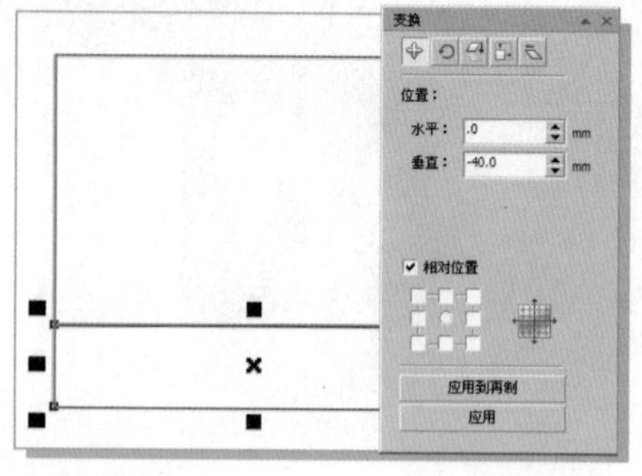

图 14-56

07 用前面讲过的方法，制作月饼包装盒的平面展开图，效果如图 14-57 所示。

图 14-57

08 用工具箱中的“交互式渐变工具”，在包装盒的正面矩形上拖动，建立渐变效果，如图 14-58 所示。

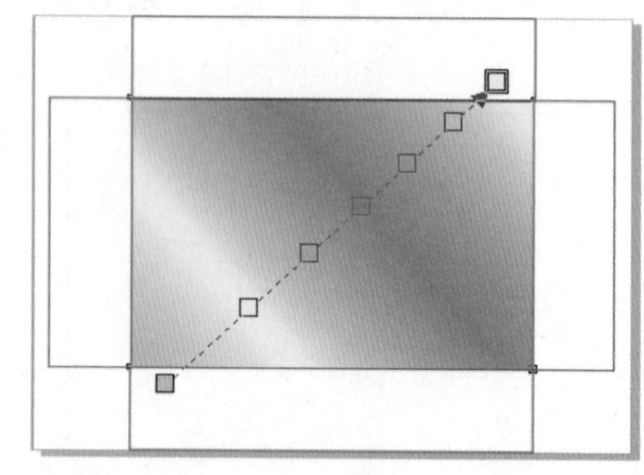

图 14-58

09 继续用“交互式渐变工具”为包装盒的侧面矩形填充渐变色，如图14-59所示。

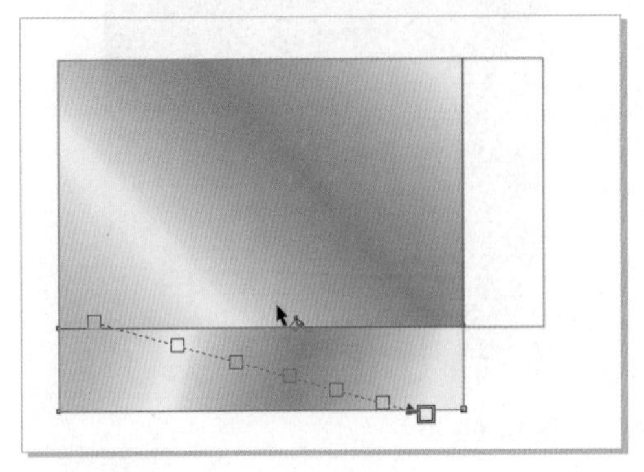

图14-59

10 用相同的方法继续为包装左侧的矩形填充渐变颜色，如图14-60所示。

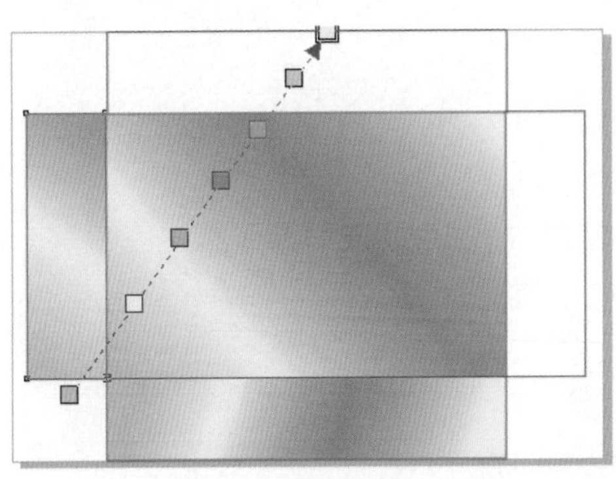

图14-60

11 选择包装右边矩形填充颜色，颜色参数及效果如图14-61所示。

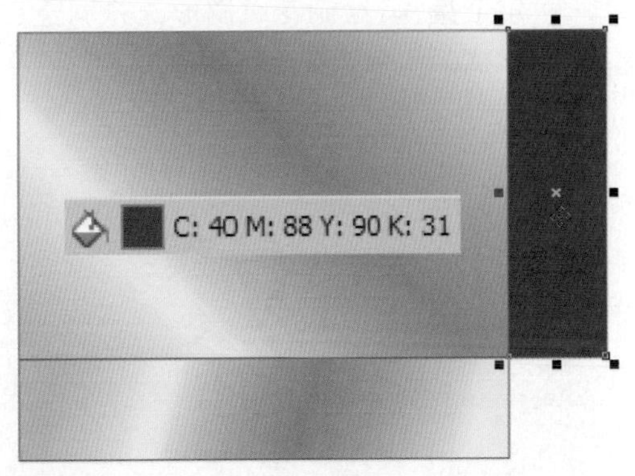

图14-61

12 选择包装展开图上面的矩形，用同样的方法对其进行填充，得到的效果如图14-62所示。

图14-62

13 将包装正面的矩形选中，按小键盘上的【+】键原地复制一个矩形，选择工具箱中的“贝塞尔工具”，绘制一个封闭的图形，如图14-63所示。

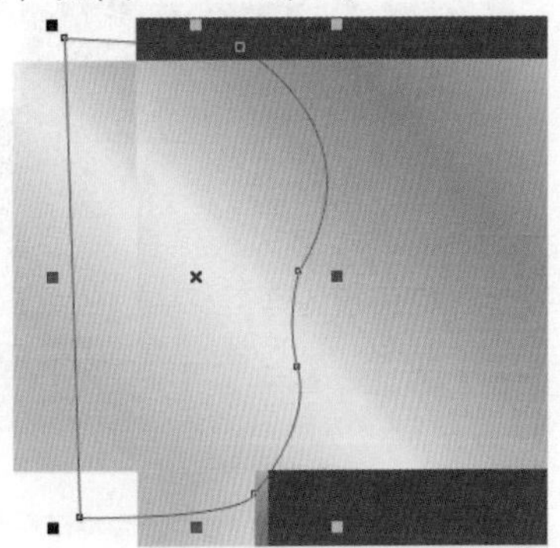

图14-63

14 将绘制的图形和复制的矩形一起选中，在属性栏中选择修剪方式，如图14-64所示。

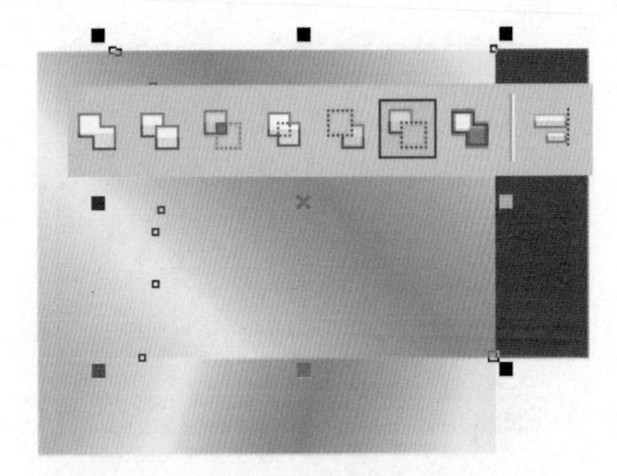

图14-64

15 选择“交互式渐变工具”，在刚修剪后的图形上拖动，在属性栏中设置渐变方式和颜色，如图 14-65 所示。

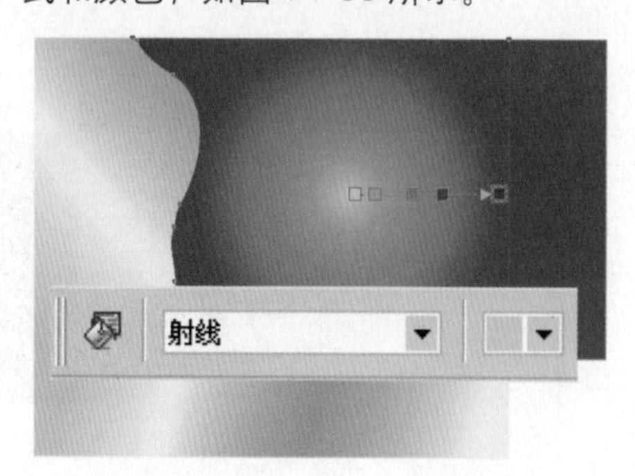

图 14-65

16 将填充渐变后的图形向右拖动，单击鼠标右键将其复制一层并将其顺序调整到后面，用“交互式渐变工具”为其填充渐变色，效果如图 14-66 所示。

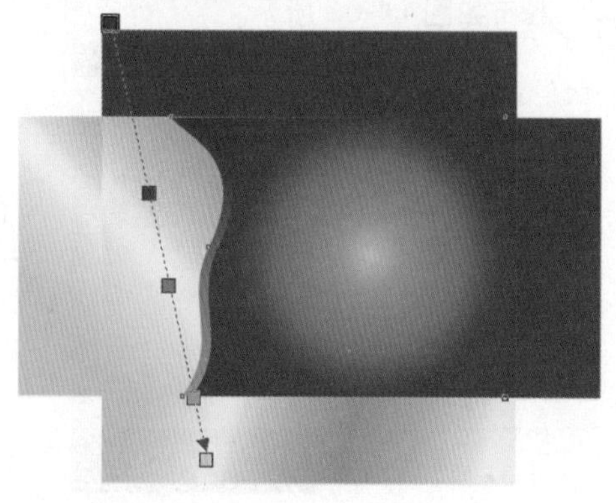

图 14-66

17 用工具箱中的“星形工具”绘制星形，在属性栏中设置星形的参数，如图 14-67 所示。

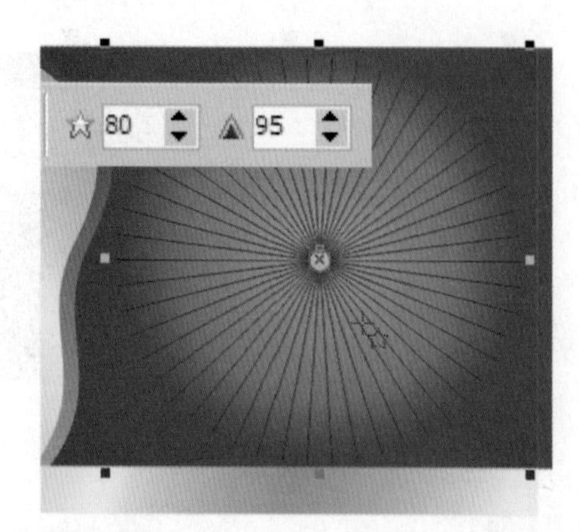

图 14-67

18 为绘制的星形填充颜色，并将其去掉轮廓，效果如图 14-68 所示。

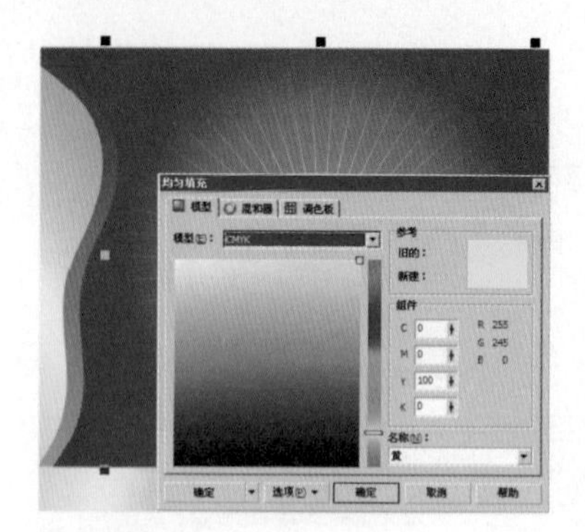

图 14-68

19 用工具箱中的“贝塞尔工具”绘制花纹图形，效果如图 14-69 所示。

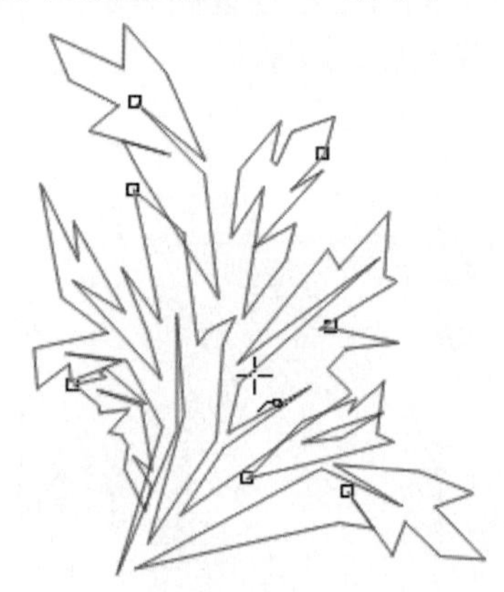

图 14-69

20 将绘制的花纹图形全部选中，在属性栏中单击“转换直线为曲线”按钮，用“形状工具”调整花纹形状。继续用“贝塞尔工具”绘制花纹图形，并调整它们的形状，效果如图 14-70 所示。

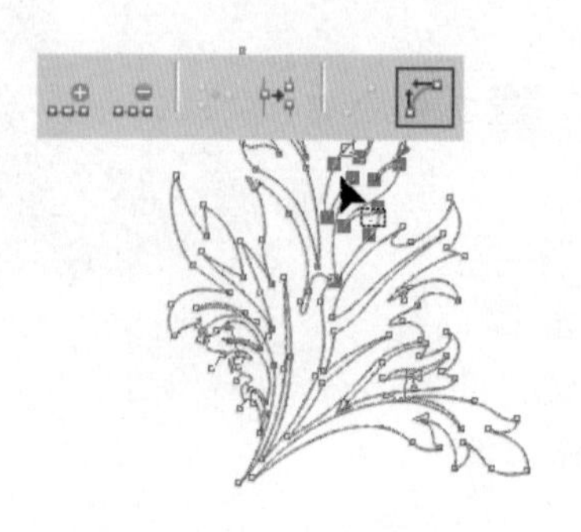

图 14-70

21 继续用"贝塞尔工具"绘制花纹图形，并调整它们的形状，效果如图14-71所示。

图14-71

22 将绘制的花纹图案全部选中，用"交互式渐变工具"为花纹填充颜色，效果如图14-72所示。

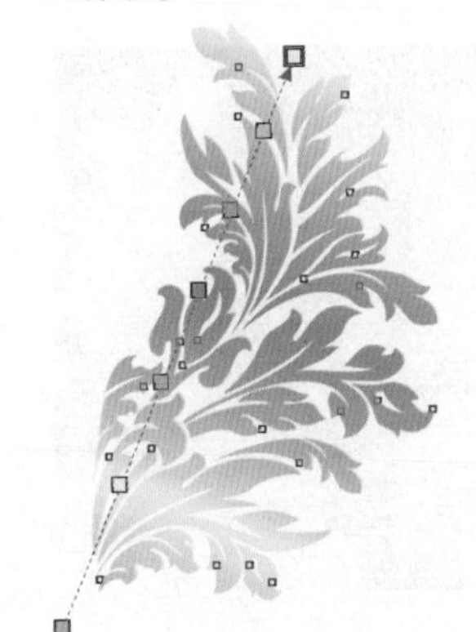

图14-72

23 选择工具箱中的"椭圆工具"，按住【Ctrl】键绘制正圆，将其颜色填充为如图14-73所示。

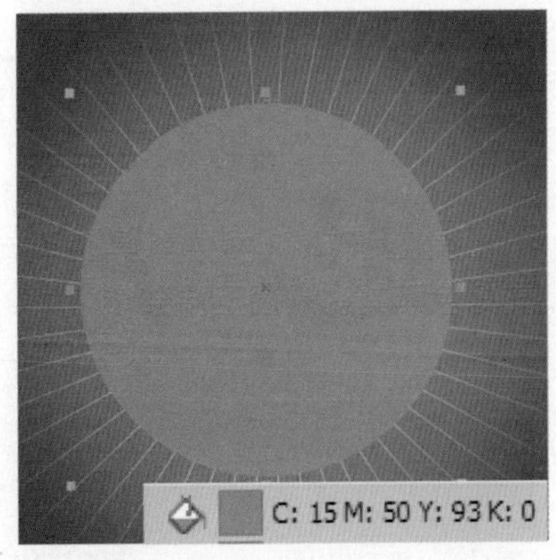

图14-73

24 将圆形选中，按小键盘上的【+】键，原地复制一个图形，按住【Shift】键将圆形缩小，用"交互式渐变工具"填充渐变色，效果如图14-74所示。

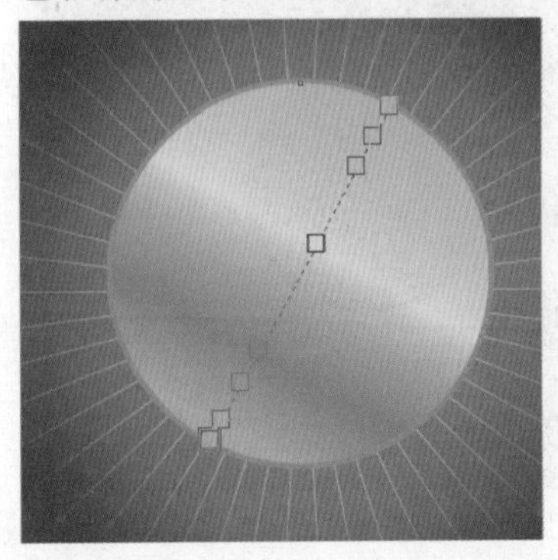

图14-74

25 用上面的方法再制作圆形并填充渐变颜色，效果如图14-75所示。

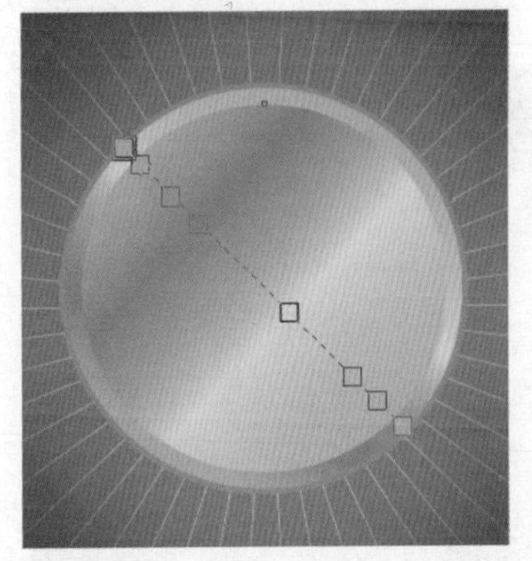

图14-75

26 继续复制圆形，将其缩小，并为其填充渐变色，效果如图14-76所示。

图14-76

27 将前面制作的花纹图形放置到刚制作的图形后方，效果如图 14-77 所示。

图 14-77

28 将花纹选中，按住【Ctrl】键向左拖动到合适位置，单击鼠标右键复制一个花纹图案并将其镜像，效果如图 14-78 所示。

图 14-78

29 将制作的花纹图案复制一个，将其放置到圆形图案前面，缩放到合适大小，填充渐变颜色，效果如图 14-79 所示。

图 14-79

30 选择工具箱中的“文本工具”字，在文件空白处输入文字，在属性栏中设置文字属性，如图 14-80 所示。

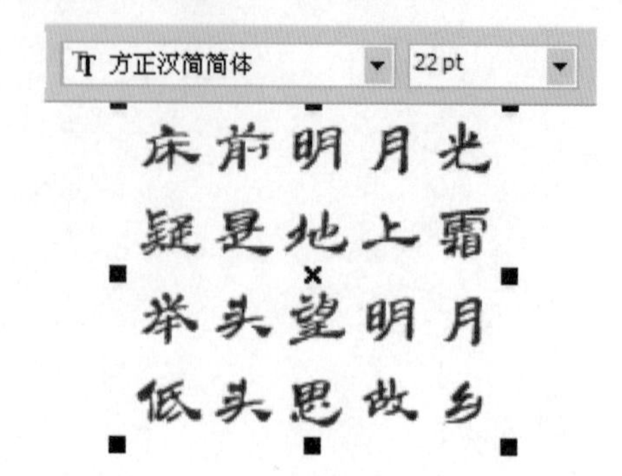

图 14-80

31 将文字选中，在属性栏中将其更改为垂直状态并放置到合适位置，效果如图 14-81 所示。

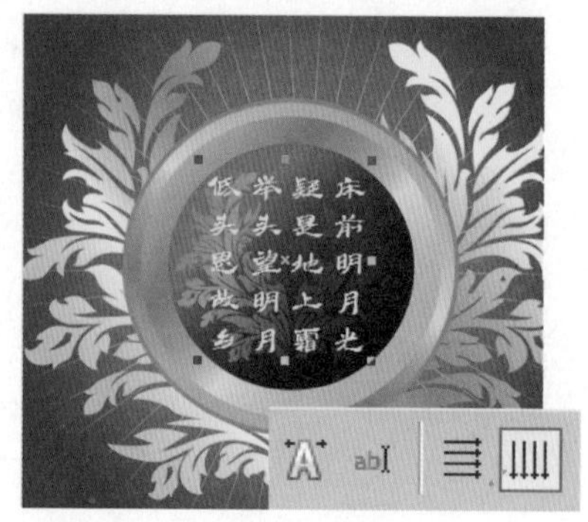

图 14-81

32 继续用工具箱中的“文本工具”字在文件空白处输入文字，在属性栏中设置文字属性，如图 14-82 所示。

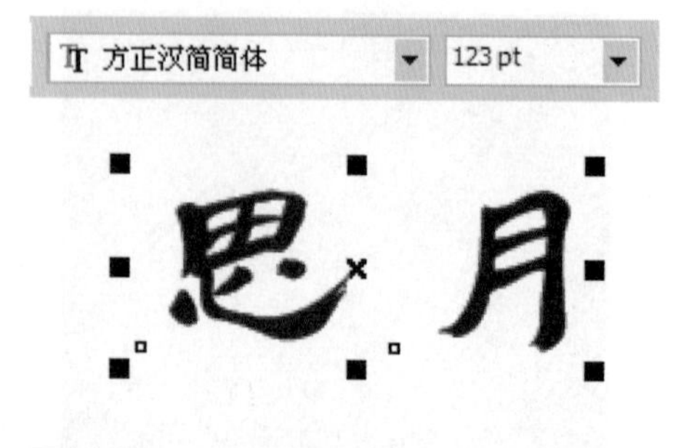

图 14-82

33 选择文字，执行“排列/拆分美术字”命令，将文字摆放到如图14-83所示的位置。

图14-83

34 用工具箱中的“交互式渐变工具”，分别为文字填充渐变颜色，得到如图14-84所示的效果。

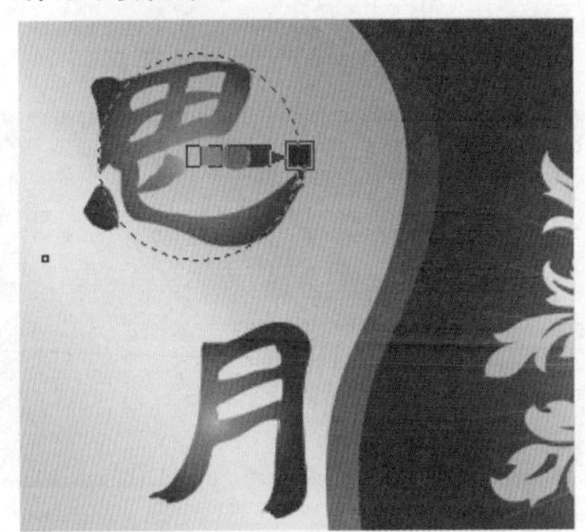

图14-84

35 用工具箱中的“贝塞尔工具”绘制不规则图形，效果如图14-85所示。

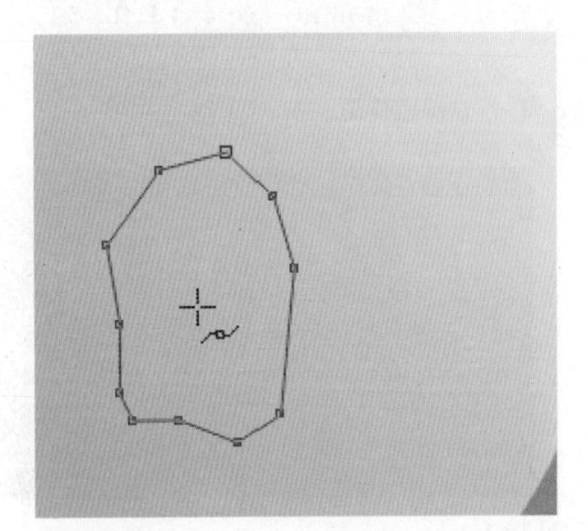

图14-85

36 将绘制的图形全部选中，在属性栏中单击“转换直线为曲线”按钮，用“形状工具”调整该形状，效果如图14-86所示。

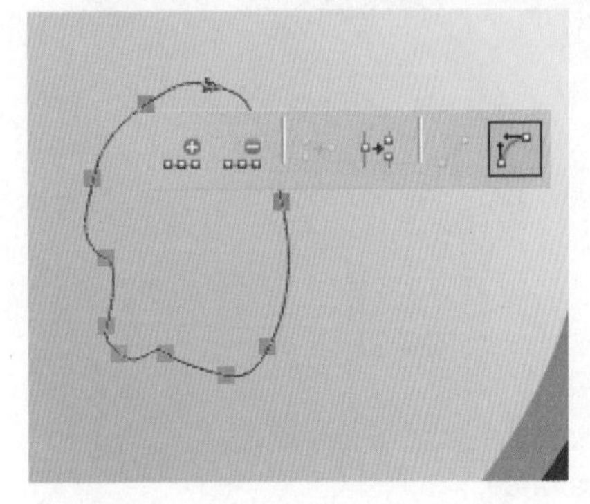

图14-86

37 用工具箱中用“交互式渐变工具”，为绘制的图形填充渐变颜色并将其去掉轮廓，得到的效果如图14-87所示。

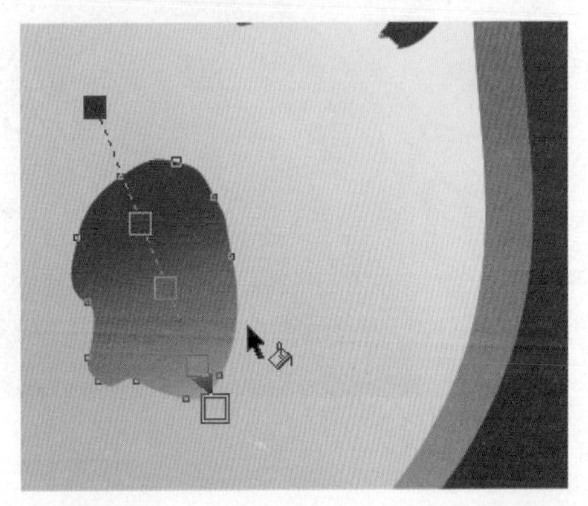

图14-87

38 选择“交互式阴影工具”，为绘制的图形添加阴影，在属性栏中设置阴影的参数，效果如图14-88所示。

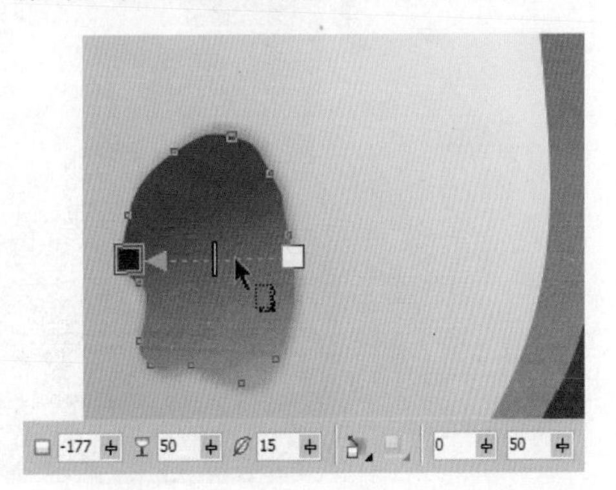

图14-88

39 将前面制作的文字复制到刚绘制的图形上面，效果如图 14-89 所示。

图 14-89

40 将复制的文字填充为黄色，在矩形上添加其他文字并调整其位置和大小，效果如图 14-90 所示。

图 14-90

41 选择包装展开图的侧面图形，制作矩形并填充颜色，效果如图 14-91 所示。

图 14-91

42 将填充颜色后的矩形选中，按住【Ctrl】键的同时向右拖动，单击鼠标右键复制一个矩形，填充渐变色，效果如图 14-92 所示。

图 14-92

43 在侧面矩形中输入文字并填充黄色，在属性栏中设置文字属性，效果如图 14-93 所示。

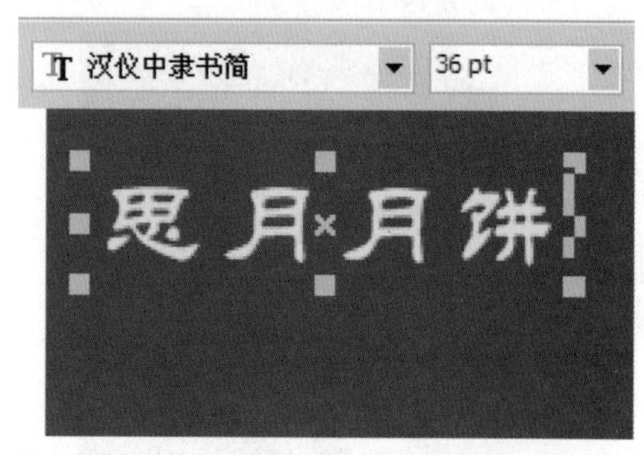

图 14-93

44 用工具箱中的“文本工具”字输入文字，调整其参数，将刚输入的文字和上面的文字垂直居中对齐，如图 14-94 所示。

图 14-94

45 用“文本工具”字继续输入文字，调整其大小和位置，将其倾斜，并添加其他元素，效果如图14-95所示。

图14-95

46 用“矩形工具”□在包装展开图的右侧矩形中绘制矩形，将其调整为圆角，设置轮廓颜色和轮廓宽度，效果如图14-96所示。

图14-96

47 复制前面制作的文字和图形，将它们加入到刚制作的矩形框中，调整好位置和方向，效果如图14-97所示。

图14-97

48 再次复制文字和图形元素，将它们调整到上面矩形中，效果如图14-98所示。

图14-98

49 同样的制作方式，复制需要的元素到包装盒的左侧位置，效果如图14-99所示。

图14-99

50 将复制的元素调整好角度和位置，并调整其颜色，得到的效果如图14-100所示。

图14-100

51 将包装的每个侧面选中，分别执行“位图/转换为位图”命令，设置参数如图 14-101 所示。

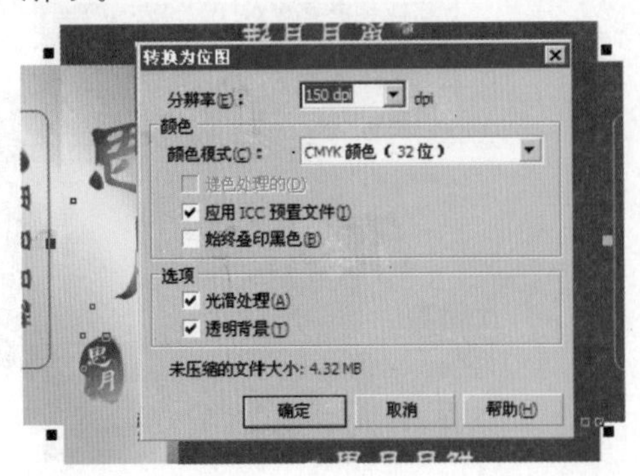

图 14-101

52 将不需要的两个侧面矩形选中并删除，效果如图 14-102 所示。

图 14-102

53 将包装的上面矩形选中，再次单击鼠标左键，在其旋转状态下将其倾斜，效果如图 14-103 所示。

图 14-103

54 用前面的方法将包装的左侧图形进行倾斜调整，效果如图 14-104 所示。

图 14-104

55 绘制矩形图形并填充渐变色，为包装添加背景，效果如图 14-105 所示。

图 14-105

56 将制作的包装复制一个并进行调整，为其添加透明效果，得到的最终效果如图 14-106 所示。

图 14-106

14.3 易拉罐包装设计

最终效果图

实例目标

本实例是一个易拉罐包装的设计及立体效果图的制作，该实例在制作过程中采用大面积的蓝色来突出产品的清爽特性，通过花边和城市背景的的处理更好地反映主题。

技术分析

本例主要使用了绘图工具中的“贝塞尔工具”和“文本工具”等制作画面中的一些图形元素，还使用了“交互式阴影工具”、“交互式渐变工具”等修饰图形，重点介绍了“对象管理器”泊坞窗的使用。

制作步骤

01 执行“文件/新建”命令，新建一个空白文档，单击属性栏中的“横向”按钮□，设置页面方向为横向，并在“纸张宽度和高度”文本框中设置页面大小为216mm × 126mm，如图14-107所示。

图14-107

02 执行“工具/选项”命令，在弹出的“选项”对话框的左窗格中，依次展开“文档/辅助线/垂直”列表和“文档/辅助线/水平”列表，在垂直方向和水平方向为绘图页面添加辅助线，然后单击“确定”按钮，如图14-108所示。

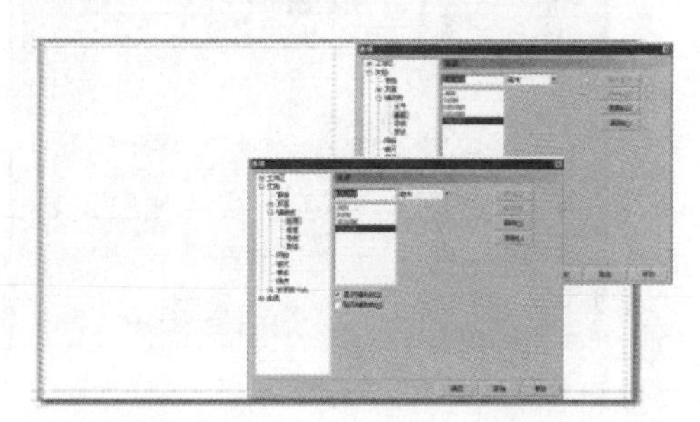

图14-108

03 单击属性栏上的“对齐辅助线”图标，然后选择工具箱中的“矩形工具”，在绘图页面中绘制出一个与页面等大的矩形框。再选择工具箱中的“渐变填充工具”，在打开的对话框中对绘制好的矩形框进行渐变填充，如图14-109所示。

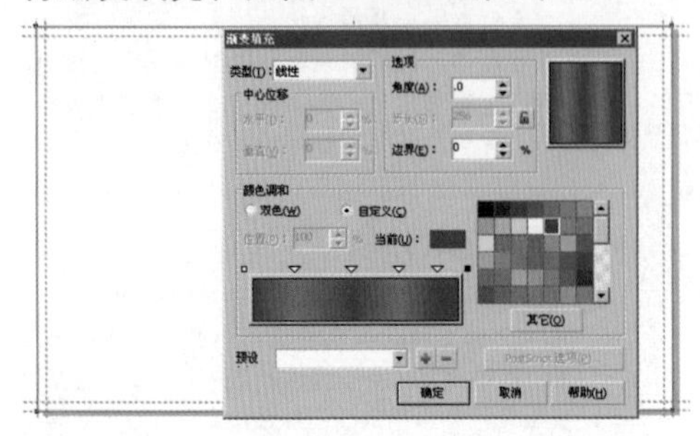

图14-109

04 执行“窗口/泊坞窗/对象管理器”命令，在弹出的“对象管理器”泊坞窗中单击右上角的三角按钮，在弹出的菜单中选择“新建图层”命令，这样在“对象管理器”泊坞窗中就出现了新建的“图层2”，如图14-110所示。

图14-110

05 选择工具箱中的“贝塞尔工具”，选择“图层2”，然后在绘图页面上绘制出一个心形图形，为其填充渐变颜色，并去掉其轮廓颜色，如图14-111所示。

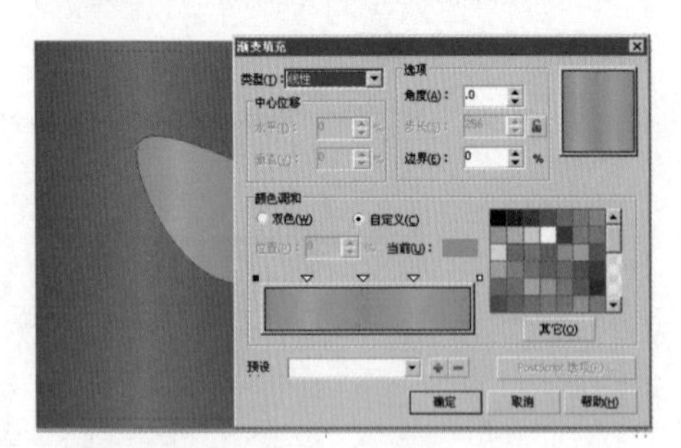

图14-111

06 在“对象管理器”泊坞窗中单击“图层1”左侧的可视性图标，单击后的图标呈灰色状态，此时“图层1”上的对象将被隐藏，不可见，如图14-112所示。

图14-112

07 同样选择工具箱中的“贝塞尔工具”，在“对象管理器”泊坞窗中选择“图层2”，在心形图形的上方绘制出一个皇冠式的图形，如图14-113所示。

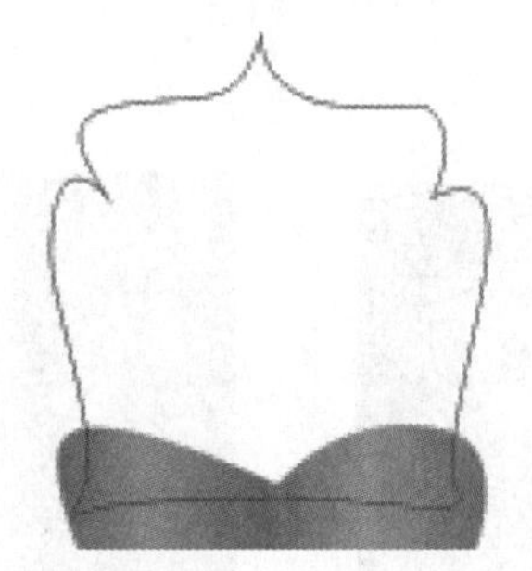

图14-113

08 单击属性栏上的“导入”按钮，在弹出的“导入”对话框中选择光盘中的“素材1”文件，单击“导入”按钮后，选中导入的图像，然后按住【Shift】键的同时，拖曳鼠标等比例缩小图像，如图14-114所示。

图14-114

09 选中这个导入的图像，然后执行“效果/图框精确剪裁/放置在容器中”命令，这时，鼠标将变成黑色的大三角形状，用鼠标单击前面绘制好的皇冠图形，就将导入的图像放置到皇冠图形中了，效果如图 14-115 所示。

图 14-115

10 用鼠标单击这个执行了裁剪的图形，然后执行“效果/图框精确剪裁/编辑内容”命令，移动图像，并对其进行缩放，使其画面适合整个皇冠图形，如图 14-116 所示。

图 14-116

11 再次选中这个图像，执行“效果/调整/亮度/对比度/强度”命令，在弹出的“亮度/对比度/强度”对话框中进行参数设置，然后单击“确定”按钮，如图 14-117 所示。

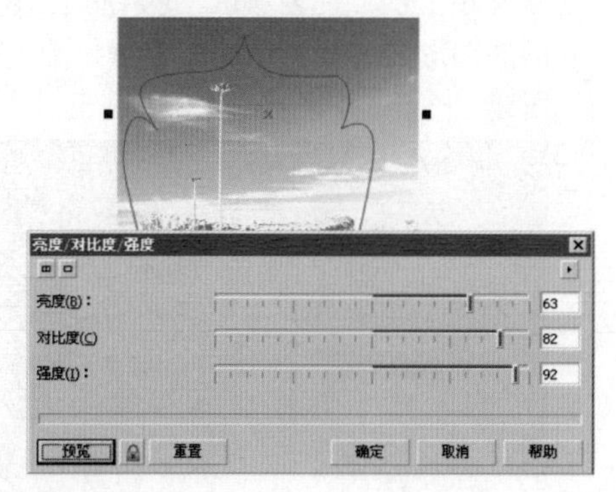

图 14-117

12 再对编辑后的图像执行“效果/图框精确剪裁/结束编辑”命令，这样就完成了裁剪图像的操作，效果如图 14-118 所示。

图 14-118

13 在“对象管理器”泊坞窗中单击“图层 1”左侧的可视性图标，单击后的图标恢复原来的状态，此时“图层 1”上的对象将重新显现。然后在“对象管理器”泊坞窗中新建“图层 3”，如图 14-119 所示。

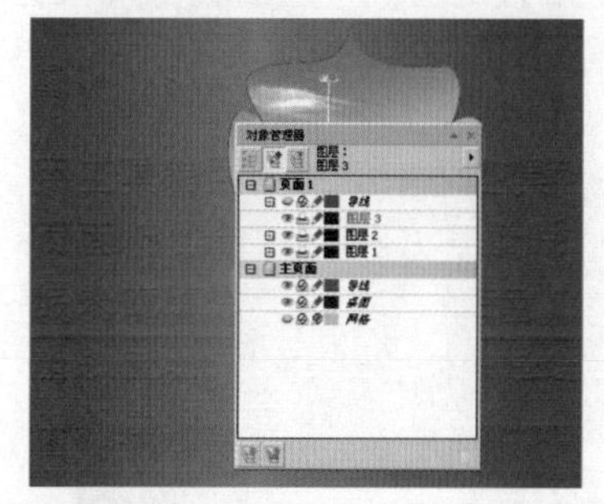

图 14-119

14 用工具箱中的“贝塞尔工具”，在绘图页面上绘制出皇冠顶部的形状，并将曲线轮廓填充为 20% 的黑色，轮廓宽度设为 1.5mm，效果如图 14-120 所示。

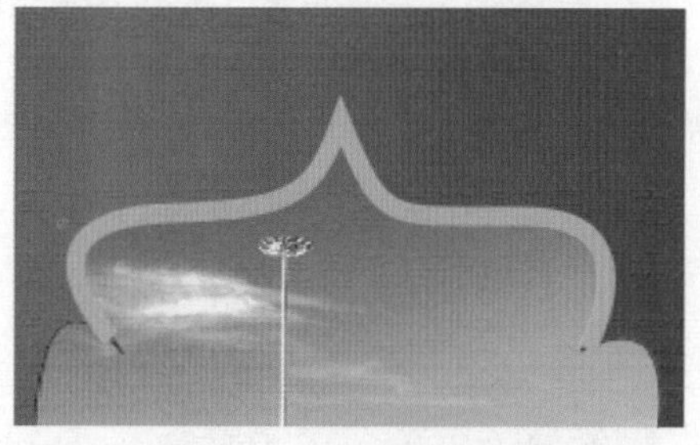

图 14-120

15 用工具箱中的“贝塞尔工具”，在绘图页面上绘制出一个螺旋状的图形，再用“形状工具”对其形状进行调整，使这个图形更精确，同样将这个图形填充为灰色，去掉轮廓颜色，效果如图14-121所示。

图14-121

16 选中绘制好的螺旋状的图形，按住鼠标左键拖曳这个图形到合适的位置，再单击鼠标右键，就复制了一个相同的图形，再单击属性栏上的“左右镜像”按钮，这样复制的图形与原图形就形成了对称形状，如图14-122所示。

图14-122

17 同样用“贝塞尔工具”绘制出另一种螺旋图形同样填充为灰色，去掉轮廓色，再复制、镜像，调整其位置。并对这两个图形执行“排列/造形/焊接”命令，使两个图形结合为一个图形，如图14-123所示。

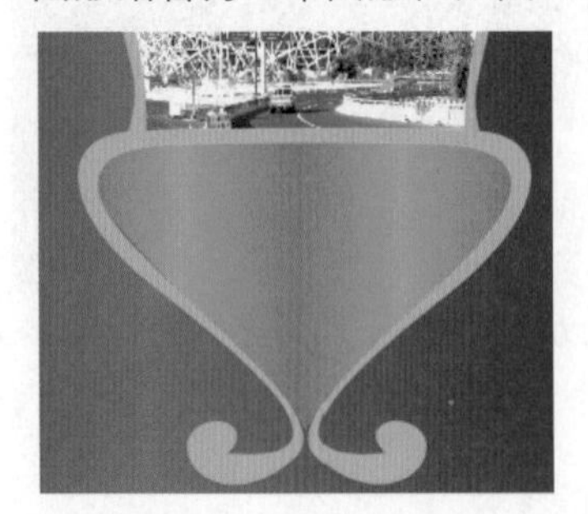

图14-123

18 在“对象管理器”泊坞窗中新建“图层4”，用“贝塞尔工具”绘制出装饰性的花枝形状，用“形状工具”调整后，将其填充为灰黑色，去掉轮廓颜色，效果如图14-124所示。

图14-124

19 再用“椭圆工具”绘制出一个椭圆形，然后按【Ctrl + Q】组合键，将其转换为曲线后，用“形状工具”将其调整为花瓣的形状，对编辑好的花瓣图形进行复制，并用“挑选工具”移动花瓣图形的位置，效果如图14-125所示。

图14-125

20 将花纹图案的所有部分选中，按【Ctrl + G】组合键将其群组，然后按【Ctrl + C】、【Ctrl + V】组合键复制花纹图案，并单击属性栏上的“左右镜像”按钮，再将复制的图形放置在合适的位置，如图14-126所示。

图14-126

21 再用与步骤18、19相同的方法，绘制出另外样式的花纹图形，然后进行复制，再用“挑选工具”对其进行位置的移动和排列，如图14-127所示。

图14-127

22 在“对象管理器”泊坞窗口中新建“图层5”，单击属性栏上的“导入”按钮，在弹出的“导入”对话框中选择光盘中本例目录下的“素材2”文件，单击“导入”按钮将图像导入，如图14-128所示。

图14-128

23 选中导入的图像，然后按住【Shift】键，用鼠标拖曳选中对象的任何一个角控制柄，从选择对象的中心将对象缩小。再单击属性栏上的“左右镜像”按钮，使选择对象的方向与整个画面相适应，如图14-129所示。

图14-129

24 在“对象管理器”泊坞窗中新建“图层6”，选择工具箱中的“文字工具”，在绘图页面上输入文字“沫”，字体设为黑体，字体大小设为30，如图14-130所示。

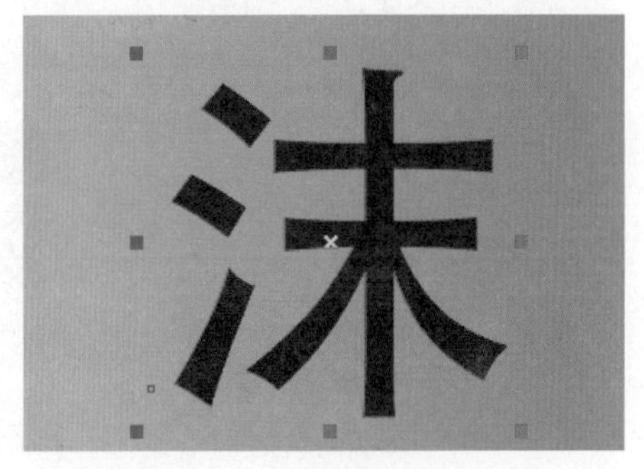

图14-130

25 选中这个文字，然后单击鼠标右键，在弹出的菜单中选择“转换为曲线”命令，接着再按【Ctrl + K】组合键将文字拆分，这时，就可以删除拆分后文字中不需要的部分了，如图14-131所示。

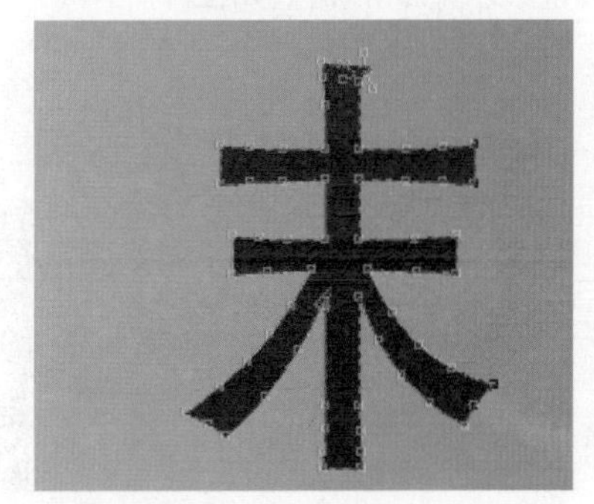

图14-131

26 接下来就可以对已拆分并且已经成为曲线的文字进行形状修改，选择“形状工具”，用鼠标拖曳节点，删除不需要的节点，将文字的竖线拉长，如图14-132所示。

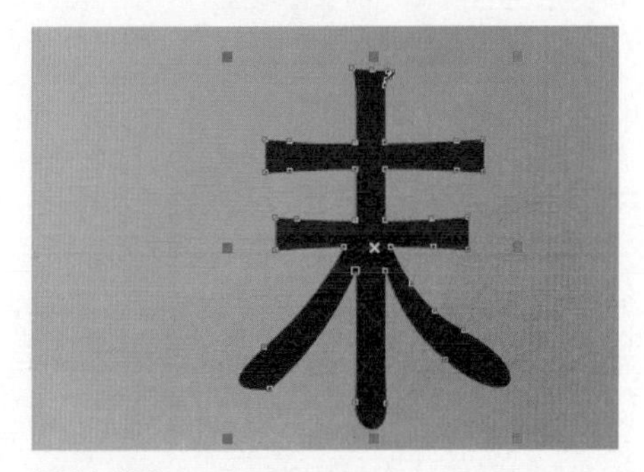

图14-132

27 选中调整好的文字，在工具箱中选择“均匀填充工具”，在弹出的“均匀填充”对话框中设置“模型”为“RGB”，再设置RGB数值，单击“确定”按钮后，就将设置的颜色填充到文字上了，如图14-133所示。

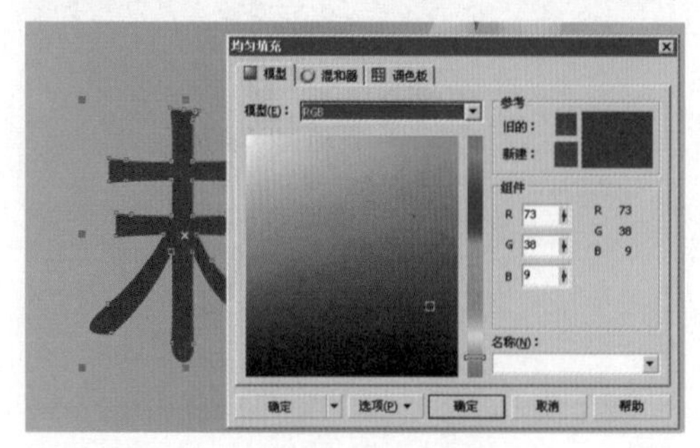

图14-133

28 因为将文字的其中一部分删除了，所以现在需要另外制作出删除的文字部分。先用“椭圆工具”绘制出一个椭圆形，然后将其转换为曲线，再用“形状工具”将其调整成水滴的形状，如图14-134所示。

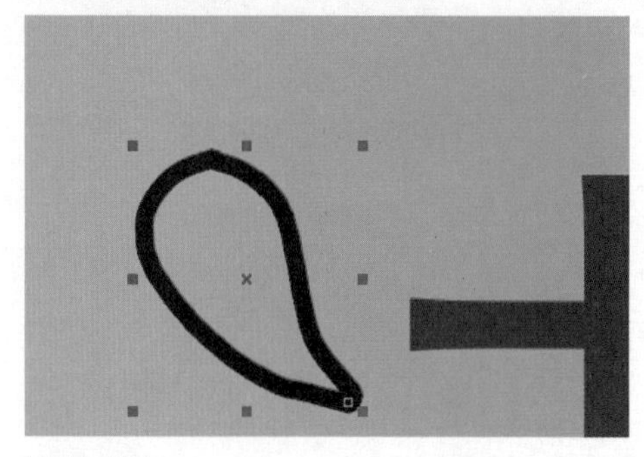

图14-134

29 选中这个水滴图形，为其填充上与文字相同的颜色，并设置轮廓为“无”，再复制一个水滴形状，将其放大，填充颜色设为黑色，轮廓设置为“无”，效果如图14-135所示。

图14-135

30 为了增加水滴形状的立体效果，接下来用“贝塞尔工具”勾勒出一个半月形的图形作为水滴的亮部，为其填充50%的黑色，轮廓同样设置为“无”，如图14-136所示。

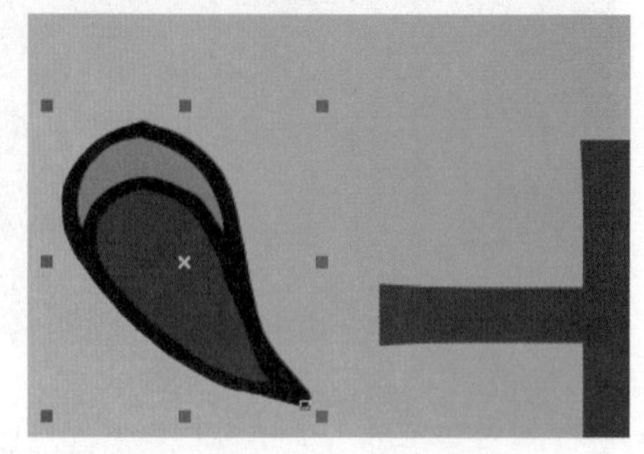

图14-136

31 将这个水滴形状的所有组成部分群组，然后复制两个，并对这两个复制的图形进行旋转、缩放操作，效果如图14-137所示。

图14-137

32 选择工具箱中的“椭圆工具”绘制出椭圆形，然后用“形状工具”将其调整成水波的形状，如图14-138所示。

图14-138

33 整个文字的效果就做出来了，但是为了使整个文字的效果更有立体感，选择“末”字复制，更改其颜色，并将其与原文字错位排列，效果如图 14-139 所示。

图 14-139

34 将这个文字效果的所有部分选中，按【Ctrl + G】组合键将它们群组，然后再复制一个文字效果。选择工具箱中的“文本工具”，输入文字“茶”，字体设为“方正细珊瑚简”，字体大小设为30，如图14-140所示。

图 14-140

35 同样将“茶”字复制，更改复制字的颜色，并将其与原文字错位排列，效果如图 14-141 所示。

图 14-141

36 选择工具箱中的“文字工具”，在中文名称下面输入英文文字“MoMoTea”，字体设为“汉仪书宋一简”，字体大小设为 10，如图 14-142 所示。

图 14-142

37 为了使整个画面更完整，在中文名称的两侧用“手绘工具”绘制出两条轮廓宽度为 1.0mm，颜色为白色的直线，并复制一个花纹图案放置在中文名称的正上方，如图 14-143 所示。

图 14-143

38 选择工具箱中的“文字工具”，在画面的正下方输入生产厂家的名称，字体设为黑体，字体大小设为 16，在调色板上设置颜色为白色，轮廓也为白色，效果如图 14-144 所示。

图 14-144

39 这样就完成了包装的正面设计，接下来用与绘制正面相同的方法，绘制出包装背面的图案，在“对象管理器”泊坞窗中新建“图层 7”，为了使整个包装在色调和形态上统一，故背面的设计与正面大致相同，如图 14-145 所示。

图 14-145

40 选择工具箱中的“文本工具”，在包装的背面画面中输入产品的介绍，字体设为“汉仪书宋一简”，字体大小设为 8，在调色板上设置颜色为白色，轮廓设为白色，如图 14-146 所示。

图 14-146

41 选择工具箱中的“文字工具”，在包装的背面画面的下方输入其净含量，字体设为黑体，字体大小设为 16，同样在调色板上设置颜色为白色，轮廓为白色，如图 14-147 所示。

图 14-147

42 在“对象管理器”泊坞窗中新建“图层 7”，执行“编辑/插入条形码”命令，在弹出的“条码向导”对话框中输入条形码数字，然后依次单击“下一步”按钮，直到完成，如图 14-148 所示。

图 14-148

43 执行“排列/变换/旋转”命令，在弹出的“旋转”泊坞窗中输入旋转的数值为 90，然后按【Enter】键确认，将条形码缩放到合适大小，并放置在整个画面中的下方位置，如图 14-149 所示。

图 14-149

44 单击属性栏上的“导入”按钮，在弹出的“导入”对话框中选择光盘中本例目录下的“素材 3”文件，单击“导入”按钮将图像导入，并对其进行缩放，然后放置在条形码的左侧位置，如图 14-150 所示。

图 14-150

45 单击属性栏上的“导入”按钮，导入光盘中的“素材4”文件。将图像解组，然后将背景删除，再将图像缩放至合适大小，放置在安全标志的上方，如图14-151所示。

图14-151

46 最后对整个包装的平面图进行大小与色彩方面的调整，就完成了包装的制作。在制作包装的立体效果前需要将包装正面的所有图像和文字群组，如图14-152所示。

图14-152

47 新建一个A4的空白文档，单击属性栏中的“横向”按钮，设置页面方向为横向，然后用工具箱中的“矩形工具”绘制出一个宽为108mm，高为130mm的矩形框，如图14-153所示。

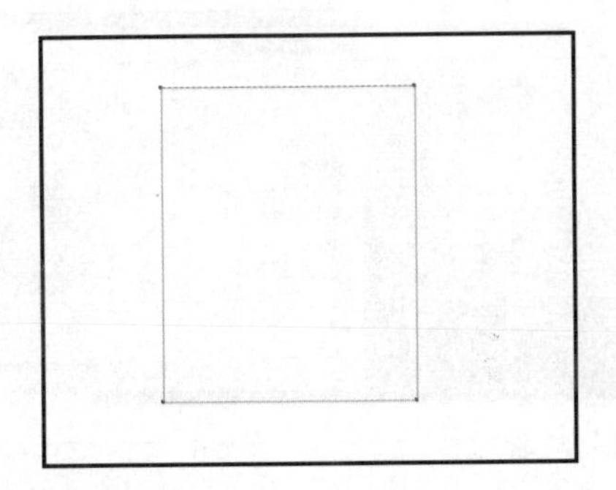

图14-153

48 将矩形框转换为曲线，再选择工具箱中的“形状工具”将矩形框调整成易拉罐的形状，在调整过程中，为了使调整更精确，可以借助辅助线来完成操作，调整后的效果如图14-154所示。

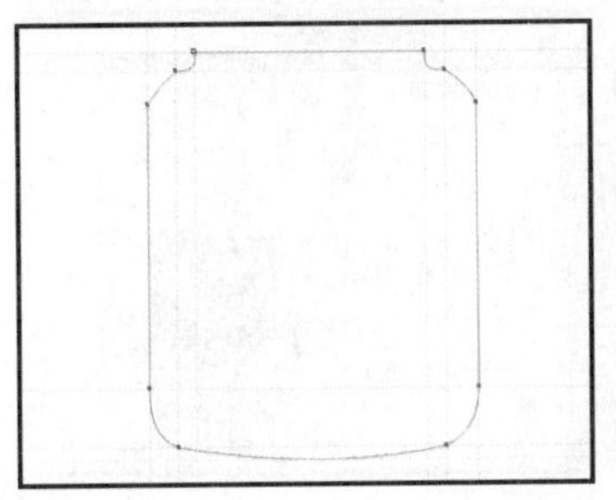

图14-154

49 选择工具箱中的“渐变填充工具”，在弹出的对话框中对绘制好的易拉罐图形进行渐变填充，设置“轮廓”为“无”，如图14-155所示。

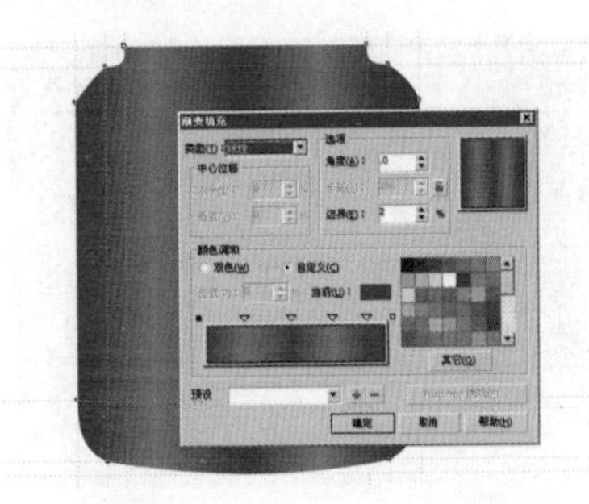

图14-155

50 选择工具箱中的“矩形工具”，绘制出一个与易拉罐颈部同宽的矩形框，然后同样用“形状工具”对其进行调整，为其填充渐变色，设置“轮廓”为“无”，如图14-156所示。

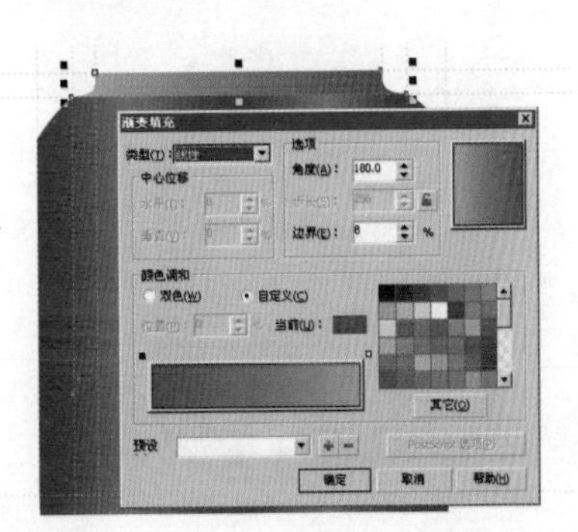

图14-156

51 使用相同的方法绘制出易拉罐的盖顶部分形状，因为是金属物体，所以同样为其填充渐变颜色，体现出质感，设置“轮廓”为无，如图14-157所示。

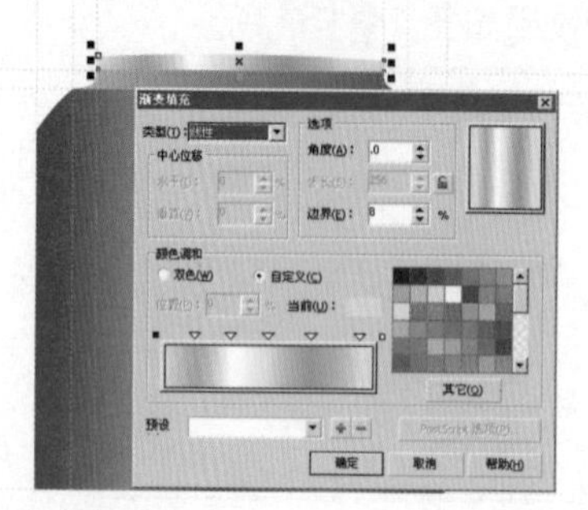

图14-157

52 使用相同的方法绘制出易拉罐的底座部分形状，同样为其填充渐变颜色，增加质感效果，设置“轮廓”为“无”，如图14-158所示。

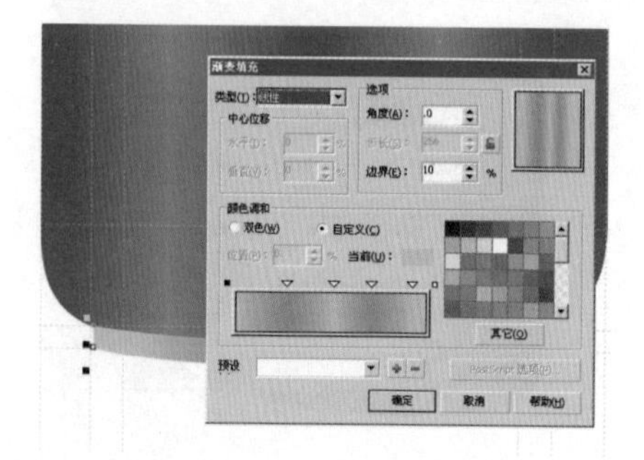

图14-158

53 然后将包装平面图中群组的正面所有图像和文字复制过来，放置在画面上的合适位置，并将所有的图形群组，如图14-159所示。

图14-159

54 选中群组后的图形，在工具箱中单击“交互式投影工具”按钮，然后在图形上由左上至右下拖曳鼠标，就给图形拉出了一个投影，如图14-160所示。

图14-160

55 但是拖曳出来的投影并不适合整个画面，这时，单击属性栏上“预设”项右侧的三角图标，在下拉列表中选择一种投影类型，如图14-161所示。

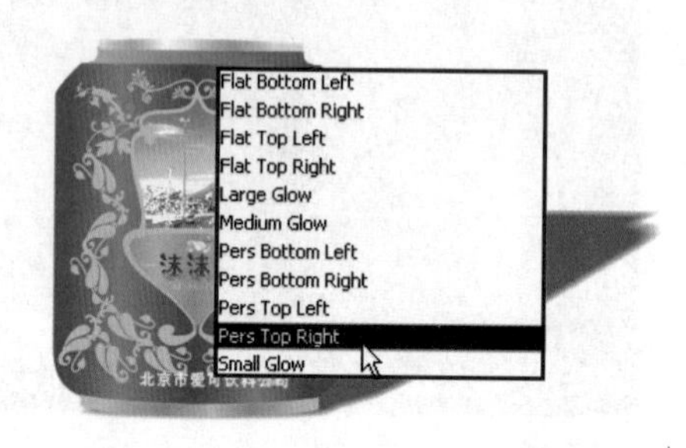

图14-161

56 用“矩形工具”绘制一个与绘图页面等大的矩形框，然后给其填充渐变色，设置“轮廓”为“无”。这样就完成了易拉罐包装的立体效果的设置，如图14-162所示。

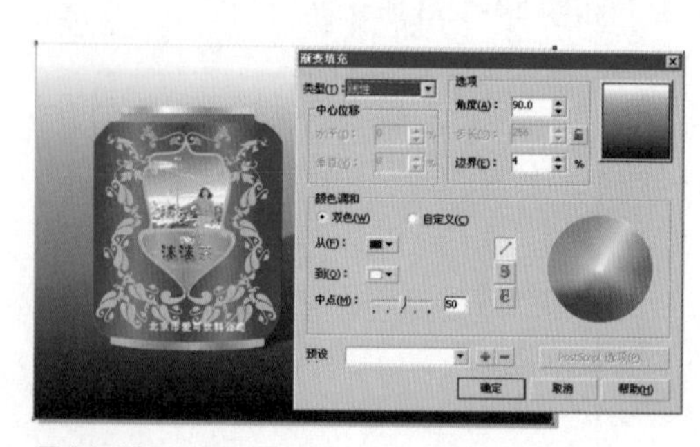

图14-162

14.4 手机造型设计

最终效果图

实例目标

本实例是一个手机造型设计案例，手机的构成相对比较复杂，细节也较多，在绘制的时候，要注意整体效果的把握，细节上重点刻画金属按钮和手机的金属部分。

技术分析

本例主要使用了绘图工具中的"贝塞尔工具"和"形状工具"等制作画面中的一些图形元素，还使用了"交互式渐变工具"、"交互式透明工具"等修饰图形。

制作步骤

01 执行"文件/新建"命令，新建一个空白文档，如图14-163所示。

图14-163

02 选择工具箱中的"矩形工具"，在页面中随意绘制一个矩形，在属性栏中设置矩形的大小，如图14-164所示。

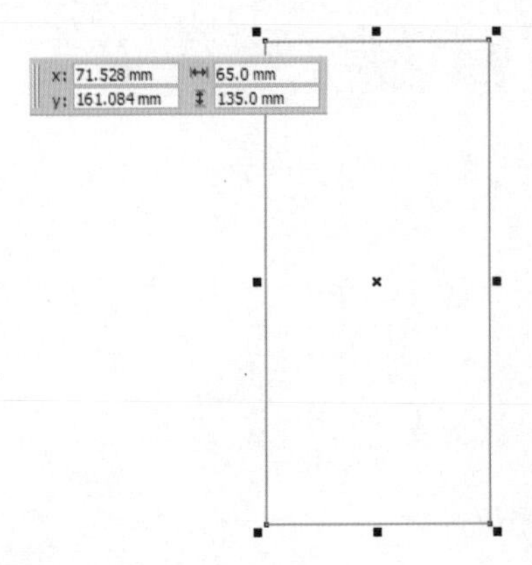

图14-164

03 选择绘制的矩形，在属性栏中设置矩形的圆角参数，效果如图14-165所示。

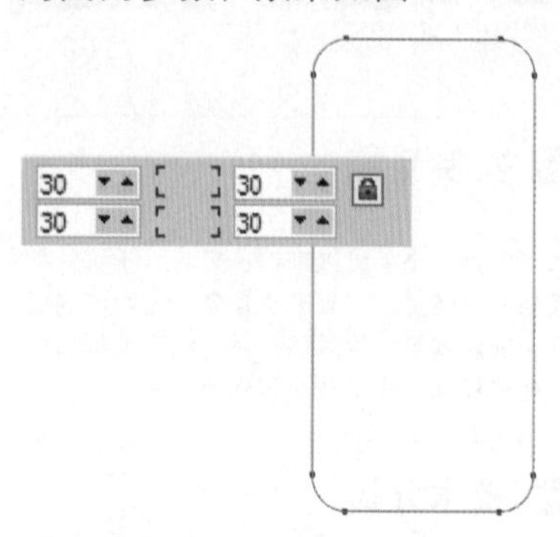

图14-165

04 单击鼠标右键，在弹出的菜单中将图形转换为曲线，如图14-166所示。

图14-166

05 用工具箱中的“形状工具”选中矩形节点，在属性栏中单击“转换直线为曲线”按钮，并对矩形部分进行调整，效果如图14-167所示。

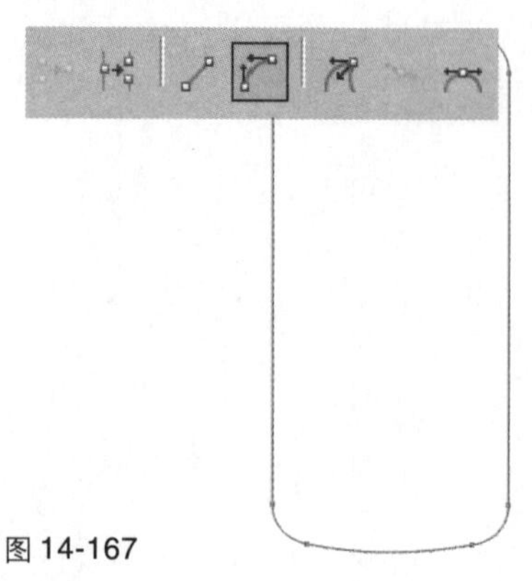

图14-167

06 用“形状工具”在矩形右侧双击添加节点，效果如图14-168所示。

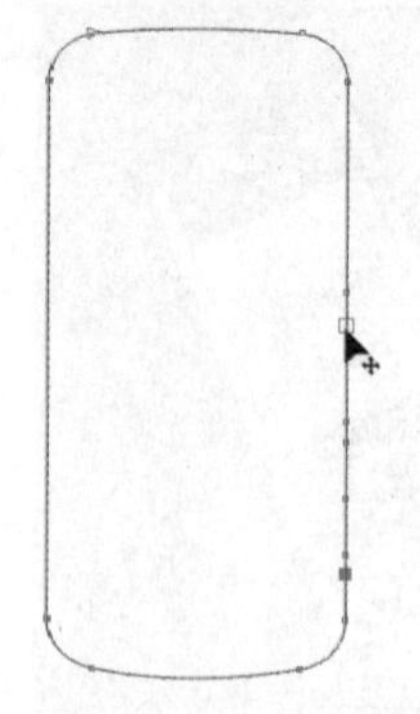

图14-168

07 继续用“形状工具”对添加的节点进行调整，并将调整过的矩形填充为黑色，去掉轮廓，效果如图14-169所示。

图14-169

08 用工具箱中的“贝塞尔工具”绘制一个形状，为了明显，将轮廓颜色改为黄色，选择黑色矩形图形，按小键盘上的【+】键原地复制一个矩形，如图14-170所示。

图14-170

09 将绘制的形状和复制的矩形选中，在属性栏中对其进行修剪，将修剪后的图形填充为黄色，如图 14-171 所示。

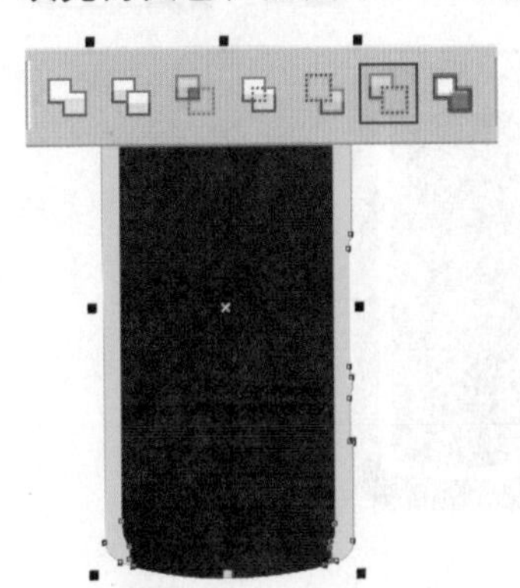

图 14-171

10 选择修剪后的图形，单击鼠标右键在弹出的菜单中选择相应命令，将图形拆分，如图 14-172 所示。

图 14-172

11 选中拆分后的左边图形，在工具箱中选择“渐变填充工具”，在弹出的对话框中设置渐变参数，如图 14-173 所示。

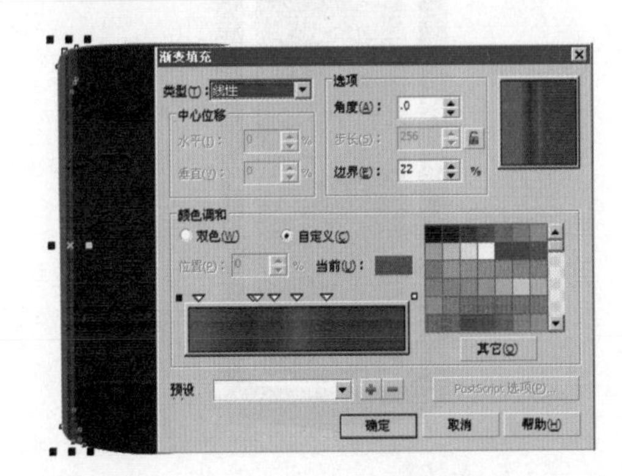

图 14-173

12 选择右边的图形，对其填充渐变色，颜色设置如图 14-174 所示。

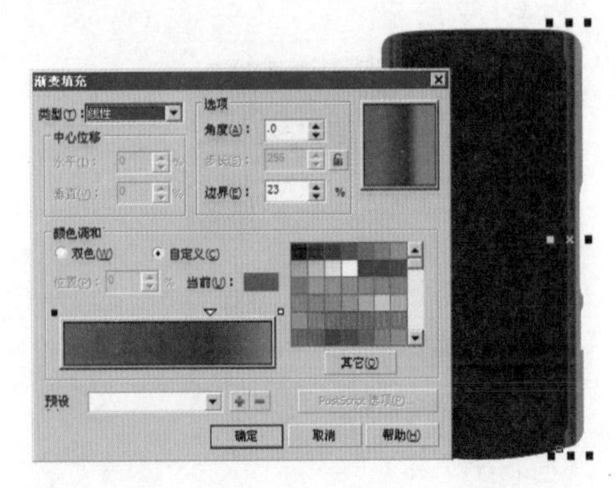

图 14-174

13 用“矩形工具”绘制矩形，调整矩形为圆角矩形，效果如图 14-175 所示。

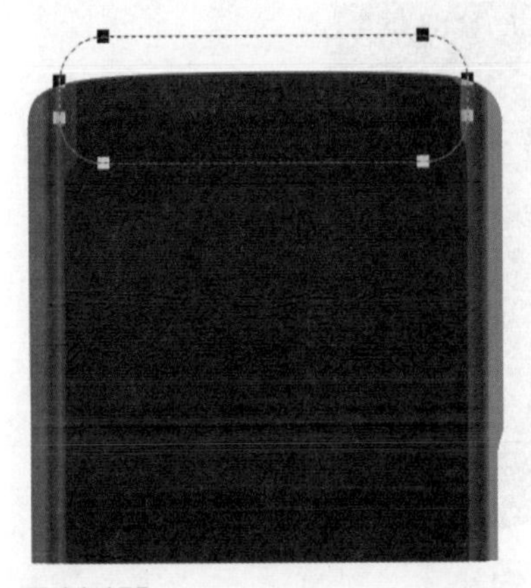

图 14-175

14 将矩形转换为曲线后，用“形状工具”对矩形外观进行调整，效果如图 14-176 所示。

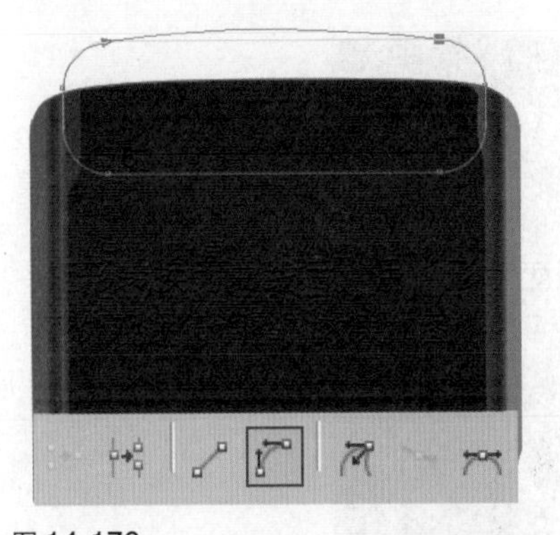

图 14-176

15 选择“渐变工具”，对绘制的图形添加渐变效果，将其放置到图形下方，如图14-177所示。

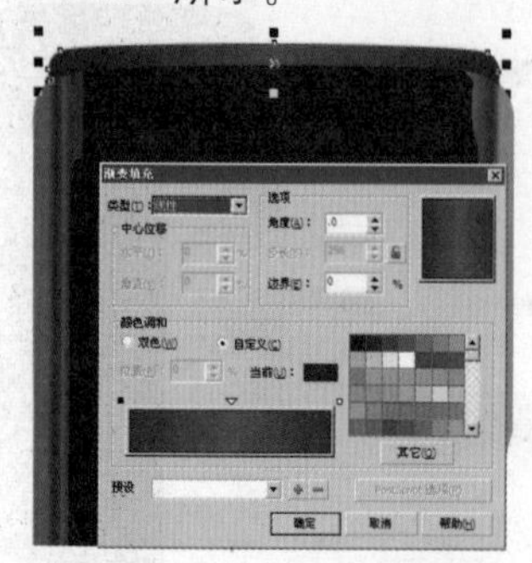

图 14-177

16 用“矩形工具”绘制矩形，调整矩形为圆角矩形，用前面的方法对图形进行调整，将其轮廓填充为白色，效果如图14-178所示。

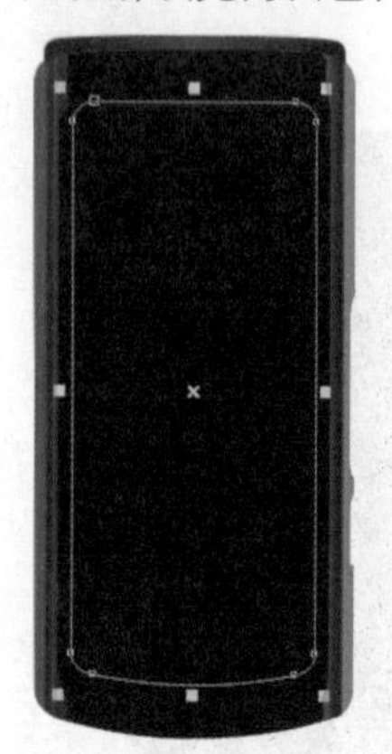

图 14-178

17 按住【Shift】键的同时，用鼠标左键选中图形，拖动鼠标到如图14-179所示的位置，单击鼠标右键复制图形。

图 14-179

18 将两个图形选中，在属性栏中单击“后减前”按钮，对两个图形进行修剪，修剪后将图形填充为白色，效果如图14-180所示。

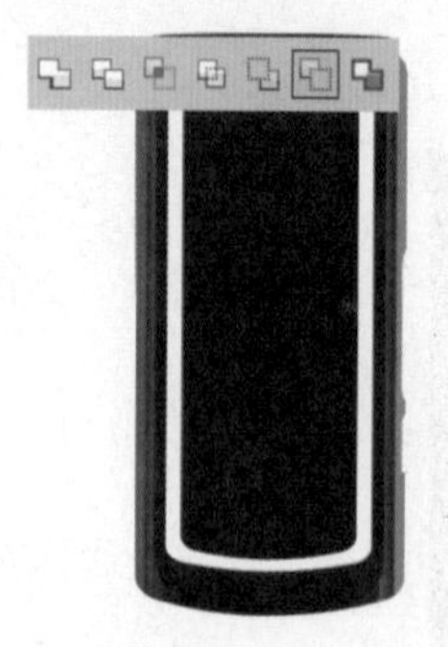

图 14-180

19 用“矩形工具”绘制一个小矩形，放置到如图14-181所示的位置。

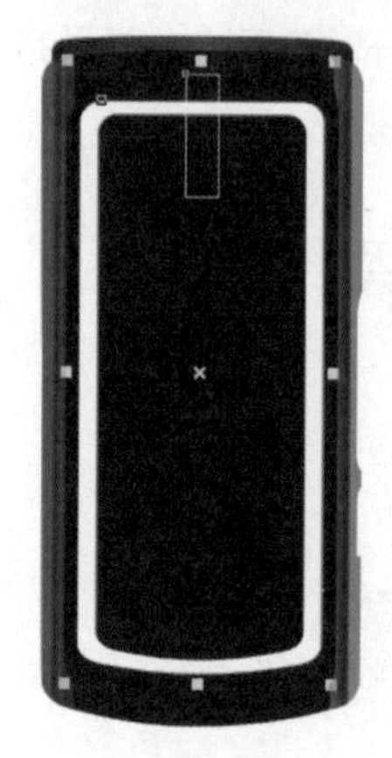

图 14-181

20 将两个图形选中，在属性栏中单击“后减前”按钮，如图14-182所示；

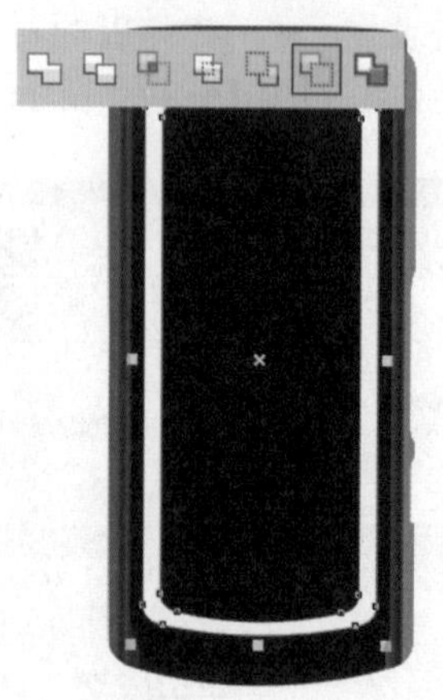

图 14-182

21 用“形状工具”选中部分节点，按住【Ctrl】键的同时向下拖动，效果如图14-183所示。

图14-183

22 继续用同样的方法对上面的部分节点进行拖动调整，效果如图14-184所示。

图14-184

23 用“形状工具”在白色图形上双击，为其添加节点，将添加的两个节点框选，在属性栏中单击“节点对齐”按钮，在弹出的对话框中进行相应设置，如图14-185所示。

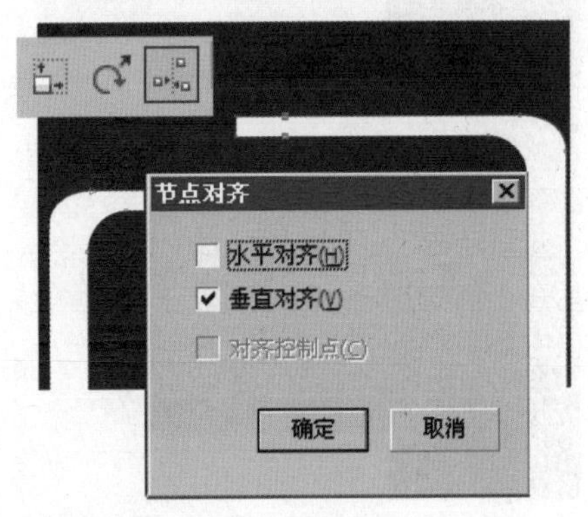

图14-185

24 用“形状工具”选中如图14-186所示的两个节点，拖动鼠标向下移动。

图14-186

25 调整图形中节点的位置，使这两个节点在同一水平线上，效果如图14-187所示。

图14-187

26 用“形状工具”将部分节点选中，在属性栏中单击“转换直线为曲线”按钮，对图形进行调整，效果如图14-188所示。

图14-188

27 采用同样的方法，用“形状工具” 对图形进行调整，效果如图14-189所示。

图14-189

28 用“矩形工具” 绘制矩形，调整它们的位置并将其群组，效果如图14-190所示。

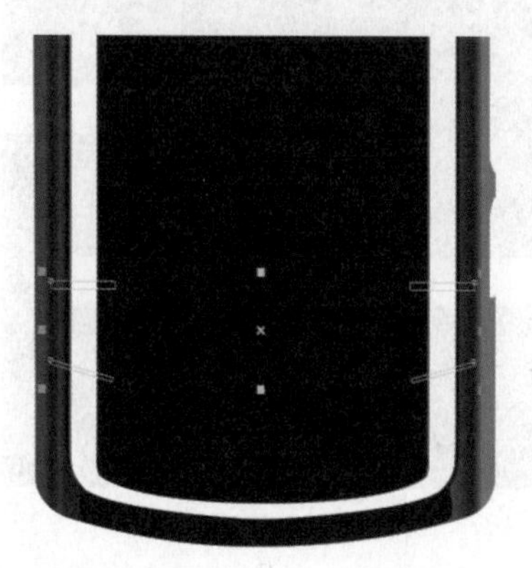

图14-190

29 将制作的矩形和白色图形选中，在属性栏中单击“后减前”按钮，效果如图14-191所示。

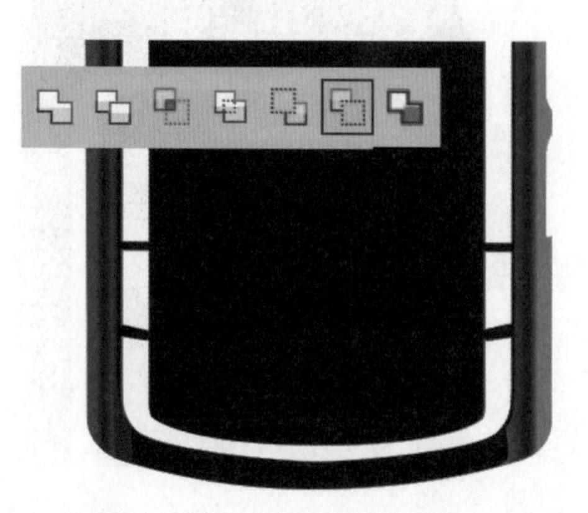

图14-191

30 用“形状工具” 为修剪后的图形一角添加两个节点，如图14-192所示。

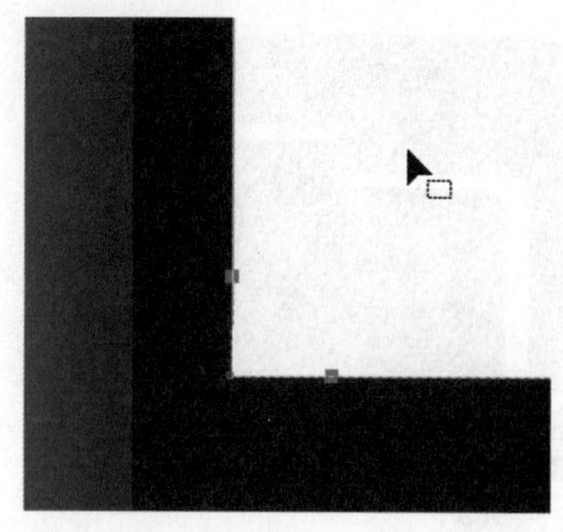

图14-192

31 用“形状工具” 选择矩形角上的节点并将其删除，效果如图14-193所示。

图14-193

32 在属性栏中单击“转换直线为曲线”按钮，调整曲线的形状，效果如图14-194所示。

图14-194

33 用同样的方法调整其他的圆角形状，为修剪后的白色图形填充如图 14-195 所示的颜色。

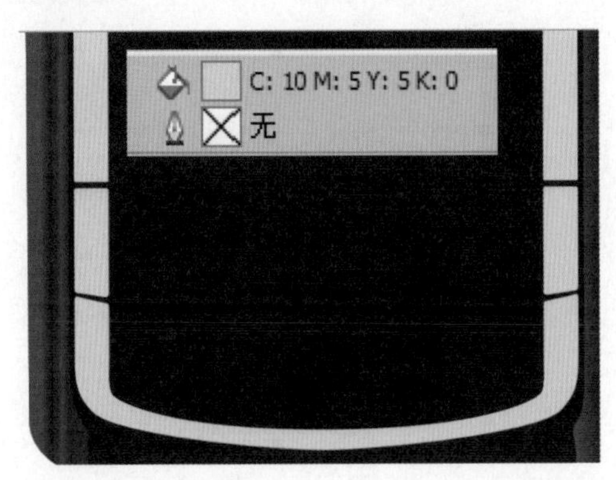

图 14-195

34 用“矩形工具”绘制一个矩形，用“交互式填充工具”为矩形填充渐变色，得到如图 14-196 所示的效果。

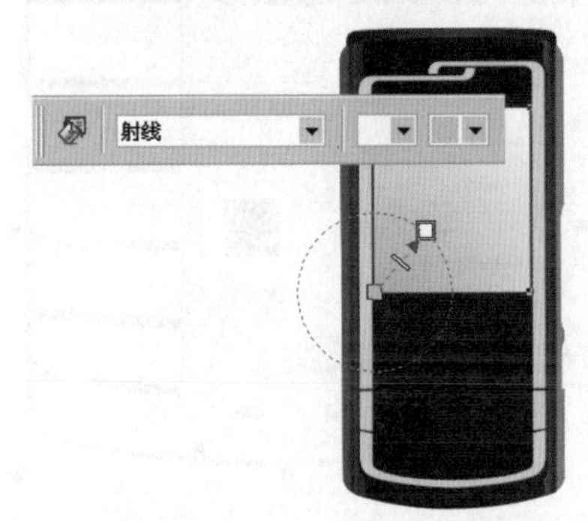

图 14-196

35 用工具箱中的“贝塞尔工具”绘制如图 14-197 所示形状并将其填充为白色。

图 14-197

36 用工具箱中的“交互式透明工具”为刚制作的形状添加透明效果，如图 14-198 所示。

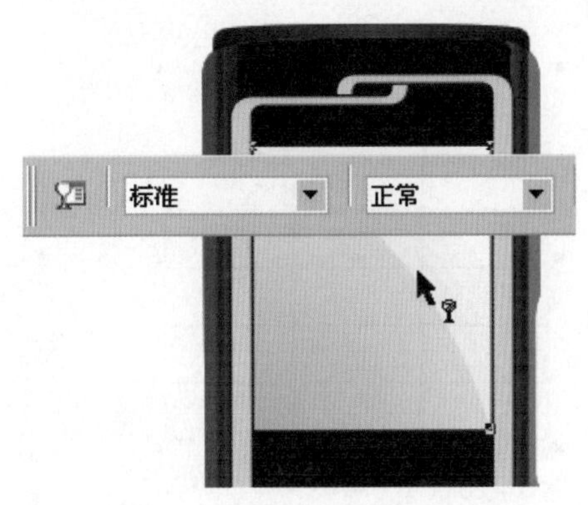

图 14-198

37 用工具箱中的“贝塞尔工具”绘制如图 14-199 所示的形状，并为其添加渐变颜色。

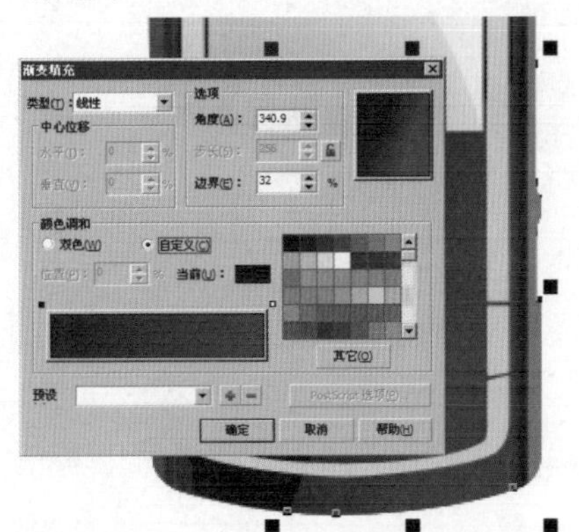

图 14-199

38 选择“表格工具”，在属性栏中设置好参数，在文件空白处绘制图表，效果如图 14-200 所示。

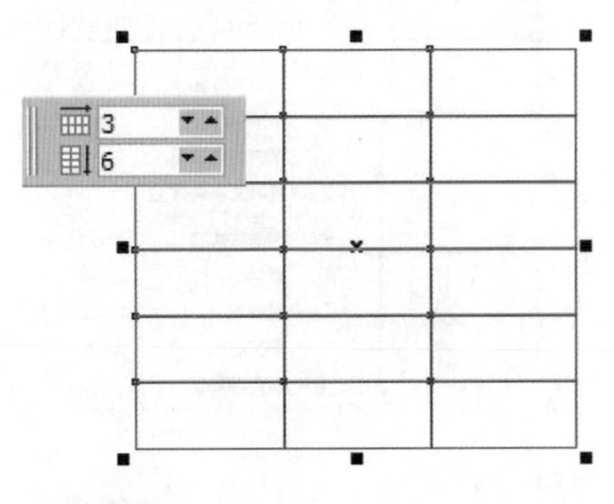

图 14-200

39 用“矩形工具”绘制矩形，调整其圆角并将其放置到如图 14-201 所示的位置。

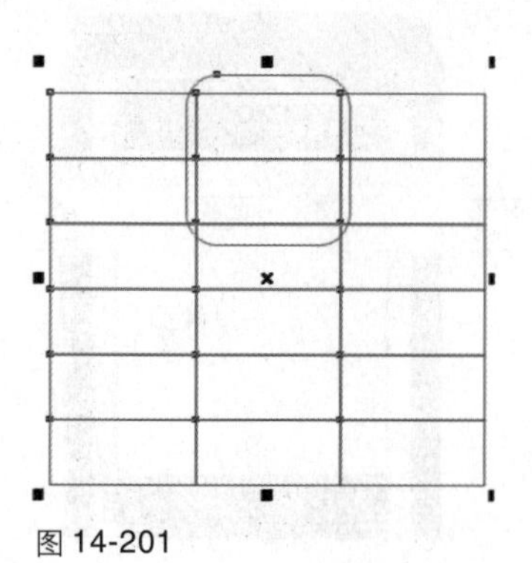

图 14-201

40 用“贝塞尔工具”绘制如图 14-202 所示的形状，在属性栏中对表格进行修剪。

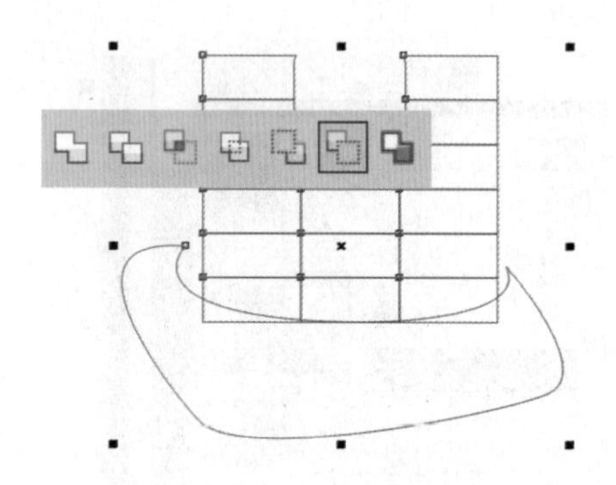

图 14-202

41 选择修剪后的图形，单击鼠标右键，在弹出的菜单中选择“取消群组”命令，效果如图 14-203 所示。

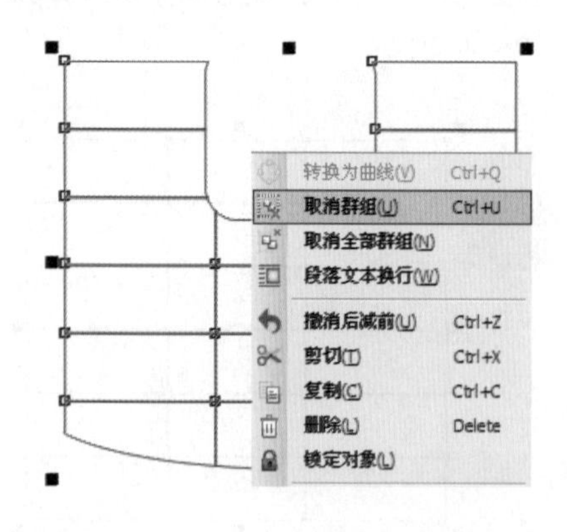

图 14-203

42 用工具箱中的“形状工具”对图形的部分节点进行调整，将调整后的图形进行群组，效果如图 14-204 所示。

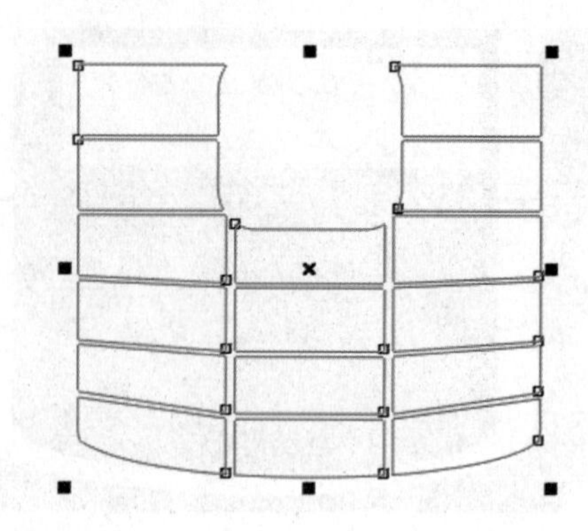

图 14-204

43 选择“轮廓笔工具”，为调整后的图形添加轮廓，效果如图 14-205 所示。

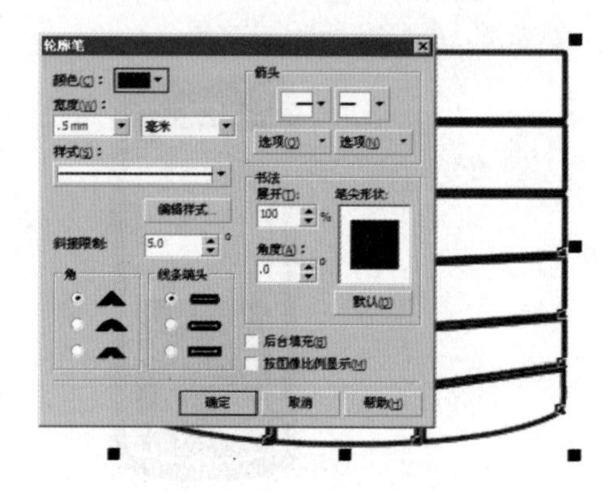

图 14-205

44 复制一个图形，将轮廓参数进行修改，效果如图 14-206 所示。

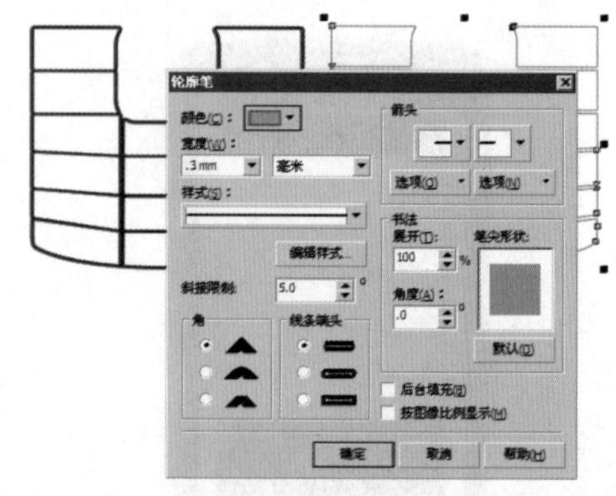

图 14-206

45 将两个图形选中，执行“排列 / 对齐和分布 / 对齐和分布”命令，设置它们的对齐方式，效果如图 14-207 所示。

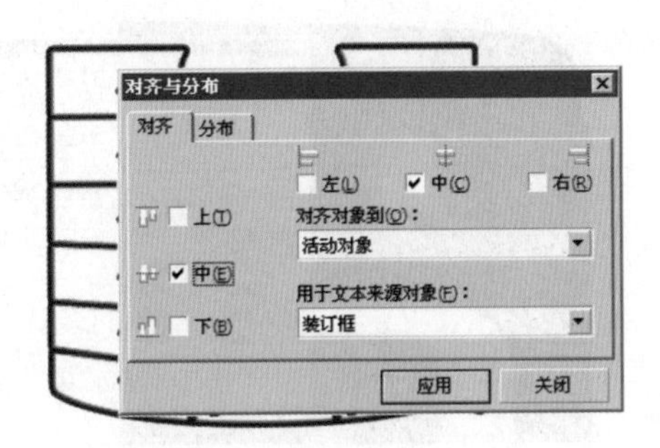

图 14-207

46 用“矩形工具”绘制一个矩形，将其调整为圆角，用“交互式网状填充工具”为其添加颜色，效果如图 14-208 所示。

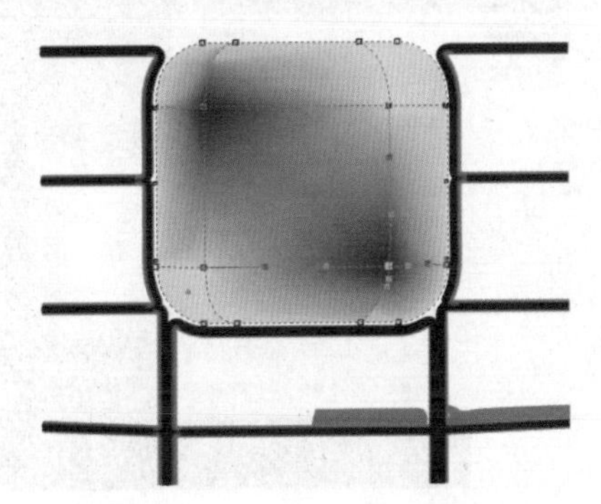

图 14-208

47 继续绘制一个圆角矩形并放置到相应位置，用“交互式网状填充工具”为其添加颜色，效果如图 14-209 所示。

图 14-209

48 用“矩形工具”和“贝塞尔工具”为图形添加其他元素，效果如图 14-210 所示。

图 14-210

49 用工具箱中的“贝塞尔工具”在图形中绘制线段，调整它们的宽度和颜色，效果如图 14-211 所示。

图 14-211

50 用“文本工具”为手机添加文字元素，调整它们的位置和排列，得到的效果如图 14-212 所示。

图 14-212

51 用“贝塞尔工具”在图中绘制其他元素，将它们填充为黑色，效果如图 14-213 所示。

图 14-213

52 用“贝塞尔工具”绘制手机的侧面部分，为绘制的图形填充渐变色并去掉轮廓，效果如图 14-214 所示。

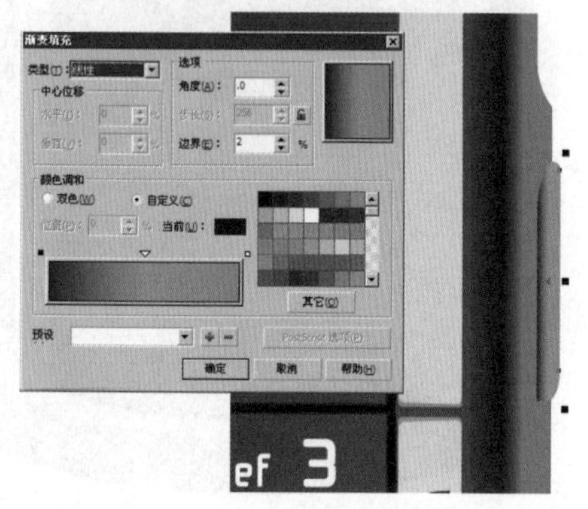

图 14-214

53 继续用“贝塞尔工具”添加手机的侧面部分，效果如图 14-215 所示。

图 14-215

54 用“矩形工具”绘制手机摄像头部分，将其填充为白色，设置轮廓参数，效果如图 14-216 所示。

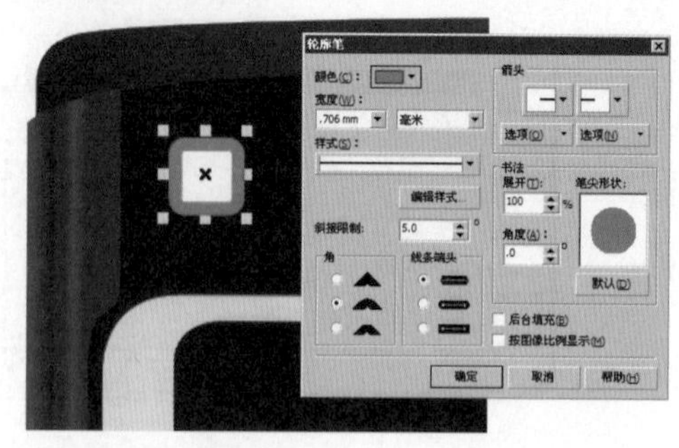

图 14-216

55 为摄像头填充渐变颜色，设置渐变参数，如图 14-217 所示。

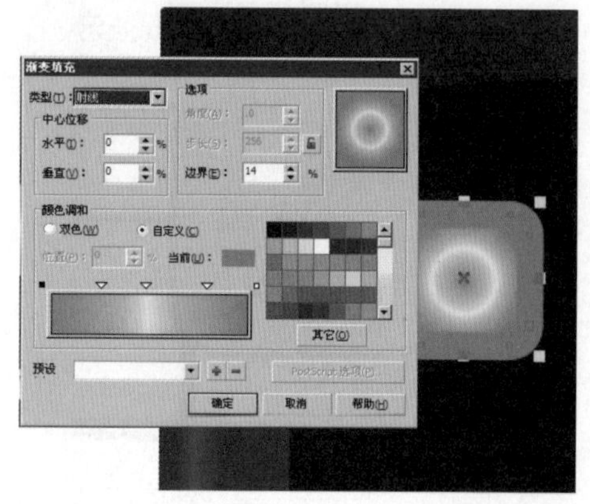

图 14-217

56 用“贝塞尔工具”在前面制作的图形上添加形状，为其添加不同的颜色，给手机造型添加真实感，得到的效果如图 14-218 所示。

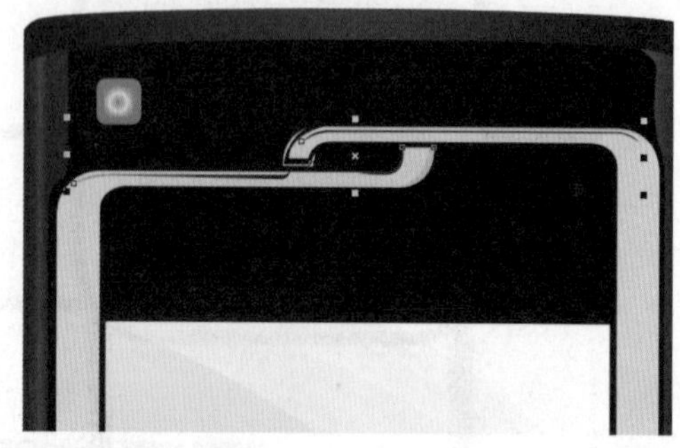

图 14-218

57 为手机添加其他文字要素，调整它们的位置，将手机选中进行群组，效果如图14-219所示。

图14-219

58 将群组后的手机复制一个进行旋转，效果如图14-220所示。

图14-220

59 用“矩形工具”绘制矩形并添加渐变，为手机制作背景，效果如图14-221所示。

图14-221

60 复制矩形，调整其位置并为其添加渐变效果，在背景中拉开空间，效果如图14-222所示。

图14-222

61 将手机选中，按住【Ctrl】键的同时，鼠标左键拖动手机向下移动到如图14-223所示的位置，单击鼠标右键，并将其垂直镜像。

图14-223

62 用“交互式透明工具”对手机倒影添加透明效果，得到的最终效果如图14-224所示。

图14-224

14.5 甜点包装设计

最终效果图

实例目标

本实例是一个甜点包装设计案例，围绕中国古典元素展开设计，添加设计原色，加强对产品的诠释和宣传力度。

技术分析

本例主要使用了绘图工具中的“贝塞尔工具”和“文本工具”等制作画面中的一些图形元素，还使用了“交互式调和工具”、“交互式透明工具”等修饰图形。

制作步骤

01 执行“文件/新建”命令，新建一个空白文档，如图14-225所示。

图14-225

02 选择工具箱中的“矩形工具”随意绘制一个矩形，执行“排列/变换/大小”命令，在弹出的对话框中设置矩形的大小，如图14-226所示。

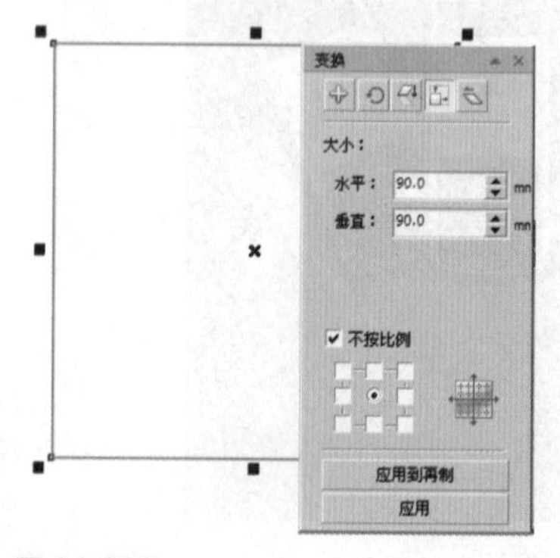

图14-226

03 选择工具箱中的“交互式填充工具”，在弹出的对话框中选择填充的颜色，如图14-227所示。

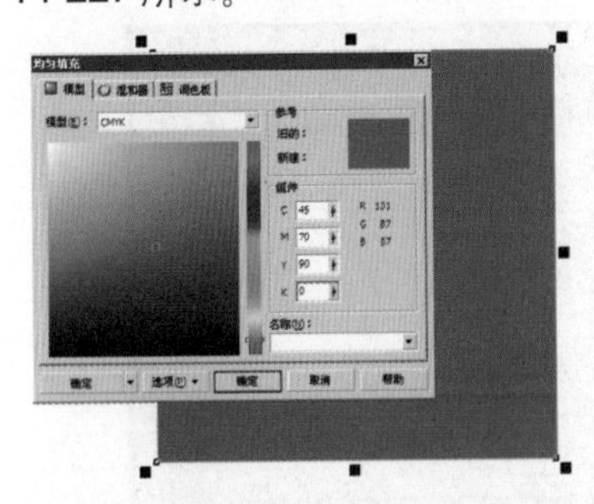

图14-227

04 选择填充后的矩形，按住【Shift】键的同时，鼠标左键向里拖动到合适位置，单击鼠标右键，复制一个矩形，对其填充颜色和轮廓，如图14-228所示。

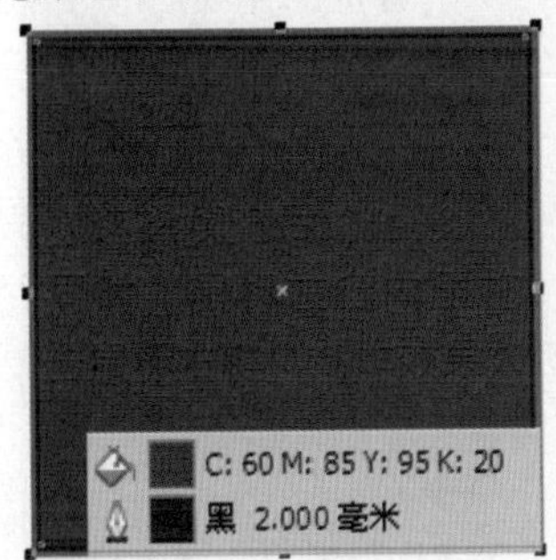

图14-228

05 再次选择填充后的矩形，按住【Shift】键的同时，鼠标左键向里拖动到合适位置，单击鼠标右键，制作效果如图14-229所示。

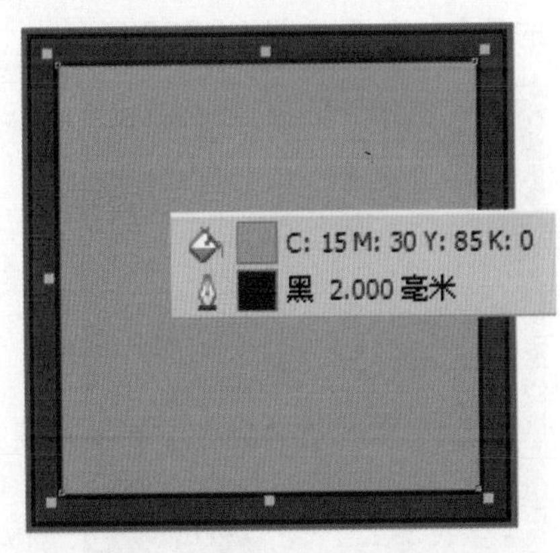

图14-229

06 用同样的方法复制矩形，将复制的矩形去掉轮廓，改变颜色，效果如图14-230所示。

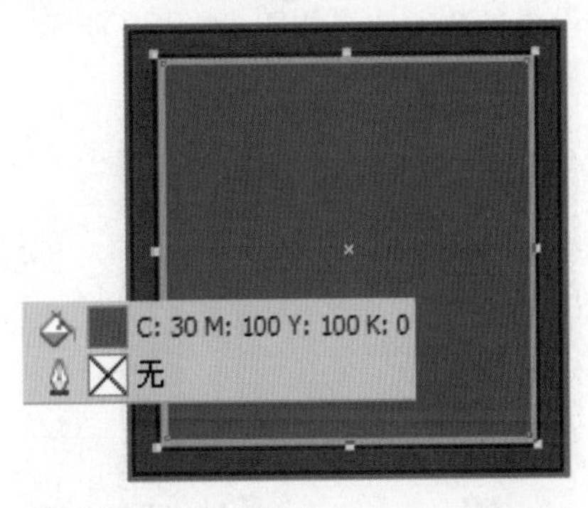

图14-230

07 继续复制一个矩形，将矩形改变颜色后，设置其轮廓，效果如图14-231所示。

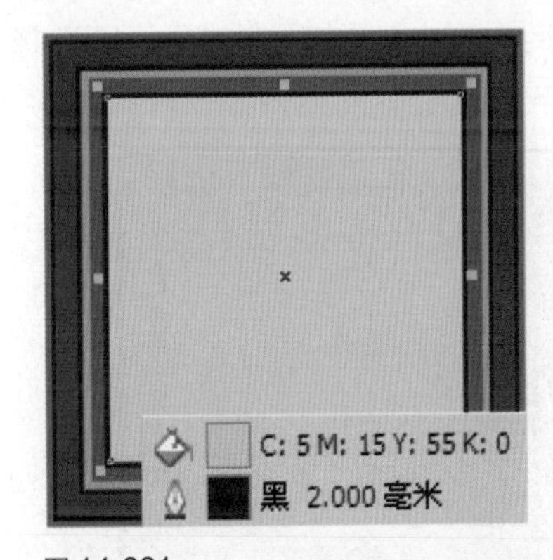

图14-231

08 再次选择填充后的矩形，用前面的方法再制作一个矩形，改变其颜色，效果如图14-232所示。

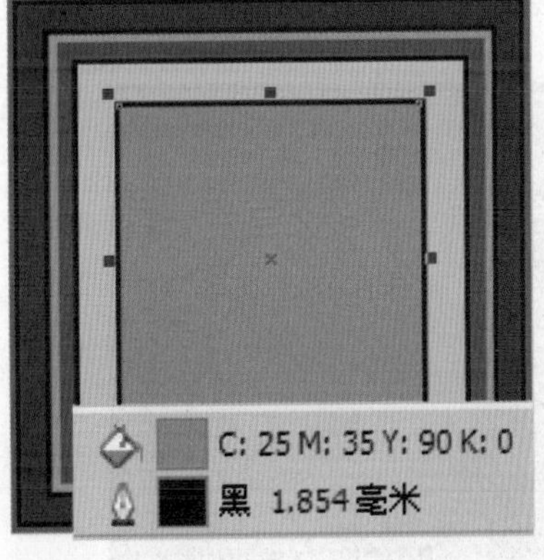

图14-232

09 将复制的最后一个矩形选中，用“交互式填充工具”在矩形上拖动，在属性栏中设置参数，效果如图 14-233 所示。

图 14-233

10 选择填充渐变色后的矩形，用“交互式阴影工具”为其添加阴影效果，如图 14-234 所示。

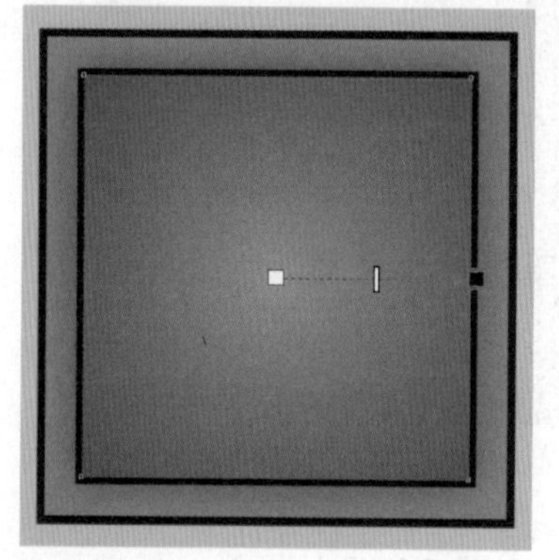

图 14-234

11 在文件中用“椭圆工具”绘制一个圆，选择“交互式填充工具”，为圆形填充渐变色并去掉其轮廓，效果如图 14-235 所示。

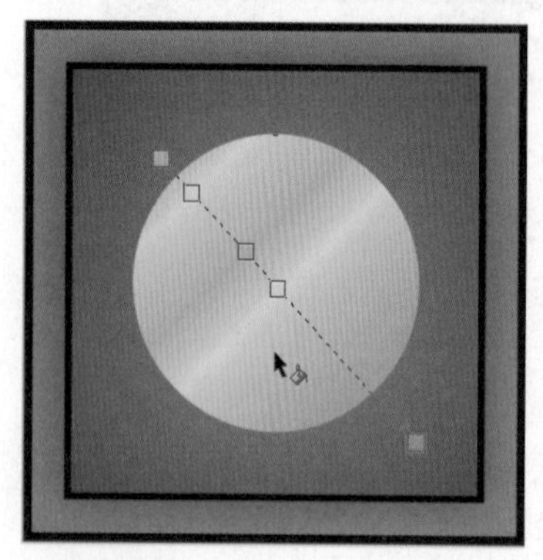

图 14-235

12 按住【Shift】键的同时复制一个圆，将其渐变的方向进行改变，得到的效果如图 14-236 所示。

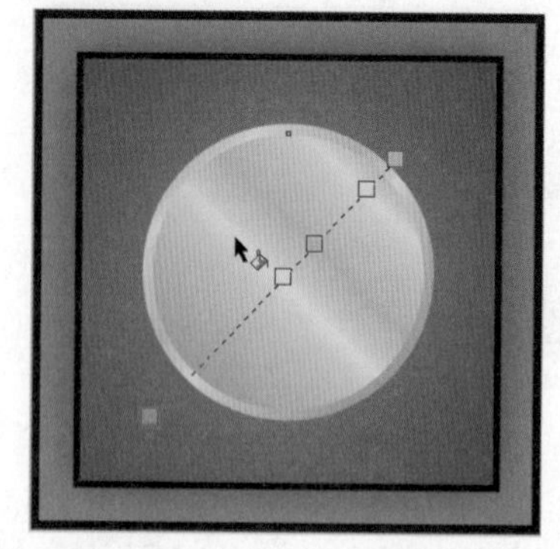

图 14-236

13 用同样的方法再次复制一个圆并为其调整渐变效果，如图 14-237 所示。

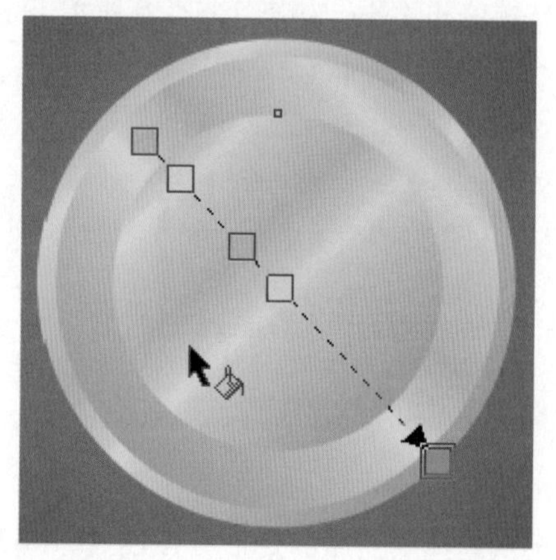

图 14-237

14 再次按住【Shift】键复制一个圆，在属性栏中将渐变类型改为“射线”并调整渐变的颜色，效果如图 14-238 所示。

图 14-238

15 选择“贝塞尔工具” 在文件空白处绘制一个封闭图形，效果如图14-239所示。

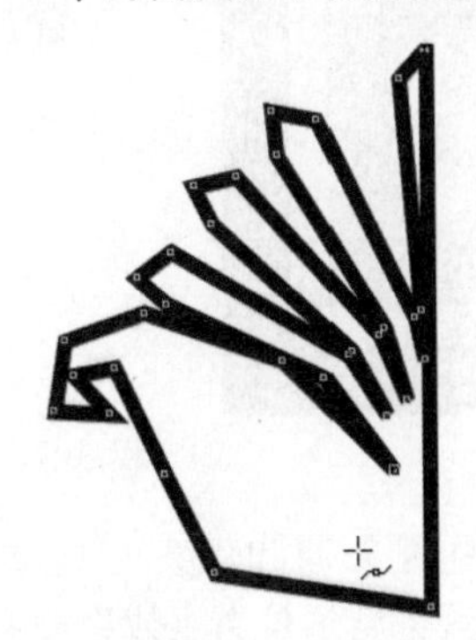

图14-239

16 用“形状工具” 将绘制的形状框选，在属性栏中单击“转换直线为曲线”按钮，调整其形状，效果如图14-240所示。

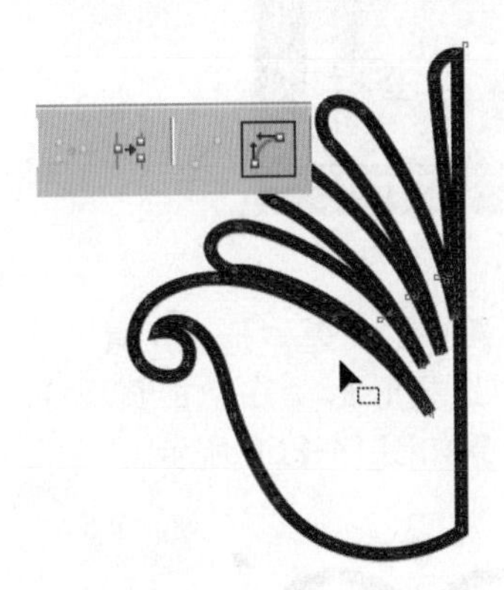

图14-240

17 选中调整后的图形，按住【Ctrl】键的同时，鼠标向右拖动到适当位置，单击鼠标右键复制一个并将其水平镜像，效果如图14-241所示。

图14-241

18 将两个图形选中，在属性栏中单击“焊接”按钮，将两个图形进行焊接，如图14-242所示。

图14-242

19 选择“轮廓笔工具” ，在弹出的对话框中设置轮廓的属性，如图14-243所示。

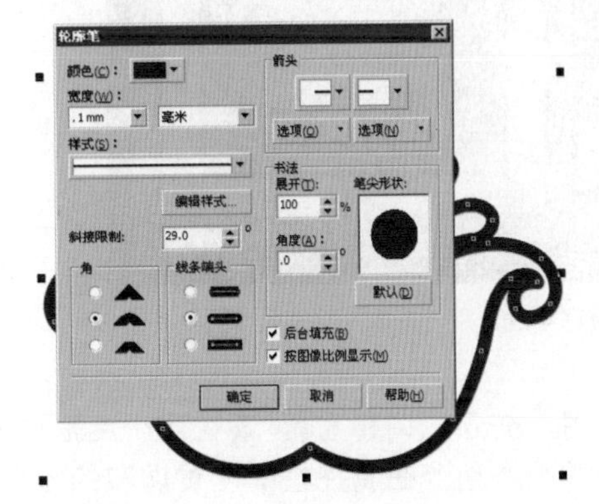

图14-243

20 为设置好轮廓的图形填充颜色，参数如图14-244所示。

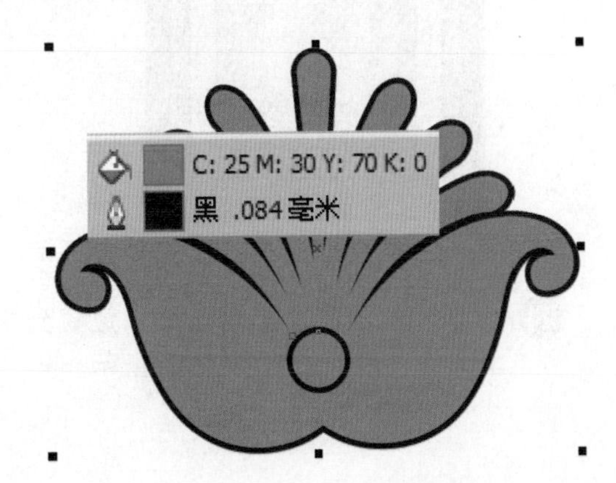

图14-244

21 用“椭圆工具”绘制椭圆形并填充黑色，放置到如图 14-245 所示的位置，将图形群组。

图 14-245

22 将制作的图形复制一个，将两个图形放置到文件背景中，效果如图 14-246 所示。

图 14-246

23 用“交互式调和工具”在两个图形中间进行拖动，在属性栏中设置调和的步数，如图 14-247 所示。

图 14-247

24 将调和过的图形复制一个，放置到文件背景中，效果如图 14-248 所示。

图 14-248

25 再将刚摆放的两个调和图形一起选中，复制一份，放置到合适位置，效果如图 14-249 所示。

图 14-249

26 选择工具箱中的“基本形状工具”，在属性栏中选择心形，在空白页面中进行绘制，效果如图 14-250 所示。

图 14-250

27 将绘制的心形进行旋转，选择“贝塞尔工具”，绘制如图 14-251 所示的封闭图形。

图 14-251

28 用“形状工具” 将绘制的形状框选，在属性栏中单击“转换直线为曲线”按钮，并调整其形状，效果如图 14-252 所示。

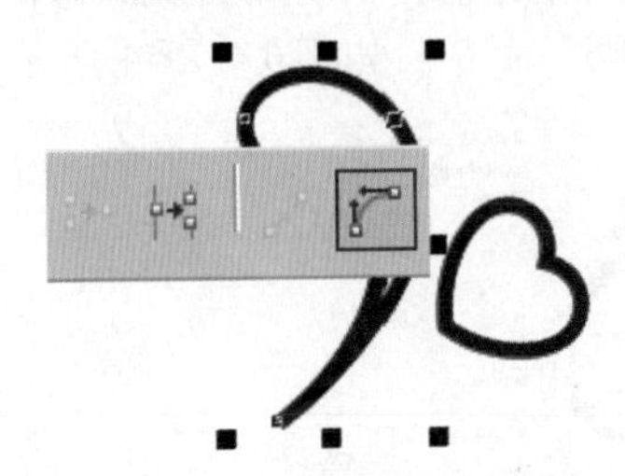

图 14-252

29 再次选择“贝塞尔工具” ，绘制如图 14-253 所示的封闭图形。

图 14-253

30 继续用“贝塞尔工具” 绘制如图 14-254 所示的封闭图形，勾勒枝干形状。

图 14-254

31 用“形状工具” 分别框选绘制的图形，在属性栏中单击“转换直线为曲线”按钮，调整它们的形状，效果如图 14-255 所示。

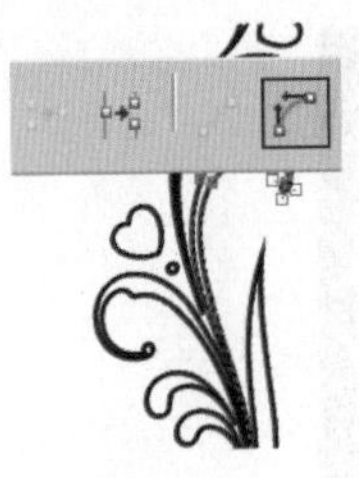

图 14-255

32 继续对其进行绘制和调整，将图形制作成如图 14-256 所示的效果并将其进行群组。

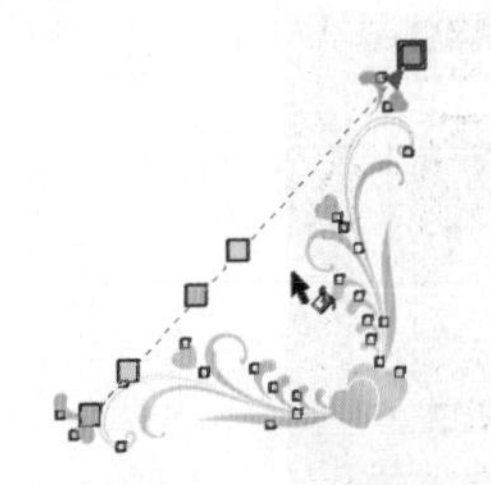

图 14-256

33 选择“交互式填充工具” ，在矩形上拖动，设置它们的颜色参数，效果如图 14-257 所示。

图 14-257

34 将制作的图形进行复制，对其进行旋转并排列它们的位置，得到如图 14-258 所示的效果，将它们进行群组。

图 14-258

35 执行“效果 / 图框精确剪裁 / 放置在容器中”命令，这时会出现一个大的黑色箭头，如图14-259所示。

图14-259

36 用黑色大箭头单击图中的矩形，将花纹放置到矩形中，效果如图14-260所示。

图14-260

37 选择工具箱中的“螺纹工具”，在属性栏中设置参数，在文件空白处绘制螺纹形状，如图14-261所示。

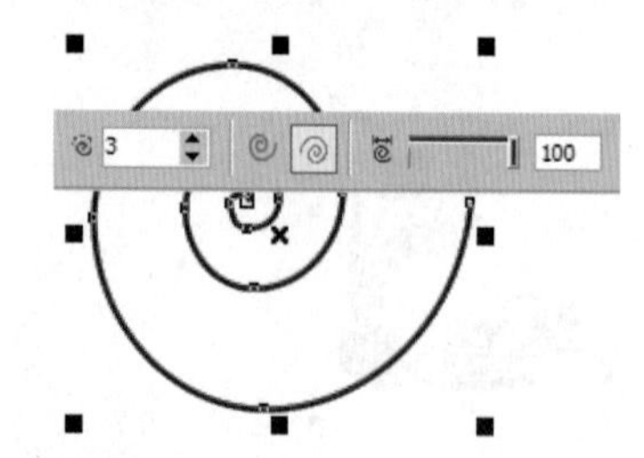

图14-261

38 选择“形状工具”，将螺纹中多余的部分选中删除掉，效果如图14-262所示。

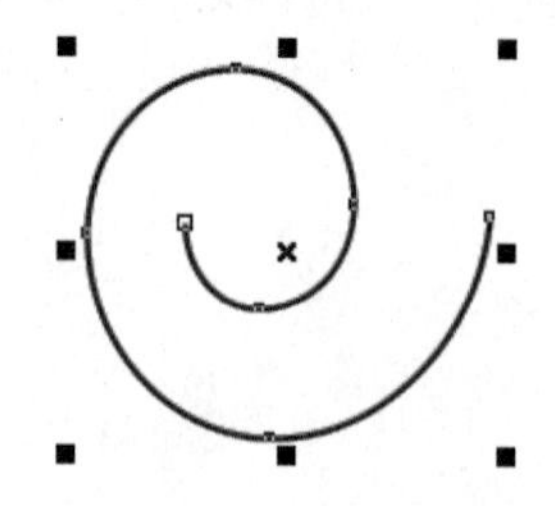

图14-262

39 选择“轮廓笔工具”，在弹出的对话框中设置轮廓的属性，如图14-263所示。

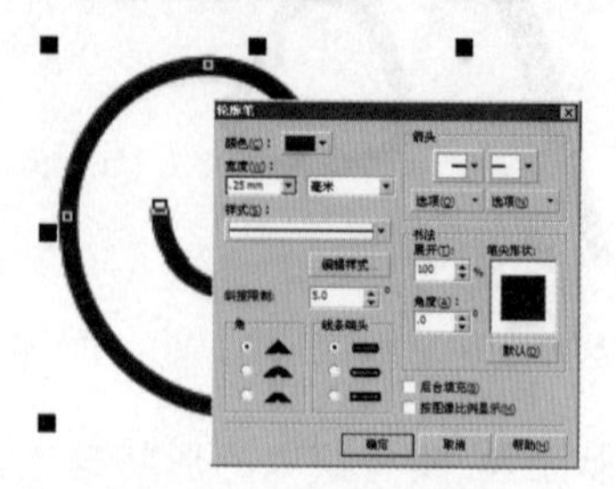

图14-263

40 将制作的螺纹选中，执行“排列 / 将轮廓转换为对象”命令，如图14-264所示。

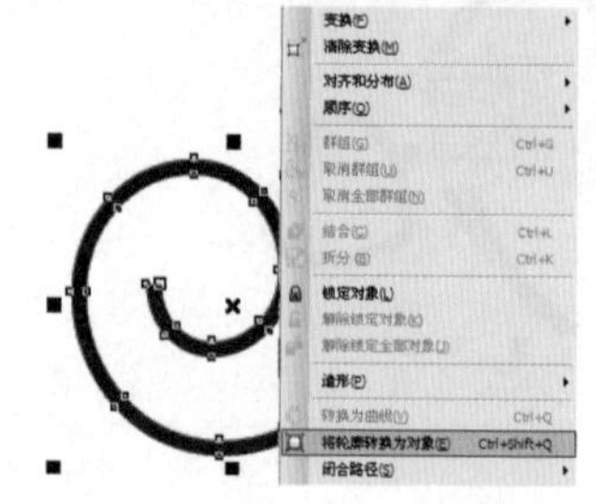

图14-264

41 对制作的图形进行调整，将其制作成花纹的大体形状，效果如图14-265所示。

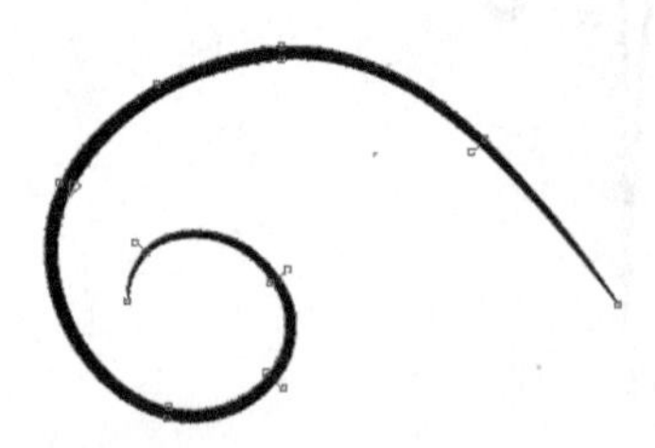

图14-265

42 用“形状工具”对转化为对象的螺纹进行调整，效果如图14-266所示。

图14-266

43 用前面讲过的方法制作花纹的叶子部分，调整其效果如图 14-267 所示。

图 14-267

44 将制作的花纹摆放到文件背景中，并对它们进行调整，效果如图 14-268 所示。

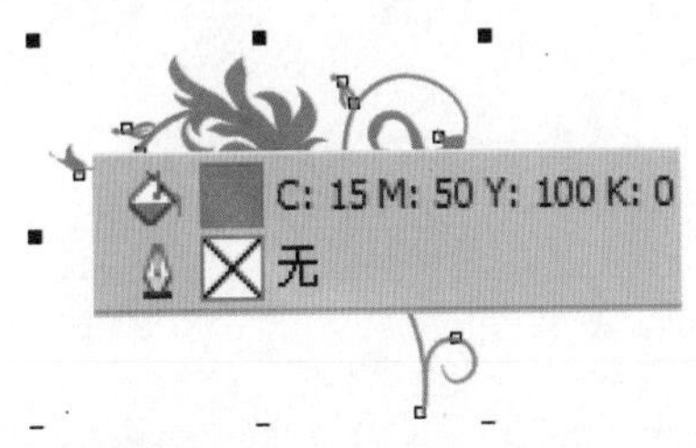

图 14-268

45 将制作的花纹图案选中，将它们进行群组，调整其颜色，效果如图 14-269 所示。

图 14-269

46 用"文本工具"字在文件空白处输入文字，在属性栏中设置其字体和大小，效果如图 14-270 所示。

图 14-270

47 将文字和背景文件中的圆形选中，执行"排列/对齐和分布/对齐和分布"命令，在弹出的对话框中设置对齐方式，效果如图 14-271 所示。

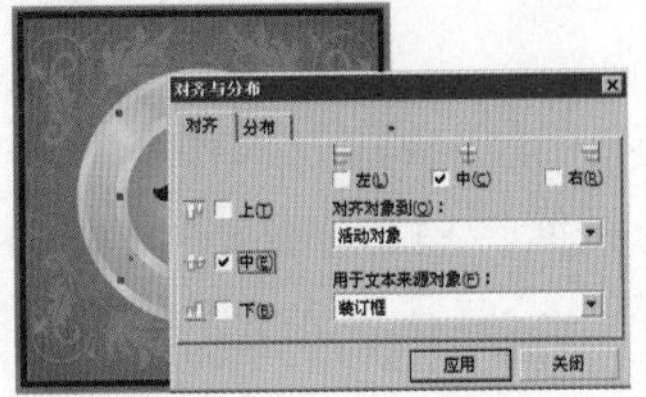

图 14-271

48 选择"交互式填充工具"，在矩形上拖动，调整其渐变颜色参数，效果如图 14-272 所示。

图 14-272

49 将文件背景中的其他文字添加上去，并对其进行调整，效果如图 14-273 所示。

图 14-273

50 制作包装的立体效果，得到的最终效果如图 14-274 所示。

图 14-274

反侵权盗版声明